Andreas Daum | Wolfgang Greife | Rainer Przywara

BWL für Ingenieure und Ingenieurinnen

Aus dem Programm　　　Grundlagen Maschinenbau

Handbuch Maschinenbau
herausgegeben von A. Böge

Elektrotechnik für Maschinenbauer
von R. Busch

Einführung in die DIN-Normen
von M. Klein
herausgegeben von DIN Deutsches Institut für Normung e.V.

Handbuch Qualität
von W. Geiger und W. Kotte

Technische Berichte
von H. Hering und L. Hering

Englisch für Maschinenbauer
von A. Jayendran

Thermodynamik für Ingenieure
von K. Langeheinecke, P. Jany und G. Thieleke

C++ für Ingenieure
von H. Nahrstedt

www.viewegteubner.de

Andreas Daum | Wolfgang Greife | Rainer Przywara

BWL für Ingenieure und Ingenieurinnen

Was man über Betriebswirtschaft wissen sollte

Mit 146 Bildern und 31 Tabellen

STUDIUM

Bibliografische Information der Deutschen Nationalbibliothek
Die Deutsche Nationalbibliothek verzeichnet diese Publikation in der
Deutschen Nationalbibliografie; detaillierte bibliografische Daten sind im Internet über
<http://dnb.d-nb.de> abrufbar.

1. Auflage 2010

Alle Rechte vorbehalten
© Vieweg+Teubner | GWV Fachverlage GmbH, Wiesbaden 2010

Lektorat: Thomas Zipsner | Imke Zander

Vieweg+Teubner ist Teil der Fachverlagsgruppe Springer Science+Business Media.
www.viewegteubner.de

Das Werk einschließlich aller seiner Teile ist urheberrechtlich geschützt. Jede Verwertung außerhalb der engen Grenzen des Urheberrechtsgesetzes ist ohne Zustimmung des Verlags unzulässig und strafbar. Das gilt insbesondere für Vervielfältigungen, Übersetzungen, Mikroverfilmungen und die Einspeicherung und Verarbeitung in elektronischen Systemen.

Die Wiedergabe von Gebrauchsnamen, Handelsnamen, Warenbezeichnungen usw. in diesem Werk berechtigt auch ohne besondere Kennzeichnung nicht zu der Annahme, dass solche Namen im Sinne der Warenzeichen- und Markenschutz-Gesetzgebung als frei zu betrachten wären und daher von jedermann benutzt werden dürften.

Technische Redaktion: Stefan Kreickenbaum, Wiesbaden
Umschlaggestaltung: KünkelLopka Medienentwicklung, Heidelberg
Druck und buchbinderische Verarbeitung: Ten Brink, Meppel
Gedruckt auf säurefreiem und chlorfrei gebleichtem Papier.
Printed in the Netherlands

ISBN 978-3-8348-0790-8

Vorwort

Betriebswirtschaftliche Kenntnisse sind heute für praktisch alle Ingenieure (m/w) unerlässlich. In klassischen Ingenieurbereichen wie der Konstruktion und Produktion wird verstärkt auf die Kosten geachtet. Rund ein Drittel aller Techniker ist im Einkauf und insbesondere dem technischen Vertrieb tätig, also an der Nahtstelle kaufmännischer und technischer Arbeitsfelder. Für jede Führungstätigkeit in einem Unternehmen ist betriebswirtschaftliches Wissen ohnehin unverzichtbar.

Dieses Lehrbuch vermittelt Studierenden des Bachelor- und Masterbereichs, aber auch bereits in der Praxis tätigen Ingenieur(inn)en auf anschauliche Art die notwendige betriebswirtschaftliche Kompetenz. Neben unerlässlichen Grundlagen (Unternehmensstrategien und Marketing, Controlling, Rechnungswesen, Investition und Finanzierung, Personalmanagement) wird ein besonderer Schwerpunkt auf Bereiche gelegt, in denen Ingenieure verstärkt mit betriebswirtschaftlichen Fragestellungen konfrontiert werden (Globale Produktion und Beschaffung, Technischer Vertrieb, Qualitätsmanagement).

Bei der Entstehung des Buches haben uns insbesondere das gewissenhafte Lektorat des Verlagsteams um Herrn Zipsner sowie die große Geduld unserer Familien geholfen. Dafür danken wir herzlich.

Hannover, im August 2009 *Andreas Daum, Wolfgang Greife, Rainer Przywara*

Inhaltsverzeichnis

1	**Einleitung**		1
2	**Unternehmensstrategien und Marketing**		3
	2.1	Märkte	3
		2.1.1 Marktbeschreibung	4
		2.1.2 Kundengruppenbezogene Marktdifferenzierung	5
		2.1.3 Marktsegmentierung	6
	2.2	Einführung und Definition des Marketingbegriffs	8
		2.2.1 Historische Entwicklung des Marketings	9
		2.2.2 Marketing als duales Führungskonzept	10
		2.2.3 Das Marketing-Zielsystem (Zielpyramide)	11
		2.2.4 Unternehmerische Planungsprozesse	14
	2.3	Analyse der Ausgangssituation des Unternehmens	15
		2.3.1 Bedeutung von Innovationen	17
		2.3.2 Bedeutung der Stückzahl	19
		2.3.3 Situationsanalyse des Unternehmens im Wettbewerb	20
	2.4	Strategische Unternehmensplanung	24
		2.4.1 Auswahl strategischer Geschäftsfelder	25
		2.4.2 Reife des Marktes	27
		2.4.3 Größe (Marktanteil, Finanzkraft) einer Unternehmung	27
		2.4.4 Technische und Marktkompetenzen	28
		2.4.5 Unternehmerische Stoßrichtungen	29
	2.5	Strategische Marketingplanung	31
		2.5.1 Wettbewerbsstrategien nach Porter	32
		2.5.2 Normstrategien nach Portfolio-Analyse	34
		2.5.3 Umgang mit der Konkurrenz	37
	2.6	Operative Marketingplanung	40
		2.6.1 Marktforschung	42
		2.6.2 Produktpolitik	44
		2.6.3 Preispolitik	51
		2.6.4 Kommunikationspolitik	56
3	**Controlling und Kosten- und Leistungsrechnung**		61
	3.1	Begriff des Controllings	61
	3.2	Strategisches versus operatives Controlling	62
		3.2.1 Controllingaufgaben und -instrumente	63
		3.2.2 Controllingorganisation	68
	3.3	Betriebswirtschaftliche Kennzahlen und Kennzahlensysteme	69
		3.3.1 Betriebswirtschaftliche Kennzahlen	69
		3.3.2 Kennzahlensysteme	74
	3.4	Kosten- und Leistungsrechnung – Zielsetzungen, Aufgaben und Definition	76
		3.4.1 Rechnungswesen und Zielsetzungen	76

		3.4.2	Aufgaben der KLR	79
		3.4.3	Definition von Kosten und Leistungen	79
	3.5	Vollkostenrechnung		80
		3.5.1	Kostenartenrechnung	80
		3.5.2	Kostenstellenrechnung	81
		3.5.3	Kostenträgerrechnung	84
	3.6	Teilkostenrechnung		95
		3.6.1	Einstufige Deckungsbeitragsrechnung	96
		3.6.2	Mehrstufige Deckungsbeitragsrechnung	97
		3.6.3	Relative Deckungsbeitragsrechnung	98
	3.7	Moderne Kostenrechnungssysteme		100
		3.7.1	Prozesskostenrechnung	100
		3.7.2	Target Costing	102
4	**Organisation und Projektmanagement**			**106**
	4.1	Organisation		106
		4.1.1	Grundlagen und Begriffe	106
		4.1.2	Aufbauorganisation	107
		4.1.3	Geschäftsprozessorganisation	114
	4.2	Projektmanagement		122
		4.2.1	Projektmanagementprozess nach PMBOK	122
		4.2.2	PRINCE2	135
5	**Externes Rechnungswesen**			**140**
	5.1	Grundsätze ordnungsgemäßer Buchführung und Bilanzierung (GoB)		140
	5.2	Rechnungslegung (externes Rechnungswesen)		142
	5.3	Der Jahresabschluss und seine Bestandteile		143
		5.3.1	Bilanz	143
		5.3.2	Handelsbilanz	145
		5.3.3	Steuerbilanz	147
		5.3.4	Gewinn- und Verlustrechnung	148
		5.3.5	Anhang	153
		5.3.6	Lagebericht	154
	5.4	Internationale Konzernrechnungslegung		155
	5.5	Bewertungsgrundsätze und Bilanzpolitik		158
6	**Globale Produktion und Beschaffung**			**164**
	6.1	Industrielle Produktionssysteme		164
		6.1.1	Kernelemente des Toyota-Produktionssystems	164
		6.1.2	Vermeidung von Verschwendung	166
		6.1.3	Kontinuierliche Verbesserung	167
	6.2	Produktionsplanung		168
	6.3	Charakteristika der Globalisierung		170
		6.3.1	Volkswirtschaftliche Merkmale der Globalisierung	172
		6.3.2	Unternehmensmerkmale der Globalisierung	174
	6.4	Internationalisierung		175
		6.4.1	Theorien der Globalisierung	175

	6.4.2	„Going international"	177
	6.4.3	„Being international"	179
6.5	Unternehmensnetzwerke		180
	6.5.1	Strukturen internationaler Produktionsnetzwerke	181
	6.5.2	Supply Chain Management	183
6.6	Standortanalyse		185
	6.6.1	Vorgehensweisen zur Standortanalyse	185
	6.6.2	Harte und weiche Standortfaktoren	188
	6.6.3	Berechnung der Standortkosten	190
	6.6.4	Gesamtbetrachtung im Standort-Portfolio	191

7 Vertrieb 196

7.1	Vertriebsorganisation		196
	7.1.1	Absatzkanäle	197
	7.1.2	Organisationsformen	199
7.2	Verkauf von Maschinen und Anlagen		202
	7.2.1	Beschaffungsphasen	202
	7.2.2	Macht und Vertrauen in und zwischen Organisationen	205
	7.2.3	Buying Center und Selling Center	209
7.3	Persönlicher Verkauf		213
	7.3.1	Psychologische Grundlagen	214
	7.3.2	Käufer- und Kaufmotive	217
	7.3.3	Kundentypen	218
	7.3.4	Verkaufsstile	222
	7.3.5	Gesprächsführung in Verhandlungen	224
	7.3.6	Verhandlungsabschluss	229
7.4	Angebote und Verträge		231
	7.4.1	Rechtsgrundlagen	231
	7.4.2	Inhalt von Angeboten	235
	7.4.3	Gestaltung von Angeboten	241
7.5	Vertriebssteuerung		242
	7.5.1	Vertriebsplanung	244
	7.5.2	Vertriebliche Kennzahlen	247
	7.5.3	Verkaufsberichtssystem, Verkäuferbeurteilung	249
	7.5.4	Messung der Kundenzufriedenheit	250
	7.5.5	Selbststeuerung mit dem Vertriebstrichter	251

8 Investition und Finanzierung 256

8.1	Begriff der Investition		256
8.2	Verfahren der Investitions- und Wirtschaftlichkeitsrechnung		258
	8.2.1	Nutzwertanalyse	258
	8.2.2	Statische Investitionsrechnungsverfahren	259
	8.2.3	Dynamische Investitionsrechnungsverfahren	263
	8.2.4	Praxis der Investitionsrechnung	268
8.3	Begriff der Finanzierung		268
8.4	Finanzierungsformen		270
	8.4.1	Außenfinanzierung	271

		8.4.2	Innenfinanzierung	273
	8.5		Steuerung der Liquidität	274
	8.6		Finanzanalyse	275

9 Personalmanagement ... 278

	9.1		Strategische Einbindung des Personalmanagements	278
	9.2		Funktionsbereiche des Personalmanagements	280
		9.2.1	Führung	280
		9.2.2	Entlohnung	282
		9.2.3	Beschäftigungspolitik	286
		9.2.4	Arbeitszeitmanagement	288
		9.2.5	Personalentwicklung	290
		9.2.6	Personal-Controlling	291
	9.3		Arbeitsrecht	293
		9.3.1	Individualarbeitsrecht	293
		9.3.2	Kollektivarbeitsrecht	294

10 Qualitäts- und Umweltmanagement ... 299

	10.1	Qualitätsmanagement	299
		10.1.1 Ausgewählte Qualitätsmanagement-Instrumente	299
		10.1.2 Qualitätsmanagementsysteme	307
	10.2	Umweltmanagement	313

Sachwortverzeichnis ... 318

1 Einleitung

Durch die Globalisierung ist die Welt nahe zusammengerückt. International tätige Unternehmen haben die Möglichkeit, ihre Wertschöpfungskette länderübergreifend aufzuteilen, und ihre Kunden kommen aus allen Regionen der Erde. Andererseits ist auch der internationalen Konkurrenz Tür und Tor geöffnet; der Wettbewerbsdruck ist enorm gestiegen. Zu den neuen Rahmenbedingungen gehören:
- weltweite Firmennetzwerke und -strategien,
- Integration der weltweiten Kapital-, Güter und Personalmärkte,
- Mobilität der Produktionsfaktoren,
- weltweit ähnlicheres Konsumentenverhalten.

Für Ingenieurinnen und Ingenieure[*] haben sich die Arbeitsinhalte in den vergangenen Jahren sehr stark gewandelt:
- Konstruktionen müssen an weltweite Kundenbedürfnisse angepasst werden.
- Konstrukteure arbeiten mit externen Büros zusammen.
- Die Produktion wird häufig in Niedrigkostenländer verlagert. Dort müssen Werke errichtet und betrieben werden.
- Der Einkauf ist weltweit tätig und hat eine herausragende Rolle, da der Eigenanteil der Wertschöpfung am Gesamtprodukt immer mehr sinkt.
- Der Einkauf kann nicht mehr durch Betriebswirte geleistet werden, da die technischen Anforderungen durch das verstärkte Outsourcing immer mehr steigen.[**]
- Marketing und Vertrieb erfolgen weltweit, müssen aber auf spezielle regionale und Kundenbedürfnisse zugeschnitten werden.

Zu den Schlüsselfähigkeiten, die heute für beinahe selbstverständlich gehalten werden, gehören neben kommunikativer und (fremd-)sprachlicher Kompetenz auch betriebswirtschaftliche Kenntnisse:
- Schon in der Konstruktion ist ein intensives Kostenbewusstsein nötig, denn dort werden bereits mehr als zwei Drittel der späteren Kosten eines Produkts unwiderruflich festgelegt.
- Die Produktion bestimmt die Kostenseite naturgemäß in starkem Maße.
- Marketing und Vertrieb prägen die Erlösseite.

---

[*] Im Folgenden wird aus stilistischen Gründen stets nur die gebräuchlichere Form gewählt. Gemeint sind stets beide, Frauen und Männer.

Die Rolle der Frau ist, das dürfte sich mittlerweile herumgesprochen haben, ein zentraler Indikator für den Entwicklungszustand einer Gesellschaft. Rückständige Nationen weisen ein besonders großes Bildungs- und Ausbildungsgefälle zwischen den Geschlechtern auf. Es wäre auch von daher ein begrüßenswerter Nebeneffekt der Anreicherung der Ingenieurdisziplinen mit betriebswirtschaftlichen, also originär geisteswissenschaftlichen Inhalten, wenn sich dadurch mehr Frauen in die Ingenieurwissenschaften wagen würden. (Im dualen Bachelor-Studiengang „Technischer Vertrieb" (Wi.-Ing.) der Fachhochschule Hannover war es im WS 2008/09 immerhin schon rund ein Drittel aller Studierenden.)

[**] So setzt die Fa. VW in Wolfsburg und Hannover nur noch Ingenieure im technischen Einkauf ein, am liebsten solche mit gutem betriebswirtschaftlichem Wissen, bspw. Wirtschaftsingenieure.

Damit wächst mehr und mehr zusammen, was eigentlich schon immer zusammengehört hat. Die Betriebswirtschaft als Disziplin entwickelte sich in den Vereinigten Staaten zum Ende des 19. Jahrhunderts aus dem Maschinenbau heraus und wurde maßgeblich von dem Ingenieur *Frederick Winslow Taylor* – er erfand den Schnellarbeitsstahl – geprägt.

Integriertes Denken ist nötig, um nicht nur Teiloptimierungen durchzuführen, sondern das Gesamtunternehmen zur Blüte zu bringen. Auch hat die Betriebswirtschaft immer zwei Seiten, nämlich die der Kosten und die der Erlöse. Nur sparen hilft nicht, denn, so weiß es jeder gute Landwirt, man darf die Kuh nicht nur melken, sondern muss ihr ab und an auch etwas zu fressen geben! Neben einem intensiven Kostenbewusstsein ist gerade in einem Hochlohnland wie Deutschland die Produktqualität von entscheidender Bedeutung. Qualitätsmanagement gehört ebenfalls zu den Aufgaben an der Nahtstelle von Betriebs- und Ingenieurwissenschaft. Auch hier gilt ein landwirtschaftlicher Grundsatz, nämlich: „Vom Wiegen wird die Sau nicht fett!" Das bedeutet, dass Qualität grundsätzlich nicht ermessen, sondern nur erzeugt werden kann. Dennoch: Gerade in Zeiten der weltweiten Kooperation ist eine lückenlose Dokumentation der Prozesskette schon aus Produkthaftungsgründen für jedes Unternehmen überlebensnotwendig.

Wettbewerbsvorteile, und um die geht es in einer Marktwirtschaft immer wieder, entstehen insbesondere durch neue Produkte und Prozesse, heute meist als Innovationen bezeichnet. Hier gilt es, Rahmenbedingungen zu schaffen, die kreatives Denken zum Blühen bringen. Es geht nicht immer nur um Quantensprünge. Richtig betrieben, japanische Hersteller wie Toyota haben es vorgemacht, kann nach und nach aus vielen kleinen Verbesserungen ein massiver Wettbewerbsvorteil erwachsen.

In diesem Buch werden die internationalen betriebswirtschaftlichen Grundlagen vermittelt, mit denen Ingenieure in allen betrieblichen Belangen mitreden können. Die Darstellung erfolgt in abgeschlossenen Unterkapiteln, die einen Überblick über den jeweiligen Bereich vermitteln. Wir hoffen, dass das Buch hilfreich für Praktiker, aber auch für Studierende aller ingenieurwissenschaftlichen Fakultäten ist.

2 Unternehmensstrategien und Marketing

2.1 Märkte

Ein Markt im volkswirtschaftswissenschaftlichen Sinn besteht aus Gruppen potenzieller Käufer und Verkäufer einer bestimmten Ware oder Dienstleistung.[1]

In einem Markt mit sehr vielen Anbietern und Käufern gleichartiger Produkte, beispielsweise Brötchen, weiß jeder einzelne Käufer, dass es eine Vielzahl von Bäckereien gibt, und jeder Bäcker weiß, dass es andere Bäcker mit relativ ähnlichen Produkten gibt. Der Preis und die verkaufte Menge an Brötchen werden nur in einem verschwindend kleinen Maße unmittelbar von einem einzelnen Käufer oder Verkäufer beeinflusst. Sie ergeben sich aus dem Zusammenspiel aller Käufer und Verkäufer auf dem Markt. Man spricht von einem Wettbewerbs- oder Konkurrenzmarkt. Auf Märkten mit vollkommener Konkurrenz (**Polypol**) gilt:

(1) Die angebotenen Güter sind gleich.
(2) Anbieter und Nachfrager sind zahlreich und daher als Einzelne strategieunfähig.

Die Bildung des Marktpreises und der Marktmenge zeigt **Bild 2-1**. Es würden mehr Brötchen verkauft, wenn ihr Preis geringer wäre (Nachfrage). Umgekehrt würden die Bäcker mehr Brötchen anbieten (und möglicherweise mehr Bäckereien bestehen), wenn sie diese teurer verkaufen könnten (Angebot). Die sich ergebenden Funktionen schneiden sich in einem Punkt, dem Marktgleichgewicht. Hier können die Bäcker all ihre unter der Vorstellung des Preises angebotenen Brötchen vollständig an Kunden mit einer entsprechenden Preisbereitschaft verkaufen.

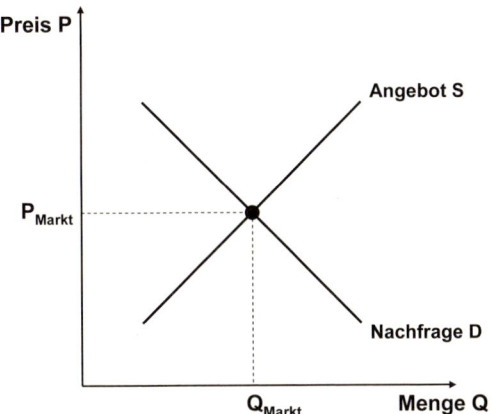

Bild 2-1   Bildung des Marktgleichgewichts aus Angebots- und Nachfragefunktion

Im Polypol auf dem vollkommenen Markt verhalten sich demnach Anbieter wie Nachfrager als Mengenanpasser bzw. Preisnehmer.

Die meisten Märkte, gerade im Industriegüterbereich, sind jedoch nicht vollkommen, d. h. mindestens eine der beiden genannten Bedingungen ist nicht gegeben. Auf unvollkommenen

Märkten gibt es entweder (1) keine gleichartigen Güter bzw. persönliche, räumliche und zeitliche Unterschiede bei Anbietern und Nachfragern sowie fehlende Marktübersicht der Teilnehmer, oder (2) die unvollständige Konkurrenz rührt aus einer geringen Anzahl von Anbietern und/oder Nachfragern her.

Im Extremfall gibt es auf einer Marktseite nur einen Teilnehmer, der den Preis setzen kann. Ein solches so genanntes Monopol hatte die Deutsche Bundespost lange als Anbieter im Telefonbereich.

Bei wenigen Anbietern, aber vielen Nachfragern spricht man vom (Angebots-)Oligopol, welches beispielsweise Automobilhersteller gegenüber den Endkunden besitzen. Solche Unternehmen sind zu Preisstrategien fähig; die Konkurrenz ist aber groß genug, dass sie sich – möglichst nur zeitweilig – auf Preiskämpfe einlassen.

Große Bedeutung gerade im Industriegüterbereich hat die Marktform der monopolistischen Konkurrenz. Zwar gibt es eine Vielzahl von Anbietern und Nachfragern, doch die Güter unterscheiden sich so stark, dass der einzelne Anbieter Spielräume für eigene Preissetzungen hat. Dies gilt z. B. oft für Software im PC-Bereich.[2]

Eine wesentliche Funktion des Marketings in Unternehmen ist es, solche Märkte aufzuspüren oder zu schaffen, in denen dem Unternehmen preisliche Spielräume eröffnet werden. Das sind Märkte, in denen es nur wenige Anbieter gibt und/oder besondere Güter hergestellt werden.[3] Dieses geschieht insbesondere durch die so genannte Marktsegmentierung. Auf diese wird im Folgenden, im Anschluss an eine Charakterisierung unterschiedlicher Märkte, näher eingegangen.

2.1.1 Marktbeschreibung

Der Begriff Markt wird im Marketingbereich benutzt, um sichtbare Orte des Güteraustauschs (Wochenmarkt, Flohmarkt etc.) und den Internet-Güteraustausch (virtuelle Märkte) zu charakterisieren, ferner verkürzt als Sammelbegriff für Angebotskategorien (z. B. Reisemarkt) und Kundenzielgruppen (z. B. Seniorenmarkt).

Aus der Sicht eines spezifischen Unternehmens befinden sich die Marktteilnehmer in einem strategischen Dreieck **(Bild 2-2)**. Im Markt gibt es konkurrierende Unternehmen, mit denen sie um die Gunst der Kunden wetteifern, und möglicherweise Absatzmittler (z. B. Handelsketten im Lebensmittelbereich).

Märkte können durch sieben W-Fragen der Marktbeschreibung charakterisiert werden:

(1) Wer bildet den Markt? Die Frage zielt auf die Marktteilnehmer ab, also alle Anbieter und Nachfrager.
(2) Was wird verkauft bzw. gekauft? Dieses können Produkte und/oder Dienstleistungen sein.
(3) Wie groß ist der Markt? Hier wird nicht nur nach der tatsächlichen aktuellen Marktgröße gefragt, sondern nach dem gesamten Marktpotenzial.
(4) Wer verkauft bzw. kauft? Diese Frage zielt nicht auf Institutionen ab, sondern auf die handelnden Personen, also die Kaufakteure.
(5) Warum wird gekauft? Kaufziel kann die Stillung von Bedarf, Bedürfnissen oder Wünschen sein.
(6) Wo findet der Kaufvorgang statt? Der Kaufort (POS) soll benannt werden. Das kann ein schickes Geschäft sein; im Maschinen- und Anlagenbau mag auch ein anonymes Büro in

einem Flughafenhotel zweckdienlich sein, um die Kaufverhandlungen zum Abschluss zu bringen.
(7) Wie läuft der Kaufvorgang ab? In den meisten Branchen haben sich gewisse Marktspielregeln herausgebildet, also ungeschriebene Regeln, wie ein Geschäft abgewickelt wird. Häufig gibt es dabei sehr starke regionale Unterschiede, die gerade im internationalen Geschäftsleben zu beachten sind.

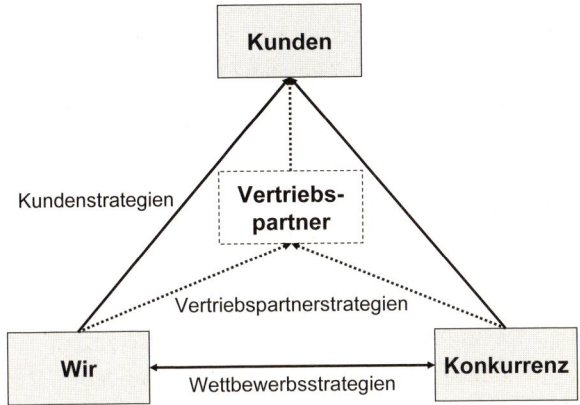

Bild 2-2   Marktteilnehmer im strategischen Dreieck[4]

Märkte werden ganz wesentlich von Umweltbedingungen beeinflusst, also von Gesetzen, verfügbaren Ressourcen, internationalen Regeln (Zölle, Einfuhrbeschränkungen etc.), dem technologischen Fortschritt, der öffentlichen Meinung usw. Diese Einflüsse müssen in Marketingüberlegungen einbezogen werden.[5]

2.1.2 Kundengruppenbezogene Marktdifferenzierung

In Märkten werden Sachgüter (materielle Güter) und/oder Dienstleistungen (immaterielle Güter wie Dienste, Rechte, Ideen) verkauft. Service wird mitunter nicht direkt veräußert, sondern scheinbar unentgeltlich mitgeliefert. Letztlich müssen aber die verursachten Kosten auf die fakturierten Preise umgelegt werden.[6] Von daher wird hier einer von manchen Autoren vorgenommenen Aufteilung in Service (unentgeltlich) und Dienstleistung (entgeltlich) nicht gefolgt, sondern beide Begriffe synonym verwendet, wie das umgangssprachlich ohnehin geschieht.

Sachgüter werden je nach Kundengruppen in Konsumgüter, Investitionsgüter und Öffentliche Güter unterteilt. Alle Gütergruppen können, wie **Bild 2-3** zeigt, noch weiter untergliedert werden, wobei im Investitions- oder Industriegüterbereich unterschiedliche Charakterisierungsschemata angewendet werden.[7]

Folgende amerikanische Kurzbezeichnungen haben sich mittlerweile eingebürgert:
- B2C = ***business to consumer***, d. h. Verkauf von Konsumgütern an private Endverbraucher;
- B2B = ***business to business***, d. h. Verkauf an dem Endverbrauch vorgelagerte Wertschöpfungsstufen (Unternehmen);
- B2A = ***business to administration***, d. h. Verkauf an öffentliche Auftraggeber.

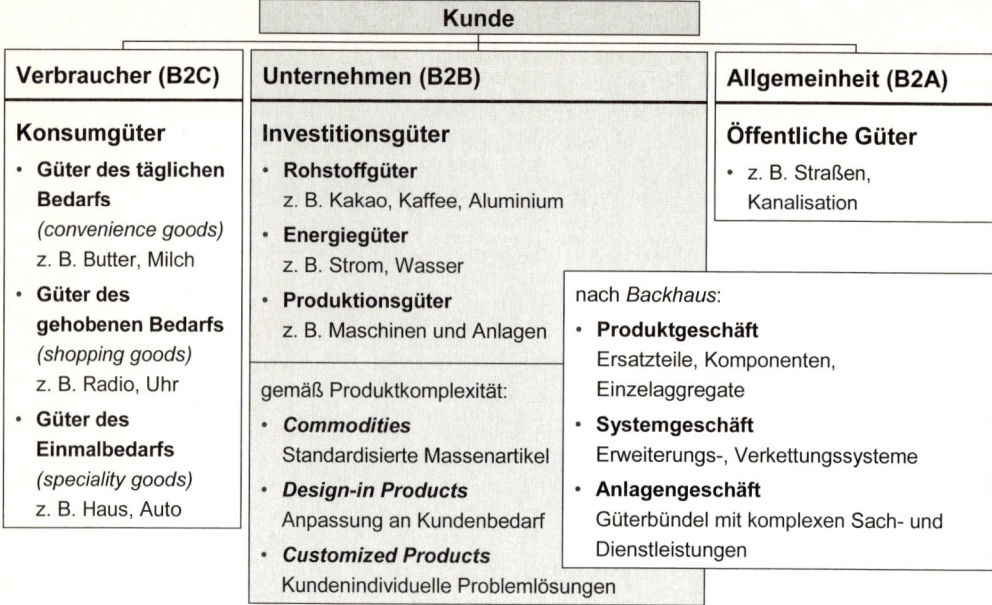

Bild 2-3 Einteilung der Sachgüter nach Kundengruppen[8]

Um komplexe Produkte wie beispielsweise Flugzeuge anbieten zu können, sind mehrere Stufen der Wertschöpfung zu durchlaufen, in die eine Vielzahl internationaler Unternehmen eingebunden sind.

Am Ende jeder Wertschöpfungskette steht ein B2C-Verkauf, was am Beispiel Flugzeug verdeutlicht werden kann. Eine Wertschöpfungskette könnte lauten: Rohstoff → Stahlherstellung → Tragwerkbau → Flugzeugmontage → Verkauf an Fluggesellschaft → Charterflug von Urlaubern.

2.1.3 Marktsegmentierung

„If you're not thinking segments, you're not thinking."

Theodore Levitt[9]

Marktsegmentierung ist der Prozess, durch welchen Firmen erkennen, dass zwei oder mehr Kundengruppen ein unterschiedliches Kaufverhalten haben und insbesondere auf bestimmte Produkteigenschaften unterschiedlich reagieren.

Der Segmentierungsprozess verläuft wie folgt (vgl. **Bild 2-4**):

(1) Käufer mit ähnlichen Merkmalen werden zu Gruppen, den Marktsegmenten, zusammengefasst. Möglichst exakte Profile dieser Segmente werden erstellt.
(2) Die Attraktivität der einzelnen Segmente (z. B. Segmentgröße, Preisbereitschaft der Kunden) wird bewertet und verglichen. Zielsegmente werden ausgewählt.
(3) Das Angebot und die Kundenansprache werden möglichst genau auf die jeweiligen Zielsegmente ausgerichtet.[10]

2.1 Märkte

Vorteile der Marksegmentierung liegen hauptsächlich darin, statt eines Massenmarktes mit hohem Marktdruck und Preiswettkämpfen einen zwar kleineren, aber durch eine geringere Konkurrenz dennoch profitableren Bereich vorzufinden. Marktsegmentierung trägt auch zu einem tieferen Verständnis des Käuferverhaltens bei.

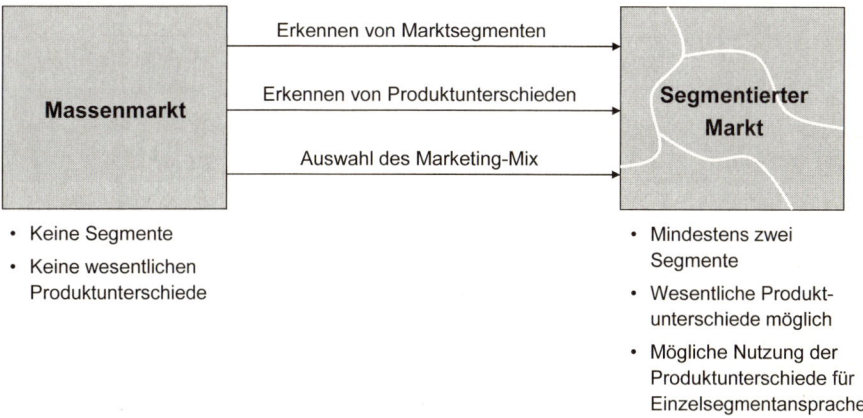

Bild 2-4 Marktsegmentierung[11]

Ein Beispiel für die anhaltende Segmentierung eines Marktes gibt der Automobilmarkt. Noch in den 1960er Jahren gab es im Allgemeinen nur ein Auto je Familie, welches dann entweder eine Limousine oder Kombi war, daneben noch die Variante Sportwagen für kühne Individualisten. Mit steigender Erwerbstätigkeit von Frauen und gleichzeitig steigendem Durchschnittsverdienst wurden Zweitwagen in großer Zahl benötigt und erschwinglich. Nach und nach erkannte man immer neue Marktchancen, so dass heute eine komplexe Segmentlandschaft entstanden ist. **Bild 2-5** zeigt das am Beispiel des amerikanischen Automobilmarkts.

Und noch ein Beispiel für Segmentierung ist zwischen den Zeilen der Grafik zu erkennen. Während VW in Europa der umsatzstärkste Hersteller ist und einen Gesamtmarktanteil von ca. 19 % besitzt, führt die Marke in den USA ein Nischendasein mit lediglich 1,4 % Gesamtmarktanteil. VW ist mit wenigen Modellen wie dem Jetta und dem Beetle lediglich in gut einem Viertel des Marktes überhaupt vertreten.

Hat VW in Deutschland ein eher konservatives Image, so steht die Marke in Amerika seit den legendären Käfer- und Bully-Zeiten der Hippie-Ära für ein freies jugendliches Lebensgefühl. Amerikanische VW-Käufer sind

- mehrheitlich weiblich (zu 52 %),
- jung (mit 42 Jahren Durchschnittsalter der Käufer ist VW die zweitjüngste Automobilmarke Amerikas),
- gut ausgebildet (63 % Hochschulabsolventen) und
- relativ wohlhabend (ca. 10 % reicher als der amerikanische Durchschnitt).[12]

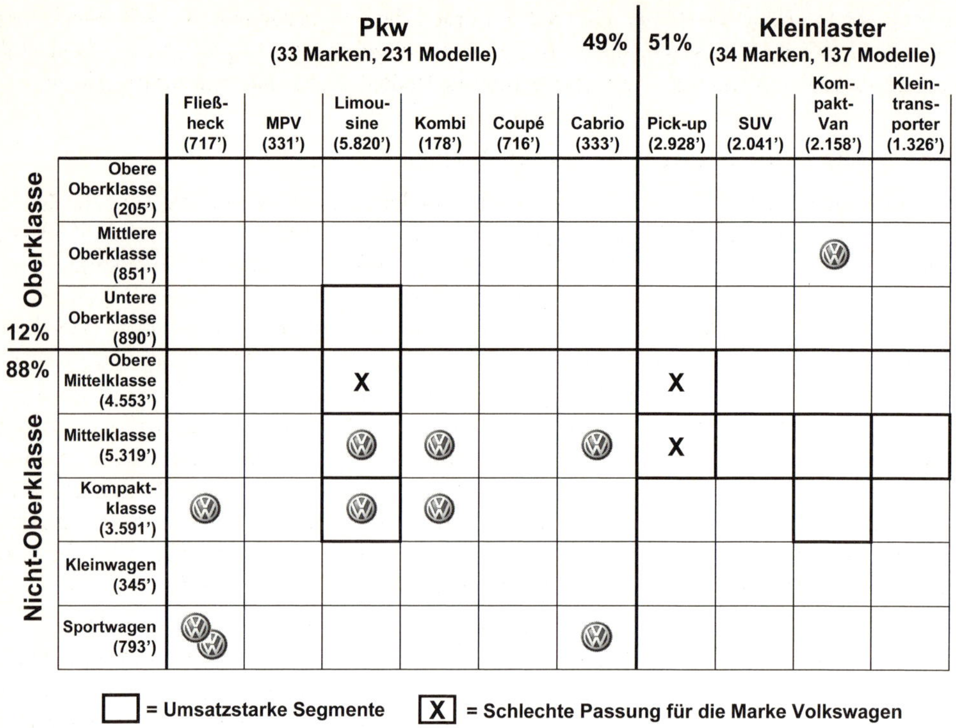

		Pkw (33 Marken, 231 Modelle)						49%	51%	Kleinlaster (34 Marken, 137 Modelle)		
		Fließ-heck (717')	MPV (331')	Limou-sine (5.820')	Kombi (178')	Coupé (716')	Cabrio (333')	Pick-up (2.928')	SUV (2.041')	Kom-pakt-Van (2.158')	Klein-trans-porter (1.326')
Oberklasse 12%	Obere Oberklasse (205')										
	Mittlere Oberklasse (851')									ⓥ	
	Untere Oberklasse (890')										
Nicht-Oberklasse 88%	Obere Mittelklasse (4.553')			X					X		
	Mittelklasse (5.319')			ⓥ	ⓥ			ⓥ	X		
	Kompakt-klasse (3.591')	ⓥ		ⓥ	ⓥ						
	Kleinwagen (345')										
	Sportwagen (793')	ⓥⓥ					ⓥ				

☐ = Umsatzstarke Segmente   X = Schlechte Passung für die Marke Volkswagen

Bild 2-5   Segmente des amerikanischen Kraftfahrzeugmarktes: Verkaufszahlen im Jahr 2007 (in Tsd.), Tätigkeitsbereiche der Marke VW[13]

2.2 Einführung und Definition des Marketingbegriffs

Schon in prähistorischer Zeit haben Menschen Güter untereinander ausgetauscht und dabei weder weite Wege noch sonstige große Mühen gescheut, um an nützliche oder schöne Dinge zu gelangen. Im antiken Griechenland wurden Waren zu Marktplätzen gebracht und gegen Naturalien, aber auch schon gegen Münzgeld getauscht. Auch damals kamen bereits elementare Prinzipien dessen, was wir heute unter dem Begriff Marketing verstehen, zum Tragen:

− Der Güteraustausch kommt nur dann zustande, wenn er für beide Seiten vorteilhaft ist. Der Vorteil muss sowohl absolut sein – der Nachfrager möchte ein Bedürfnis befriedigen, der Verkäufer einen Gewinn erzielen – als auch relativ, indem das vergleichsweise günstigste bzw. nutzbringendste Erzeugnis unter mehreren ge- bzw. verkauft wird. Man nennt diese grundlegende Bedingung das Gratifikationsprinzip.

− Anbieter und Nachfrager haben nur begrenzte Ressourcen (Zeit, Geld, Rohstoffe, Produktionsmittel etc.) zur Verfügung. Im dadurch gesetzten Rahmen werden sie danach streben, ihren jeweiligen Nutzen zu maximieren. Hier kommt das Knappheitsprinzip zum Tragen.[14]

Zu einer regelrechten Wissenschaft wurde Marketing im Laufe des industriellen Wandels der Welt. Bis zum Ende des 19. Jahrhunderts gab es, auch in Europa, einen erheblichen Mangel an Gegenständen des täglichen Bedarfs (teilweise auch noch an Nahrungsmitteln). Durch die fortschreitende Industrialisierung wurden immer mehr Dinge kostengünstig erzeugt und für immer mehr Menschen verfügbar. Zunächst wurden die Gegenstände den Produzenten förmlich aus den Händen gerissen. Heute, im Zeichen weitgehend gesättigter Märkte, kommt der Schaffung und Erschließung neuer Märkte zentrale Bedeutung für jedes Unternehmen zu.

2.2.1 Historische Entwicklung des Marketings

Marketing findet nicht im luftleeren Raum statt, sondern nimmt stets Bezug auf jeweils herrschende politisch-gesellschaftliche Rahmenbedingungen, die auch durch technische Entwicklungen geprägt werden. Erst die Massenherstellung von Gütern schuf die notwendigen Voraussetzungen für die Entwicklung einer Marketingwissenschaft. Die Massenfertigung gelang auf der Grundlage im späten 18. Jahrhundert vorwiegend in England gemachter bahnbrechender technischer Erfindungen der Hüttentechnik (Stahlherstellung), Metallbearbeitung (Werkzeugmaschine) und der Energienutzung (Dampfmaschine). Der auf der Großserienfertigung gleicher Teile und der arbeitsteiligen Produktion basierende Austauschbau wurde in Amerika im frühen 19. Jahrhundert erstmalig in großem Stil für die Waffenherstellung eingesetzt, wobei bereits Fräs- und andere Werkzeugmaschinen zum Einsatz kamen.[15] Das Fertigungsprinzip wurde dann auf zivile Nutzungsbereiche übertragen und ermöglichte beispielsweise die massenweise Herstellung hochwertiger Konsumgüter wie Nähmaschinen (ab 1850)[16], Schreibmaschinen (ab 1874), Fahrräder (ab 1880), schließlich Kraftfahrzeuge (ab 1900).[17]

Mit der stürmischen technischen und wirtschaftlichen Entwicklung ging auch die wissenschaftliche Durchdringung und Verbesserung der technischen und organisatorischen Bedingungen einher. Zum Pionier der Betriebswirtschaftslehre wurde der Ingenieur *Frederick W. Taylor* (1856-1915), der frühzeitig erkannte, dass größere Betriebe und Massenfertigung nur mit neuen Organisationsstrukturen wirklich effizient gehandhabt werden konnten.[18] Im Bereich des Güterabsatzes gab es noch vor dem Ersten Weltkrieg bereits umfangreiche Publikationen in Deutschland, in denen der Begriff „Marketing" allerdings noch nicht auftauchte. Er wurde in den USA erstmals im Jahre 1906 schriftlich verwendet und setzte sich dort bereits in den 1920er Jahren durch. Erst in den 1960er Jahren wurden die traditionellen Begriffe „Absatzpolitik" bzw. „Absatzwirtschaft" nach und nach auch im deutschen Sprachraum durch „Marketing" verdrängt.[19]

Bereits in der Zeit vor dem Ersten Weltkrieg wurden Güter in großer Zahl ex- bzw. importiert. Die entsprechenden Quoten lagen im Weltdurchschnitt schon bei ca. 10 %. Dieser Wert sollte erst in den frühen 70er Jahren des 20. Jahrhunderts wieder erreicht werden. Deutschland exportierte im Jahre 1913 bereits 19 % (!) seiner Güter.[20] Globalisierung ist also kein plötzlich aufgetretenes Phänomen unserer Tage, ebenso wenig die Erschließung weltweiter Märkte. Sie wurde jedoch durch die großen kriegerischen Konflikte der ersten Hälfte des 20. Jahrhunderts vorübergehend zurückgedrängt und durch die resultierende Trennung in von Amerika und von Russland beherrschte Hemisphären stark gehemmt.

Durch die politische Entwicklung bis in die 1940er Jahre, vorwiegend gekennzeichnet durch Weltkriege und Weltwirtschaftskrise, ergab sich in den folgenden Jahren ein enormer Aufholbedarf der Konsumenten. Marketing konnte sich überwiegend auf eine Warenverteilfunktion beschränken **(Bild 2-6)**; es bestand demnach bis in die 1950er Jahre in erster Linie aus Distribution bzw. Logistik.

Nach dem Wirtschaftswunder folgten in den 1960er Jahren erste Krisenanzeichen, in denen nunmehr versucht wurde, den Käufer durch Werbung zu beeinflussen.

In den 1970er Jahren gewann der Handel mehr und mehr Bedeutung. Im Zuge von Krisenerscheinungen und Marktsättigungstendenzen stand die systematische Suche nach neuen Geschäftsfeldern mehr und mehr im Unternehmensfokus. Das Marketing erweiterte seine Kompetenzen nach und nach auf die strategische Unternehmensplanung.

Jahr	1950	1960	1970	1980	1990	2000
Politischer Rahmen	Kalter Krieg		Ölkrise		Mauerfall Marktöffnung	
Markttrend	Befriedigung von Grundbedürfnissen	Entwicklung von Wohlstand	erste Sättigungstendenzen	gesättigte Märkte	weltweiter Kostendruck	
Operativer Trend	Kapazitätsausbau	Kapazitätsmanagement Distribution	Neue Märkte (expandieren, diversifizieren)	Verdrängung	Konzentration, Verschlankung	Verstärkte Kooperation
Strategische Ausrichtung			Diversifikation	Wettbewerb Zielgruppe	Alleinstellung Wertschöpfung	Integration Kooperation
Paradigma	Verteilen	Verkaufen	Marketing	Strategie		

Bild 2-6   Zusammenhang der gesellschaftlichen Rahmenbedingungen und der Wettbewerbssituation

Nachdem neue Märkte immer weniger zu erkennen waren, konnte ein Wachstum in erster Linie nur noch auf Kosten der Wettbewerber erzielt werden. In den 80er Jahren standen daher Wettbewerbsvorteile im Mittelpunkt der Überlegungen.

Mit Öffnung der Märkte im Osten ab 1990 veränderte sich die Wertschöpfungskette in vielen Bereichen. Die globale Arbeitsteilung wie die weltweiten Märkte stellten die Unternehmen vor große und insbesondere kapitalintensive Anforderungen. Folglich mussten Aktivitäten stärker fokussiert und Nebentätigkeiten ausgegliedert werden.

Ganz neue Möglichkeiten des Ein- und Verkaufs, aber auch der internationalen Kooperation wurden auch durch die Entwicklungen der Informations- und Kommunikationstechnologie geschaffen, die das industrielle Bild spätestens seit der Jahrtausendwende prägen.[21]

2.2.2 Marketing als duales Führungskonzept

Im Laufe der letzten Jahrzehnte hat sich die Bedeutung des Begriffs Marketing mehrfach gewandelt. Heute wird darunter im Sinne einer marktorientierten Unternehmensführung zweierlei parallel verstanden:

- Marketing ist, genau wie Produktion, eine Unternehmensfunktion mit spezifischen Kompetenzen, z. B. Marktforschung, Markenführung.
- Marketing ist ein Leitbild, was auf die Ausrichtung aller Unternehmensaktivitäten auf den Nachfragernutzen abzielt.[22]

2.2 Einführung und Definition des Marketingbegriffs

Im Fokus stehen nicht, wie noch bis in die 1970er Jahre, der Entwicklung nachgeschaltete Einzelaktivitäten wie Verkaufsunterstützung oder Werbung, sondern eine prozessorientierte Denkweise, die den Kundennutzen von Anfang an berücksichtigt **(Bild 2-7)**.

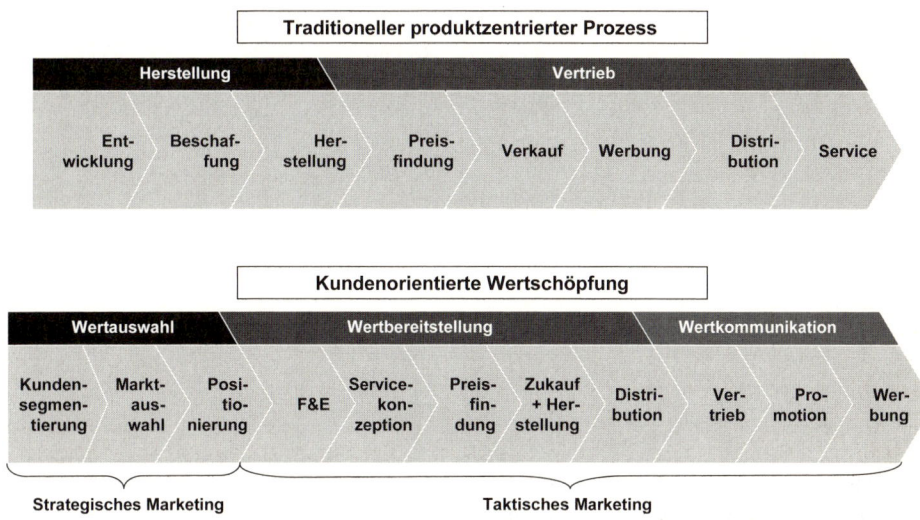

Bild 2-7   Kundenorientierte Wertschöpfung[23]

Damit stehen auch nicht mehr nur operativ-taktische Überlegungen im Vordergrund, bei denen nach unabhängig vom Marketing erfolgter Produktentwicklung ein Produkt in einen vorher nicht genau definierten Markt gedrückt wird, sondern Produkte werden auf erkannte Marktbedürfnisse abgestimmt. Manchmal werden sogar Marktbedürfnisse nicht nur erkannt, sondern auch beeinflusst oder erst geweckt, was gerade bei echten Innovationen meist unumgänglich ist.

Modernes Marketing zielt nicht mehr nur auf Märkte ab *(market based view)*, sondern berücksichtigt auch die verfügbaren Unternehmensressourcen wie F&E und Produktion *(competence based view)*. Es bildet damit einen wesentlichen Teil des unternehmerischen Zielsystems.[24]

2.2.3 Das Marketing-Zielsystem (Zielpyramide)

In einem gut funktionierenden Unternehmen sind die Tätigkeiten einzelner Bereiche aufeinander abgestimmt und dienen einem höheren Ganzen. Kurzfristige taktische Überlegungen richten sich, zumindest unterschwellig, auch nach eher langfristigen strategischen Erfordernissen aus. Ein anschauliches Bild dieser Überlegungen vermittelt die unternehmerische Zielpyramide **(Bild 2-8)**. Ihre Elemente werden im Folgenden erläutert.[25]

Unternehmensvision, Geschäftsidee

Auch wenn Altbundeskanzler *Helmut Schmidt* einmal bemerkte: „Wer Visionen hat, soll zum Arzt gehen!" – eine angemessene Unternehmensvision kann zu einer Kraftquelle und Inspiration einer Unternehmung werden. Eine solche Vision ist eben keine Utopie, sondern ein ehrgeiziges, glaubwürdiges und einprägsames Leitbild. Bekannt ist die heute nahezu reale Vision von Microsoft: Ein Computer sollte in jedem Haushalt stehen. Als diese Vision formuliert wurde, erschien sie nahezu utopisch, jedenfalls völlig unrealistisch.

Etwas bescheidener kommt der Begriff Geschäftsidee daher. Unternehmer, gerade auch Unternehmensgründer, sollten mindestens in der Lage sein zu benennen, wie ihr Produkt bzw. ihre Dienstleistung einem genau zu beschreibenden Kundenkreis nützt und wie es sich vom Wettbewerb abhebt.

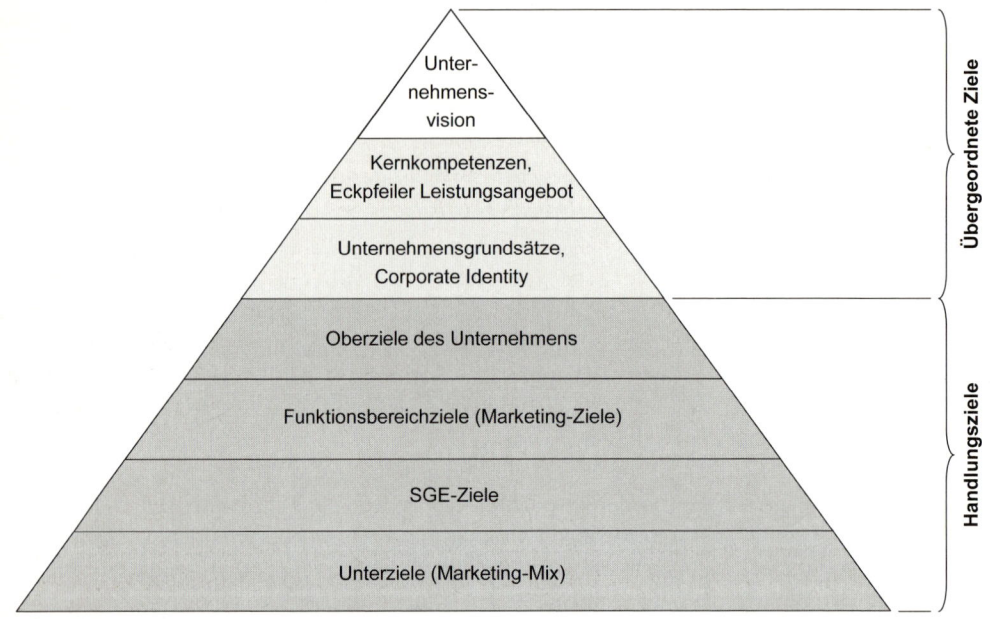

Bild 2-8   Unternehmerische Zielpyramide[26]

Kernkompetenzen, Eckpfeiler des Leistungsangebots

Hier kommt der *competence based view*, also eine Betrachtung des eigenen Könnens, ins Spiel. Auch für Unternehmen reicht es nicht, etwas zu wollen, beispielsweise eine Marktlücke zu füllen – sie müssen es auch können. Kernkompetenzen sind Schlüsselfähigkeiten, auf deren Basis eine Vielzahl von Produkten mit von Kunden für wichtig erachteten Merkmalen gestaltet werden können. Kernkompetenzen sind schwer imitierbar, dauerhaft vorhanden und eröffnen den Zugang zu ganz unterschiedlichen Geschäftsfeldern.

> Beispielhaft für Kernkompetenzen seien die Felder Kautschuktechnologie und Elektronik der Continental AG genannt. Einzeln oder in Kombination eingesetzt entstehen vielfältige Produkte wie Reifen, Dämpfungselemente, ABS- und ESP-Systeme, Motorsteuerungen, Transportbänder. Die Kunden entstammen vornehmlich dem Automotive-Bereich, aber auch anderen industrielle Sektoren.

Unternehmensgrundsätze, Corporate Identity

Die Corporate Identity ist ein Oberbegriff für das Verhalten, die Kommunikation, das Erscheinungsbild und das Selbstverständnis eines Unternehmens. Dieses durch Tradition und gegenwärtiges Management geprägte Selbstbild wirkt nach innen auf die Mitarbeiter, aber auch nach außen. Es produziert in der Öffentlichkeit ein Image des Unternehmens, welches zum Leistungsangebot des Unternehmens passen sollte.

Häufig werden Unternehmensgrundsätze und -leitlinien formuliert, mit denen die Firmenidentität konkretisiert wird. So hat die Continental AG den Bezug auf Grundwerte, ethischen Normen wie Integrität, Ehrlichkeit sowie Gesetzestreue in einem Verhaltenskodex festgehalten, an dem sich – nach eigener Aussage – die Unternehmenskultur orientiert.

Oberziele des Unternehmens

Auf der Basis der langfristigen Vorgaben müssen nun konkrete Markthandlungen erfolgen. Die Gesamtunternehmung sollte, um ihren Bestand zu sichern, gewisse Rentabilitätsziele erreichen. Voraussetzung dafür ist ein gesunder Gewinn. Dazu tragen Marktleistungsziele (z. B. Produkt- und Servicequalität) sowie Marktstellungsziele (z. B. Umsatz, Marktanteile) bei.

Heute setzt sich mehr und mehr die Erkenntnis durch, dass gesunde Unternehmen auch soziale und Umweltschutzziele nicht vernachlässigen sollten, da die weltweiten Ressourcen erkennbar knapper werden. Geschieht dies nicht, werden auch eventuelle Macht- und Prestigeoberziele wie Unabhängigkeit und gesellschaftlicher Einfluss gefährdet. Das musste beispielsweise die amerikanische Automobilindustrie in jüngster Zeit leidvoll erfahren, welche in ihrer Modellpolitik keine rechtzeitige Antwort auf hohe Ölpreise und Klimaschutzanforderungen gefunden hat.

Ziele der Funktionsbereiche

Die gefundenen Oberziele müssen jetzt in Teilziele einzelner Planungseinheiten heruntergebrochen werden. Diese Planungseinheiten sind einerseits übergeordnete Funktionsbereiche, andererseits einzelne strategische Geschäftseinheiten mit klar umrissenem Produkt- und Kundenkreis.

Auf Ebene der Funktionsbereiche werden den umsatzverantwortlichen Abteilungen Erfolgs- und Kostenziele zugeordnet, den nicht umsatzverantwortlichen Ressorts dagegen nur Kosten- und Effizienzziele.

Allerdings bemüht man sich, so viele Unternehmensteile wie möglich in die kundenbezogenen Leistungsbereiche einzubinden, ihnen also Erfolgsziele zuzuordnen. Die geschieht durch Bildung funktionsübergreifender strategischer Geschäftseinheiten.

Ziele strategischer Geschäftseinheiten

Strategische Geschäftseinheiten sind handhabbare marktbezogene Planungseinheiten. Sie können sehr unterschiedlicher Natur sein, beispielsweise:

- organisatorische Unternehmenseinheiten *(business units)* wie Konzernteile, Tochtergesellschaften, Vertriebsabteilungen o. Ä.,
- anwendungsbezogene Planungseinheiten wie Produkt-Markt-Segmente,
- Kundengruppen,
- Vertriebskanäle.

Die Felder können durchaus überlappend sein; bei der Summenbildung der Einzelziele entsteht auf alternativen Wegen stets ein Oberziel der Gesamtunternehmung.

Unterziele

Die Unterziele, vielfach auch Instrumentalziele genannt, dienen zur Zielerreichung einer Planungseinheit. Sie werden einzelnen Maßnahmen zugeordnet. Im Marketingbereich erhalten beispielsweise einzelne Bereiche wie Außendienst und Werbung Erfolgs- und Budgetziele. So wird ein Werbeetat vorgegeben, mit dessen Hilfe das Unterziel einer gewissen Markenbekanntheit erreicht werden soll.

Alle unter dem Begriff Marketing-Mix zusammengefassten operativen Marketingmaßnahmen können mit Unterzielen verknüpft werden.

2.2.4 Unternehmerische Planungsprozesse

Die unternehmerische Planung bezieht die unternehmerische Zielpyramide ein, folgt ihren Ebenen jedoch nicht exakt. Vielmehr wird, unter Berücksichtigung bestimmter vorab zu analysierender Rahmenbedingungen, den Bezugsebenen

- Unternehmen,
- Geschäftsfeld,
- Funktionsebene

gefolgt. Dabei werden im jeweiligen Geschäftsfeld strategische Marketingentscheidungen getroffen, so dass sich die in **Bild 2-9** dargestellte Vorgehensweise ergibt.

Ebene	Horizont	verantwortlich	Aufgaben	Problematik
Analyse der Umwelt und des Unternehmens				
Planungsprozesse				
Strategische Unternehmens-planung	ca. 10 Jahre	Oberes Management	Definition strategischer Geschäftsfelder (Zielmärkte, Produktprogramm) Bestimmung der strategischen Stoßrichtung (Kostenführerschaft, Differenzierung) Ressourcenzuordnung auf SGEs	Prognose
Strategische Marketing-planung	ca. 1-3 Jahre	Oberes/ Mittleres Management	Festlegung von SGE-Zielen Entwicklung von SGE-Strategien (Markt-, Wettbewerbsstrategien) Ableitung von Instrumentalzielen Festlegung des Marketingbudgets	Exakte Festlegung von Werten
Operative Marketing-planung	max. 1 Jahr	Mittleres/ Unteres Management	Festlegung der Instrumentalziele Bestimmung der Maßnahmen Festlegung der Maßnahmenbudgets	Optimale Koordination der Maßnahmen
Ausführung				
Kontrolle				

Bild 2-9   Unternehmerische und Marketingplanung[27]

Wesentlich für das Verständnis ist, dass auf der Ebene der strategischen Unternehmensplanung Entscheidungen für das Gesamtunternehmen getroffen werden. Insbesondere werden strategische Geschäftsfelder und -einheiten definiert. Diese leiten dann ihre Strategien aus der der Gesamtunternehmung ab. Das bedeutet nun aber nicht, dass alle SGEs einheitlich agieren, meist ist es sogar ganz anders, und zwar aus folgenden Gründen:

- Wie die einzelnen Organe eines Körpers spielen die Geschäftseinheiten unterschiedliche Rollen im unternehmerischen Organismus. Einige müssen möglicherweise im laufenden Geschäft hohe Gewinne erbringen, andere sind eher zukunftsgerichtet und werden quersubventioniert.
- Die vom Kunden spürbaren Nutzenvorteile einzelner SGEs können unterschiedlicher Natur sein, z. B. überlegene Qualität, Preis etc. Entsprechend muss das Vorgehen angepasst werden.

Die Darstellung in den folgenden Unterkapiteln folgt dem Ablauf der Marketingplanung von der Analyse bis zur operativen Planung. Sie gliedert sich demnach in

- Analyse der Ausgangssituation des Unternehmens,
- strategische Unternehmensplanung,
- strategische Marketingplanung,
- operative Marketingplanung.

2.3 Analyse der Ausgangssituation des Unternehmens

Heute hat sich das System der Marktwirtschaft nahezu weltweit durchgesetzt. Der Austausch von Gütern und Dienstleistungen erfolgt in mehr oder weniger freien Märkten; die Koordination von Angebot und Nachfrage gelingt durch den Preismechanismus, die „goldene Hand des Marktes" *(Adam Smith)*.

Konkurrenz gehört zu diesem System wie das Salz zur Suppe: Sie hält jedes Unternehmen zu ständigen Verbesserungen an, um im gnadenlosen Wettbewerb um die Kundengunst die Nase vorn zu haben. Kein Wunder, dass Unternehmen danach trachten, diesem Druck wenigstens zeitweise zu entkommen – keine Firma würde sich über eine Alleinstellung im Markt, also ein Monopol, ernsthaft beschweren. Innovationen helfen, die durch Konkurrenz geprägten Marktbedingungen wenigstens zeitweise außer Kraft zu setzen, indem sie klare Alleinstellungsmerkmale schaffen.

Marketing stellt Methoden bereit, um die Situation von Unternehmen im Wettbewerbsumfeld zu analysieren und durch geeignete Maßnahmen zu verbessern. Dabei werden die in **Bild 2-10** aufgezeigten Ebenen

- Makroumfeld (globale Umwelt),
- Mikroumfeld (Wettbewerbsumfeld),
- Unternehmensstruktur (Stärken/Schwächen der Unternehmung)

einbezogen.

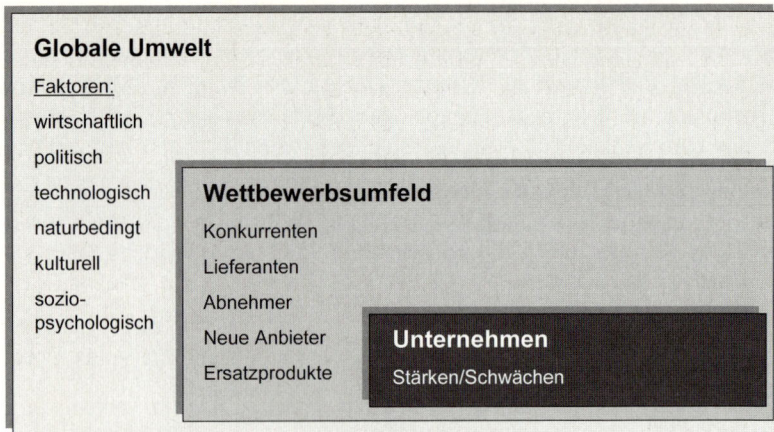

Bild 2-10   Betrachtungsebenen der Unternehmensanalyse

Die Ebenen sind auf vielfältige Art miteinander verknüpft. So beeinflussen bspw. die weltweite Ressourcenverteilung (z. B. Verfügbarkeit von Öl) und die politische und gesellschaftliche Entwicklung (z. B. Gewährung von Freiheitsrechten in China) das Verhalten von Produzenten und Konsumenten im Automobilweltmarkt. Die sich verändernden Konsumentenwünsche werden von Fahrzeugherstellern in ihrer Modellpolitik unterschiedlich gut verstanden, was die Marktstellung der Hersteller verändert.

Ein Beispiel zeigt, wie stark veränderte Rahmenbedingungen die strategische Ausgangsposition einzelner Unternehmen verändern können (**Bild 2-11**).

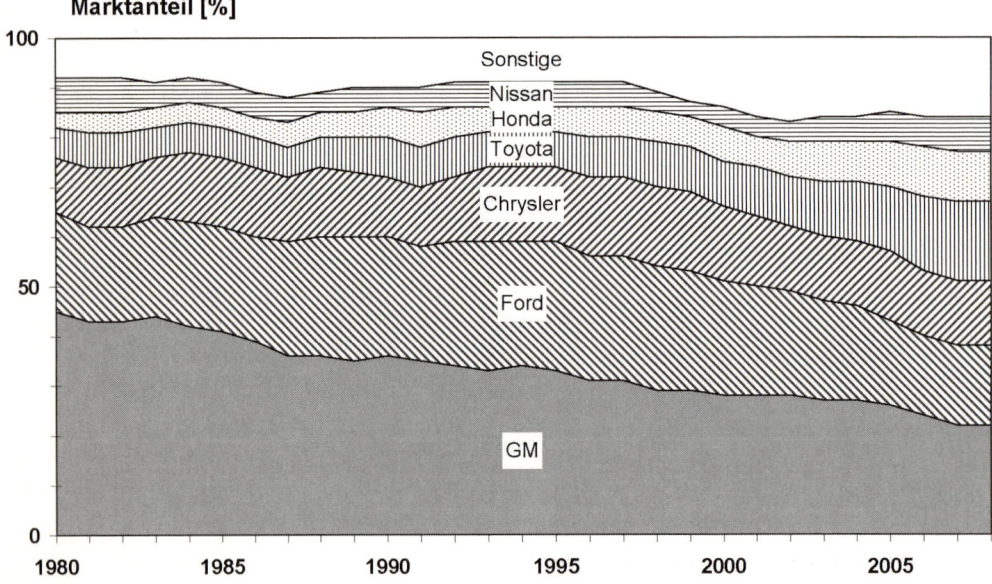

Bild 2-11   Marktanteile im US-Automarkt[28]

2.3 Analyse der Ausgangssituation des Unternehmens

Die jahrzehntelang ungefährdete Stellung der amerikanischen Hersteller im Heimatmarkt wurde seit Beginn der achtziger Jahre durch die relativ preisgünstigen, dabei dennoch qualitativ überlegenen japanischen Hersteller mehr und mehr erodiert. Technisch hat die amerikanische Automobilindustrie einen enormen Nachholbedarf, der sie spätestens Ende 2008 zum Sanierungsfall machte. Die *Big Three* waren nicht mehr in der Lage, aus eigener Kraft auf die insbesondere durch steigende Ölpreise (Makroumfeld) und die Innovationskraft japanischer Hersteller (Mikroumfeld) zu reagieren. Vermutlich auf der Grundlage unzureichender Analysen wurden also durch die amerikanischen Autobauer spätestens seit 1995 den weltweiten Veränderungen nicht mehr Rechnung tragende Strategien fortgesetzt – mit den späteren fatalen Folgen.

Bevor strategische Analysewerkzeuge genauer vorgestellt und Unternehmensstrategien abgeleitet werden, erscheint es hilfreich, zwei für die Unternehmensführung elementare Zusammenhänge näher zu beleuchten, nämlich

- die Bedeutung von Innovationen (Neuerungen) und
- die Bedeutung der Ausbringungsmenge (Stückzahl) eines Produkts.

2.3.1 Bedeutung von Innovationen

Um die Bedeutung von Innovationen zu verstehen, ist das 1966 von R. Vernon in Harvard vorgestellte Modell des Produktzyklus hilfreich **(Bild 2-12)**. Darin werden die Ergebnisse des allmählich aufkommenden Wettbewerbs auf die Fertigung und den Absatz eines innovativen High-Tech-Produkts in mehreren typischen Phasen zeitlich dargestellt.

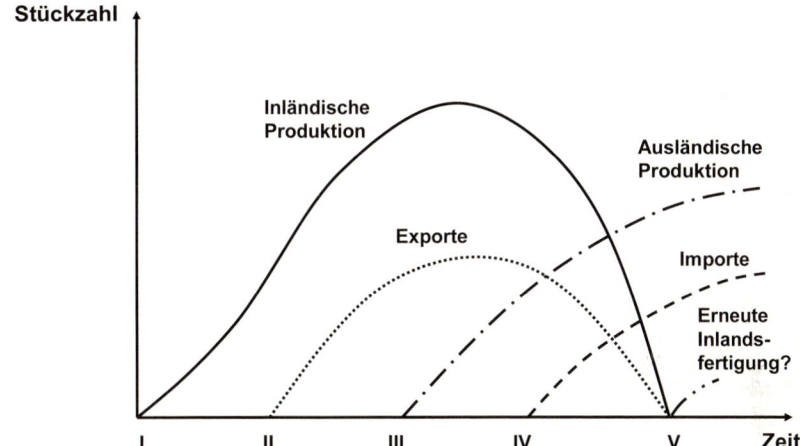

Bild 2-12 Modell des Produktzyklus[29]

Anfangs (I) produziert und vermarktet das innovative Unternehmen sein neuartiges Produkt nur im Binnenmarkt. Der Preis hoch, da noch keine Konkurrenz vorhanden ist. Außerdem müssen sich die Entwicklungskosten rasch amortisieren.

Später (II) wird, um den Umsatz zu steigern, das Produkt im Ausland vermarktet. Dieses geschieht zunächst durch Exporte aus dem Heimatland; nach und nach (III) wird, um Kosten zu sparen, die Produktion auch in Ländern mit großen Binnenmärkten aufgebaut.

Allmählich treten Konkurrenten nachahmend in den Markt ein. Damit steht dann nicht mehr die Produktentwicklung im Vordergrund, sondern eine Verbesserung der Produktionsverfahren, um Kosten zu senken. Schließlich ist der Markt vollständig mit Konkurrenten gesättigt. Unternehmen können sich nur mit geringeren Preisen Wettbewerbsvorteile verschaffen. Da auch die Produktionsverfahren nicht mehr wesentlich verbessert werden können, gelingt es Unternehmen nur dann, einen Wettbewerbsvorteil zu gewinnen, wenn sie die Produktion nach und nach (IV) vollständig in Niedrigkostenländer verschieben. Der Heimatlandmarkt wird schließlich vollständig durch Importe versorgt.

Eine Produktion im Heimatland (V) kommt nur dann wieder in Frage, wenn es dem Unternehmen dadurch gelingen sollte, Wettbewerbsvorteile zu erzielen, beispielsweise durch geringe Lieferzeiten oder erkennbar höhere Qualität. Denkbar wäre es auch, einen Teil der Wertschöpfung, insbesondere die abschließende Montage, im Hochlohnland durchzuführen, um den Vorteil der Kundennähe zu besitzen, aber die Kostennachteil nur in sehr geringem Maße in Kauf nehmen zu müssen.

Der reale Verlauf der Internationalisierung hängt dabei sehr stark vom Lohnanteil in der Fertigung ab; ein hoher Anteil manueller Tätigkeit begünstigt naturgemäß Verlagerungsbestrebungen in Niedrigkostenländer, deren Lohnniveau bei einem Bruchteil des deutschen liegt.

Welche Bedeutung haben also Innovationen? Nur durch neuartige Produkte kann es Unternehmen gelingen, sich dem hohen Kostendruck globaler Märkte wenigstens zeitweise zu entziehen **(Bild 2-13)**.

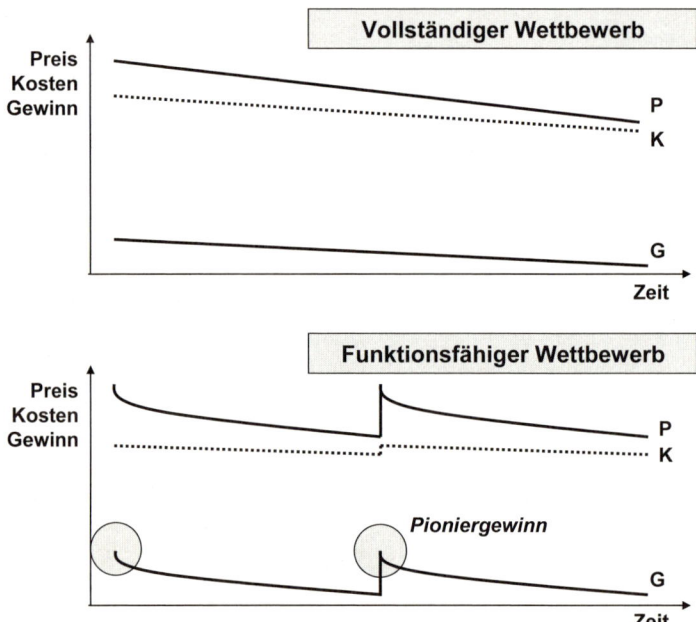

Bild 2-13 Betriebswirtschaftliche Bedeutung von Innovationen

Während der internationale Wettbewerb eine Differenzierung nach und nach nur noch über den Preis ermöglicht und damit Unternehmen in eine Abwärtsspirale treibt (vollständiger Wettbewerb), können innovative Unternehmen immer wieder zeitweise ein Angebotsmonopol errichten und für hohe Gewinne, so genannte Pionier- oder Vorsprungsgewinne, ausnutzen. Technologieorientierte Unternehmen nutzen diese Gewinne, um ihre Forschungs- und Entwicklungstätigkeit zu forcieren.

Und noch eine volkswirtschaftliche Konsequenz ergibt sich: Nur durch ständige Innovationen kann ein Hochlohnland dauerhaft in nennenswertem Maße Produktionsstandort bleiben.

2.3.2 Bedeutung der Stückzahl

Ende der sechziger Jahre untersuchte die Unternehmensberatung Boston Consulting Group die Stückkosten in verschiedenen Branchen. Dabei stellte man fest, dass die Stückkosten im Durchschnitt um 20 bis 30 Prozent geringer waren, wenn die Produktionsmenge sich verdoppelte **(Bild 2-14)**. Dieser zwar branchenabhängige, aber dennoch statistisch gut bestätigte sog. Erfahrungskurveneffekt hat folgende Gründe:

- Fixkostendegression, d. h. die anteiligen Fixkosten verteilen sich auf größere Stückzahlen,
- Lerneffekte in Fertigung und Vertrieb,
- Synergieeffekte durch größenbedingte Verbundeffekte (Kooperationen, Allianzen),
- Machteffekte (steigende Markt- und Einkaufsmacht). [30]

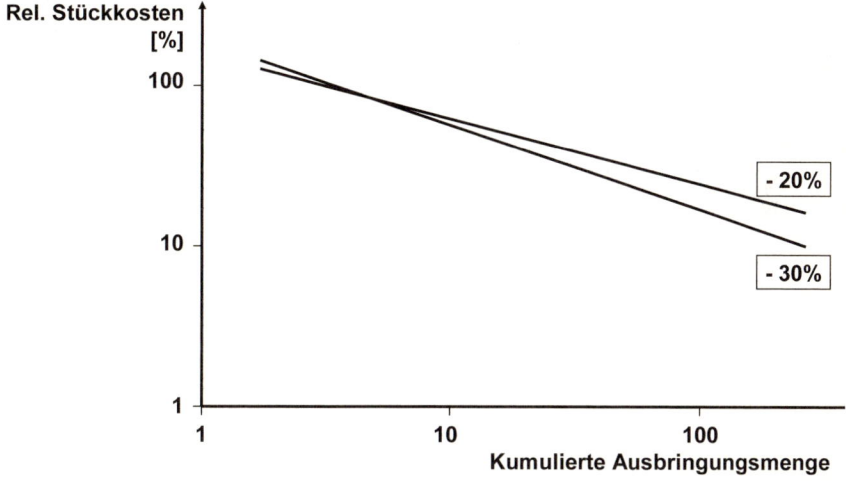

Bild 2-14 Erfahrungskurveneffekt[31]

Daraus ergeben sich weitreichende strategische Konsequenzen: Nur wer in der Lage ist, relativ große Stückzahlen herzustellen und zu verkaufen, kann in der Regel wirklich kostengünstig sein. Aus Kostensicht bedeutet das für das Unternehmen: *Big is beautiful!* Nur relativ große Unternehmen schaffen hohe Stückzahlen und haben die Möglichkeit, viel Kapital einzusetzen, um Fertigungslinien aufbauen und automatisieren zu können.

Die Kostenreduktion erfolgt allerdings nicht automatisch, sondern ist lediglich ein Potenzial. So hatten die amerikanischen Automobilhersteller (s. o.) offenbar zu sehr auf den durch Größenvorteile bewirkten Erfahrungskurveneffekt vertraut, dabei aber andere Faktoren übersehen. Zu diesen gehört insbesondere, dass heute in vielen Branchen, so auch der Automobilindustrie, kein Einheitslook mehr gefragt ist wie noch zu Zeiten des seligen *Henry Ford*,[*] sondern Kunden ihr Fahrzeug individuell ausgestattet haben wollen. Dieser Umstand setzt dem reinen Kostendenken marktbedingte Grenzen, indem er statt extrem hoher Stückzahlen des Immergleichen ein hohes Maß an Flexibilität der Fertigung erforderlich macht.

Des Weiteren hat auch der Markteintritt osteuropäischer und asiatischer Niedriglohnländer Fertigungsstrukturen ganzer Branchen vollkommen verändert, indem plötzlich sehr billige Arbeitskräfte mit den Arbeitskräften und Maschinen westlicher Industrienationen konkurrierten.

Zusammenfassend lässt sich also Folgendes feststellen:
- Normalerweise müssen kostengünstige Unternehmen vergleichsweise groß sein.
- Hohe Stückzahlen sind eine notwendige, aber keine hinreichende Voraussetzung niedriger Stückkosten.
- Kundenwünsche gehen vielfach in Richtung Individualisierung, also niedriger Stückzahlen bzw. variantenreicher Fertigung.

2.3.3 Situationsanalyse des Unternehmens im Wettbewerb

Unternehmen haben in Märkten gewisse Chancen, aber auch Risiken, um ihre Ziele zu erreichen. Dafür stehen ihnen bestimmte Ressourcen zur Verfügung, die sich im Vergleich zu den Marktanforderungen als Stärken, aber auch als Schwächen erweisen können.

Um die Situation eines Unternehmens im Wettbewerb zu analysieren und vor allem übersichtlich darzustellen, haben sich insbesondere drei Werkzeuge bewährt:
- Ressourcenprofil zur Darstellung der Stärken und Schwächen,
- SWOT-Analyse zur Ermittlung interner und externer Einflussfaktoren,
- Five-Forces-Modell nach Michael Porter, um die Wettbewerbssituation ganzheitlich zu erfassen.

Ressourcenprofil

Geht es darum, die Stärken und Schwächen eines Unternehmens im Vergleich zum Wettbewerb darzustellen, so kann durch Selbsteinschätzung und Expertenbefragung ein Unternehmensprofil herausgearbeitet werden. Durch Vergleich mit den Hauptkonkurrenten erkennt man auf einen Blick, wo das Unternehmen über- bzw. unterlegen ist, und kann daraus strategische Schlüsse ziehen. Im in **Bild 2-15** gezeigten Beispiel wird die Marketing- und Vertriebskompetenz dreier Hersteller technischer Güter verglichen, die unterschiedliche Stärken und Schwächen aufweisen.

---

[*] Henry Ford sagte bekanntlich über das Ford-T-Modell: „Any customer can have a car painted any colour that he wants so long as it is black." Quelle: Henry Ford (1922): My Life and Work, Kap. IV

2.3 Analyse der Ausgangssituation des Unternehmens

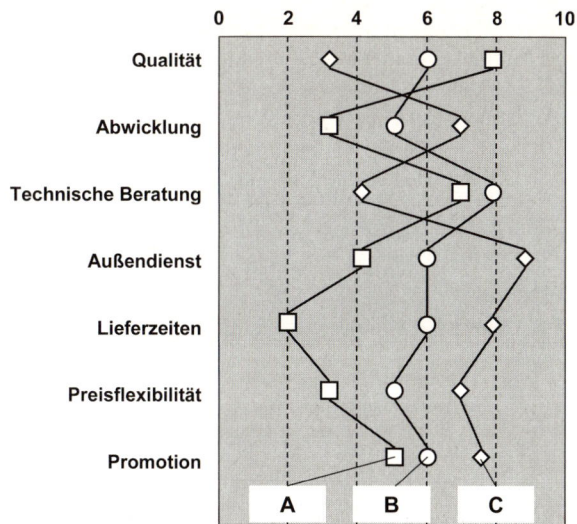

Bild 2-15   Ressourcenprofil von drei Vergleichsunternehmen

SWOT-Analyse

Die SWOT-Analyse bezieht nicht nur unternehmensinterne Faktoren ein, also Stärken und Schwächen, und bezieht diese auf die Wettbewerber, sondern grenzt mithilfe außerdem aufgezeigter externer Faktoren, also Chancen und Risiken, die strategischen Möglichkeiten einer Unternehmung ein. Diese Faktoren können dem Mikro- und Makroumfeld der Unternehmung entstammen.

Im dargestellten Beispiel **(Bild 2-16)** sind die enormen Stärken der Fa. Wal-Mart aufgezeigt. Diese veranlassten Wal-Mart dazu, die Chance eines Eintritts in den europäischen Binnenmarkt zu suchen und die damit verbundenen Risiken bzw. Bedrohungen zu ignorieren.

Bild 2-16   SWOT-Analyse der Firma Wal-Mart in Deutschland[32]

Die SWOT-Analyse kann nicht nur zur Darstellung der Faktoren, sondern auch zur systematischen Ableitung von Unternehmensstrategien genutzt werden **(Bild 2-17)**. Dieses geschieht durch Kombination jeweils eines internen und externen Faktors; so könnten beispielsweise eine bestimmte Stärke und Chance zu einer Strategie verbunden werden.

Vorgehen: 1. SWOT auflisten 2. Strategien ableiten	*S = Strengths* (Stärken)	*W = Weaknesses* (Schwächen)
O = Opportunities (Chancen)	SO-Strategien Ausnutzung eigener Stärken zur Nutzung externer Chancen *Bsp. Wal-Mart: Europäischen Markt durch Preiskrieg erobern*	WO-Strategien Ausnutzung externer Chancen, um interne Schwächen abzubauen *Bsp. Wal-Mart: Auf Basis niedriger Preise in Europa Fuß fassen*
T = Threats (Risiken)	ST-Strategien Nutzen der eigenen Stärken zur Abwendung von Risiken *Bsp. Wal-Mart: Durch neues Konzept Fachmärkte verdrängen*	WT-Strategien Minimierung eigener Schwächen, Vermeidung von Risiken *Bsp. Wal-Mart: Deutsche Mentalität verstehen, Service überdenken*

Bild 2-17 Systematische Ableitung von Strategien aus den Ergebnissen einer SWOT-Analyse[33]

Wal-Mart könnte demnach seine Preiskriegerfahrung (S) zur Eroberung des großen europäischen Marktes (O) nutzen (SO-Strategie). Das hat das Unternehmen auch so versucht. Es gelang dennoch nicht, in Europa Fuß zu fassen, da sich die Risiken als nicht beherrschbar erwiesen.[*]

Five-Forces-Modell nach Michael Porter

Ein nicht ganz einfaches, aber sehr aussagekräftiges Modell zur Analyse der Unternehmenssituation hat im Jahre 1979 der Harvard-Professor *Michael E. Porter* mit dem Modell der fünf Wettbewerbskräfte erdacht **(Bild 2-18)**. Mit diesem Modell beschreibt er, wie attraktiv es für ein Unternehmen ist, in einem bestimmten Markt tätig zu werden.

---

[*] Deutsche Gerichte verhinderten einen Preiskrieg gegen die etablierten europäischen Handelkonzerne, indem sie dauerhafte Dumpingpreise unterhalb der Einkaufskosten für unzulässig erklärten (Marktregulierung). Auch wurden zu wenig geeignete Standorte gefunden, um in die Phalanx der etablierten europäischen Handelsketten einzudringen. Der gebotene Einpackservice wurde von deutschen Kunden nicht gewürdigt.

2.3 Analyse der Ausgangssituation des Unternehmens

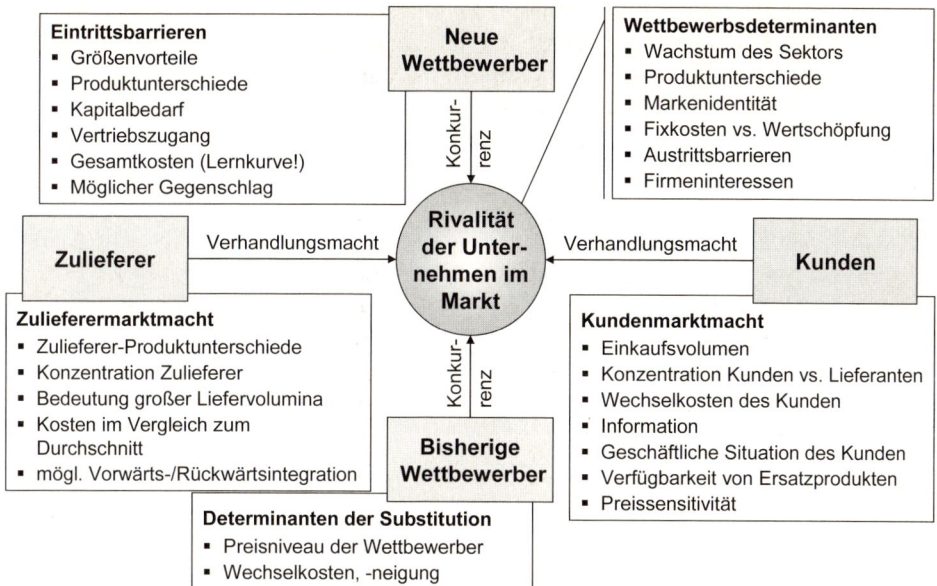

Bild 2-18   Das Five-Forces-Modell (fünf Wettbewerbskräfte) von Michael Porter[34]

Sehr unattraktive Märkte sind solche, in denen reine Preiskämpfe dominieren und die Gewinne kontinuierlich sinken (vgl. **Bild 2-13**, vollständiger Wettbewerb). Die Gesamtattraktivität eines industriellen Marktes lässt keine Aussage über einzelne am Markt teilnehmende Unternehmen zu, denn auch innerhalb tendenziell unattraktiver Branchen können Unternehmen durchaus Geschäftsmodelle finden, mit denen sie viel Geld verdienen. Als Beispiel seien Billigflieger genannt, die inmitten von Pleitewellen der Luftfahrtindustrie offenbar einen geschickten Weg zum Profit gefunden haben.

Die analysierten Kräfte beschreiben das Mikroumfeld der Umgebung. Sie beeinflussen die Fähigkeit eines Unternehmens, Kundennutzen zu generieren und Gewinne zu erzielen. Folgende Kräfte werden beschrieben:

Bedrohung durch Substitution des Produkts

Produkte, die in ihren Eigenschaften den bisher verwendeten ähnlich sind, machen es wahrscheinlicher, dass Kunden bei Preiserhöhungen den Anbieter wechseln. Ein Wechsel ist aber gerade im Industriebereich auch mit Nebenkosten verbunden. Beispielsweise wäre ein Wechsel der Steuerungstechnik einer Maschine mit erheblichem Schulungsaufwand der Bediener und Wartungskräfte verbunden.

Bedrohung durch Eintritt neuer Marktteilnehmer

Sehr profitable Märkte werden neue Firmen anziehen wie eine helle Lichtquelle neue Motten. Durch Markteintritte wird die Wettbewerbsintensität erhöht und Profite geschmälert, was die alten Marktteilnehmer nach Kräften zu verhindern versuchen, indem sie Markteintrittsbarrieren errichten. Dies kann im Industriebereich beispielsweise durch Patentschutz versucht werden. Auch der Aufbau attraktiver Marken kann aufkeimender Konkurrenz das Leben schwerer machen, da die Marke einen Vertrauensvorschuss der Kunden bewirkt.

Wettbewerbsintensität
Märkte können sehr unterschiedlicher Natur sein. In manchen liefern sich viele Wettbewerber erbitterte Preiswettkämpfe, in anderen, gerade im technischen Bereich, kommt es eher darauf an, innovativ zu sein (vgl. **Bild 2-8**). Die Wettbewerbsintensität, überhaupt die Art des Wettbewerbs, prägt entscheidend die Rentabilität der Märkte.

Verhandlungsmacht der Kunden
Die Physik kennt die Hebelgesetze, und Märkte funktionieren ganz ähnlich. Die Marktseite (Anbieter oder Nachfrager), in der weniger Konkurrenz herrscht, ist bei einer Verhandlung tendenziell im Vorteil. Verhandelt beispielsweise ein Automobilzulieferer mit einem Fahrzeughersteller, sitzt der letztere, also der Kunde, meist am längeren Hebel. Warum ist das so? In der konkreten Verhandlungssituation ist das nachfragende Unternehmen ein Quasi-Nachfragemonopolist, da nur dieses Unternehmen gerade einen Auftrag zu vergeben hat. Um diesen bewerben sich mehrere Zulieferer, die gegeneinander ausgespielt werden können.

Verhandlungsmacht der Zulieferer
Lieferanten von Rohstoffen, Komponenten und Dienstleistungen stehen in einer Verhandlungssituation zum Unternehmen. Auch hier gelten, dann allerdings in umgekehrten Rollen, die gerade beschriebenen Gesetze der Verhandlungsmacht. Gerade für die Produktion wichtige Lieferanten können sehr unangenehme Verhandlungspartner sein, wenn sie um ihre Unentbehrlichkeit wissen.

Michael E. Porter kommt das Verdienst zu, die früher eher stiefmütterlich betrachteten Lieferanten (Motto: „Einkaufen kann jeder!") ins Bewusstsein der Unternehmen geholt zu haben. Die Globalisierung gibt ihm recht: Mit sinkender eigener Wertschöpfung – Konzentration auf Kernkompetenzen – steigt der Anteil der Zukäufe und damit der Einfluss der Zulieferer auf die Kosten.[35]

2.4 Strategische Unternehmensplanung

„Die Strategie muß mit Dir ins Feld ziehen, um das einzelne an Ort und Stelle einzuordnen und für das Ganze die Modifikationen zu treffen, die unaufhörlich erforderlich werden. Sie kann also ihre Hand in keinem Augenblick von dem Werke abziehen."

Carl v. Clausewitz: Vom Kriege (1832)

Der Begriff **Strategie** wurde aus dem Griechischen entlehnt: *stratos* bedeutet Heer; *ágein* heißt führen. Ein Stratege war im alten Griechenland ein gewählter Heerführer.[36] Dass der Strategiebegriff aus der Welt des Militärs stammt, ist kein Zufall: Viele Begriffe und Aktionen aus der Welt der Wirtschaft, insbesondere zum Umgang mit Wettbewerbern, sind militärischen Vorgehensweisen angelehnt.

Die strategische Unternehmensplanung dient der Festlegung, welche Produkte in welchen Märkten angeboten werden sollen und wie dieses geschehen soll. Gibt es deutliche Unterschiede der angebotenen Produkte bzw. der Zielmärkte, so bietet sich eine Grobeinteilung der Firmenaktivitäten in entsprechende strategische Geschäftsfelder (SGF) an. In diesen Geschäftsfeldern werden nun eine oder mehrere strategische Geschäftseinheiten (SGE) operativ tätig.

2.4 Strategische Unternehmensplanung

Eine strategische Geschäftseinheit zeichnet sich durch drei Eigenschaften aus:

- Marktaufgabe: Die SGE agiert von anderen Geschäftseinheiten unabhängig und wird im Markt als Konkurrent wahrgenommen.
- Eigenständigkeit: Die SGE erhält eine weitgehend eigenständige Strategie.
- Erfolgsbeitrag: Die SGE leistet einen eigenständigen Beitrag zum unternehmerischen Gesamterfolg.

Während die Wahl der strategischen Geschäftsfelder primär kundenbezogen erfolgt, berücksichtigt die Einteilung in strategische Geschäftseinheiten hauptsächlich unternehmensinterne organisatorische Erfordernisse **(Bild 2-19)**.

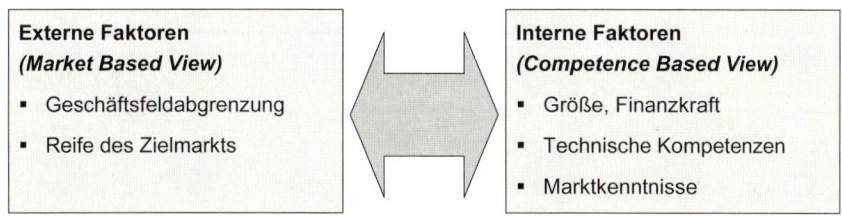

Bild 2-19 Kernelemente der strategischen Unternehmensplanung

Dennoch sollte bereits bei der Auswahl geeigneter Geschäftsfelder berücksichtigt werden, in welchen Bereichen überhaupt Kompetenzen im Unternehmen vorliegen. Auch sollte bei der Definition strategischer Geschäftseinheiten die Kundensicht nicht völlig vernachlässigt werden. SGF und SGE können sich decken, müssen das aber nicht. Durchaus können mehrere SGE in einzelnen SGF tätig sein, einzelne SGE mehrere SGF bearbeiten.

Ein weiterer wesentlicher Aspekt, der bei der Geschäftsfeldauswahl unvermeidlich ins Spiel kommt, ist die Reife des Marktes. Wie in Abschnitt 2.3.1 dargelegt, herrschen in jungen innovativen Märkten andere wirtschaftliche Rahmenbedingungen als in reifen Märkten. Dieses beeinflusst die möglichen Unternehmensstrategien und einzusetzenden Ressourcen in starkem Maße.

Die wesentlichen internen Faktoren bei der Auswahl geeigneter Unternehmensstrategien sind die vorhandene Größe bzw. Finanzkraft eines Unternehmens – nur wer groß ist, kann im Regelfall auch kostengünstig sein (vgl. Abschnitt 2.3.2) – und die vorhandenen Kenntnisse und Fähigkeiten (Kompetenzen), die im Sinne eines Kundennutzens eingesetzt werden können. Sie werden im Folgenden näher erläutert.

2.4.1 Auswahl strategischer Geschäftsfelder

Für technisch geprägte Unternehmen sind drei Aspekte von zentraler Bedeutung bei der Definition von Geschäftsfeldern:

- Zielgruppe (Kundengruppe),
- Funktion (Art der zu erfüllenden Kundenbedürfnisse),
- Technologie (Weg zur Kundenbedürfniserfüllung, eingesetzte Technologie).[37]

Durch diese drei Aspekte wird ein dreidimensionaler Suchraum aufgespannt, innerhalb dessen sich die Unternehmung mit einem SGF positioniert.

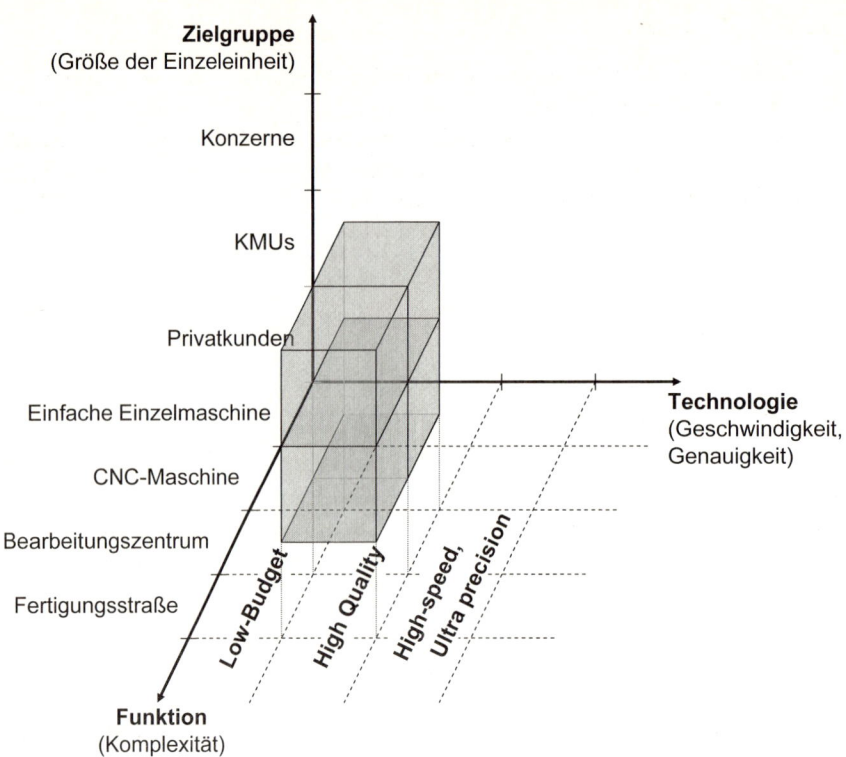

Bild 2-20   Geschäftsfeldabgrenzung im Markt für Werkzeugmaschinen

Letztlich wird dabei die Frage geklärt, an wen was in welcher Form verkauft werden soll. **Bild 2-20** veranschaulicht das am Beispiel des Marktes für Werkzeugmaschinen. Das dargestellte Unternehmen hat sich dazu entschlossen, sich auf Bearbeitungszentren und Fertigungsstraßen für mittelständische und Großunternehmen zu konzentrieren. Diese sollen eine hohe Qualität aufweisen; es erfolgt aber keine Tätigkeit im Hochleistungssegment, welches anderen Spezialanbietern vorbehalten bleibt.

Die Art der Kundenbedürfnisse (Funktion) gibt die möglichen Tätigkeitsfelder innerhalb des Suchraums vor. Welche davon ausgewählt und wie diese bearbeitet werden, hängt von den Kompetenzen der Unternehmung ab. Es reicht für ein Unternehmen nicht, etwas zu wollen, weil ein lukrativer Absatzmarkt winkt – es muss die Technologie auch beherrschen.

Übrigens gilt das Kompetenzerfordernis auch bei der regionalen Auswahl der Kundengruppe. Mit den Besonderheiten weltweiter Märkte, beispielsweise den asiatischen, vertraut zu sein, ist eine eigene Kompetenz. Sie ist für den Markterfolg nicht weniger wichtig als beispielsweise technisches Know-how. Diese im Zusammenhang mit der Definition der Kundengruppe stehenden Vorgehensweisen werden gesondert im Kapitel 6 dieses Buches behandelt. Dazu zählen insbesondere die Internationalisierungsstrategien.

2.4.2 Reife des Marktes

Das Alter eines Produkts spielt eine erhebliche Rolle bei der Strategiewahl. In reifen Märkten haben die Käufer bereits langjährige Erfahrungen mit den Produkten der Anbieter gemacht. Das Produktangebot ist transparent; aufgrund des Wettbewerbs haben sich die Produkte immer mehr angeglichen, so dass zum bestimmenden Unterschied mehr und mehr allein der Preis wird. In dieser Situation kann Wachstum nur noch durch Marktanteilsverluste der Wettbewerber erzielt werden **(Tabelle 2-1)**.

Tabelle 2-1 Marktcharakteristika in jungen und reifen Märkten[38]

	Innovationsmärkte	**Reife Märkte**
Strategie	• Qualitätssicherung • Technologiebeherrschung	• Kostensenkung • Outsourcing
Notwendige Finanzmittel	• Hohe F&E-Aufwendungen • Hohe Markterschließungskosten • Hoher Kapitalbedarf zum Wachstum	• Niedrige F&E-Aufwendungen • Kapitalfreisetzung durch Outsourcing und Marktschrumpfung
Gewinne, Rentabilität	• Pioniergewinne • Wenig Wettbewerber • Geringe Wettbewerbsintensität	• Geringe Preisbereitschaft • Viele Wettbewerber • Hohe Wettbewerbsintensität
Risiken	• Unsicherheit über Markterfolg • Unsicherheit über Technologie	• Unsicherheit über Marktanteil durch Verdrängungswettbewerb

Der Verdrängungswettbewerb führt zu intensivem Preisdruck auf die Hersteller, die unbedingt ihre Kosten senken müssen, um überhaupt noch Gewinne zu erzielen. Insgesamt sinkt die Branchenrendite. Risiken entstehen nicht aus etwaiger mangelnder Beherrschung der Technologie, sondern allein aus den Marktverhältnissen.

Nahezu gegenteilige Verhältnisse herrschen in jungen, noch weitgehend ungeordneten Märkten. Hohe Investitionen müssen getätigt werden, um die winkenden Pioniergewinne und ehrgeizigen Ertragsziele zu erreichen. Große Chancen werden mit hohen Risiken erkauft: Unsicherheit herrscht sowohl über den Kundenerfolg als auch die technische Machbarkeit.[39]

2.4.3 Größe (Marktanteil, Finanzkraft) einer Unternehmung

Im Rahmen der Geschäftsfeldauswahl und der SGE-Definition muss das Unternehmen sich realistische Ziele setzen, die zu seinen Ausgangsbedingungen (Marktanteil, Kapitalkraft) passen.

Es wurde bereits gezeigt, dass niedrige Stückkosten nur durch hohe Mengen erzielt werden können. Das setzt in der Regel eine gute Kapitalausstattung des Unternehmens voraus, um die notwendigen Produktionsanlagen zu beschaffen und zu unterhalten. Eine gesunde finanzielle Grundlage ist ebenfalls notwendig, um weltweit Märkte zu erschließen und zu versorgen. Ausschließlich in ihrer Branche großen Unternehmen sind damit die nachfolgend beschriebenen Strategien vorbehalten.

Marktführerschaft

Der Marktführer hat den höchsten Marktanteil. Sein Geschäftserfolg basiert auf Größenvorteilen, die er in Marktmacht umsetzt, sei es auf der Einkaufs- oder Verkaufsseite. Er kann die aus seiner Position erwachsende Kapitalkraft nutzen, um in Vertriebskanälen Lobbyarbeit zu leisten, bekannte Marken zu etablieren und Technologie- und Standortvorteile aufzubauen.

Kostenführerschaft

Der Kostenführer hat die tiefsten Selbstkosten und kann somit bei gleichen Marktpreisen rentabler als die Konkurrenz arbeiten.

Gesamtmarkt oder Teilmarkt?

Die Größe der Unternehmung wirkt sich auch auf die sinnvoll wählbaren Geschäftsfelder aus. Grundsätzlich könnten Unternehmen die Gesamtmarktabdeckung oder eine Spezialisierung wählen. Ein Beispiel für eine Gesamtmarktabdeckungsstrategie ist die Strategie des Unternehmens DaimlerChrysler:

> „Wir haben eine klare Strategie. Wir werden das fortsetzen, was wir am besten können – aber wir werden es noch besser machen. Die Erfahrungen unserer hoch motivierten Mitarbeiterinnen und Mitarbeiter und das Potenzial unserer erfolgreichen Automobilmarken steht dafür.
>
> Gleichzeitig werden wir unsere globalen Möglichkeiten und Aktivitäten nutzen, um die weltbesten Personenwagen und Nutzfahrzeuge in allen Segmenten und allen Märkten anzubieten."
>
> *Jürgen Schrempp, DaimlerChrysler Aktionärsbrief 2000/2001*

Heute wissen wir, dass selbst für einen Riesen wie DaimlerChrysler der Gesamtmarkt zu groß war. Der Traum von der Welt-AG ist ausgeträumt; man ist wieder bescheiden geworden:

> „In der Summe streben wir nicht danach, das größte Automobilunternehmen der Welt zu werden, aber eines der auf Dauer angesehensten. Wenn unsere Kunden an tolle Fahrzeuge denken, sollte ihr erster Gedanke ‚Daimler' sein. Wenn die besten Talente ihren Wunsch-Arbeitgeber wählen, sollte Daimler auf ihrer Liste ganz oben stehen. Wenn unsere Kinder fragen, welche Unternehmen wirklich etwas für die Umwelt tun, dann müssen wir antworten können."
>
> *Dieter Zetsche, Daimler AG, Rede auf der Hauptversammlung 2008*

Daimler ist kein Einzelfall. Mit der zunehmenden Integration der Weltwirtschaft steigt die Zahl der Anbieter und die Wettbewerbsintensität, gleichzeitig die Zahl der Teilmärkte und damit die Herausforderung an ein Unternehmen, in sehr vielen unterschiedlichen Märkten präsent zu sein. Auch sehr große Unternehmen sind dadurch überfordert. Mehr denn je gilt es, die Unternehmenstätigkeiten auf ausgewählte Produkte und Zielgruppen zu konzentrieren.

2.4.4 Technische und Marktkompetenzen

Letztlich können sich Unternehmen ihre Tätigkeitsfelder nicht frei aussuchen, sondern sind auf die Bereiche beschränkt, in denen sie Kenntnisse und Erfahrungen vorzuweisen haben. In Verbindung mit der aus begrenzten Ressourcen erwachsenden Notwendigkeit zur Spezialisierung ergeben sich vier Abgrenzungsoptionen:[40]

2.4 Strategische Unternehmensplanung

Marktorientierte Geschäftsfeldabgrenzung

Das Unternehmen spezialisiert sich vorwiegend als Anbieter von bestimmten Produkttypen oder Dienstleistungstypen innerhalb des Marktsegments: Badewannen-Produzent, Lebensversicherer, Hersteller von Abflussrohren.

Funktionsorientierte Geschäftsfeldabgrenzung (Produktspezialisierung)

Das Unternehmen spezialisiert sich vorwiegend als Anbieter von bestimmten Produkttypen oder Dienstleistungstypen, die sämtlichen Abnehmergruppen angeboten werden: Duschkabinenproduzent, Lebensversicherer, Hersteller von Abflussrohren.

Technologieorientierte Geschäftsabgrenzung

Das Unternehmen ist Spezialist in der Anwendung einer bestimmten Technologie, die sie dann für möglichst viele Abnehmergruppen nutzt. Ein Beispiel dafür ist die VAUTID GmbH in Großfildern. Ihr Motto lautet: „Gegen Verschleiß!" Auftragschweißwerkstoffe, vorgefertigte Verbundplatten und verschleißbeständige Gussprodukte werden in einer Vielzahl industrieller Sektoren wie Bergbau-, Hütten-, Zementindustrie, aber auch im Umweltbereich (Glasrecycling, Müllverbrennung) vertrieben.

Als Unterart der technologieorientierten kann die werkstofforientierte Geschäftsfeldabgrenzung verstanden werden, z. B. der holz- oder metallverarbeitende Betrieb.

Kombinierte Geschäftsabgrenzung (Bsp. zielgruppen- und funktionsorientierte Spezialisierung)

Marktspezialisierung erfolgt mit einem sehr engen Produktprogramm (u. U. nur ein Produkt), welches nur einer Abnehmergruppe verkauft wird.

2.4.5 Unternehmerische Stoßrichtungen

Ein bereits in einem bestimmten Geschäftsfeld tätiges Unternehmen hat vier grundsätzliche Möglichkeiten, seine Umsätze zu steigern. *Ansoff* fasste diese Möglichkeiten bereits 1966 in einer Produkt-Markt-Matrix zusammen, wie sie in **Bild 2-21** dargestellt ist. Die unternehmerischen Stoßrichtungen werden im Folgenden näher erläutert.

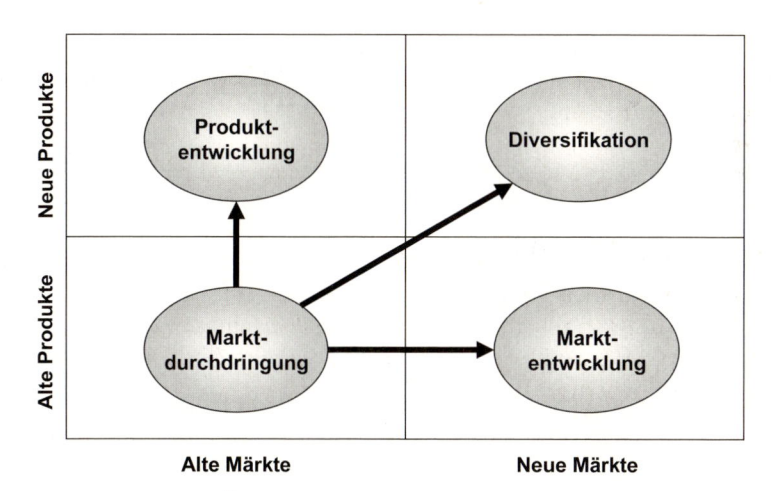

Bild 2-21 Produkt-Markt-Matrix[41]

Marktdurchdringung
Das Unternehmen könnte seine Marktbearbeitung intensivieren, beispielsweise vorher unbeachtete potentielle Kunden ansprechen oder seine Stammkunden intensiver betreuen.

Produktentwicklung
Sind die Möglichkeiten der Durchdringung nicht ausreichend, könnte das Unternehmen seinem bisherigen Kundenkreis neue Produkte zur Verfügung stellen, die das bisherige Spektrum erweitern.

Marktentwicklung
Ist der bestehende Abnehmerkreis nicht groß genug, um die wirtschaftlichen Ziele zu erreichen, so müssen eventuell neue Märkte erschlossen werden, von Europa ausgehend beispielsweise Märkte in Übersee und Fernost.

Diversifikation
Dies ist eine Variante für besonders kühne Unternehmer. Es wird in weitgehend unbekanntes Terrain vorgestoßen, denn sowohl das Produkt wie auch der damit verbundene Abnehmerkreis sind neu. Das Vorgehen der Diversifikation ist mit enormen Risiken verbunden, denn auch einem Marktneuling wird mangelnde Sachkenntnis oder Serienreife der Produkte nicht nachgesehen.[42]

Ein Beispiel für eine missglückte Diversifikationsstrategie war das Vordringen der Daimler-Benz AG in neue Technologiefelder wie die Luft- und Raumfahrt, wie sie unter dem Vorstandsvorsitzenden *Edzard Reuter* – wohl unter dem Eindruck der durch die Ölkrise nach 1970 ausgelösten Stagnation bisheriger Märkte – bis ca. 1985 verfolgt wurde. Letztlich musste der Technologieriese unter großen Verlusten den Rückzug aus den ihm fremd gebliebenen Bereichen antreten.[43]

Es ist zu betonen, dass beinahe jedes Unternehmen sich Gedanken zur strategischen Stoßrichtung machen muss, und zwar immer dann, wenn angestrebte Ziele und mit den gegebenen Produkten und Märkten nicht erreichbar sind. Mögliche Gründe dafür wurden bereits erläutert: Produkte gelangen irgendwann ins Reifestadium, was zu geringeren Gewinnen führt – es müssen neue Produkte entwickelt werden. Um echtes Wachstum zu erzielen, nicht nur den Status quo zu erhalten, muss in Zukunftsmärkte vorgedrungen werden. Viele Unternehmen, gerade auch des mittelständischen Maschinenbaus, verkaufen aber bereits weltweit, und weiteres Wachstum kann nicht mehr im angestammten Produkt- und Kundenbereich erzielt werden. Hier hilft nur noch eine Diversifizierung.

Die geschilderten Zusammenhänge können mithilfe der Lückenanalyse *(gap analysis)* aufgedeckt werden. Sie zeigt Unterschiede zwischen einer – in der Regel aus Finanzzielen abgeleiteten – Sollvorgabe und der – unter Beibehaltung der bisherigen Unternehmenspolitik – voraussichtlichen Entwicklung des Basisgeschäfts, die aus Vergangenheitswerten extrapoliert wird. Die Ansoff-Szenarien werden entworfen und durchgerechnet, bis sich die in **Bild 2-22** dargestellten Zusammenhänge ergeben.

Aus der Lückenanalyse wird deutlich, dass Unternehmen sich niemals auf den erreichten Lorbeeren ausruhen können, da diese rasch welken. Um eine Firma mittelfristig am Leben zu erhalten, braucht sie ständig neue Ideen und den Willen und die Fähigkeit zur Umsetzung. Ein beständiges großes Wachstum kann nur durch Nutzung sämtlicher verfügbarer Expansionspotenziale erzielt werden.

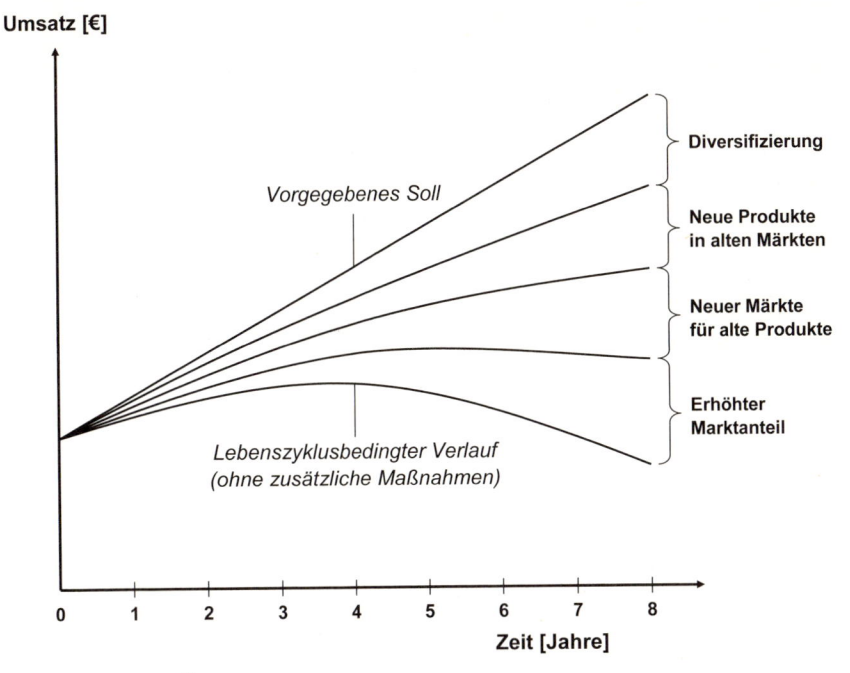

Bild 2-22 Lückenanalyse[44]

2.5 Strategische Marketingplanung

„1975 waren wir Händler ohne Perspektive. Wir begannen, Produkte zu entwickeln mit der Maßgabe eines echten Innovationssprungs.

Wir haben es geschafft und erkannt, dass Produktinnovation neben der Marktführerschaft entscheidender Erfolgsfaktor ist."

Gert Krick, ehem. Vorstandsvorsitzender, Fresenius AG

Nachdem im vorherigen Kapitel das Gesamtunternehmen in strategische Geschäftsfelder gegliedert wurde, geht es in diesem Unterkapitel darum, Handlungsoptionen aufzuzeigen, mit denen die mittel- und langfristigen SGE-Ziele innerhalb der identifizierten attraktiven Branchen erreicht werden können.

Es gibt viele erfolgreiche (und noch mehr nicht erfolgreiche) Management-Strategien. Will man erfolgreich sein, braucht man immer eine Kombination aus zwei strategischen Erfolgsfaktoren, nämlich einer Marktchance und einer dazu passenden Unternehmensstärke (Ressource und Fähigkeit).

Strategie verbindet die einzigen Ressourcen, auf die es in der Wirtschaft wirklich ankommt:

- Wissen und Beziehungen, anders ausgedrückt die
- Kernkompetenzen und Kunden eines Unternehmens.

Um eine Marktchance zu nutzen, muss eine im Vergleich zum Wettbewerb überlegene Marktposition aufgebaut werden (ein Wettbewerbsvorteil).[45]

2.5.1 Wettbewerbsstrategien nach Porter

Michael E. Porter hat zwei grundlegende Strategietypen benannt **(Tabelle 2-2)**, um Wettbewerbsvorteile herbeizuführen, nämlich

- die Kostenführerschaftsstrategie und
- die Differenzierungsstrategie.

Tabelle 2-2 Grundlegende Wettbewerbsstrategien nach Porter[46]

Markt \ Wettbewerbsvorteil	Kostenvorsprung	Einzigartigkeit aus Käufersicht
Gesamtmarkt	Kostenführerschaft → Preisführung	Differenzierung
Marktsegment → Spezialisierung	Kostenfokus	Differenzierungsfokus

Kostenführer haben Spielräume, um die Konkurrenz preislich zu unterbieten. Nur wer Kostenführer ist, kann auf Dauer auch Preisführer sein (**Bild 2-23** Mitte).

Eine Differenzierungsstrategie bedeutet, dass ein Unternehmen branchenweit einzigartige Leistungen anbietet. Diese Leistungen können das Produkt direkt betreffen, können aber auch in Form sehr guter Kundenbeziehungen, beispielsweise durch eine hervorragende Servicekultur, erbracht werden. Derartige einzigartige Leistungen können ein höheres Preisniveau rechtfertigen (**Bild 2-23** rechts).

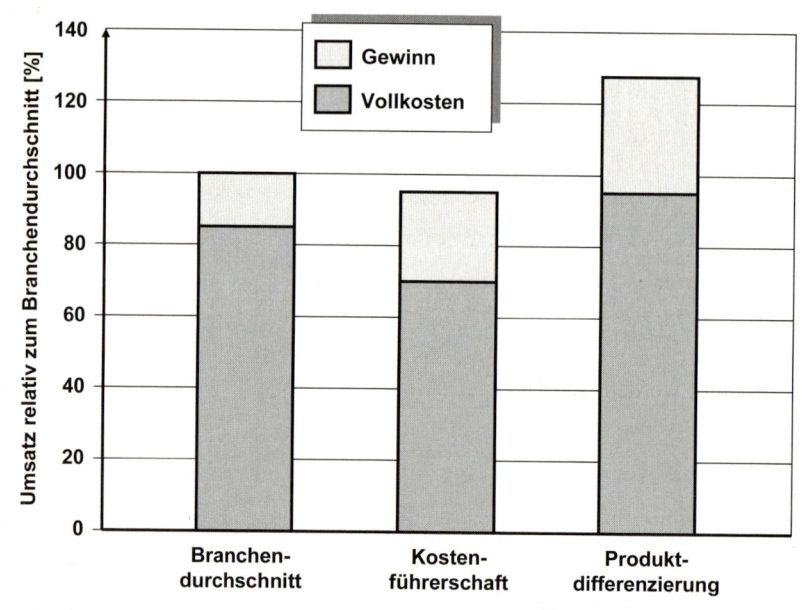

Bild 2-23 Erfolgswege der grundlegenden Strategien nach Porter[47]

2.5 Strategische Marketingplanung

Wählt das Unternehmen mit einer der grundlegenden Strategien anstelle des Gesamtmarkts lediglich ein begrenztes Marktsegment (**Tabelle 2-2** unten), so spricht man auch von einer **Nischenstrategie**.

Porter gibt noch einen sehr wesentlichen Hinweis zu den Strategien. Anders, als es uns der gesunde Menschenverstand suggeriert, ist im Geschäftsleben der strategische Mittelweg von Übel. „*Stuck in the middle*" bedeutet, weder besonders günstig noch besonders attraktiv zu sein, sondern nur ziemlich gut und günstig.[48] (Und dann geht es Unternehmen wie in der biblischen Offenbarung: „Weil du aber lau bist und weder kalt noch warm, werde ich dich ausspeien aus meinem Munde."[49])

> Ein Beispiel für „*stuck in the middle*" ist die ungünstige Position der Kaufhauskette Karstadt, deren Angebot weder so preiswert wie das eines spezialisierten Discounters noch so hochwertig und breit aufgestellt wie das eines Fachgeschäfts war – auf die Dauer eine ruinöse Wettbewerbsposition.

Kostenführerschaftsstrategie

Um eine Kostenführerschaftsstrategie umzusetzen, muss ein Unternehmen in Zeiten der Globalisierung in der Regel sowohl den Erfahrungskurveneffekt nutzen, d. h. große Stückzahlen produzieren, als auch weite Teile der Wertschöpfung in Niedrigkostenstandorte verlagert haben, ohne dabei an Produktivität einzubüßen. Dafür sind erforderlich:

- hohe Investitionen und damit ein guter Zugang zu Kapital,
- Verfahrensinnovationen, um Prozesse zu verschlanken,
- eine klar gegliederte Organisation und klare Verantwortlichkeiten,
- ein intensives Kostenbewusstsein auf der Basis eines starken Controllings, dadurch
- transparente Organisationseinheiten im Hinblick auf Kostentreiber und
- ein Anreizsystem auf Basis strikter Erfüllung quantitativer Ziele.[50]

Besonders sinnvoll ist die Strategie bei Produkten mit einfachem Herstellungsprozess. Auch der Vertrieb sollte kostengünstig organisiert sein.

Typischerweise fahren Kostenführer

- eine aggressive Niedrigpreispolitik,
- ein standardisiertes Leistungsangebot,
- eine auf Betonung der niedrigen Preise abgestimmte Kommunikationspolitik.[51]

Kostenvorteile sind ständig gefährdet, und zwar durch

- Lernen und Imitieren durch Konkurrenz oder
- durch Technologieverbesserungen, die vergangenes Lernen obsolet machen.

Die Fokussierung auf Kosten und Produktion kann auch dazu führen, dass Markttrends nicht hinreichend beachtet werden. Ein Beispiel dafür ist die Entwicklung der amerikanischen Automobilindustrie (siehe **Bild 2-11**).

Differenzierungsstrategie

Um eine leistungsbezogene Überlegenheit auf Produktbasis zu erhalten, müssen Unternehmen ständig an der Leistungsfähigkeit arbeiten. Ein Blick auf die Wertschöpfungskette (**Bild 2-7**) zeigt, dass dabei bereits in der Produktentstehung die Kreativität des Marketings gefordert ist. Gerade in technischen Bereichen kommen Anregungen für Verbesserungen häufig von Kunden, so dass sich eine enge Kooperation mit Beschaffungs- und Vertriebskanälen empfiehlt. Innovationsaktivitäten auf der Basis einer starken F&E gründen häufig auch auf langen Branchenerfahrungen. Die Qualität muss möglichst hoch gehalten werden, um einen guten Ruf zu erhalten, der möglicherweise mit einer Marke verknüpft ist.

Organisatorisch ist zu beachten:

- F&E, Produktentwicklung und Marketing müssen gut koordiniert agieren.
- Kreative Prozesse sind, anders als standardisierte Produktionsprozesse, eher durch subjektive Bewertungen und Anreize als durch enge quantitative Kriterien zu bewerten.
- Dennoch sollte es Anreizsysteme geben, um hochqualifizierte Mitarbeiter anzuziehen und zu binden.[52]

Typischerweise zeichnet sich die Differenzierung auf der Basis überlegener Produkte durch

- ein gehobenes Preisniveau,
- breite produktbegleitende Dienstleistungen und
- eine auf die Produktvorteile abzielende Kommunikationspolitik

aus. Gerade in technischen Bereichen geschieht die Differenzierung nicht nur durch das Produkt, sondern durch überlegene Dienstleistungen, die individuellen Kundenbedürfnissen entsprechen. Damit kann eine hohe Kundenloyalität erreicht werden.[53]

Die erworbenen Differenzierungsvorteile sind ständig gefährdet:

- Die Konkurrenz könnte das Produkt nachahmen.
- Der Produktunterschied ist nicht so groß, dass der durch Kostenunterschiede zu Billiganbietern hervorgerufene Premiumpreis durchsetzbar wäre.
- Der Abnehmerbedarf am differenzierenden Faktor geht verloren.

Nischenstrategie

Voraussetzung für eine Nischenstrategie ist, dass das Unternehmen sein eng begrenztes strategisches Ziel besser erreichen kann als die Konkurrenten. Es erfolgt eine Konzentration auf

- Kundengruppe,
- Region,
- Vertriebsweg oder
- Produktbereich.

Spezialisierungsvorteile können gefährdet sein durch:

- verringerte Unterschiede zwischen Spezialprodukt und Normalprodukt,
- Konkurrenzfirmen, die Untermärkte im Segment finden und besetzen,
- aus Kundensicht überwiegende Vorteile eines breiten Kundenprogramms.[54]

2.5.2 Normstrategien nach Portfolio-Analyse

Der Begriff Portfolio entstammt dem Italienischen und bezeichnet eine Mappe mit Zeichnungen, aber auch einen Wertpapierbestand.[55] In der Betriebswirtschaftslehre wird unter Portfolio die Gesamtheit mehrerer geschäftlicher Tätigkeitsbereiche verstanden (z. B. Unternehmens-, Produkt-, Länder-, Kundenportfolios).

Mithilfe der Portfoliotechnik werden die Inhalte eines Portfolios verglichen. Die Ergebnisse werden visualisiert und mit Normstrategien verknüpft.

2.5 Strategische Marketingplanung

Marktwachstums/Marktanteils-Portfolio (BCG-Matrix)

Als Erfinder der Portfoliotechnik darf die Unternehmensberatung *Boston Consulting Group* (BCG) gelten. Ihre bereits seit den 1970er Jahren genutzte Matrix stellt Marktanteile (x-Achse) und Marktwachstum (y-Achse) gegenüber. Als weitere Dimension kann der Umsatz durch proportionale Wahl des Durchmessers der Objektsymbole visualisiert werden.[56]

Folgende Normstrategien sieht BCG vor:

- Question Marks   Nachwuchs, d. h. hohes Wachstum bei noch geringer Marktanteil; zu überprüfen, ggf. Wachstumsstrategie, investieren
- Stars   Renner, d. h. hohes Wachstum bei bereits hohem Marktanteil; Kräftigungsstrategie, ausbauen, investieren
- Cash Cows   Melkkühe, d. h. geringes Wachstum bei noch hohem Marktanteil; Sicherungsstrategie, Investitionen einschränken
- Dogs   Arme Hunde, d. h. geringes Wachstum bei kleinem Marktanteil; Marktaustrittsstrategie, desinvestieren[57]

Die Grenzen der vier Felder sind nicht klar definiert, sondern müssen der Situation angemessen festgelegt werden. Das soll an einem Beispiel verdeutlicht werden.

Das Unternehmen Continental AG hat klassische Tätigkeitsfelder, die aus der Kernkompetenz Kautschukverarbeitung erwachsen sind, nämlich Pkw- und Lkw-Reifen und die ContiTech-Produkte wie z. B. Dämpfungselemente und Keilriemen, und drei überwiegend durch Zukäufe erworbene Fahrzeugelektronikbereiche. In **Bild 2-24** wird eine BCG-Matrix der Geschäftsfelder der Continental AG vorgestellt.

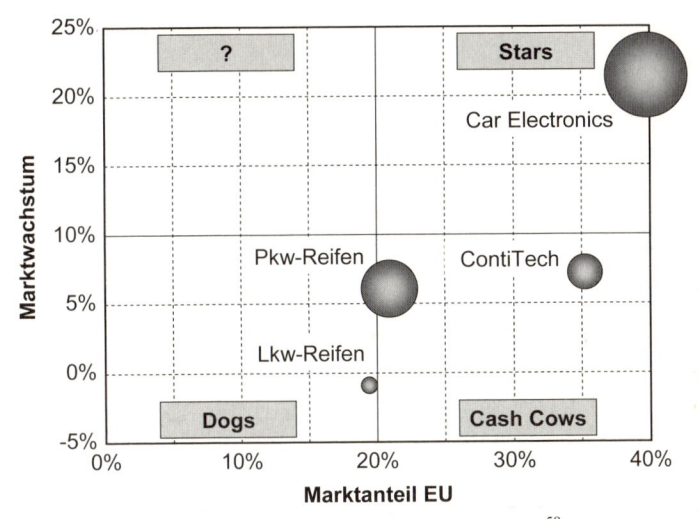

Bild 2-24   BCG-Matrix der Geschäftsfelder der Continental AG (2007)[58]

Die „alte Conti" weist nur noch ein vergleichsweise geringes Wachstum auf; die Lkw-Reifensparte entwickelt sich gar rückläufig. Das sind Indizien dafür, dass ihre Produkte bereits in ihrer Reifephase angelangt sind. Der Bereich Autoelektronik dagegen, hier wurden rechnerisch die Divisionen Chassis & Safety, Interior und Powertrain zusammengefasst, wächst sehr stark bei beachtlichem bereits vorhandenem Marktanteil.

Im vorliegenden Fall sind die Divisionen Pkw-Reifen und ContiTech als Cash-Cows zu bezeichnen. Sie dienen dazu, die Zukunft der Automobilelektronikbereiche (Stars) zu finanzieren. Lkw-Reifen sind offenbar arme Hunde, also Problemprodukte.

Kein vollständiges Geschäftsfeld ist als Fragezeichen (Question Mark) zu benennen. Innerhalb der Autoelektronik gibt es allerdings einzelne noch sehr junge Produkte, deren Entwicklung nicht genau prognostizierbar ist. Sie starten folglich als Fragezeichen, werden im Falle des Markterfolgs Renner, in der Reifephase zu Melkkühen und enden schließlich irgendwann als arme Hunde. In der BCG-Matrix ist also der Produktlebenszyklus impliziert (vgl. S. 47).[59]

Anstelle des absoluten wird gelegentlich der relative Marktanteil, d. h. der Umsatzanteil bezogen auf den des größten Konkurrenten ausgewiesen. Beide Achsen können auch logarithmisch dargestellt werden.

Marktattraktivitäts-Wettbewerbspositions-Portfolio (McKinsey-Matrix)

Im Gegensatz zum BCG-Portfolio wird in der von der Beratungsfirma McKinsey entwickelten Neun-Felder-Matrix **(Bild 2-25)** die genaue Berechnung der Achsen nicht vorgegeben. Sie werden lediglich mit den Begriffen **Wettbewerbsposition** (x-Achse) und **Marktattraktivität** (y-Achse) belegt; ihre konkrete Bewertung erfolgt jeweils mittels einer **Nutzwertanalyse**, d. h. Gewichtung und anschließender Bewertung relevanter Faktoren durch ein Expertenteam.[60]

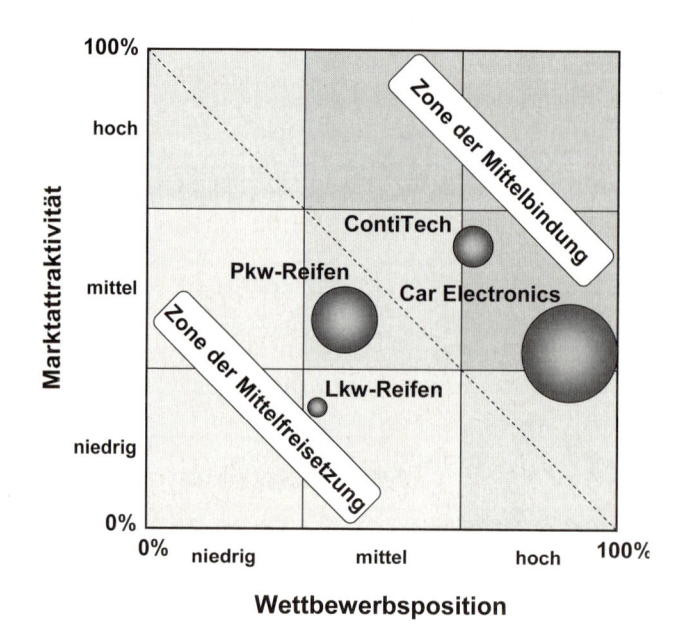

Bild 2-25   McKinsey-Matrix der Geschäftsfelder der Continental AG (2007)[61]

Unter Marktattraktivität wird insbesondere verstanden:
- Marktwachstum, Marktgröße,
- Marktqualität (Rivalität, Eintrittsbarrieren),
- Versorgung mit Energie und Rohstoffen,
- Umweltsituation.

2.5 Strategische Marketingplanung

Die Wettbewerbsposition (relative Wettbewerbsstärke) besitzt folgende Hauptkriterien:
- relative Marktposition im Vergleich zum Haupt- bzw. den drei größten Wettbewerbern,
- relatives Produktionspotenzial,
- relatives F&E-Potenzial,
- relative Qualifikation der Führungskräfte und Mitarbeiter.

Auch andere Faktoren könnten ergänzend oder ersetzend herangezogen werden, beispielsweise die Kundenbindung oder die Ergebnissituation.[62]

2.5.3 Umgang mit der Konkurrenz

„Wenn Du den Feind und Dich selbst kennst, kannst Du hundert Schlachten schlagen, ohne den Ausgang zu fürchten. Aber wenn Du den Feind nicht kennst oder Dich selbst nicht kennst, ist der Ausgang jeder Schlacht unsicher."

Aus: „Die Kunst des Krieges" (Sun Tsi, ca. 500 v. Chr.)

Strategien können von Unternehmen oft nicht frei gewählt werden, sondern werden durch Aktionen der Konkurrenten bestimmt und hängen von den Möglichkeiten ab, die ihre Absatzmärkte bieten **(Bild 2-26)**. Hier spielt die Marktreife eine wichtige Rolle (vgl. Abschnitt 2.4.2):
- Unternehmen in jungen Märkten haben kaum Konkurrenz, dafür aber ein erhebliches freies Potenzial, um ihren Umsatz auszuweiten.
- Unternehmen in reifen, also vollständig erschlossenen Märkten müssen dagegen zwangsläufig der Konkurrenz Marktanteile abjagen, um wachsen zu können.

Zu den strategischen Möglichkeiten gehört auch, sich mit bestimmten Konkurrenten zu verbünden. Dies kann geschehen, um neue Märkte zu erschließen (Entwicklung neuer Produkte) oder um auf Kosten Dritter zu wachsen (offene oder verborgene Marktabsprachen).

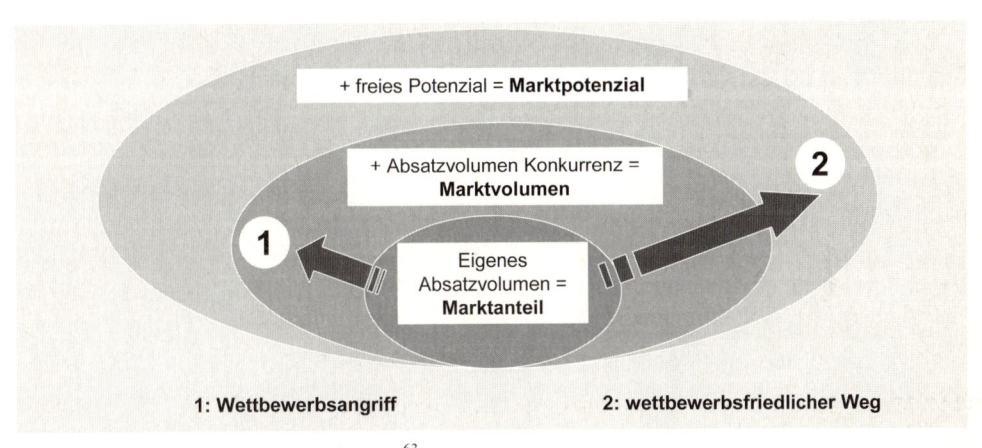

Bild 2-26 Möglichkeiten des Wachstums[63]

Um der Konkurrenz gewachsen zu sein, sollte man sie gut kennen. Die Stärken und Schwächen mindestens der Hauptkonkurrenten sollten ermittelt werden. Das betrifft alle wesentlichen Bereiche der Unternehmen:
- finanzielle Verhältnisse (Inhaberstruktur, Finanzierung, Ertragslage, Bonität),

- Kundenstruktur (ABC-Analyse),
- F&E (Patente, Innovationen),
- Produktionsanlagen (Standorte, Größe, Neuheit, Flexibilität, Kosten),
- Vertriebskanäle (direkt/indirekt),
- Organisation (Aufbau, Führungskultur),
- Unternehmensleitung (Personen, Strategie).

Diese Informationen sind auf unterschiedlichen Wegen zu beschaffen. Kunden- und Einkaufskontakte, direkte persönliche Kontakte, Auskünfte von Banken oder Wirtschaftsauskunfteien, Pressemeldungen – es gibt viele Quellen. Wichtig ist, unternehmensübergreifend Hand in Hand zu arbeiten und die Informationen strukturiert aufzubereiten, beispielsweise in einer Wettbewerber-Datenbank. Ist diese gut gepflegt, können bereits vorgestellte Techniken wie die Profilanalyse (vgl. **Bild 2-15**) oder die Portfolioanalyse (vgl. Abschnitt 2.5.2) eingesetzt werden, um zu übersichtlichen Vergleichen mit dem eigenen Unternehmen zu gelangen und Wettbewerbsvor- und -nachteile aufzuzeigen.

Wenn die Fakten klar dargelegt sind, können Strategien zum Umgang mit dem Wettbewerb erarbeitet werden. Grundsätzlich ergeben sich die in **Tabelle 2-3** aufgezeigten Möglichkeiten Kooperation, Konflikt, Ausweichen oder Anpassen.

Tabelle 2-3 Möglichkeiten des konkurrenzgerichteten Verhaltens[64]

Konkurrenzmuster \ Grundverhalten	innovativ	initiativ
Wettbewerbsvermeidung	Ausweichen	Anpassung
Wettbewerbsannahme	Konflikt	Kooperation

Kooperation

Kooperationen werden immer dann angestrebt, wenn die Ziele einer Unternehmung nicht oder schlechter im Alleingang erreicht werden können. So kooperieren internationale Fluglinien, um ein breiteres Angebot machen zu können, unter verschiedenen Dachmarken („Star Alliance", „SkyTeam").

Im Automobilbereich kooperieren Fahrzeughersteller eng mit Zulieferern, die weite Bereiche der Entwicklung übernommen haben.

Es gibt aber auch stillschweigende Kooperationen, in denen sich Firmen bestimmte Marktsegmente überlassen, um im Gegenzug selbst störungsarm wirtschaften zu können. Als Beispiel mag der deutsche Zeitschriftenmarkt gelten, in dem vier große Verlage bestimmend sind. Dabei geben sich insbesondere der Axel-Springer-Verlag und Gruner+Jahr äußerlich wie harte Konkurrenten, betreiben aber u. a. die gemeinsame Druckgesellschaft Prinovis.

Typische Kooperationsformen sind:
- Lizenzverträge,
- Auftragsfertigung,
- Franchising,

2.5 Strategische Marketingplanung

- Strategische Allianzen,
- Joint Ventures.[65]

Gerade im Zeichen der Globalisierung gewinnen Kooperationen an Bedeutung, weil die gleichzeitige Versorgung sehr vieler Märkte die Finanzkraft und Managementfähigkeit selbst größter Unternehmen überfordert.

Konflikt

Konfliktgerichtete Strategien werden bezeichnenderweise meist mit militärischen Begriffen beschrieben. Besonders aggressives Verhalten ist insbesondere in stagnierenden Märkten zu beobachten, in denen es nur noch wettbewerbsfeindliche Wege zum Wachstum gibt. Wie im Krieg, so ist auch in der Wirtschaft wichtig, ob man sich in einer Angriffs- oder Verteidigungsrolle befindet.

Angriffsstrategien

Je nach Marktposition kommen verschiedene Vorgehensweisen des Angriffs in Frage.

- Der Direktangriff (Frontalangriff) zielt auf den Hauptproduktbereich der Konkurrenz, die entweder mit leistungsstärkeren oder preisgünstigeren Produkten ausgehebelt werden soll.
- Die Umzingelung (Einkesselung) weicht die Marktstellung von mehreren Seiten aus auf. Der Konkurrenz werden über verschiedene Produktlinien mehrere Produkte gegenübergestellt, die teils preiswerter, teils in der Leistung überlegen sind.
- Der Flankenangriff setzt darauf, Unternehmen an schwachen Stellen anzugreifen. Das können kleine, scheinbar unbedeutende Marktsegmente sein, die aber hohe Wachstumsraten aufweisen.
- Der Bypass-Angriff umgeht das Wettbewerberprodukt hinterrücks und überholt es, ohne es einzuholen.

> Die neuartige PC-basierte Steuerungstechnik der Firma Beckhoff konnte sich als Bypass-Angriff am Markt etablieren, ohne dass Konkurrenten wie Siemens dieses verhindern konnten.[66]

Verteidigungsstrategien

Auch hier spielt die Marktposition eine wichtige Rolle bei der Wahl eines angemessenen Vorgehens.

- Die Flankenverteidigung ist für Marktführer geeignet, die beizeiten kleine Konkurrenten aufkaufen. Im Hochtechnologiebereich kann das sogar Teil einer Entwicklungsstrategie sein. So werden in Kalifornien sehr viele Software-Unternehmen aus Universitäten mit Risikokapital ausgegründet. Die meisten haben keinen Erfolg; die erfolgreichen werden in der Regel sofort von etablierten Unternehmen aufgekauft. Diese wehren zukünftige Wettbewerber und besitzen gleichzeitig eine beständig sprudelnde Quelle der Innovation.
- Die Präventivverteidigung wie auch der Gegenangriff sind massive Reaktionen auf mögliche oder tatsächliche Kampfangebote des Wettbewerbs. Auch sie erfordern eine Position der Stärke.
- Die Rückzugsverteidigung besteht in der Aufgabe schwacher Marktsegmente, um Kräfte für die verbleibenden Märkte zu bündeln, also „zu retten, was noch zu retten ist."[67]

Ausweichen

Ausweichstrategien sind insbesondere solche, bei denen Marktnischen besetzt werden. In technologiegetriebenen Unternehmen gilt das besonders für innovative Unternehmen mit schwer nachzuahmenden Produktvorteilen.

> Der mittelständische Schlagscherenspezialist Fischer hat sich eine monopolartige Stellung im Schnitt stahlbewehrter Gürtellagen für Automobilreifen erworben. Die Firma hat die Monopolstellung preislich nicht überstrapaziert, sondern langfristige Verträge mit führenden Reifenherstellern geschlossen.

Der Maschinen- und Anlagenbau ist ein großer Flickenteppich von Nischenmärkten, in dem auch kleine und weithin unbekannte Unternehmen als *hidden champions*, also verborgene (Welt-)Marktführer, agieren. Nicht zuletzt deshalb hat Deutschland seine Stellung als „Exportweltmeister" erlangt.

Anpassen

Anpassungsstrategien zielen darauf, den Wettbewerb nicht unnötig zu reizen. Für kleine Unternehmen gehört dazu der Verbleib in einer Nische, um von großen Wettbewerbern unbehelligt agieren zu können. Große Unternehmen verhalten sich meist nur so lange angepasst, wie sie nicht durch Angriffe von Wettbewerbern zu Verteidigungsstrategien genötigt werden.[68]

2.6 Operative Marketingplanung

Um Marketingstrategien umzusetzen, müssen geeignete Maßnahmen geplant und durchgeführt werden. Dazu werden folgende Entscheidungen getroffen:

- Gesamtbudgetvorgabe,
- Marketingmix-Auswahl,
- Mittelverteilung für ausgewählte Maßnahmen.

Das Marketingbudget wird typischerweise prozentual von der Umsatzvorgabe festgelegt; vergleichsweise hohe Budgets zielen auf Erhöhung des Marktanteils.[69]

Der Marketing-Mix umfasst Maßnahmen und Methoden, um die Marketingziele zu erreichen. Es gibt eine große Fülle dieser Marketingmix-Werkzeuge. Eine verbreitete Darstellung ist die 4P-Darstellung von McCarthy. Sie umfasst die Bestandteile:

(1) *Product* – Produktpolitik,
    d. h. Auswahl der anzubietenden Produkte und/oder Dienstleistungen.
(2) *Price* – Preispolitik,
    d. h. Festlegung des Preisniveau, auf dem angeboten werden soll.
(3) *Promotion* – Kommunikationspolitik,
    also die Wahl des Vorgehens zum Umgang mit der Außenwelt. Darin enthalten sind Werbung, Öffentlichkeitsarbeit und Sprach- und Verhaltensregelungen zum Umgang mit anderen Firmen.
(4) *Place* – Vertriebspolitik,
    beinhaltet insbesondere Auswahl und Management von Absatzkanälen und Distributionslogistik.[70]

2.6 Operative Marketingplanung

Produkt- und Preispolitik hängen eng zusammen und werden gemeinsam als Angebotspolitik bezeichnet. Auch die Kommunikations- und Vertriebspolitik lassen sich nicht strikt voneinander trennen: Kommunikationsvorgaben für das Vertriebsteam beeinflussen die Vertriebspolitik, wie umgekehrt Vertriebserfahrungen die Kommunikationsvorgaben prägen. Auch sind Kommunikations- und Vertriebskanäle häufig identisch (Beispiel Internet).

Die vier P sind keine Bausteine einer Marketingtätigkeit, sondern Pflichtaufgaben mit Prozesscharakter **(Bild 2-27)**, d. h. der Marketingmix muss zwangsläufig von jeder Unternehmung für jedes ihrer Produkte festgelegt werden. Die Auswahl der vier P sollte möglichst kundenbezogen erfolgen. Aus der Kundensicht entsprechen die vier P den folgenden vier C:

- Das Produkt erfüllt sein Bedürfnisse und Wünsche *(customer needs and wants)*.
- Der Preis entspricht seinen Kostenvorstellungen *(cost to the customer)*.
- Die Kundenansprache ist stimmig *(communication)*.
- Der Vertriebskanal macht ihm das Einkaufen leicht *(convenience)*.[71]

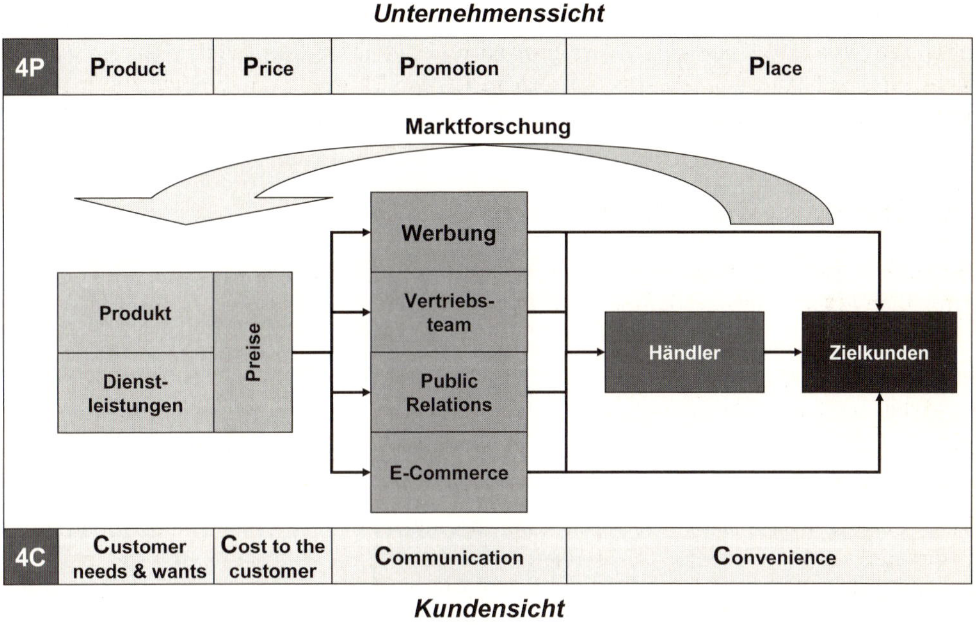

Bild 2-27 Marketingaufgaben und Marketing-Mix aus Unternehmens- und Kundensicht

Damit all das sicher erfüllt werden kann, müssen die Kundenbedürfnisse verstanden werden. Das Marketing stellt auch hier, im Rahmen der Marktforschung, eine Vielzahl von Werkzeugen zur Verfügung.

Im Folgenden wird zunächst der Bereich der Marktforschung erläutert, um dann auf die Einzelbereiche des Marketingmix einzugehen. Dem Vertrieb ist ein separates Oberkapitel gewidmet, welches sowohl die Auswahl und das Management der Vertriebskanäle (Vertriebssteuerung) wie auch den Umgang mit dem Kunden (Verkauf) im Investitionsgüterbereich näher beschreibt.

2.6.1 Marktforschung

„Manfred, ich will nicht wissen, warum die Uhr tickt, ich will nur wissen, wie spät es ist!"
Ex-Chrysler-Chef Robert Eaton gegenüber Daimler-Finanzchef Manfred Gentz[*]

Marktforschung ist die systematische Sammlung, Aufbereitung, Analyse und Interpretation von Daten über Märkte (Kunden und Wettbewerber).[72] Damit sollen kundenbezogene Unternehmensentscheidungen auf eine faktische Grundlage gestellt werden. Es werden sechs wesentliche Ergebnisfelder betrachtet:

- Allgemeine Marktcharakteristika und -entwicklungen (Marktvolumen, -wachstum, Lebenszyklusphase, durchschnittliche Gewinne etc.),
- Marktposition (Marktanteil, Bekanntheitsgrad und Image etc.),
- Wettbewerber (Identifikation, Marktposition, Ressourcen, Verhalten etc.),
- Kundensegmente (Identifikation von Kunden und Kundensegmenten etc.),
- Kundenverhalten, -bedürfnisse (Ist-Zustands, Veränderungen),
- Kundenzufriedenheit, -loyalität (Ist-Zustands, Veränderungen).[73]

Die Marktdatengewinnung erfolgt wie in **Bild 2-28** gezeigt. Daten können entweder betriebsintern vorliegen oder extern erhoben werden. Möglicherweise wurden bereits interne oder externe Untersuchungen zum Thema gemacht, die herangezogen werden können (**Sekundärdatenauswertung**). Falls diese für eine Beurteilung nicht ausreichen, müssen spezielle aktuelle Untersuchungen durchgeführt werden (**Primärdatenerhebung**).

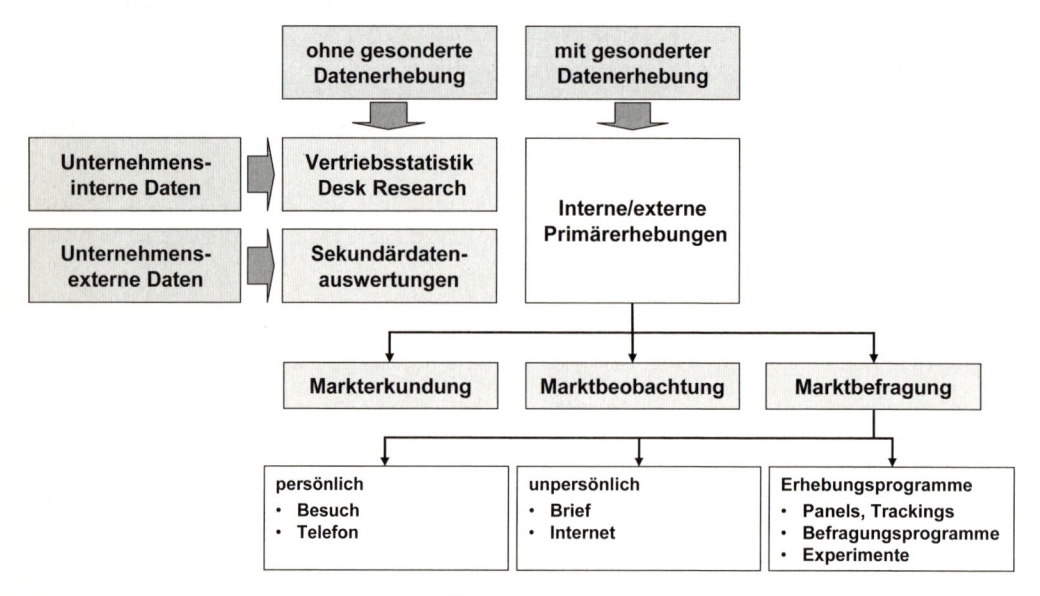

Bild 2-28 Wege der Marktdatengewinnung[74]

---

[*] In Fusionsverhandlungen von Daimler und Chrysler hatte Eaton Gentz' Vortrag zu lange gedauert.

Sekundärdaten

Sekundärforschung ist die Aufbereitung, Analyse und Auswertung bereits vorhandener Daten, die früher meist für andere Zielsetzungen erhoben wurden.

Hausinterne Quellen sind beispielsweise die Vertriebsstatistik, Informationen aus Kundengesprächen, Reiseberichten, Messeaktivitäten o. Ä. Hilfreich für die Auswertung ist eine strukturierte Ablage und Aufbereitung von derlei Informationen, die heute IT-gestützt erfolgt.

Außerdem gibt es eine große Menge möglicher externer Datenquellen wie

- Fachliteratur,
- Statistiken nationaler und übernationaler Organisationen (Statistisches Bundesamt, EU),
- Statistiken industrieller Dachorganisationen (IHK, Verbände wie VDMA etc.),
- Internet-Wirtschaftsdienste (z. B.GENIOS, IMOE), teilweise auf Sektoren spezialisiert,
- Außenwirtschaftsinformationen von Banken BAAW,
- Informationen der Bundesagentur für Außenwirtschaftsinformation (bfai) etc.

Für in internationalen Industriegütermärkten tätige Firmen können diese Informationen von hoher Bedeutung sein, gerade wenn die Tätigkeit auf neue Regionen ausgedehnt werden soll.

Primärdaten

Primärdaten werden eigens erhoben, um ein bestimmtes Untersuchungsziel zu erreichen. Die Qualität der durchgeführten Untersuchungen wird beurteilt nach den Kriterien

- Repräsentanz, d. h. die Stichprobe muss groß genug sein für das Untersuchungsziel,
- Objektivität, d. h. das Messergebnis muss unabhängig von der durchführenden Person sein,
- Reliabilität, d. h. das Messergebnis ist frei von Zufallsfehlern; es würde sich bei Wiederholung der Messung erneut ergeben,
- Validität, d. h. das Ergebnis ist frei von systematischen Fehlern, die beispielsweise durch eine unpräzise Fragestellung entstehen können.[75]

Die Primärdatenerhebung ist von sehr großer Bedeutung für Hersteller mit privaten Endkunden und/oder sehr großem und heterogenem Kundenkreis. Ein gutes Beispiel dafür bietet die Automobilindustrie, in der das gesamte Spektrum der Marktforschung zum Einsatz kommt. Dieses reicht von kleinen Ad-hoc-Untersuchungen (**Markterkundung**) bis zu kontinuierlichen internationalen Studien (**Marktbeobachtung**). Die eigenen Erhebungsprogramme (**Marktbefragung**) reichen von der Gruppendiskussion bis zu den so genannten *Car Clinics*, bei denen Prototypen in verschiedenen Stadien durch potenzielle Käufer bewertet werden.[76]

Im B2B-Bereich spielen derartige Untersuchungen gegenüber dem aus dem Relationship Marketing, also der Beziehungspflege auf allen Ebenen, gewonnenen Informationen eine vergleichsweise geringe Rolle. Untersuchungsmethoden werden daher im Folgenden nur grundsätzlich beschrieben. Für eine detaillierte Darstellung einschließlich der statistischen Auswertung gewonnener Daten wird auf entsprechende Fachliteratur verwiesen.[77]

> Die Lenze AG mit Sitz in Aerzen bei Hameln ist Systemanbieter für Antriebs- und Automatisierungstechnik. Ihre Abteilung für Strategisches Marketing bündelt Ihre Marktforschungsaktivitäten unter dem Stichwort LEMI (**L**enze **M**arketing **I**ntelligence).

In einer zentralen Datenbank werden Umfelddaten wie Konjunktur- und Marktinformationen, darunter auch Wettbewerbsprofile, sowie aktuelle Verkaufsdaten gesammelt. Die Daten entstammen sowohl externen Quellen (z. B. VDMA, IMS) als auch eigenen weltweiten Quellen, in der Regel Vertriebsgesellschaften. Die LEMI-Informationen, beispielsweise über Marktvolumen, Marktpotenzial, Wachstum und zukünftige Entwicklung, können nach Märkten, Produkten, Kundengruppen und Vertriebskanälen gegliedert werden. Sie werden – meist in aufbereiteter Form – anderen Unternehmensbereichen zur Verfügung gestellt und dienen als Grundlage der operativen Marketing- und Vertriebsplanung des Gesamtunternehmens und seiner Teilgesellschaften.

Vorgehensweise der Marktforschung

Der Prozess der Marktforschung folgt den in **Bild 2-29** dargestellten Teilaufgaben. Im ersten Schritt wird das Problem möglichst genau dargestellt und das zu erreichende Ziel definiert. Dann wird geklärt, mit welcher Art von Untersuchung das Ziel erreicht werden kann und welche Primär- oder Sekundärdaten dazu herangezogen werden müssen. Wichtig ist auch, zu klären, wer die Untersuchung durchführt. Häufig wird mit externen Dienstleistern kooperiert.

Grundsätzlich kommen folgende Untersuchungsarten in Betracht:
- Beobachtung der Marktakteure, z. B. Verkäufertests durch Testkunden in einem Autohaus,
- Expertenbefragung, z. B. in einem vorbereiteten moderierten Gespräch,
- Studie mit umfangreicher Datenerhebung, z. B. zu den Rahmenbedingungen des Maschinenverkaufs in Südostasien,
- Experiment bzw. Test, beispielsweise kontrollierte Erhöhung von Preisen für ein bestimmtes Produkt und Ermittlung der ausgelösten Veränderung der Umsätze.

Bild 2-29 Prozess der Marktforschung[78]

Nach handwerklich sauberer Analyse und Interpretation der Ergebnisse werden diese für die Zielgruppe aufbereitet und präsentiert. Wichtig ist es, eine den Erwartungen der Adressaten angemessene Form der Darstellung zu finden. Das höhere Management sollte in der Regel nicht mit zu vielen Details behelligt werden, sondern nur die Kernaussagen vermittelt bekommen (siehe das Zitat zu Beginn dieses Abschnitts).

2.6.2 Produktpolitik

Unter Produktpolitik eines Unternehmens wird hier verstanden, welche Leistungen (Produkte und Dienste) angeboten werden. Grundsätzliche produktpolitische Möglichkeiten im Investitionsgüterbereich sind die

- Neuprodukteinführung (Innovation oder Nachahmung des Wettbewerbs), ggf. auch Diversifikation, d. h. Programmerweiterung,
- Produktvariation (Eigenschaftsveränderung bestehender Erzeugnisse),
- Produktdifferenzierung (Anpassung eingeführter Leistungen an die Bedürfnisse bestimmter Marktsegmente, dadurch erhöhte Programmtiefe),
- Produktelimination (Einstellen der Fertigung bzw. Lieferung).

2.6 Operative Marketingplanung

Zum Produkt gehören auch seine Verpackung und Darbietung einschließlich Bedienungsanleitung. Aus Kundensicht dient ein Produkt der Befriedigung von Bedürfnissen und damit der Nutzengewinnung. Das Produkt besitzt damit möglicherweise auch immaterielle Eigenschaften, die für den Kunden einen Zusatznutzen darstellen können (z. B. den sozialen Prestigegewinn durch Kauf eines Sportwagens einer Marke von Weltruf).

Produktbestandteile

Aus betriebswirtschaftlicher Sicht ist es sehr wichtig, zu erkennen, welchen Produktbestandteilen die Kunden Wert beimessen und bei welchen sie das nicht tun. Einige Komponenten des Produkts sind unverzichtbar, für andere geben Kunden gern ihr Geld aus, es gibt aber möglicherweise auch Bestandteile, die für den Kunden völlig überflüssig sind – und die gilt es möglichst zu entfernen, da auch sie Kosten verursachen und damit die Marktposition des Anbieters verschlechtern.

Die Bestandteile eines Produkts können im Sinne eines Schalenmodells verstanden werden **(Bild 2-30)**.

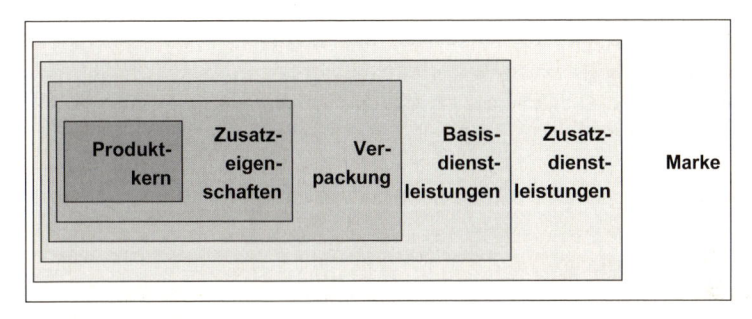

Bild 2-30   Produktbestandteile[79]

Der Produktkern enthält die Kerneigenschaften eines Produkts, d. h. er legt dessen Funktion fest.

Zusatzeigenschaften, beispielsweise ein edles Design, werden vom Kunden honoriert, ohne die Kernfunktion zu verändern.

Das Eigenschaftsprofil der Produkte wird bestimmt von

- Art und Anzahl der Produkteigenschaften (technische Angemessenheit, Wirtschaftlichkeit, Umweltfreundlichkeit, Komfort, Sicherheit),
- Qualität der Produkteigenschaften (Material, Funktionalität, Verarbeitung, Design),
- Flexibilität des Eigenschaftsprofils (z. B. durch modulare Bausteine).

Eine ökonomisch optimale Produktqualität ist meist nicht identisch mit maximaler Produktqualität, sondern liegt etwas darunter.

Die Ansprüche aller Kunden sind nicht deckungsgleich, sondern jedes Unternehmen trifft auf eine Verteilung der Anforderungswerte der Kunden, die in der Produktpolitik zu berücksichtigen ist.[80] Unter Umständen kann das eine Marktsegmentierung erforderlich machen.

Die Verpackung spielt im Industriegüterbereich vornehmlich eine praktische Rolle (Behältnis, Schutz bei Transport, ggf. Gebrauchsanleitung). Im Konsumgütergeschäft werden zusätzlich ästhetische Funktionen im Verkauf genutzt.

Im Sinne einer „Verpackung von Dienstleistungen" kann die Ausstattung von Geschäftsräumen verstanden werden (Bank, Frisörsalon o. Ä.).

Basisdienstleistungen setzt der Kunde beim Kauf voraus. Beispielsweise können komplexe Industrieanlagen nicht ohne vorherige Beratung verkauft werden.

Zusatzdienstleistungen sind keine Kaufvoraussetzung, werden aber vom Kunden honoriert. Gerade mit hervorragenden Zusatzdienstleistungen können sich Industrieunternehmen bei ähnlichen Basisprodukten von ihren Wettbewerbern differenzieren. Als Beispiele seien Finanzierung, Wartung und Instandhaltung, Ersatzteilservice, Engineeringleistungen zur Produktivitätssteigerung genannt.

Eine Marke dient zur Identifizierung und Differenzierung des eigenen Angebots. Sie ist vor allem dann hilfreich, wenn Kunden sie mit einer gewissen Qualität verbinden, die ihnen nutzbringend erscheint. Marken sind zwar vornehmlich im Endkundenbereich wichtig, können aber auch im Investitionsgüterbereich genutzt werden. Gerade bei Dienstleistungen kann die Marke hilfreich sein, indem mit einem bestimmten Erscheinungsbild eine gewisse Qualität assoziiert wird. Beispielsweise setzen Logistikdienstleister wie DHL und UPS konsequent auf ein bestimmtes Erscheinungsbild ihrer Mitarbeiter und Fahrzeuge.

Eine einheitliche Definition des Begriffs „Marke" existiert nicht; rechtliche, objekt-, anbieter- wie nachfragebezogene Aspekte werden unterschiedlich gewichtet. *Baumgarth* definiert den Begriff wie folgt:

> „Marke = Ein Name, Begriff, Zeichen, Symbol, eine Gestaltungsform oder eine Kombination aus diesen Bestandteilen, welches bei den relevanten Nachfragern bekannt ist und im Vergleich zu Konkurrenzangeboten ein differenzierendes Image aufweist, welches zu Präferenzen führt."[81]

Gelingt es, eine Marke in der Zielgruppe zu verankern, so kann der resultierende ökonomische Nutzen als Markenwert ausgedrückt werden. Beispielsweise hat eine Untersuchung amerikanischer ergeben, dass im Blindtest 51 % das Produkt Pepsi vorziehen würden, während nur 44 % Coca-Cola trinken würden. Als der Test mit Darbietung der Marke durchgeführt wurde, tranken dagegen nur noch 23 % lieber Pepsi, 65 % dagegen Coca-Cola. Der Wert der Marke Coca-Cola beträgt nach vorsichtigen Berechnungen 50 Milliarden US-Dollar und liegt macht damit rund die Hälfte des gesamten Unternehmenswertes aus.[82]

Um die Vorteile einer Marke nutzen zu können, muss kontinuierlich in diese investiert werden. Dazu gehört ein konsistenter Auftritt, der alle Aspekte des Marketing-Mix durchzieht und insbesondere durch eine auf die Marke ausgerichtete Kommunikationspolitik getragen wird.

Leistungsprogramm

Das Leistungsprogramm einer Unternehmung sollte die Unternehmensstrategie widerspiegeln. Es wird gekennzeichnet durch die beiden Dimensionen

- Programmbreite (Anzahl der Produkt- bzw. Warengruppen) und
- Programmtiefe (Anzahl der Artikelvarianten innerhalb einer Produktgruppe).

In **Bild 2-31** ist beispielhaft das Produktprogramm des Werkzeugmaschinenherstellers Heller/Nürtingen aus dem Jahr 2005 aufgezeigt. Heller fertigt Bearbeitungszentren, Rundfräsma-

2.6 Operative Marketingplanung

schinen (Kurbel- und Nockenwellenfräsmaschinen für die Automobilindustrie) sowie Kurbelwellen-Drehzentren, also eine relativ geringe Programmbreite.

In den jeweiligen Produktlinien wird eine an den Kundenbedarf angepasste Programmtiefe hergestellt. So gibt es genau eine Kurbelwellenfräsmaschine, aber vier Varianten der Nockenwellenfräsmaschinen sowie zwei unterschiedliche Kurbelwellen-Drehzentren. Die größte Programmtiefe liegt im Bereich der Bearbeitungszentren vor. Allein an Basismaschinen gibt es 18 verschiedene Produkte, für die auch noch kundenspezifische Veränderungen möglich sind.

Die Sortimentspolitik der Firma Heller ist also gekennzeichnet durch eine geringe Programmbreite bei hoher Programmtiefe.

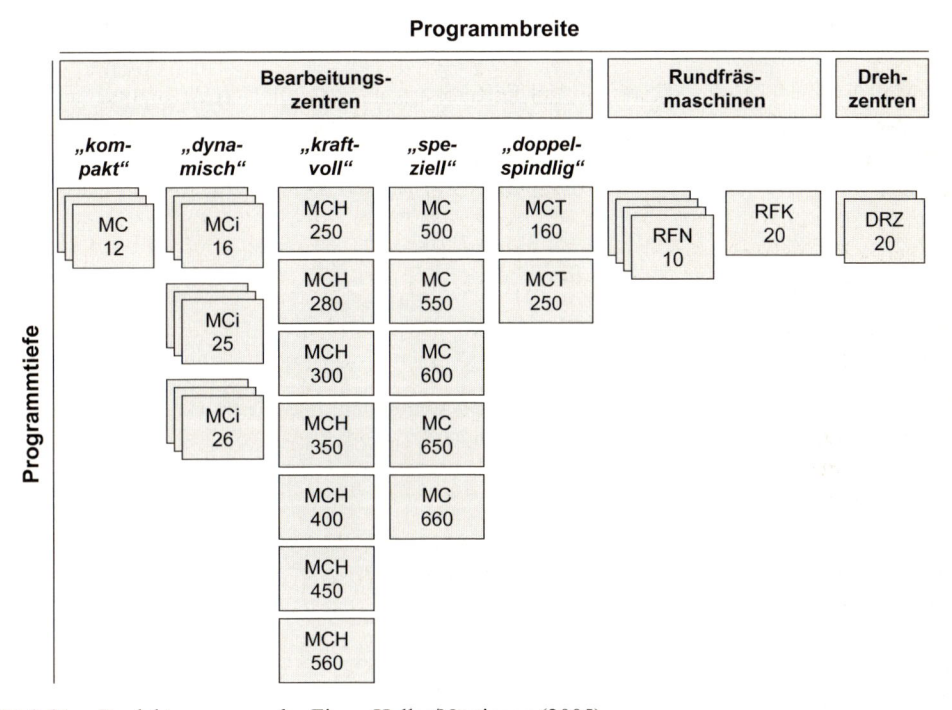

Bild 2-31 Produktprogramm der Firma Heller/Nürtingen (2005)

Lebenszykluskonzepte

Um produktpolitische Maßnahmen treffen zu können, ist es wesentlich, den Reifegrad der Produkte zu kennen. Der Produktlebenszyklus, zwar ähnlich, aber nicht zu verwechseln mit dem Produktzyklus **(Bild 2-12)** beschreibt das Produktleben in Analogie zu dem von Lebewesen idealtypisch **(Bild 2-32)**.

Mit der Lebenszyklusphase werden die in **Tabelle 2-4** zusammengefassten Marktgegebenheiten verbunden. Anhand dort aufgeführter Merkmale können Produkte bestimmten Zyklusphasen zugeordnet werden. Diese Zuordnung kann nun im Sinne eines strategischen und operativen Marketingvorgehens genutzt werden, wie das im unteren Teil der Abbildung beschrieben wird.

Das Lebenszykluskonzept ist ein – wenn auch nicht unmittelbar erkennbarer – Bestandteil des BCG-Portfoliokonzepts (siehe Abschnitt 2.5.2). Die vier Felder entsprechen, vom *Question Mark* ausgehend, im Uhrzeigersinn in etwa den Reifephasen des Lebenszyklus und können mit entsprechenden Normstrategien verbunden werden.

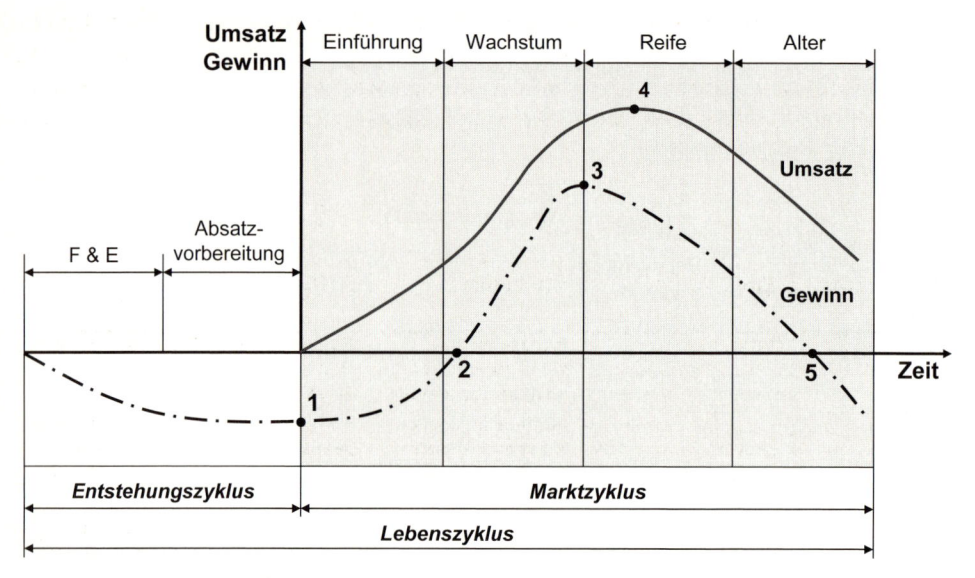

Bild 2-32 Produktlebenszyklus, darin: (1) Verlust bei Einführung (Entwicklungskosten); (2) Gewinnschwelle; (3) Gewinnmaximum; (4) Umsatzmaximum; (5) Wiedereintritt in die Verlustzone[83]

Tabelle 2-4 Kennzeichen und typische Marketingaktivitäten einzelner Lebenszyklusphasen[84]

Typische Merkmale	Einführung	Wachstum	Reife	Alter
Umsatz	niedrig	schnelles Wachstum	langsames Wachstum	Schrumpfung
Gewinne	vernachlässigbar	Spitzenniveaus	abnehmend	niedrig oder null
Cash Flow	negativ	mittel	hoch	niedrig
Kunden	innovativ	Massenmarkt	Massenmarkt	Nachzügler
Wettbewerber	wenige	wachsende Zahl	viele	abnehmende Zahl
Reaktion				
Strategischer Schwerpunkt	Marktausdehnung	Marktdurchdringung	Marktanteil verteidigen	Produktivität erhöhen
Marketingausgaben	hoch	hoch (prozentual abnehmend)	fallend	niedrig
Marketingschwerpunkt	Produktbekanntheit	Markenpräferenz	Markentreue	selektiv
Vertrieb	ungleichmäßig	intensiv	intensiv	selektiv
Preis	hoch	niedrig	am niedrigsten	steigend
Produkt	Grundprodukt	verbessert	differenziert	rationalisiert

2.6 Operative Marketingplanung

Neben der Produktreife (Lebenszyklusphase) ist stets auch die erreichte Wettbewerbsposition in einem Markt von großer Bedeutung für die zu verfolgende Strategie. Eine hervorragende Marktposition trägt durch höhere Stückzahlen zu einer kostengünstigeren Fertigung bei (Erfahrungskurveneffekt). Sowohl Umsatz- als Gewinnkurve werden tendenziell nach oben verschoben, so dass die Gewinnzone früher erreicht und später verlassen wird.

Der Einfluss der Wettbewerbsposition und der Reife des Produkts wurde von der Unternehmensberatung *Arthur D. Little* in einer Matrixdarstellung mit Normstrategien verknüpft **(Tabelle 2-5)**. Es wird deutlich, dass sich – in Analogie zum Mc-Kinsey-Portfolio **(Bild 2-25)** – eine Diagonale (hier von unten recht nach oben links) ergibt, entlang derer die Marktattraktivität zunimmt.

Tabelle 2-5 Arthur-D.-Little-Portfolio[85]

Wettbewerbs-position	Einführung	Wachstum	Reife	Alter
Dominierend	Marktanteile gewinnen oder mindestens halten	Investieren, um Position zu verbessern, Marktanteilsgewinn	Position halten Wachstum mit der Branche	Position halten
Stark	Investieren, um Position zu verbessern, intensive Marktanteilsgewinnung	Investieren, um Position zu verbessern, Marktanteilsgewinn	Position halten, Wachstum mit der Branche	Position halten oder ernten
Günstig	Selektiver oder voller Marktanteilsgewinn, selektive Verbesserung der Position	Versuchsweise Position verbessern, selektive Marktanteilsgewinnung	Minimale Investitionen zur „Instandhaltung"	Ernten oder stufenweise Reduzierung des Engagements
Mäßig	Selektive Verbesserung der Wettbewerbsposition	Aufsuchen und Erhalten einer Nische	Aufsuchen einer Nische oder stufenweise Reduzierung des Engagements	Stufenweise Reduzierung des Engagements oder liquidieren
Schwach	Starke Verbesserung oder liquidieren	Starke Verbesserung oder liquidieren	Liquidieren	Liquidieren
Nicht lebensfähig	Liquidieren	Liquidieren	Liquidieren	Liquidieren

Bei einer dominierenden Marktposition kann somit selbst bei einem alternden Produkt sinnvoll sein, dieses im Programm zu erhalten. Umgekehrt kann es bei einer ungünstigen Marktposition bereits in einer frühen Phase des Produktlebenszyklus sinnvoll sein, das Produkt aus dem Programm zu tilgen, da Umsätze und Gewinne branchenbezogen unterdurchschnittlich ausfallen.

Produktpositionierung als Basis produktpolitischer Entscheidungen

Die betriebswirtschaftlichen Anzeichen des drohenden Niedergangs eines Produkts wurden nunmehr verdeutlicht. Jetzt fehlt nur noch eine Methode, um diesen Niedergang wenn möglich abzuwenden oder, falls das nicht möglich ist, die notwendige Produktelimination konsequent umzusetzen. Ein solches Werkzeug ist die Produktpositionierung, wie sie in **Bild 2-33** gezeigt wird.

Im dargestellten Beispiel wurde angenommen, dass ein Hersteller von Bearbeitungszentren über Absatzrückgänge klagt und nach Ursachen und vor allem Gegenmaßnahmen sucht. Durch eine Kundenbefragung wurde ermittelt, dass für an Bearbeitungszentren interessierte Kunden die Kriterien Preis und Qualität von besonderer Bedeutung für die Kaufentscheidung sind. Es hat sich herausgestellt, dass es zwei Kundengruppen gibt, deren Präferenzverhalten sich deutlich unterscheidet: Zum einen gibt es Niedrigpreiskäufer, die aber doch ein gewisses Maß an Qualität erwarten (Segment I), zum anderen gibt es Qualitätskäufer, die bereit sind, einen gewissen Mehrpreis für deutlich höhere Qualität zu bezahlen (Segment II). Durch Mittelung der Kundenangaben haben sich die entsprechenden Idealpunkte I und II ergeben.

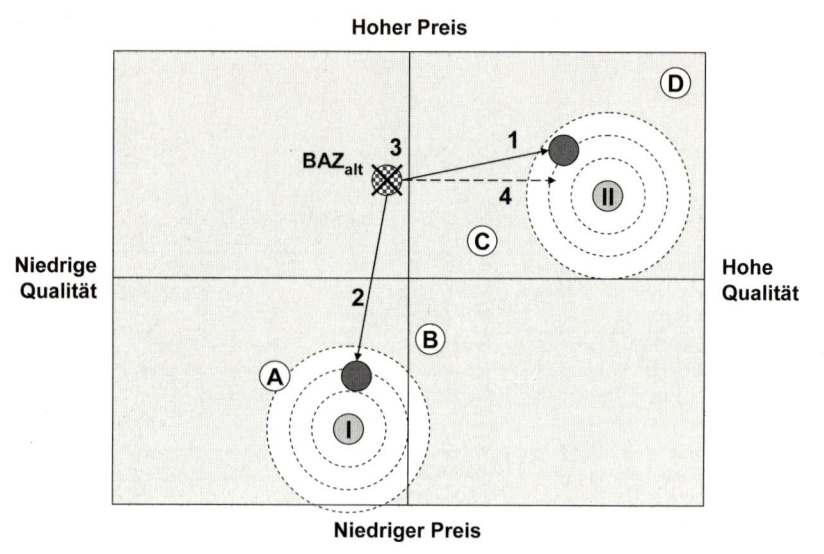

Bild 2-33   Produktpositionierung (Produktmarktraum) und produktpolitische Optionen

Die Befragung hat außerdem ergeben, wie die derzeitige Maschine eines Herstellers (BAZ$_{alt}$) eingeschätzt wird und wie die Produkte der Hauptkonkurrenten A bis D wahrgenommen werden. Es zeigt sich, dass der Hersteller derzeit im strategischen Niemandsland zwischen den relevanten Marktsegmenten liegt. Um seine Konkurrenz zu überflügeln, müsste er näher an einen der Idealpunkte der Segmente I oder II herankommen als seine Konkurrenz. Damit ergeben sich folgende produktpolitischen Handlungsoptionen:

- Neuprodukteinführung: Der Hersteller müsste ein neues Produkt entwickeln, was dem Idealpunkt I oder II möglichst nahe wäre.
- Produktvariation: Der Hersteller müsste die Qualität seines Produktes bei nur geringen Mehrkosten deutlich verbessern (1).
- Produktdifferenzierung: Der Hersteller müsste zwei Produktlinien aufbauen, eine mit erhöhter Qualität bei geringen Mehrkosten (1), die andere mit erheblichen Kosteneinsparungen bei nur geringer Qualitätseinbuße (2).
- Produktelimination: Der Hersteller erkennt, dass ihm das Know-how und/oder die Mittel fehlen, um entsprechende Entwicklungen durchzuführen. Es bleibt ihm nur der Rückzug aus dem Markt (3).

Es könnte sich noch eine weitere Handlungsoption ergeben, die allerdings die Kommunikationspolitik des Unternehmens betrifft. Womöglich entspricht die von den Kunden wahrgenommene Qualität gar nicht der tatsächlich sehr viel höheren des Unternehmens, die sich bspw. in

2.6 Operative Marketingplanung 51

hoher Bearbeitungsgenauigkeit, Wartungsarmut und langer Lebensdauer der Produkte eindeutig nachweisen lässt. Hier wäre die Schlussfolgerung, dass die Außendarstellung des Unternehmens die hohe Produktqualität in den Vordergrund rücken muss, um nach und nach das Kundenbewusstsein zu verändern und dieses in der Nähe des Idealpunkts II zu verankern (4).[86]

2.6.3 Preispolitik

Die Preispositionierung hängt eng mit der Produktqualität zusammen. Im Normalfall erwarten Kunden von hochpreisigen Produkten eine hohe Qualität, von niedrigpreisigen dagegen eine geringe. Es ergeben sich dann die in **Bild 2-34** gezeigten Preis-Leistungs-Segmente.

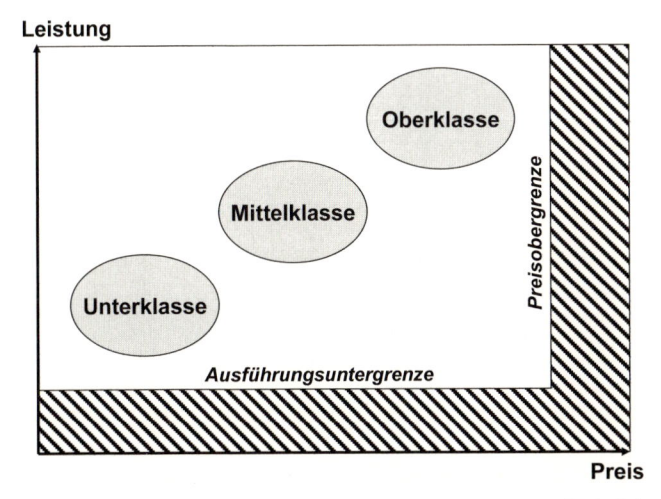

Bild 2-34 Auf das Preis-Leistungs-Verhältnis bezogene Marktsegmente und Marktbarrieren[87]

Die Ausführungsuntergrenze besagt, dass noch billigere Produkte mit den verfügbaren Produktionsmitteln nicht erzeugt werden können. Aus der Preisobergrenze folgt, dass noch teurere Produkte unverkäuflich wären.

Die Preispositionierung sollte dem Käufer ein vorteilhaftes Preis-Leistungs-Verhältnis, also einen Mehrwert im Vergleich zum Wettbewerb, suggerieren. Dazu gibt es fünf Möglichkeiten:

- „mehr für mehr" (Mercedes, Gucci),
- „mehr für das Gleiche" (Toyota Lexus),
- „das Gleiche für weniger" (No-name-PCs),
- „weniger für viel weniger" (Billigflieger),
- „mehr für weniger" (Toys 'R' Us, Wal-Mart).[88]

Es ist aber stets zu berücksichtigen, dass Preise im Regelfall auf Märkten entstehen, die mehr oder weniger vollkommen sind (siehe Kap. 2.1). In einigen Fällen können sie von einem anbietenden Unternehmen beeinflusst werden. Der Marktpreis hängt aber niemals unmittelbar vom Kostenniveau eines Anbieters zusammen, wie viele Laien (und erfahrungsgemäß auch Ingenieure) vermuten. Dennoch ist es wichtig, die eigene Kostenstruktur zu kennen, um preisliche Spielräume ausloten zu können. Dazu werden nachfolgend die Kalkulationsgrundlagen im Investitionsgüterbereich aufgezeigt.

Kalkulationsgrundlagen

In **Bild 2-35** ist das Kalkulationsschema der Vollkostenrechnung eines produzierenden Unternehmens dargestellt. Alle dem Produkt direkt zuzurechnenden Kostenkomponenten werden als Einzelkosten bezeichnet. Gemeinkosten, also solche Kosten, die dem Produkt nicht unmittelbar zugerechnet werden können, werden über Zuschlagsätze addiert. Diese Schlüsselung führt nicht immer zu einer verursachungsgerechten Kostenzuordnung. So können sich beispielsweise Vertriebsmitarbeiter vergleichsweise lange mit dem Verkauf neuer Produkte, die nur einen geringen Gesamtumsatz haben, beschäftigt haben, denen aber nur derselbe Gemeinkostenanteil zugeordnet wird wie markteingeführten Produkten.

Nr.		Kostenart	Beispiel
(1)		Materialeinzelkosten	gelieferte Einzelteile, Baugruppen
(2)	+	Materialgemeinkosten [%-Satz von (1)]	Schrauben, Halbzeuge aus Lager
(3)	=	**Materialkosten**	
(4)		Fertigungseinzelkosten	Löhne
(5)	+	Fertigungsgemeinkosten [%-Satz von (4)]	AfA, Meister, Arbeitsvorbereitung
(6)	+	Sondereinzelkosten der Fertigung	Vorrichtungen
(7)	=	**Fertigungskosten [(4) + (5) + (6)]**	
(8)	=	**Herstellkosten [(3) + (7)]**	
(9)	+	Verwaltungsgemeinkosten [%-Satz von (8)]	Mieten, Geschäftsleitung, Controlling
(10)	+	Vertriebsgemeinkosten [%-Satz von (8)]	Marketing, Vertrieb
(11)	+	Sondereinzelkosten Vertrieb	Reisekosten zum Auftragserhalt
(12)	=	**Selbstkosten [(8) + (9) + (10) + (11)]**	

Bild 2-35 Vollkostenkalkulation am Beispiel eines produzierenden Unternehmens

In der Teilkostenrechnung werden nur die Einzelkosten addiert. Der vom Umsatz verbleibende Betrag nach Abzug der Teilkosten wird als **Deckungsbeitrag** bezeichnet.

Langfristig muss ein Unternehmen mindestens die Vollkosten erwirtschaften, um in die Gewinnzone zu gelangen. Das bedeutet, dass die Summe der Produktdeckungsbeiträge mindestens die gesamten Gemeinkosten abdecken muss.

Kurzfristig kann es geboten sein, auch Produkte anzubieten, mit denen zwar nicht die Vollkosten gedeckt, aber immerhin Deckungsbeiträge erwirtschaftet werden. Beispielsweise ist es im Falle mangelnder Aufträge durchaus sinnvoll, eine nicht ausgelastete Fertigung, die ohnehin bezahlt werden muss, mit schlecht vergüteten Aufträgen zu beschäftigen, um wenigstens ein wenig zur Deckung der Fixkosten beizutragen.[89]

Die absolute Preisuntergrenze ist erreicht, wenn der Deckungsbeitrag eines Auftrags zu null wird, d. h. der Umsatz genau den Einzelkosten entspricht. Ein Produkt, welches einen negativen Deckungsbeitrag aufweist, sollte aus dem Produktprogramm eliminiert werden.[*]

---

[*] vgl. Homburg/Krohmer (2006), S. 1222 f. Ausnahmsweise können Produkte mit negativem Deckungsbeitrag im Programm verbleiben, wenn sie aus sortimentspolitischen Gründen unverzichtbar sind und nur mit ihnen an anderer Stelle Ergebnisbeiträge erwirtschaftet werden können.

Elastizität der Nachfrage

Hilfreich für die Preisfindung ist ein Verständnis der zu erwartenden Reaktion der Kunden auf Preisänderungen. Diese Reaktion wird mit dem Elastizitätsmodell abgebildet. Die Elastizität der Nachfrage ist ein Maß dafür, welche Nachfrageänderung auf eine Preisänderung erfolgt. Sie berechnet sich zu:[90]

$$\varepsilon_D(Q) = \frac{\partial Q_N}{Q} : \frac{\partial P}{P} \tag{2-1}$$

Das bedeutet, die Nachfrageelastizität ist definiert als das Verhältnis der prozentualen Nachfrageänderung zu einer prozentualen Preisänderung. Sie ist jeweils auf einen bestimmten Punkt auf der Angebotsfunktion bezogen.[*]

Für eine Nachfrageelastizität, deren Betrag $|\varepsilon_D| > 1$ liegt, spricht man von elastischer Nachfrage, für $|\varepsilon_D| < 1$ von unelastischer Nachfrage.[**]

Für eine lineare Nachfragefunktion, wie sie in **Bild 2-36** dargestellt ist, ergibt sich nicht etwa eine konstante Elastizität im gesamten Bereich, sondern ein Abfall des Elastizitätsbetrags mit steigender Menge.

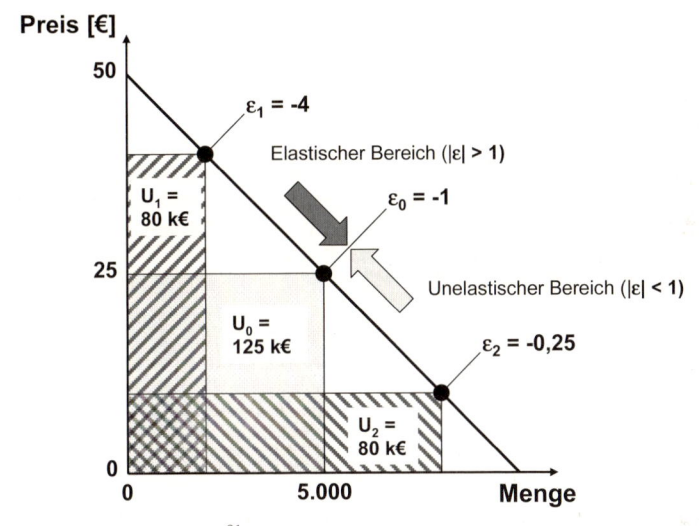

Bild 2-36 Lineare Nachfragefunktion[91]

Der Elastizitätsverlauf ist nicht nur theoretisch interessant, sondern hat vor allem eine praktische Bedeutung. Sie wird anhand des sich aus dem Produkt von Preis und Menge ergebenden Umsatzes erkennbar, welcher in drei Punkten als Fläche unterhalb der Funktion eingezeichnet wurde. Man erkennt, dass der Umsatz bei einem Betrag der Nachfrageelastizität von 1 maximal ist. Der Umsatz beträgt 5.000 x 25 € = 125.000 €. Sowohl in Richtung steigender wie fallender Mengen und Preise nimmt der Umsatz ab.

---

[*] Analog lässt sich auch die Angebotselastizität ε_S definieren.
[**] Das gilt analog auch für die Angebotselastizität.

Daher gilt im elastischen Bereich:

- Der Umsatz steigt bei Preissenkung.
- Der relative Mengenzuwachs übersteigt die relative Preissenkung.

Im unelastischen Bereich gilt:

- Der Umsatz steigt bei Preiserhöhung.
- Der relative Preiseffekt übersteigt den relativen Mengenrückgang.[92]

Daraus lässt sich folgern, dass Preissenkungen nur im unelastischen Bereich für die Geschäftsentwicklung überhaupt hilfreich sein können, da sie sich nur dort umsatzsteigernd auswirken. Die geringeren Erlöse pro Stück wirken sich zwar negativ auf die Stückgewinne aus, jedoch wird das möglicherweise durch mengenbedingte Einsparungen auf der Kostenseite kompensiert. Aufgrund der höheren Stückzahl kann sich sogar die Gewinnsituation verbessern, was jedoch im Einzelfall zu überprüfen ist. Preissenkungen bleiben zumeist ein konkurrenzbedingtes notwendiges Übel, um Marktanteile zu halten oder auszubauen.

Preiserhöhungen im unelastischen Bereich erscheinen dagegen attraktiv, da sie sowohl die Umsatz- wie auch die Gewinnsituation unmittelbar verbessern.

Preiselastizitäten können aus Geschäftsdaten abgeschätzt werden.[93] Im Konsumgüterbereich gibt es statistische Erhebungen von Marktforschungsinstituten. Nachstehend **(Tabelle 2-6)** sind einige Daten zusammengetragen, die die praktische Relevanz und Stichhaltigkeit des Elastizitätskonzepts belegen.

Tabelle 2-6   Beispiele für Nachfrageelastizitäten ausgewählter Konsumgüter[94]

Produkt	ε_D	Jahr
• Kaffee	- 7,2	(1985)
• Waschmittel	- 2,4	(1979)
• Pharmazeutika	- 0,4	(1979)
• Elektrorasierer	- 3,5	(1976)
• Telefonservice	- 0,8	(1989)
• Designerjeans (USA)	- 3,5	(2005)
• Supermärkte (USA)	- 10,0	(2005)

In Konkurrenzmärkten mit relativ ähnlichen Gütern wie beispielsweise Kaffee ist der Verlauf der Nachfragefunktion flach und die Nachfrageelastizität hoch. Schon kleine Preiserhöhungen bewirken erhebliche Umsatzrückgänge, während kleine Preissenkungen erhebliche Umsatzgewinne versprechen. Dadurch wird ein enormer Preisdruck bewirkt, der bis heute anhält.

In Märkten mit geringerer Konkurrenz auf der Anbieterseite, beispielsweise dem Pharmamarkt und – es ist lange her! – dem 1989 noch durch die Bundespost gehaltenen Telefonmonopol, wird die Wechselneigung mangels Alternativen eher gering sein. Die geringe Elastizität der Nachfrageelastizität spricht für die Attraktivität von Preissteigerungen die im Pharmasektor die Kostenexplosion im Gesundheitswesen begünstigt haben. Im Telekommunikationsbereich hat sich dagegen dank Marktliberalisierung und technischer Entwicklung mittlerweile eine vollkommen neue Marktsituation mit erheblichem Konkurrenzdruck und geringer Preisbereitschaft der Kunden ergeben.

Preisstrategien

Das Unterkapitel abschließend werden lang- und kurzfristige preispolitische Maßnahmen sowie Markteinführungsstrategien beschrieben. Die langfristige Orientierung (strategische Preispolitik) wird unter Umständen mit kurzfristig notwendigen preislichen Maßnahmen, beispielsweise Abverkaufsaktionen oder Sonderpreisen aufgrund schlechter Auslastung, in Einklang zu bringen sein.

Langfristige Preislagenstrategien

Typischerweise folgen langfristige Preislagenstrategien den in **Bild 2-34** dargestellten Marktsegmenten. Es sind zu unterscheiden die:

(1) Premiumpreisstrategie,
d. h. dauerhaft hohes Preisniveau entsprechend der Qualitätsführerschaft,
(2) Promotionpreisstrategie,
d. h. Tiefpreisstrategie,
(3) Preisstrategie des dauerhaften mittleren Preises,
d. h. des ausgewogenen Preis-Leistungs-Verhältnisses.[95]

Wird die Tiefpreisstrategie mit einer relativ guten Leistung verbunden, spricht man von einer Discountstrategie. Diese wird durch besonders effiziente betriebliche Prozesse und ggf. auch ein reduziertes Serviceangebot ermöglicht.[96]

In Käufermärkten, d. h. solchen mit hoher Marktmacht der Käufer, passen Hersteller notgedrungen ihre Produktleistungen nach unten an, wenn sie dem Preisdruck nicht durch andere Kostensenkungen begegnen können.

Kurzfristige preisliche Maßnahmen

Veränderungen des Preises können ein sehr wirksames Marketinginstrument sein, das aber mit Bedacht eingesetzt werden muss.

Preisänderungen bieten folgende Vorteile:

- Preisänderungen sind ohne Zeitverzug umsetzbar (Vorlaufzeit bei Investitionsgütern).
- Es sind keine Vorab-Investitionen nötig.
- Die Nachfrageänderung ist meist hoch (vgl. Elastizitätsmodell).
- Die Nachfrageänderung erfolgt sehr schnell.

Nachteile preislicher Maßnahmen sind:

- Preisreduktionen bringen keine dauerhaften Wettbewerbsvorteile.
- Die Wettbewerbsreaktion ist intensiv.
- Preissenkungen sind kaum rückgängig zu machen.

Kurzfristige und vorübergehende Maßnahmen sind daher unbedingt als solche kenntlich zu machen (Beispiel Winterschlussverkauf), um hinterher zum alten Preisniveau zurückkehren zu können.

Markteinführungspreise (Initialpreise)

Folgende Einführungsstrategien sind grundsätzlich möglich:

- Skimmingstrategie, d. h. es wird ein besonders hoher Anfangspreis verlangt.
- Penetrationsstrategie, d. h. ein besonders niedriger Einführungspreis wird gewährt.

Die Skimmingstrategie eignet sich für innovative Produkte, die nicht substituierbar sind und für die es ein hinreichend großes Marktsegment innovationsfreudiger Kunden gibt. Sind diese ausgeschöpft, kann evtl. auf eine Penetrationsstrategie umgeschwenkt werden, die dann Wettbewerber vom Markt fernhält.

Die Penetrationsstrategie eignet sich gut für einen Einstieg in Massenmärkte, in denen man schnell Erfahrungskurveneffekte nutzen möchte. Damit kann außerdem eine Eintrittsbarriere gegenüber Mitanbietern errichtet werden.[97]

> In den 1970er Jahren schlug die Einführungsstrategie für die Zeitschrift GEO fehl. Man hatte versucht, mit niedrigen Preisen den Markt zu erobern, dabei aber übersehen, dass ein besonders hochwertiges Produkt an eine erlesene Leserschaft so nicht zu verkaufen war. Erst eine Neupositionierung mit nahezu doppeltem Preis brachte den gewünschten Publikumserfolg.

2.6.4 Kommunikationspolitik

> Englisch ist merkwürdig: „Isch" heißt „I", „Ei" heißt „Egg", „Eck" heißt „Corner", „Koaner" heißt „Nobody".
>
> *(sagte angeblich ein Bayer nach der Rückkehr aus London)*

Kommunikation ist stets empfangsgesteuert. Das, was gesendet wird, ist nicht unbedingt das, was ankommt. Kinder wissen das, nachdem sie Stille Post gespielt haben. Und Firmen sollten das auch verstanden haben, wenn sie sich und Ihre Leistungen gegenüber Kunden und der Öffentlichkeit darstellen. Das Gesamtpaket dieser Instrumente und Maßnahmen wird als die Kommunikationspolitik eines Unternehmens bezeichnet.

Man unterscheidet gemäß **Bild 2-37** die Formen:

- externe Kommunikation (z. B. Werbung, Internet-Homepage),
- interne Kommunikation (z. B. Mitarbeiterzeitschrift, Intranet),
- interaktive Kommunikation (z. B. Kundengespräch).[98]

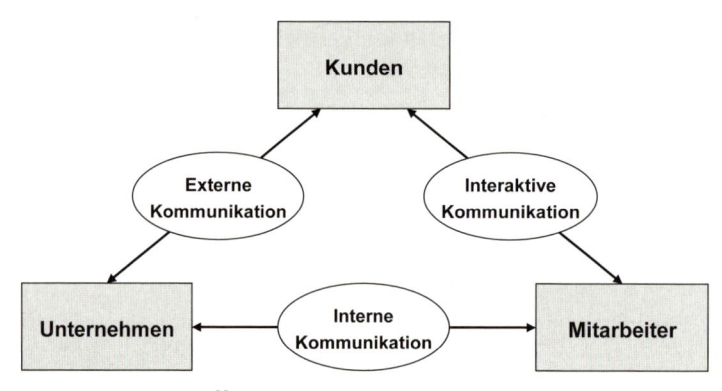

Bild 2-37 Kommunikationsformen[99]

Kommunikationspolitik sollte möglichst „aus einem Guss" erfolgen, d. h. die einzelnen Maßnahmen sollten sorgfältig aufeinander abgestimmt werden.

2.6 Operative Marketingplanung

Wesentliche kommunikationspolitische Instrumente sind in **Tabelle 2-7** zusammengefasst. Man erkennt, dass der für Ingenieure besonders relevante Investitionsgüterbereich nur ein eingeschränktes Spektrum an Instrumenten aufweist, da hier nicht der Massenmarkt mit einer Vielzahl anonymer, aber emotional reagierender Einzelkunden im Vordergrund steht, sondern die gezielte Ansprache einer überschaubaren Zahl von Unternehmen, die ein sachlich motiviertes Interesse an einem Kauf haben.

Tabelle 2-7   Kommunikationsinstrumente (Investitionsgüter-Bereich **gefettet**)

Imageprägende Instrumente	Werbung für Produktfamilien oder Einzelprodukte	Unmittelbare Unterstützung der Verkaufsarbeit

• **Public Relations**
 	
• **Corporate Identity**
  - **Corporate Design**
  - **Corporate Behaviour**
  - **Corporate Communication**
 	
• Sponsoring
 	
• Event Marketing
	• Printmedien
	  - Tageszeitungen
	  - **Fachzeitschriften**
	  - Publikumszeitschriften
	  - **Adressbücher**
	
	• Funk, Fernsehen, Film
	
	• Außenwerbung
	  - Plakate
	  - Banden
	  - Trikots
	  - Verkehrsmittel
	
	• Product Placement
		• **Direktwerbung**
		  - **schriftlich**
		  - **telefonisch**
		  - **Internet**
		
		• **Verkaufsunterlagen**
		  - **Kataloge**
		  - **Prospekte**
		  - **Preislisten**
		  - Geschenke
		
		• POS-Verkaufsförderung
		  - POS-Promotion
		  - **Messen**
		  - **Produktschulungen**
		  - **Tag der offenen Tür**
		  - Preisausschreiben

Kommunikationspolitische Maßnahmen kann ein idealtypischer Planungsprozess zugrundegelegt werden:

(1) Analyse der Kommunikationssituation
    Es wird eine situationsbezogene SWOT-Analyse durchgeführt.
(2) Festlegung der Kommunikationsziele
    Zu erzielende Ergebnisse der Maßnahme werden festgelegt. Beispielsweise soll durch Werbemaßnahmen eine bestimmte Markenbekanntheit erzeugt werden.
(3) Zielgruppenplanung
    Die möglichen Kunden werden identifiziert und ihre Erreichbarkeit überprüft.
(4) Ableitung der Kommunikationsstrategie
    Die hauptsächlich eingesetzten Instrumente werden festgelegt.
(5) Festlegung des Kommunikationsbudgets, der Instrumente und Maßnahmen
    Das notwendige Budget wird bestimmt und einzelnen Maßnahmen zugeordnet, die eine Kommunikationsbotschaft enthalten.
(6) Durchführung der Kommunikationserfolgskontrolle
    Durch geeignete Controlling-Instrumente, beispielsweise Messung der erzielten Markenbekanntheit, wird der Erfolg der Maßnahmen festgestellt, um ggf. Ziele und Maßnahmen zu korrigieren.[100]

Eine besondere Rolle im Konsum- und insbesondere im Investitionsgüterbereich spielen **Messen**. Sie sind als Nabelschauen von herausragender Bedeutung im Rahmen der Verkaufsförderung. Gerade auf Fachmessen treffen sich Anbieter und Nachfrager von Industriemärkten.

Für einen gelungenen Messeauftritt ist besonders zu achten auf:

- klare Zielsetzungen (Produkte, Besucherzielgruppen);
- gezielte Einladungsaktion;
- Standkonzept (Erscheinungsbild/CI, Aktionen, Exponate):
  - Auswahl der Standbesetzung,
  - Verhaltensregeln (Umgang mit VIPs, Wettbewerbern, ausländischen Gästen, Stammkunden),
  - Konzept zur Presse- und VIP-Betreuung,
  - Extraraum/Sitzgruppe für vertrauliche Gespräche,
  - differenzierte *give aways*;
- Messekontakt-Berichte (Nachverfolgung der Messekontakte).

Wie die anderen Instrumente der Verkaufsförderung erfüllt der Messeauftritt damit nicht nur kommunikative, sondern auch vertriebliche Funktionen. Einige der Instrumente werden daher in Kapitel 7 (Vertrieb) näher beschrieben.

Quellenhinweise (Kap. 2)

Literaturverzeichnis zu Kap. 2

Abell, D. F.: Defining the Business – The Starting Point of Strategic Planning. Englewood Cliffs New Jersey: Prentice Hall, 1980

Ansoff, H. I.: Management-Strategie. München: moderne industrie, 1966

Backhaus, K.; Voeth, M.: Industriegütermarketing, 8. Aufl. München: Vahlen, 2006

Baumgarth, C.: Markenpolitik. 3. Aufl. Wiesbaden: Gabler, 2008

Bruhn, Manfred: Marketing. 8. Aufl. Wiesbaden: Gabler, 2007

Bruner, R. F. et al.: The Portable MBA. 3. Aufl. New York: Wiley, 1998

Continental AG (Hrsg.): Continental Fact Book Full Year 2007, 2008

Dudenverlag (Hrsg.): Duden Band 7 – Herkunftswörterbuch, 3. Aufl. Mannheim usw.: 2001

Dudenverlag (Hrsg.): Duden Band 1 – Die deutsche Rechtschreibung, 24. Aufl. Mannheim usw.: 2006

Haedrich, G.; Tomczak, T.: Produktpolitik. Stuttgart: W. Kohlhammer, 1996

Homburg, Chr.; Krohmer, H.: Marketingmanagement, 2. Aufl. Wiesbaden: Gabler, 2006

Kohler, H.: Marketing für Ingenieure, 2. Aufl. München: Oldenbourg, 2006

Kotler, Philip: Kotler on Marketing. New York: Simon & Schuster, 1999

Levitt, Th.: The Marketing Imagination. New York/London: Free Press, 1983

Mankiw, N. G.; Taylor, M. P.: Grundzüge der Volkswirtschaftslehre, 4. Aufl. Stuttgart: Schäffer-Poeschel, 2008

McCarthy, E. Jerome: Basic Marketing: A Managerial Approach. Homewood IL: Irwin, 1960

Meffert, H.; Burmann, C.; Kirchgeorg, M.: Marketing – Grundlagen der marktorientierten Unternehmensführung, 10. Aufl. Wiesbaden: Gabler, 2008

Meffert, H.; Burmann, C.; Koers, M.: Markenmanagement, 2. Aufl. Wiesbaden: Gabler, 2005

Porter, M.E.: Competitive Advantage: Creating and Sustaining Superior Performance. New York: Free Press, 1985

Porter, Michael E.: Wettbewerbsvorteile: Spitzenleistungen erreichen und behaupten. 5. Aufl. Frankfurt u. New York: Campus, 1999

Przywara, R.: Von Maßen und Massen – Wie Werkzeugmaschinen die Industriegesellschaft formten. Hannover: PZH-Verlag, 2006

Simon, H.: Preismanagement, Analyse – Strategie – Umsetzung, 2.Aufl. Wiesbaden: Gabler, 1992

Vernon, R.: International Investment and International Trade in the Product Cycle. In: Quarterly Journal of Economics, 80(2), S. 190-207 (1966)

Winkelmann, P.: Marketing und Vertrieb – Fundamente für die Marktorientierte Unternehmensführung, 3. Aufl. München: Oldenbourg, 2002

Anmerkungen zu Kap. 2

[1] vgl. Mankiw/Taylor (2008), S. 73

[2] Mankiw/Taylor (2008), S. 74 f.

[3] Etwas überspitzt formuliert: Aus der Sicht jeder Unternehmung wäre der Idealzustand ihrer Märkte ein gesundes, von ihr preislich festgelegtes Monopol!

[4] nach Winkelmann (2002), S. 10

[5] vgl. Winkelmann (2002), S. 9

[6] So wird die beliebte Apotheken Umschau (einschließlich zur Wortmarke gehörender Falschschreibung) anders, als die Werbung behauptet, letztlich nicht „vom Apotheker für Sie bezahlt", sondern aus Kundeneinnahmen der Apotheke bzw. der darin werbenden Pharmaindustrie finanziert. In Billigapotheken liegt das Blatt daher nicht aus; manche werben sogar damit, diese Kosten für den Kunden zu sparen.

[7] vgl. Winkelmann (2002), S. 3 ff. einschließlich dort gemachter Quellenangaben

[8] ebda.

[9] Levitt (1983), Kap. 7

[10] vgl. Bruner et al. (1998), S. 109 ff. und Winkelmann (2002), S. 18

[11] nach Bruner et al. (1998), S. 109

[12] ebda. unter Verwendung von Daten der Firma Moonraker/Strategic Vision aus dem Jahr 2006

[13] Quelle: Milz, Th.: Volkswagen Group North America. Vortrag an der Southern Illinois University of Edwardsville, 10.07.2008, unter Verwendung von Daten der J.D. Power and Associates, Auto Pacific

[14] vgl. Meffert (2008), S. 4 f.

[15] Przywara (2006), S. 25 ff.

[16] Przywara (2006), S. 78

[17] Przywara (2006), S. 118

[18] Przywara (2006), S. 115 f.

[19] vgl. Winkelmann (2002), S. 26

[20] Przywara (2006), S. 151

[21] vgl. Meffert (2008), S. 7 ff.

[22] ebda., S. 13

[23] in Anlehnung an Kotler (1999), S. 89

[24] ebda., S. 230; siehe dazu Abschnitt 2.4.1, S. 25

[25] Zu den Ausführungen dieses Abschnitts vgl. Winkelmann (2002), S. 53 ff.

[26] vgl. Meffert (2008), S. 240, und Winkelmann (2002), S. 54

[27] Erweiterte Darstellung in Anlehnung an Meffert (2008), S. 254

[28] Datenbasis: Bear Stearns, Firmenberichte

[29] nach Vernon (1966)

[30] vgl. Winkelmann (2002), S. 77 f.

[31] vgl. Homburg/Krohmer (2006), S. 447

[32] nach Winkelmann (2002), S. 72

[33] vgl. Michaeli (2006), S. 405

34 nach Porter (1985), S. 5
35 vgl. Bruner et al. (1998), S. 234 ff.
36 siehe dazu Duden (2001), S. 819
Ergänzende Anmerkung: Der schöne deutsche Vorname Rainer entstammt den germanischen Begriffen *ragin* = führen und *her* = Heer, bedeutet also ebenfalls Heerführer. Der Autor dieser Zeilen erweist sich damit als geborener Stratege.
37 Abell (1980), S. 30
38 in Anlehnung an Meffert (2008), S. 279
39 vgl. Meffert (2008), S. 276 ff.
40 vgl. Meffert (2008), S. 255 ff.
41 vgl. Ansoff (1966), S. 133 ff.
42 vgl. Winkelmann (2002), S. 69 ff.
43 Es folgte die „Ära Schrempp" mit einer Gesamtmarkt-Strategie (siehe Abschnitt 2.4.3, S. 27)
44 in Anlehnung an Meffert (2008), S. 263
45 vgl. Homburg/Krohmer (2006), S. 229
46 Porter (1985), S. 11 f.
47 nach Porter (1985), S. 11 ff.
48 vgl. Porter (1999), S. 44
49 Offenbarung 3, 16
50 vgl. Porter (1999), S. 38 f.
51 Homburg/Krohmer (2006), S. 514
52 vgl. Porter (1999), S. 40
53 vgl. Homburg/Krohmer (2006), S. 516 f.
54 vgl. Porter (1999), S. 41 ff.
55 Duden (2006), S. 798
56 Homburg/Krohmer (2006), S. 541
57 Winkelmann (2002), S. 75
58 Darstellung entsprechend Zahlenwerten aus Continental (2008)
59 vgl. Winkelmann (2002), S. 74
60 vgl. Homburg/Krohmer, S. 542 f.
61 Einschätzung entsprechend Zahlenwerten aus Continental (2008).
62 vgl. Meffert et al. (2008), S. 267 f.
63 nach Winkelmann (2002), S. 66
64 in Anlehnung an Meffert (2008), S. 310
65 vgl. Meffert (2008), S. 310 f.
66 vgl. Meffert (2008), S. 311 f. und Winkelmann, S. 84 f.
67 ebda.
68 vgl. Meffert (2008), S. 312
69 vgl. Kotler (1999), S. 92 ff.
70 vgl. McCarthy (1960), S. 45-48
71 vgl. Kotler (1999), S. 94
72 vgl. Homburg/Krohmer (2006), S. 250
73 ebda., S. 252
74 in Anlehnung an Winkelmann (2002), S. 123
75 vgl. Homburg/Krohmer (2006), S. 255
76 ebda., S. 250 f.
77 Grundlagen werden beispielsweise in Meffert (2008), S. 150 ff. und Homburg/Krohmer (2006), S. 250 ff. vermittelt.
78 in Anlehnung an Kotler (1999), S. 116
79 vgl. Homburg/Krohmer (2006), S. 564
80 vgl. Haedrich/Tomczak (1996), S. 32
81 Baumgarth (2008), S. 6
82 Meffert/Burmann/Koers (2005), S. 4 f.
83 vgl. Homburg/Krohmer (2006), S. 452
84 nach Haedrich/Tomczak (1996), S. 98 ff.
85 nach Kohlert (2006), S. 185
86 vgl. Haedrich/Tomczak, S. 132 ff.
87 Nach Bruner et al. (1998), S. 110
88 Kotler (1999b), S. 59 ff.
89 Fixkosten sind Kosten, die auch entstehen, wenn nicht produziert wird, im Gegensatz zu variablen Kosten, die proportional zur Ausbringung anfallen. Variable Kosten sind immer Einzelkosten, Fixkosten immer Gemeinkosten. Gemeinkosten können auch variable Anteile beinhalten, z. B. einzelnen Produkten zuzuordnende Hilfslöhne. Vgl. Kap. 3 (Controlling).
90 Mankiw/Taylor (2008), S. 103 ff.
91 vgl. Mankiw/Taylor (2008), S. 109 ff.
92 Winkelmann (2002), S. 239
93 vgl. Mankiw/Taylor (2008), S. 113
94 Quellen: USA: Pindyck/Rubinfeld (2005), S. 468; Deutschland: Simon (1992), S. 139
95 vgl. Winkelmann (2002), S. 269
96 vgl. Meffert (2008), S. 506
97 vgl. Winkelmann (2002), S. 268
98 vgl. Bruhn (2007), S. 199 f.
99 ebda., S. 200
100 Bruhn (2007), S. 202 ff.

3 Controlling und Kosten- und Leistungsrechnung

3.1 Begriff des Controllings

In der Übersetzung von „to control" (aus dem Englischen: steuern, lenken, überwachen) liegt die Basis für die Definition. Controlling beinhaltet die Entscheidungs- und Führungshilfe durch erfolgsorientierte Planung, Steuerung, Kontrolle und Koordination der Unternehmung in allen ihren Bereichen und auf allen Ebenen. Gegenstand des Controllings, als innerbetriebliche Service- bzw. Hilfsfunktion, ist die Bereitstellung der erforderlichen Daten.[1]

Die Controllingverantwortung lässt sich auf verschiedene Ebenen delegieren. So übernimmt jeder Mitarbeiter für seinen Verantwortungsbereich Controllingverantwortung. Auf Abteilungsebene kann, im Rahmen eines Abteilungscontrollings, für bestimmte Mitarbeiter das Controlling als zusätzliche Aufgabe festgelegt werden. Als eigenständiger und ausschließlicher Aufgabenbereich gilt das Controlling u. a. für das Personal-, das Produktions- und das Vertriebscontrolling. Als eigenständige Unternehmungseinheiten übernehmen Controllingabteilungen die Controllingverantwortung.[2]

Controllingobjekte können einerseits Unternehmungsfunktionen sein. Andererseits handelt es sich hierbei um Kennzahlen.

Beispiele für Unternehmungsfunktionen und ihre Controllingobjekte zeigt **Tabelle 3-1**.

Tabelle 3-1   Unternehmungsfunktion und zugeordnete Controllingobjekte

Unternehmungsfunktion	Controllingobjekte
Personal	Akademikerquote, Fluktuationsrate, Krankheitsstand
Produktion	Produktivitätsrate, Ausschussquote, Wartungsquoten
Lagerhaltung	Haltbarkeit, Umschlagshäufigkeit, Gebindegrößen
Vertrieb	Storno-, Beschwerdequote, Auslieferungsgeschwindigkeit
Rechnungswesen	Forderungsausfallquote, Kostenquote, Rentabilität
Informationstechnologie	Systemverfügbarkeit, Rechnerausfälle, Kapazitäten

Hinter diesen Kennzahlen stehen jeweils Kosten, Preise, Mengen und Zeiten (Kunden, Mitarbeiter, Lieferanten) im Mittelpunkt der Controllingaktivitäten. Jede Unternehmensfunktion kann damit ihr eigenes Controlling aufbauen.[3]

3.2 Strategisches versus operatives Controlling

Nach dem zeitlichen Horizont wird zwischen dem strategischen und dem operativen Controlling differenziert.[*]

Strategisches Controlling unterstützt die strategische Unternehmensführung.[4] Es stellt Methoden und Informationen für die strategische Planung bereit und übernimmt das Planungsmanagement. Der Zeithorizont ist langfristig und beträgt fünf bis zwölf Jahre. Strategisches Controlling trägt z. B. dazu bei, Zielgruppen zu bestimmen, Marktpositionen zu definieren und geeignete Organisationsstrukturen zu bilden. Somit unterstützt das strategische Controlling die Entscheidungsfindung im Sinne, „die richtigen Dinge zu tun", also effektiv zu arbeiten. Es sollte in enger Verbindung zum operativen Controlling stehen, um die strategische Ausrichtung permanent zu überprüfen, nötigenfalls nachzujustieren und entsprechende operative Maßnahmen anzustoßen.[5]

Für das operative Controlling sind Fragestellungen der taktischen und operativen Planung maßgeblich. Im Zentrum der Managementservicefunktion stehen somit Entwicklungen, die sich bereits in der Gegenwart durch Aufwand und Ertrag manifestieren. Die Ausrichtung erfolgt in erster Linie auf unternehmungsinterne Aspekte.[6] Es geht somit darum, „Dinge richtig zu tun", also effizient zu arbeiten. Der Zeithorizont beträgt ein bis fünf Jahre.[7]

Den Ausgangspunkt für das operative Controlling bilden die Kosten- und Leistungsrechnung sowie die operative Planung des Unternehmens. Diese Systeme werden im Rahmen des operativen Controllings koordiniert; dabei stehen quantitative Größen im Vordergrund. Über „harte" Daten wird Einfluss auf die Unternehmungsentwicklung genommen. Dies impliziert eine Orientierung an verschiedenen Gewinngrößen als maßgebliche Zielsetzung.

Die Unterscheidung zwischen strategischem und operativem Controlling verdeutlicht **Tabelle 3-2**.

Tabelle 3-2 Strategisches versus operatives Controlling[8]

Controllingtypen Merkmale	Strategisches Controlling	Operatives Controlling
Orientierung	Umwelt und Unternehmung: Adaption	Unternehmung: Wirtschaftlichkeit betrieblicher Prozesse
Planungsstufe	Strategische Planung	Taktische und operative Planung, Budgetierung
Dimensionen	Chancen/Risiken, Stärken/Schwächen	Aufwand/Ertrag, Kosten/Leistungen
Zielgrößen	Existenzsicherung; Erfolgspotenziale	Wirtschaftlichkeit, Gewinn, Rentabilität

---

[*] Es gibt Autoren, die zusätzlich das taktische Controlling unterscheiden, vgl. Weber/Schäffer (2006), S. 301 ff.

3.2 Strategisches versus operatives Controlling

Ein aktives Controlling fördert die Erreichung strategischer und operativer Ziele. Zu den strategischen Zielen einer Unternehmung zählen u. a.:

- Erschließung neuer Märkte,
- Ausbau von Marktanteilen,
- Entwicklung neuer Produkte,
- Verwendung neuer (besserer) Technologien,
- Verbesserung der Produktionsprozesse und
- Erschließung neuer Vertriebswege.

Typische operative Ziele sind:

- Erhöhung der Umsatzrendite,
- Anhebung der Umschlagshäufigkeit der Lagerbestände,
- Reduzierung der Lagerdauer,
- Erhöhung des Umsatzes pro Mitarbeiter.

Diese klar formulierten Ziele erlauben den Einsatz geeigneter Controllinginstrumente insbesondere zur Planung, Steuerung und Kontrolle.

3.2.1 Controllingaufgaben und -instrumente

Controllingaufgaben umfassen alle Aktivitäten zur Realisierung der Controllingziele. Detailliert zählen dazu folgende Aufgabenbereiche:

- Beitrag zur Steuerung von Erfolgspotenzialen und Erfolgen,
- Aufbau und Betrieb eines Planungs- und Kontrollsystems,
- Entscheidungsvorbereitung,
- Beschaffung, Selektion und Aufbereitung von Informationen,
- Erstellung und Verteilung von Berichten mit Zusammenfassungen, Vorschauen, Erläuterungen und Handlungsempfehlungen.[9]

Zu den Hauptaufgaben des operativen Controllings gehören die Durchführung der Planung (in Form der Vereinbarung von Unternehmungszielen), der Kontrolle (in Form von Soll-Ist-Vergleichen und Abweichungsanalysen) und der Steuerung (Unterstützung bei der Durchführung von Korrekturmaßnahmen).

Die Controllinginstrumente umfassen alle Hilfsmittel, die zur Erfassung, Strukturierung, Auswertung und Speicherung von Informationen bzw. zur organisatorischen Gestaltung eingesetzt werden.[10] **Tabelle 3-3** zeigt eine Aufstellung der wichtigsten strategischen und operativen Controllinginstrumente. Einige dieser Instrumente werden nachfolgend herausgestellt und beschrieben.

Tabelle 3-3 Strategische und operative Controllinginstrumente[11]

Strategische Controllinginstrumente	Operative Controllinginstrumente
Balanced Score Card	**ABC-Analyse**
Benchmarking	Auftragsgrößenanalyse
Erfahrungskurven	Bestellmengenoptimierung
Konkurrenzanalyse	Break-Even-Analyse
Portfoliotechnik	**Budgetierung**
Produktlebenszykluskurve	**Deckungsbeitragsrechnung**
Prozesskostenmanagement	Engpassanalyse
Outsourcing	Innerbetriebliches Vorschlagswesen
Qualitätsmanagement	Investitionsrechnungsverfahren
Shareholder Value	**Kennzahlen**
Stärken-Schwächen-Analyse	Kurzfristige Erfolgsrechnung
Strategische Lücke	Losgrößen-Optimierung
Szenariotechnik	Nutzen-Provision
Zielkostenmanagement	Qualitätszirkel
	Rabattanalyse
	ROI (Gesamtkapitalrendite)-Analyse
	Verkaufsgebietsanalyse
	Wertanalyse
	XYZ-Analyse

Balanced Scorecard

Die Balanced Scorecard dient als ganzheitliches Informationssystem dazu, erfolgskritische Leistungsindikatoren laufend zu erfassen, um die Unternehmung erfolgreich zu führen.[12] Im Rahmen dieses Konzeptes werden die meist finanzorientierten quantitativen Leistungsindikatoren durch nicht-finanzielle Führungsgrößen ergänzt. Dabei werden insgesamt vier Perspektiven betrachtet:

(1) Finanzperspektive,
(2) Kundenperspektive,
(3) Prozessperspektive,
(4) Mitarbeiterperspektive (Lernperspektive).

Die Balanced Scorecard dient u. a. zur Strategieimplementierung und -kommunikation. Die Erstellung erfolgt über die Formulierung einer Vision und einer Mission für das Unternehmen. Danach werden in den einzelnen Perspektiven verbal formulierte strategische Aussagen in Ziele und konkrete Messgrößen (Oberziele) für das Unternehmen formuliert. Den Oberzielen ist jeweils ein Maßnahmenplan mit ebenfalls messbaren Teilzielen beigefügt **(Bild 3-1)**.

3.2 Strategisches versus operatives Controlling

```
1  Mission definieren
   ↓
2  Vision bestimmen
   ↓
3  Strategie ableiten
   ↓
4  Strategische Ziele und Vorgaben formulieren
   ↓
5  Perspektiven auswählen
   ↓
6  Operative Maßnahmen benennen
   ↓
7  Kennzahlen bestimmen
```

Bild 3-1 Balanced-Scorecard-Erstellungsprozess

Die Planung folgt der inneren Logik der Perspektiven: Damit die Finanzen in Ordnung sind (1), braucht das Unternehmen zufriedene Kunden (2), die hat es nur, wenn die Leistungen überzeugen (3), und das funktioniert nur mit gut ausgebildeten Mitarbeitern (4).

Finanzen		Kunden	
➤ Umsatz:	> 10 Mio.€/Jahr	➤ Marktanteil:	15 %
➤ Gewinn:	> 2 Mio.€/Jahr	➤ Kundenbindung:	59% der Kunden kaufen wieder
➤ Deckungsbeiträge:	immer positiv	➤ Kundenzufriedenheit:	gemessener Zufriedenheitsindex 80%
➤ Cash-flow:	> 2 Mio.€/Jahr		
➤ Rentabilität:	> 10% bezogen auf das Eigenkapital	➤ Neukunden:	100/Jahr

Interne Abläufe		Lernen/Wachstum	
➤ Durchlaufzeiten:	10 Min./Produkt	➤ Qualifikation:	5 Tage Schulung/ Mitarbeiter p. a.
➤ Kapazitätsauslastung:	55%		
➤ Materialbestand:	80% vorrätig bei Anfrage	➤ Informationsflüsse:	wöchentliche Abteilungsmeetings
➤ Entwicklungszeit:	< 1 Jahr/Produkt	➤ Innovationen:	9 Innovationen p. a.
➤ Qualität:	< 2% Beschwerden	➤ KVP:	5 Ideen/Mitarbeiter p. a.

Bild 3-2 Zahlenbeispiel Balanced Scorecard

Die Messgrößen werden in die einzelnen Geschäftsbereiche und Abteilungen differenziert (vgl. **Bild 3-2**) und somit auch für die verantwortlichen Führungskräfte transformiert.[13] Die Zahlen eignen sich dazu, als messbare Ziele in Zielvereinbarungen mit den Mitarbeitern des Unternehmens festgeschrieben zu werden.

Benchmarking

Das Benchmarking (Leistungsvergleich), ein weiteres strategisches Controllinginstrument, ist ein kontinuierlicher Prozess, bei dem Produkte, Dienstleistungen und insbesondere betriebliche Funktionen über mehrere Unternehmungen hinweg miteinander verglichen werden.[14]

Bei Benchmarking geht es darum, die Erfolgsfaktoren, insbesondere der Erfolgreichsten festzustellen und sich mit ihnen zu messen. Benchmarks sind Bezugsgrößen bzw. Vergleichsstandards für die eigene Unternehmung, die sich an den Standards anderer Unternehmungen oder der Gesamtbranche orientieren. In der Regel wird die eigene Unternehmung mit dem sog. „**Klassenbesten**" verglichen. Dabei kann es sich nicht nur um den stärksten Mitbewerber, sondern auch um eine branchenfremde Unternehmung handeln, die bestimmte Prozesse besonders hervorragend beherrscht.

Im Verlauf des Benchmarkingprozesses werden die Leistungslücken der eigenen Unternehmung aufgedeckt.[15] Folgende Bereiche werden untersucht:

- Produkte:
  Erfolgreiche Produkte anderer Unternehmungen.
- Prozesse:
  Wie machen es die anderen – die Klassenbesten? Im Zentrum der Vergleiche stehen Fertigungs-, Dienstleistungs- und interne Prozesse.
- Organisation:
  Wie sieht die Aufbau- und Ablauforganisationsstruktur der Klassenbesten aus?
- Strategie:
  Strategische Ausrichtung der Klassenbesten. Wo wollen sie hin? Auf welchen Märkten agieren sie besonders erfolgreich?

„Der besondere Vorteil des Benchmarkings liegt zusammenfassend in der Möglichkeit, Leistungsstandards aufzuzeigen, die von anderen Unternehmen gesetzt worden sind und daher offensichtlich auch erreicht werden können."[16]

ABC-Analyse

Die ABC-Analyse dient in erster Linie der Bildung von Schwerpunkten und der Festlegung von Prioritäten. Mit ihrer Hilfe können komplexe Themenbereiche strukturiert und deren quantitative Strukturen sichtbar gemacht werden.[17] Sie vergleicht Mengen und Werte. Dabei stellt sich heraus, dass in vielen Unternehmungen kleine Mengen große Werte repräsentieren. Dies bedeutet, dass ein intensives Controlling dieser kleinen Mengen schnell große Wirkungen erzeugen kann.[18]

Sie basiert auf dem Pareto-Prinzip. Die Pareto-Verteilung beschreibt das statistische Phänomen, wenn eine <u>kleine</u> Anzahl von <u>hohen</u> Werten einer Wertemenge mehr zu deren Gesamtwert beiträgt, als die <u>hohe</u> Anzahl der <u>kleinen</u> Werte dieser Menge.

Der Volkswirtschaftler *Vilfredo Pareto* untersuchte die Verteilung des Volksvermögens in Italien und fand heraus, dass ca. 20 % der Familien ca. 80 % des Vermögens besitzen. Banken könnten sich also vornehmlich um diese 20 % der Menschen kümmern, und ein Großteil ihrer Auftragslage wäre gesichert.

Das Prinzip der ABC-Analyse, die überwiegend in den Bereichen Produktion, Materialwirtschaft, Zulieferer, Produktgruppen, Verkaufsgebiete und Kundengruppen eingesetzt wird, besteht in folgender Klassenbildung:

- A-Klasse:
Effizientester Bereich: Mit ca. 5–20 % des Mitteleinsatzes werden ca. 70–80 % des Zieles erreicht bzw. Werte geschaffen.
- B-Klasse:
Wenig effizienter Bereich: Mit ca. 20–50 % des Mitteleinsatzes werden (nur) 20–30 % des Zieles erreicht.
- C-Klasse:
Ineffizienter Bereich: Für nur 10–20 % Zielerreichung werden 50–80 % der Mittel eingesetzt.[19]

Diese Klassifizierung zeigt, dass 20 % der Kunden (A-Kunden) etwa 80 % des Unsatzes der Unternehmung repräsentieren. Diese Kunden bedürfen einer besonderen Betreuung. C-Kunden verursachen i. d. R. zu hohe Kosten und sollten daher beispielsweise nicht persönlich besucht sondern telefonisch betreut werden (vgl. dazu auch Kap. 7.5.2 – Vertriebliche Kennzahlen).

Budgetierung

Ein weiteres wichtiges Controllinginstrument ist die Budgetierung. Die Aufstellung und Verabschiedung von Budgets ist Bestandteil des Controllingprozesses. Bei der Budgetierung werden monetäre Größen, wie Erlöse, Kosten und Vermögen festgelegt.[20] Das Budget ist ein in wertmäßigen Größen formulierter Plan, der einer Entscheidungseinheit für einen bestimmten Zeitraum mit einem bestimmten Verbindlichkeitsgrad vorgegeben bzw. mit ihr vereinbart wird.[21] Nach der Wertdimension werden u. a. Ausgaben-, Kosten-, Deckungsbeitrags- und Umsatzbudgets unterschieden.

Der Budgetierungsprozess beinhaltet die Aufstellung, Kontrolle und Abweichungsanalyse von Budgets. Die traditionelle Budgetierung erfolgt auf Jahresbasis. Mit Hilfe von Budgetierungssystemen lassen sich alle Unternehmungsaktivitäten auf ein Gesamtziel – den Gesamtunternehmungserfolg - ausrichten.

Ein Budgetsystem ist die geordnete Gesamtheit aller Einzelbudgets einer Unternehmung.[22] Der Ablauf der Budgetplanung ist so gestaltet, dass Einzelbudgets nach einem modularen Prinzip in einer sachlich zweckmäßigen Reihenfolge erstellt und auf einander abgestimmt werden. Den Zusammenhang zwischen den Einzelbudgets bzw. -planungen verdeutlicht **Bild 3-3**.

Die Budgetierung unterstützt die Umsetzung von Plänen, da sie durch die Benennung von Budgetverantwortlichen zu einer Verhaltensbeeinflussung führt. Oft wird die Einhaltung von Budgetvorgaben mit einem Anreizsystem verknüpft. Dadurch kann ein kurzfristiges Gewinndenken der Budgetverantwortlichen eintreten, das den langfristigen Unternehmungszielen entgegensteht. Dieses Risiko sollte von der Unternehmungsleitung erkannt und vermieden werden, beispielsweise indem übergeordnete Unternehmensziele in das Anreizsystem einbezogen werden.

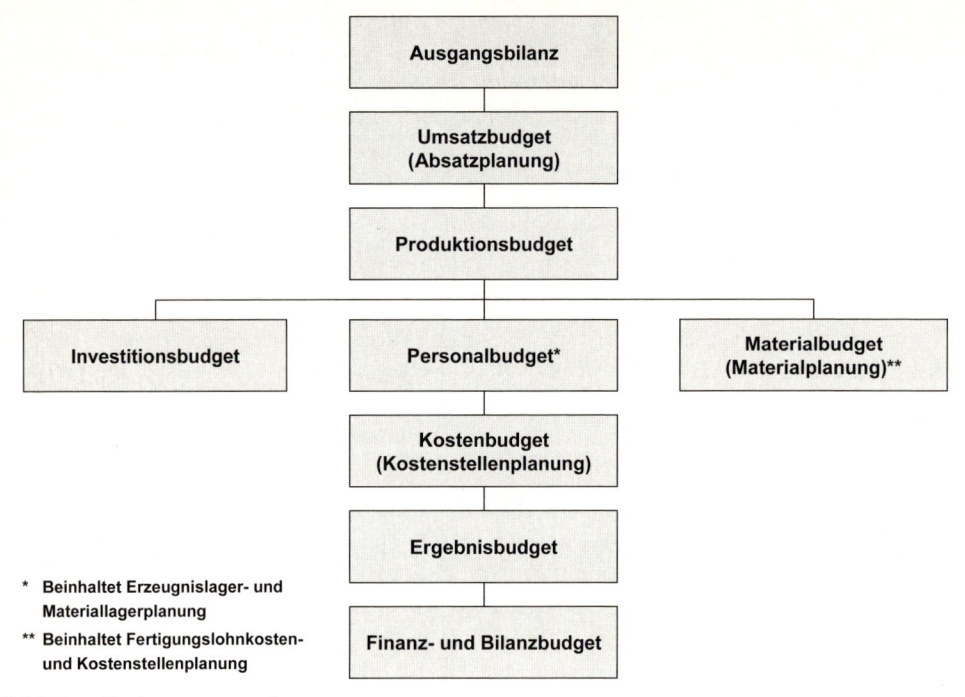

Bild 3-3 Budgetzusammenhang

Ebenfalls sorgfältig beachtet werden muss das sog. *Budget wasting* (Budgetmittelverschwendung). Der Grund für Mittelverschwendung liegt in der Tatsache begründet, dass die Neubewilligung von Kostenbudgets oft von der Ausschöpfung zuvor bewilligter Budgets abhängt. Ein auf Dauer wirksames Mittel zur Lösung dieses Problems ist das sog. *Zero Base Budgeting*. Im Rahmen dieses Verfahrens müssen sämtliche Aktivitäten und die damit verbundenen Kosten in der Unternehmung jährlich neu begründet werden.[23]

Auf die in der Praxis der Unternehmensführung wichtigen Controllinginstrumente der Kennzahlen und Kennzahlensysteme sowie der Deckungsbeitragsrechnung wird weiter unten eingegangen.

3.2.2 Controllingorganisation

Jede Controllingaktivität im Unternehmen braucht eine Controllingorganisation.[24] Unter dem Begriff Controllingorganisation werden in der Regel aufbau- und ablauforganisatorische Gesichtspunkte des Controllingprozesses zusammengefasst.

Die Aufbauorganisation wird durch folgende Fragen bestimmt:

- An welchen Stellen der Unternehmungsorganisation sollen die Controllingaufgaben wahrgenommen werden?
- Welche Aufgabenbereiche sind einer möglichen Controllingabteilung bzw. dem Controller zugeordnet?
- Mit welchen Entscheidungskompetenzen ist die Controllingabteilung bzw. der Controller ausgestattet?
- Welche persönlichen Anforderungen werden an den Controller gestellt?

In der Controllingpraxis bestehen Auffassungsunterschiede darüber, ob es sich bei dem Controlling schwerpunktmäßig um eine Linienstelle, deren Inhaber anordnen kann, oder ob es sich um eine Stabsstelle handelt, deren Inhaber empfiehlt und berät.

Die Ablauforganisation des Controllings regelt die Arbeitsbeziehungen zwischen den organisatorischen Einheiten des Controllings sowie zwischen dem Controlling und anderen organisatorischen Einheiten.[25]

Der Controller ist der Träger des Controllings und damit die Person, die die Controllingaufgaben durchführt. Er ist der betriebswirtschaftliche Berater des Managements und der Mitarbeiter. Somit nimmt er u. a. folgende Rollen wahr:

- Innovator, der zu Veränderungen anregt und Lernprozesse in Gang setzt,
- Agent, der innerhalb der lernenden Organisation für Transparenz und Diffusion von Wissen sorgt,
- Lotse, der engpassorientiert arbeitet,
- Verkäufer, der Mitarbeiter motiviert,
- Makler, der die zu Problemlösungen relevanten Methoden und spezifischen Informationen bereitstellt,
- Trainer, der berät und betreut und dann erfolgreich ist, wenn andere im Unternehmungen Erfolg haben.[26]

3.3 Betriebswirtschaftliche Kennzahlen und Kennzahlensysteme

3.3.1 Betriebswirtschaftliche Kennzahlen

Kennzahlen sind wichtige Controllinginstrumente. Sie werden nach absoluten Kennzahlen (z. B. Umsatz, Gewinn) und Verhältniskennzahlen (Beziehungszahlen, Gliederungszahlen, Indexzahlen) unterschieden. Betriebswirtschaftliche Kennzahlen beziehen sich auf wichtige betriebswirtschaftliche Tatbestände. In dieser konzentrierter Form spiegeln sie die Lage und Entwicklung von Unternehmungen wider.[27]

Es wird zwischen beschreibenden, erklärenden und vorhersagenden Kennzahlen unterschieden. Beschreibende Kennzahlen haben einen unselbstständigen Erkenntniswert, daher gestattet erst ein inner- und/oder zwischenbetrieblicher Vergleich eine wertende Einordnung der eigenen Ergebnisse. Eine Erkenntnis über die Gründe der Ergebnisse wird mit einem Vergleich nicht gewonnen. Erklärende und vorhersagende Kennzahlen besitzen dagegen eine eigene Aussagekraft.

Nach ihrem betriebswirtschaftlichen Inhalt können Kennzahlen wie folgt eingeteilt werden:

- Kennzahlen zur Planung, Steuerung und Kontrolle der Unternehmung als Ganzes (Erfolgsanalyse, z. B. Gewinn, Kapitalrentabilität, Wirtschaftlichkeit; Finanzlage, z. B. Cashflow, Liquidität).
- Kennzahlen einzelner Funktionsbereiche (z. B. Beschaffung, Marketing, Service).

Zur Quantifizierung des ökonomischen Erfolgs und zur Unternehmungssteuerung werden verschiedene Kennzahlen eingesetzt. Kennzahlen sind häufig Quotienten zweier Ausgangsgrößen. Aussagekraft erhalten sie durch Vergleiche:

- Querschnittsanalyse: Vergleich der eigenen Kennzahl mit der anderer Einheiten (insbesondere Unternehmen, Betriebe, Abteilungen). Diese Vergleiche werden auch als **Benchmarking** bezeichnet. Man orientiert sich an dem nach der Kennzahl besten Vergleichspartner **(benchmark)** und versucht herauszufinden, ob man dasselbe Niveau erreichen kann, vor allem durch Veränderung der eigenen Strukturen und Abläufe.
- Längsschnittanalyse: Vergleich der eigenen aktuellen Kennzahl mit denen vergangener Perioden (insb. Jahre). Durch diese Vergleiche kann Handlungsbedarf in Bezug auf schleichende, ansonsten nicht erkennbare Verschlechterungen aufgezeigt und der Erfolg durchgeführter Maßnahmen überprüft werden.

Die wichtigsten Kennzahlen sind:
- Wirtschaftlichkeit,
- Produktivität,
- Rentabilität,
- Liquidität.

Wirtschaftlichkeit

Die Wirtschaftlichkeit eines Unternehmens, eines Projektes oder einer betriebswirtschaftlichen Einzelaktion (z. B. einzelner Kundenauftrag) wird durch eine einfache Kennzahl ausgedrückt, die das Verhältnis vom Ertrag bzw. Leistung zum Aufwand bzw. Kosten) darstellt. Die Wirtschaftlichkeit wird wie folgt berechnet:[28]

$$(\textit{Ertrags-}) \textit{ Wirtschaftlichkeit} = \frac{\textit{Erträge}}{\textit{Aufwendungen}} \quad (3.1)$$

$$(\textit{Kosten-}) \textit{ Wirtschaftlichkeit} = \frac{\textit{Leistungen}}{\textit{Kosten}} \quad (3.2)$$

Produktivität

Die Produktivität ist eine Kennzahl, die die mengenmäßige Ergiebigkeit eines Prozesses abbildet. Sie wird gemäß folgender Formel ermittelt:

$$\textit{Produktivität} = \frac{\textit{Input}}{\textit{Output}} \quad (3.3)$$

Da dem betrieblichen Produktionsprozess diverse Leistungsarten zugrunde liegen, ist es sinnvoll, Teilproduktivitäten zu entwickeln, die sich jeweils auf eine Inputgröße (Produktionsfaktor) beziehen. Hier einige Beispiele:

$$\textit{Materialproduktivität} = \frac{\textit{erzeugte Menge}}{\textit{Materialeinsatz}} \quad (3.4)$$

$$\textit{Arbeitsproduktivität} = \frac{\textit{erzeugte Menge}}{\textit{Arbeitsstunden}} \quad (3.5)$$

Produktivitätskennzahlen werden immer dann zu Vergleichszwecken verwendet, wenn eine Bewertung der Mengen in Geldeinheiten nicht möglich bzw. nicht nötig ist.[29]

Rentabilität

Eine gute Wirtschaftlichkeit und/oder Produktivität lässt noch nicht darauf schließen, dass die betrachtete Unternehmung auch rentabel arbeitet. Dies ist z. B. dann nicht der Fall, wenn die wirtschaftlich und produktiv erzeugten Güter oder Dienstleistungen keinen Markt finden, d.h. wenn sie nicht abgesetzt werden können.

Daher gehören Rentabilitätskennzahlen zu den wichtigsten Größen zur Steuerung und zur Beurteilung von Unternehmen, Unternehmensteilen und Projekten.

Rentabilitäten werden durch Division einer Erfolgsgröße (z. B. Gewinn) durch eine Bezugsgröße (z. B. Kapital) ermittelt und in Prozent angegeben. Die wichtigste Rentabilitätskennzahl ist die Eigenkapitalrentabilität:

$$Eigenkapitalrentabilität = \frac{Erfolg}{Eigenkapital} \qquad (3.6)$$

Sie gibt an, wie sich das von den Eigentümern im Unternehmen investierte Kapital verzinst, da der erwirtschaftete Erfolg den Eigentümern zusteht und damit, ähnlich wie die für einen Bankkredit zu zahlenden Zinsen, der Preis dafür ist, dass das Kapital dem Unternehmen zur Verfügung gestellt wird.

> Die Eigenkapitalrentabilität ist der magische Wert, den der Vorstandsvorsitzende der Deutschen Bank, Josef Ackermann, auch im Jahre 2009 und folgende auf mindestens 25 % bringen möchte.
>
> Man beachte, dass das auf zwei Arten geschehen kann: 1. durch erhöhten Erfolg; 2. durch Reduktion des Eigenkapitals (was i. d. R. durch erhöhtes Fremdkapital kompensiert wird).
>
> Ein drastisches Beispiel illustriert, dass die Eigenkapitalrentabilität als Bewertungsgröße tückisch sein kann. Das Eigenkapital der ehemaligen DDR war nahezu komplett aufgezehrt; es wurde auf vollständig abgeschriebenen Anlagen produziert. Die Eigenkapitalrentabilität dürfte demnach exorbitant hoch gewesen sein …

Die Eigenkapitalrentabilität ist jedoch nicht identisch mit der Dividendenrendite, die sich durch Division der Gewinnausschüttung einer Aktiengesellschaft durch den Börsenkurs ergibt, denn sowohl die Zähler als auch die Nenner unterscheiden sich, weil nicht der gesamte in einem Jahr erwirtschaftete Gewinn ausgeschüttet werden muss und weil der Börsenkurs sich durch Angebot und Nachfrage ergibt und nicht mit dem Wert des auf eine Aktie entfallenden Eigenkapitalanteils identisch ist.

Wegen der Ähnlichkeit der Eigenkapitalrentabilität mit einer Verzinsung bietet sich für diese Kennzahl neben den weiter vorne beschriebenen Quer- und Längsschnittanalysen ein weiterer Vergleich an, nämlich mit der Kapitalmarktrentabilität. Darunter ist die marktübliche Verzinsung von Kapital zu verstehen, die vor allem für Staatsanleihen täglich ermittelt und in der Wirtschaftspresse veröffentlicht wird. Da die Beteiligung an einem Unternehmen sehr viel risikoreicher ist als die Geldanlage in Staatsanleihen, muss bei diesem Vergleich ein Risikoaufschlag berücksichtigt werden, die Eigenkapitalrentabilität muss also deutlich höher sein als die Verzinsung von Staatsanleihen.

Bezugsgröße der Rentabilität kann statt des Eigenkapitals auch das Gesamtkapital sein, das sich aus Eigen- und Fremdkapital zusammensetzt. Zur Bestimmung der Gesamtkapitalrentabilität sind neben dem erwirtschafteten Gewinn auch die Fremdkapitalzinsen in die Berechnung mit einzubeziehen. Fremdkapitalzinsen stellen den Ertrag des Fremdkapitals dar. Sie werden den Fremdkapitalgebern geschuldet und sind somit Aufwand für das Unternehmen, der den

Gewinn mindert. Aus diesem Grund werden die Fremdkapitalzinsen, bei der Bestimmung der Gesamtkapitalrentabilität dem Erfolg hinzugerechnet, wie die folgende Formel zeigt:

$$Gesamtkapitalrentabilität \quad = \quad \frac{Gewinn + Fremdkapitalzinsen}{Gesamtkapital} \qquad (3.7)$$

Gesamtkapitalrentabilitäten lassen sich nicht nur für komplette Unternehmen sinnvoll ermitteln, sondern für jede Investition, also z. B. auch für die Anschaffung einer Werkzeugmaschine. In diesem Zusammenhang wird für die Gesamtkapitalrentabilität auch der englische Begriff „*return on investment*" (ROI) verwendet.

Auch der Umsatz, das sind die durch den Verkauf von Produkten und Dienstleistungen erzielten Erlöse, kann als Bezugsgröße für die Rentabilitätsberechnung herangezogen werden:

$$Umsatzrentabilität \quad = \quad \frac{Erfolg}{Umsatz} \qquad (3.8)$$

Die Umsatzrentabilität ist vor allem für Handelsunternehmen eine wichtige Steuerungsgröße, ebenso für Industrieunternehmen bezüglich der Handelsware, also Gütern, die nicht selbst produziert, sondern verkaufsfertig bezogen und – häufig als Ergänzung des eigenen Produktionsprogramms – weiterverkauft werden.[30]

Liquidität

Liquiditätskennzahlen bilden die Zahlungsfähigkeit eines Unternehmens ab, die für die Existenz jedes Unternehmens wichtig ist, denn bei Zahlungsunfähigkeit droht ein Insolvenzverfahren. Im Insolvenzverfahren wird den Eigentümern die Kontrolle über das Unternehmen entzogen und durch Gerichtsbeschluss ein Insolvenzverwalter eingesetzt, der das Unternehmen als Ganzes oder in Teilen – bis hin zur Versteigerung der einzelnen Vermögensgegenstände – verkauft und den Verkaufserlös unter den Gläubigern[*] verteilt.[31]

In der Betriebswirtschaftslehre wird zwischen der absoluten Liquidität und der relativen Liquidität unterschieden.

Absolute Liquidität ist eine Eigenschaft von Vermögensteilen, die ausdrückt, ob diese als Zahlungsmittel verwendet oder in Zahlungsmittel umgewandelt werden können. Sie beschreibt somit die Liquidierbarkeit der Vermögensgegenstände, die nicht dazu benötigt werden, den Fortbestand der Unternehmung zu sichern.

Relative Liquidität beschreibt als kurzfristige Kennzahl das Verhältnis zwischen Teilen des Umlaufvermögens und den kurzfristigen Verbindlichkeiten (Schulden) der Unternehmung. Dabei geht es um die Frage, ob das Unternehmen in der Lage ist, seine kurzfristig fälligen Verbindlichkeiten zu bezahlen, und zwar entweder unmittelbar mit verfügbaren Zahlungsmitteln oder mit Vermögensgegenständen von großer absoluter Liquidität, die also schnell verkauft werden können, so dass mit den Verkaufserlösen dem Unternehmen Zahlungsmittel zufließen, die dann für die Begleichung der Verbindlichkeiten eingesetzt werden können.

Im Rahmen der kurzfristigen Finanzplanung wird zwischen der Liquidität 1., 2. und 3. Grades differenziert:[32]

---

[*] Gläubiger sind Personen oder Institutionen, die Zahlungsansprüche gegen das Unternehmen haben, insbesondere Lieferanten, Banken, Arbeitnehmer, Sozialversicherungsträger und Finanzämter.

$$\text{Liquidität 1. Grades} = \frac{\text{Zahlungsmittelbestand}}{\text{kurzfristige Verbindlichkeiten}} \quad (3.9)$$

$$\text{Liquidität 2. Grades} = \frac{\text{kurzfristiges Umlaufvermögen}}{\text{kurzfristige Verbindlichkeiten}} \quad (3.10)$$

$$\text{Liquidität 3. Grades} = \frac{\text{gesamtes Umlaufvermögen}}{\text{kurzfristige Verbindlichkeiten}} \quad (3.11)$$

Im Idealfall ist die Liquidität größer als 1, die Zahlungsmittel oder geldnahen Vermögensgegenstände reichen also aus, um die kurzfristigen Verbindlichkeiten begleichen zu können. Es gibt allerdings nur wenige Unternehmen, bei denen die Liquidität ersten Grades derart hoch ist. Unter Rentabilitätsaspekten wäre eine so hohe Liquidität auch nicht anzustreben, weil der Zahlungsmittelbestand – dessen größter Teil bei den meisten Unternehmen aus täglich abrufbaren Bankguthaben besteht – schlecht verzinst wird und der von den Banken dafür angebotene Zinssatz deutlich unter der Rentabilität des Kapitals liegt, das in den Betriebsprozess, im Wesentlichen also in Maschinen und Material, investiert ist. Die Liquidität muss lediglich so groß sein, dass sie von den wichtigen Gläubigern, vor allem Lieferanten und Banken, als ausreichend angesehen wird, um die Geschäftsbeziehung fortzusetzen, also das Unternehmen weiterhin zu beliefern oder auslaufende Kredite zu erneuern.

Finanzwirtschaftlich ist eine Materiallieferung eine Kreditgewährung, weil der Kunde üblicherweise nicht sofort bei Lieferung bezahlt, sondern erst später.[33] Nach dem Bürgerlichen Gesetzbuch entsteht die Zahlungspflicht mit der Lieferung, häufig wird zwischen dem Lieferanten und seinem Kunden aber ein Zahlungsziel vereinbart, also eine mit dem Zeitpunkt der Lieferung beginnende Frist, innerhalb derer die Zahlung zu leisten ist. Bei Kunden mit schlechter Liquidität bestehen Lieferanten häufig auf Vorkasse, liefern also erst nach Zahlungseingang. Eine in hohem Maße genutzte Möglichkeit für Lieferanten, sich des Zahlungsrisikos und des Aufwands der ständigen Prüfung der Liquidität der Kunden zu entledigen, ist die Kreditversicherung. Für regelmäßige Lieferbeziehungen übernimmt dabei ein Kreditversicherer das Risiko des Zahlungsausfalls.

Weitere Kennzahlen

Einige gebräuchliche betriebswirtschaftliche Kennzahlen sind in **Tabelle 3-4** zusammengestellt.

Der Return on Sales, Return on Investment und Return on Equity sind nur Synonyme für die oben bereits erläuterten Rentabilitäten.

Der Shareholder Value bezeichnet das sog. Aktionärsvermögen. Sein Wert entspricht dem Marktwert des Eigenkapitals (auch Unternehmenswert genannt). Der Shareholder-Value-Ansatz ist ein betriebswirtschaftliches Konzept, welches das Unternehmungsgeschehen als eine Reihe von Zahlungsströmen (Cashflows) betrachtet. Die Bewertung der Unternehmung erfolgt anhand der freien Cashflows. Der Shareholder Value ergibt sich dabei aus den auf den Bewertungszeitpunkt abgezinsten freien Cashflow abzüglich des Marktwertes des Fremdkapitals.

Tabelle 3-4 Betriebswirtschaftliche Kennzahlen

Kennzahl	Bedeutung	Berechnung
Direct Costing	Deckungsbeitrag (DB)	Umsatz – variable Kosten
Return on Sales (RoS)	Umsatzrentabilität	Gewinn / Umsatz
Return on Investment (RoI)	Gesamtkapitalrentabilität	(Gewinn + Fremdkapitalzinsen) / Gesamtkapital
Return on Equity (RoE)	Eigenkapitalrentabilität	Gewinn / Eigenkapital
Shareholder Value (S.V.)	Marktwert des Eigenkapitals	siehe unten
Cashflow	Einzahlungsüberschuss	Einzahlungen – Auszahlungen

Zur Ermittlung des Shareholder Value werden die freien Cashflows (Einzahlungsüberschüsse) der betrachteten Jahre (t) mit (1+WACC) abgezinst und anschließend summiert.[*] Diese Summe wird zu der, nach gleichem Verfahren abgezinsten, Summe der geschätzten freien Cashflows für die Zeit nach den betrachteten Jahren sowie dem Wert des nicht betriebsnotwendigen Vermögens (Maschinen, Immobilien, Fuhrpark ...) addiert. Schließlich wird hiervon das Fremdkapital der Unternehmung abgezogen, woraus sich Shareholder Value ergibt.

Der Wert einer Unternehmung wird durch Diskontierung des zukünftigen freien Cashflows mit den gewichteten Kapitalkosten (WACC) ermittelt. Der Cashflow bildet die Differenz zwischen den betrieblichen Einzahlungen und Auszahlungen. Der freie Cashflow errechnet sich aus:

    Operatives Ergebnis vor Zinsen und Steuern
-     Ertragssteuern
+   Abschreibungen
+/–   Dotierung / Auflösung von Rückstellungen
=   **Brutto-Cashflow**
-     Investitionen in das Anlagevermögen
-     Erhöhung des Netto-Umlaufvermögens
=   **Freier Cashflow (Netto-Cashflow)**

3.3.2 Kennzahlensysteme

Die Aussagekraft singulärer Kennzahlen ist begrenzt, weshalb häufig eine systematische Verknüpfung von Kennzahlen in Kennzahlensystemen erfolgt.[34]

Die überwiegend pyramidenförmigen Kennzahlensysteme enthalten als sog. Spitzenkennzahl aggregierte Werte, die zentrale Kenngrößen wie Rentabilität oder Liquidität darstellen. Kennzahlensysteme werden nicht nur zur laufenden Steuerung eingesetzt, sondern können auch zu einem Instrument des Krisenmanagements ausgebaut werden.

---

[*] WACC = *Weighted Average Costs of Capital:* Gewichtete durchschnittliche Kapitalkosten, d. h. Einzelzinssätze (Eigen-/Fremdkapitalzinssatz) werden kapitalanteilig gewichtet.

Dabei wird ein kleiner systematischer Fehler in Kauf genommen, der dadurch entsteht, dass die Verzinsung einer Exponentialfunktion folgt, also nicht proportional zur Zinshöhe ist.

3.3 Betriebswirtschaftliche Kennzahlen und Kennzahlensysteme

Betriebswirtschaftliche Kennzahlensysteme umfassen mindestens zwei betriebswirtschaftliche Kennzahlen, die in rechnerischer Verknüpfung oder in einem Systematisierungs-Zusammenhang zueinander stehen und die Informationen über einen oder mehrere betriebswirtschaftliche Tatbestände beinhalten.

In Kennzahlensystemen werden die Kennzahlen so zusammengestellt, dass sie sich gegenseitig ergänzen, erklären, in einer sinnvollen Beziehung zueinander stehen und dabei als Gesamtheit den Analysegegenstand möglichst ausgewogen und vollständig erfassen. Sie sollen die Konzentration auf das Wesentliche fördern.

Ein bekanntes Beispiel bildet das DuPont-Kennzahlensystem **(Bild 3-4)**. Grundüberlegung ist, dass nicht Gewinnmaximierung als absolute Größe anzustreben ist, sondern die relative Größe des Return on Investment (RoI). Der RoI, also der auf das investierte Kapital bezogene Gewinn als Spitzenkennzahl, die das Unternehmungsziel repräsentiert, wird im DuPont-System in ihre Elemente aufgespalten. Diese sind rechentechnisch miteinander verknüpft. Die rechnerische Auflösung der obersten Zielgröße erlaubt eine systematische Analyse und Steuerung der Haupteinflussfaktoren (Werttreiber) des Unternehmungsergebnisses.

Das DuPont-Kennzahlensystem verbindet kosten- und finanzwirtschaftliche Aspekte miteinander und wird zur Planung, Steuerung und Kontrolle einzelner Geschäftsbereiche eingesetzt. Es hat einen unselbstständigen Erkenntniswert, d. h. zur Beurteilung der Kennzahlen ist ein Vergleich mit anderen vergangenheitsorientierten Zahlen oder mit Vorgabewerten (Budget- und/oder Sollwerten) erforderlich.

Da dieses System ein Rechensystem ist, wirkt sich jeder quantifizierbare und berücksichtigte Sachverhalt auch tatsächlich auf das Ergebnis aus und kann bei Planungs-, Steuerungs- und Kontrollüberlegungen kaum übersehen werden.

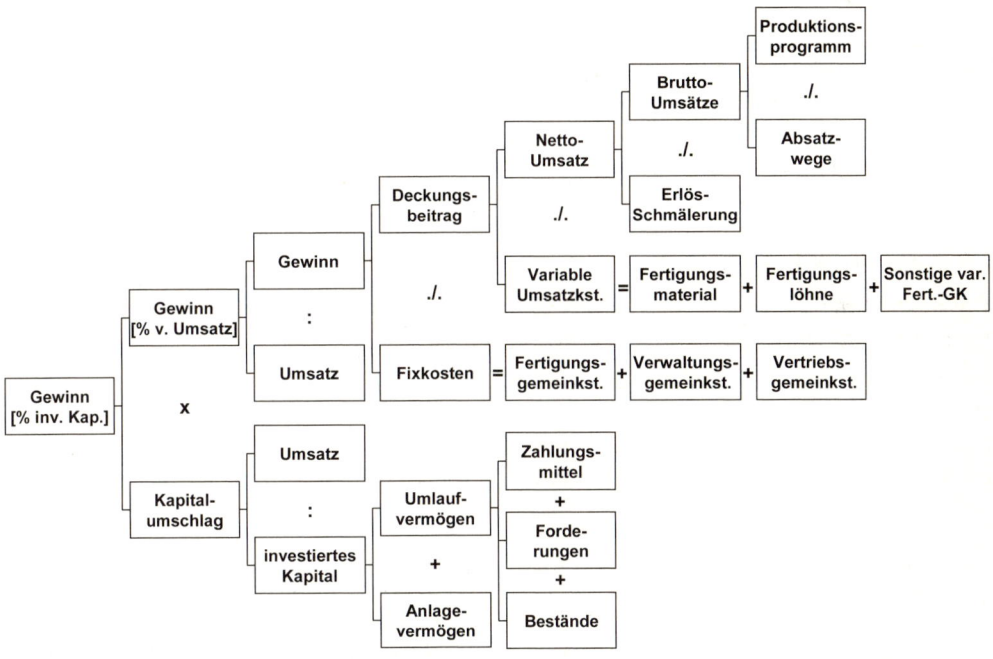

Bild 3-4 Das DuPont-Kennzahlensystem[35]

3.4 Kosten- und Leistungsrechnung – Zielsetzungen, Aufgaben und Definition

3.4.1 Rechnungswesen und Zielsetzungen

Mit der Kosten- und Leistungsrechnung (kurz: KLR) wird ein Teil vom betrieblichen Rechnungswesen abgebildet. Dabei stehen im Rechnungswesen im Vordergrund die folgenden beiden Aspekte:
- die Berichterstattung und damit die Beeinflussung Dritter sowie
- die Informationen zum Zweck der Führung.

Diese grundsätzliche Trennung bestimmt die Gliederung des betrieblichen Rechnungswesens **(Tabelle 3-5)**. Sie ist einerseits auf externe Adressaten (z. B. die allgemeine Öffentlichkeit und Behörden), andererseits auf interne Adressaten (z. B. die Abteilungsleitung und die Geschäftsleitung) ausgerichtet. Sie ist, im Gegensatz zum externen Rechnungswesen, eine freiwillig erstellte Rechnung.

Tabelle 3-5 Gliederung des betrieblichen Rechnungswesens[36]

	Externes Rechnungswesen		Internes Rechnungswesen		
Teilbereich	Jahresabschluss		Kosten- und Leistungsrechnung	Finanzrechnung	
Rechenwerk	Bilanz	GuV	Kostenarten-/ Kostenstellen-/ Kostenträgerrechnung	Finanzplanung	Investitionsrechnung
Bezugsobjekt	Unternehmung/Zeitpunkt	Unternehmung/Periode	Leistungen/ Kosten	Unternehmung/ Periode	Einzelobjekt
Rechengrößen	Vermögen/ Schulden	Ertrag/ Aufwand	Gewinn/Verlust (kalkulatorisch)	Finanzüberschuss/ Finanzdefizit	diskontierte Ein-/Auszahlungen
Saldogrößen	Eigenkapital	Gewinn/Verlust (pagatorisch)			

Die Saldogrößen verdeutlichen, dass das Ergebnisziel in der Gewinn- und Verlustrechnung der pagatorische Gewinn/Verlust (der sog. Jahresüberschuss als Unternehmensergebnis) und in der Kosten- und Leistungsrechnung der kalkulatorische Gewinn/Verlust (das sog. Betriebsergebnis) ist. Im Folgenden werden die Begriffe Ertrag/Aufwand von Leistungen/Kosten abzugrenzen sein, da es in der Kosten- und Leistungsrechnung z. B. Kosten für die Kalkulation in Ansatz zu bringen gilt, die in der Finanzbuchhaltung nicht als Aufwendungen vorhanden sind.

Grundsätzlich lassen sich im Rechnungswesen die folgenden Begriffe unterscheiden **(Tabelle 3-6)**.

3.4 Kosten- und Leistungsrechnung – Zielsetzungen, Aufgaben und Definition

Tabelle 3-6 Stromgrößen des Rechnungswesens

Begriff	Kurzdefinition
Auszahlung	Abgang liquider Mittel pro Periode
Einzahlung	Zugang liquider Mittel pro Periode
Ausgabe	Geldwert der Einkäufe an Gütern und Dienstleistungen pro Periode
Einzahlung	Geldwert der Verkäufe an Gütern und Dienstleistungen pro Periode
Kosten	Bewerteter Verzehr von Gütern und Diensten im Produktionsprozess während einer Periode
Leistung	In Geld bewertete, aus dem Produktionsprozess hervorgegangene Güter und Dienste
Aufwand	Zur Erfolgsermittlung periodisierte Ausgaben einer Periode (= jede Eigenkapitalminderung, die keine Kapitalrückzahlung ist)
Ertrag	Zur Erfolgsermittlung periodisierte Einnahmen einer Periode (= jede Eigenkapitalerhöhung, die keine Kapitaleinzahlung ist)

Die Kosten- und Leistungsrechnung bezieht sich auf die internen Leistungen (= Betriebserträge) und die zu ihrer Erstellung verbrauchten Güter und Dienstleistungen (= Kosten). Dabei bleibt die Höhe des Betriebserfolgs unabhängig davon, ob die betrieblichen Leistungen oder Kosten in einer bestimmten Periode leistungswirksam waren oder nicht. So sind beispielsweise mit dem Materialverbrauch nicht zwingend Auszahlungen verbunden, denn es kann sich um bevorratetes Material handeln, oder es wurde mit einem bestimmten Zahlungsziel gekauft. Werden mehr Güter produziert als verkauft, so gibt es für die überzähligen Güter zwar betriebliche Leistungen, aber keine Einnahmen.

Abgrenzung von Ausgaben und Kosten
- Ausgaben, die keine Kosten sind: Gewinnausschüttungen, Privatentnahmen, Maschinenkauf
- Ausgaben, die Kosten sind: Periodengerecht gezahlte Löhne und Gehälter, in einer Periode gekaufte und verbrauchte Materialien
- Kosten, die keine Ausgaben sind: Verbrauch unentgeltlich erhaltener Materialien

Abgrenzung von Ausgaben und Aufwendungen
- Ausgaben, die keine Aufwendungen sind: Kauf von Rohstoffen für die nächste Periode, Privatentnahme, Gewinnausschüttungen
- Ausgaben, die Aufwendungen sind: Kauf von Rohstoffen und Verbrauch in dieser Periode
- Aufwendungen, die keine Ausgaben sind: Abschreibung einer früher angeschafften Maschine, Verbrauch vorperiodig angeschaffter Rohstoffen

Abgrenzung von Aufwendungen und Kosten
- Ausgaben, die keine Kosten sind: betriebsfremde (Spenden), außerordentliche (Maschinenverkauf unter Buchwert) oder periodenfremde Aufwendungen (Steuernachzahlung)
- Ausgaben, die Kosten sind: verarbeitete Roh-, Hilfs- und Betriebsstoffe, Löhne und Gehälter
- Genau umgekehrt verhält es sich mit den Einnahmen, Erträgen und Leistungen

Abgrenzung von Einnahmen und Leistungen
- Einnahmen, die keine Leistungen sind: Einnahmen aus Wertpapierspekulation, Mieten für ein Wohnhaus
- Einnahmen, die Leistungen sind: verkaufte Fertigprodukte
- Leistungen, die keine Einnahmen sind: verschenkte Fertigfabrikate, gelieferte Fertigfabrikate mit später folgender Rechnung

> **Abgrenzung zwischen Einnahmen und Erträgen**
> - Einnahmen, die keine Erträge sind: erhaltene Anzahlungen, Rückzahlung eines gewährten Darlehens;
> - Einnahmen, die Erträge sind: Verkauf von in der Periode erzeugten Erzeugnissen
> - Leistungen, die keine Einnahmen sind: Produktion von Fertigerzeugnissen auf Lager
>
> **Abgrenzung zwischen Erträgen und Leistungen**
> - Erträge, die keine Leistungen sind: Zins- und Mieterträge aus nicht betriebsnotwendigem Vermögen
> - Erträge, die Leistungen sind: Erträge aus betriebsbedingter Tätigkeit
> - Leistungen, die keine Erträge sind: unentgeltliche abgegebene Fertigerzeugnisse oder Dienstleistungen.[37]

Wie jedes auf einen Zweck gerichtete menschliche Handeln, folgen auch wirtschaftliche Entscheidungen dem allgemeinen Vernunftsprinzip (Rationalprinzip). Auf das Wirtschaften bezogen, bezeichnet man dieses Rationalprinzip als das ökonomische Prinzip. Es tritt in zwei Varianten auf, dem Minimal- und dem Maximalprinzip.

Das Minimalprinzip (auch Minimum- oder Sparprinzip genannt) besagt, dass der benötigte Aufwand, um einen bestimmten Ertrag (in Form von Nutzen) zu erzielen, so gering wie möglich zu halten ist. Ziel ist somit die Minimierung des Mitteleinsatzes. Beim Minimalprinzip ist somit das Ziel (Output) vorgegeben. Dieses soll mit einem möglichst geringen Mitteleinsatz (Input) erreicht werden. Ein Beispiel wäre der effiziente Stundeneinsatz eines Entwicklungsingenieurs bei der Bearbeitung einer vorgegebenen Konstruktionsaufgabe.

Ziel bei der Verfolgung des Maximalprinzips (auch Maximum- oder Haushaltsprinzip) ist es, mit einem gegebenen Aufwand an Wirtschaftsgütern einen möglichst hohen Ertrag zu erwirtschaften. Das Maximalprinzip verfolgt die Maximierung des (Produktions-)Ertrags in Geldeinheiten (wertmäßige Definition) oder der (Produktions-)Menge (mengenmäßige Definition). Hier ist der Mitteleinsatz (Input) vorgegeben, mit dem ein möglichst hohes Ziel (Output) erreicht werden soll. Ein Beispiel wäre mit einem vorgegebenen Geldbetrag eine möglichst schöne Weihnachtsfeier für die Entwicklungsabteilung zu organisieren.[38]

Betrieb und Unternehmen

Der Betrieb ist eine Wirtschaftseinheit, in der Güter und Dienstleistungen erstellt werden, also beispielsweise ein Produktionswerk oder eine Vertriebsniederlassung. Private Haushalte und öffentliche Einrichtungen werden im Folgenden nicht als Betriebe angesehen, weil sich hier die Ziele und Rahmenbedingungen deutlich unterscheiden.

Unter einem Unternehmen[*] wird im Folgenden eine rechtliche Einheit verstanden, die einen Namen trägt und eine bestimmte Rechtsform hat, z. B. GmbH. Ein Unternehmen kann aus mehreren Betrieben bestehen. Eine alternative, hier nicht verwendete Begriffsdefinition versteht unter einem Unternehmen einen Betriebstyp, neben dem es private Haushalte als zweiten Betriebstyp gibt.[39]

Die meisten Unternehmen müssen – abhängig von der gewählten Rechtsform – ins Handelsregister eingetragen sein.

---

[*] Zum Teil wird in der Literatur der Begriff „Unternehmung" mit derselben Bedeutung verwendet.

Mehrere Unternehmen bilden einen Konzern, wenn sie unter einheitlicher Leitung stehen, z. B. weil eine Muttergesellschaft mehrheitlich an einer oder mehreren Tochtergesellschaften beteiligt ist oder wenn die Unternehmen von denselben Personen geleitet werden.

3.4.2 Aufgaben der KLR

Die KLR hat die nachfolgenden Aufgaben:

- kurzfristigen Ermittlung des Leistungserfolgs,
- Kontrolle der Wirtschaftlichkeit,
- Kalkulation von Preisen und
- Bestandsbewertung.[40]

Die Ermittlung des Leistungserfolgs ist keine ausschließliche Aufgabe der KLR. Sie wird mindestens jährlich auch im Rahmen der Gewinn- und Verlustrechnung durchgeführt: hier allerdings für das Unternehmen und nicht in engerem Sinne für den Betrieb.

Die Kontrolle der Wirtschaftlichkeit bedeutet eine Überprüfung anhand des Wirtschaftlichkeitsprinzips (ökonomisches Prinzip), also das Verhältnis zwischen Input (Einsatz von Produktionsfaktoren) und Output (Ausbringung von Wirtschaftsgütern).

Die Bildung des Preises kann in einer freien Marktwirtschaft als von dem Angebot und der Nachfrage des jeweiligen Wirtschaftsgutes abhängig betrachtet werden. Dennoch muss das Unternehmen einen Absatzpreis ermitteln, der die Kosten deckt und, bei profit-orientierten Unternehmen, zusätzlich einen Gewinn beinhaltet.

Für die Bestandsbewertung an fertigen und unfertigen Erzeugnissen (also das Lager) sind die Herstellungskosten über die KLR zu ermitteln. Spätestens zum jeweiligen Periodenende der Finanzbuchhaltung werden diese Werte erforderlich.

3.4.3 Definition von Kosten und Leistungen

Kosten drücken den betriebsbedingten Werteverzehr für die Leistungserstellung und die Leistungsverwertung aus.[41]

Nach der Zurechenbarkeit auf Kostenträger wird zwischen Einzelkosten und Gemeinkosten differenziert.[42] Einzelkosten werden direkt den Kostenträgern zugerechnet. Als Synonyme werden sie auch als direkte Kosten oder Kostenträgereinzelkosten bezeichnet. Einzelkosten sind etwa:

- die Fertigungsmaterialkosten (z. B. Rohstoffe),
- die Fertigungslohnkosten (z. B. Akkordlöhne der Fertigungsmitarbeiter),
- die Sondereinzelkosten der Produktion (z. B. Konstruktionskosten) und
- die Sondereinzelkosten des Vertriebs (z. B. Kosten der Verpackung).

Dies gilt auch für Dienstleistungen. Im Dienstleistungssektor ist der Kostenträger z. B. eine Stunde einer bestimmten Dienstleistung. Dieser Dienstleistungsstunde können über Materialentnahmescheine (Material zur Durchführung einer Dienstleistungsstunde) und Lohnzettel (Lohnkosten für eine Dienstleistungsstunde) die Einzelkosten wie in der Fertigung zugeordnet werden.

Gemeinkosten können den Kostenträgern dagegen nicht direkt zugeordnet werden, da sie für verschiedene Kostenträger gemeinsam anfallen. Als Beispiel können die Kosten für die Betriebsleitung oder die Kosten für den Empfang angeführt werden. Sie werden zunächst in Kostenstellen erfasst. Werden Leistungen zwischen Kostenstellen im Betrieb ausgetauscht, erfolgt eine innerbetriebliche (Leistungs-)Verrechnung der Gemeinkosten.

Neben der Zurechenbarkeit der Kosten kann die Beschäftigungsabhängigkeit der Kosten als Differenzierungskriterium herangezogen werden.[43] In Abhängigkeit von der Beschäftigung werden die fixen Kosten als beschäftigungsunabhängige Kosten und die variablen Kosten als beschäftigungsabhängige Kosten verstanden. Die Beschäftigung wird an der Ausbringungsmenge, den Arbeitsstunden oder den Maschinenstunden orientiert. In diesem Zusammenhang wird häufig vom Beschäftigungsgrad gesprochen, der sich aus dem Verhältnis von eingesetzter Kapazität zu vorhandener Kapazität oder der Ist-Leistung zur vorhandenen Kapazität ermittelt.

Darüber hinaus lassen sich die Kosten in Grund-, Zusatz- und Anderskosten aufgrund ihrer unterschiedlichen Erfassung differenzieren. Grundkosten sind Zweckaufwendungen, denen Aufwendungen gegenüberstehen. Beispiele dafür sind Rohstoffe oder Löhne. Zusatzkosten dagegen stehen keine Aufwendungen gegenüber, da sie ausschließlich für kalkulatorische Zwecke angesetzt werden und damit über die Grundkosten hinausgehen. Beispiele sind kalkulatorischer Unternehmerlohn, kalkulatorische Eigenkapitalzinsen, kalkulatorische Miete. Anderskosten sind dagegen Kosten, die sich in ihrem Ansatz zwischen der Finanzbuchhaltung und der KLR unterscheiden. Die Höhe der Kosten ist dabei unterschiedlich. Beispiele hierfür sind die kalkulatorischen Mieten und die kalkulatorischen Abschreibungen.

Als primäre Kosten und sekundäre Kosten werden die Kosten nach ihrer Herkunft unterschieden. Je nach dem, ob sie direkt aus der Finanzbuchhaltung auf die Kostenstellen übernommen werden, oder ob sie über die innerbetriebliche Leistungsverrechnung verteilt werden, können diese beiden Kosteneinteilungen vorgenommen werden. Sekundäre Kosten sind damit z. B. Raumkosten oder Kosten für selbst erstellte Dienstleistungen wie Reparaturen.[44]

Durch die Entstehung von Kosten werden Leistungen erzeugt. Diese Leistungen werden in der Kostenrechnung als Kostenträger bezeichnet. Ihnen werden die jeweils verursachten Kosten im Rahmen der Kostenträgerrechnung zugerechnet. Es lassen sich unterschiedliche Leistungen differenzieren:

- Absatzleistungen, die auf dem Markt abgesetzt werden,
- Lagerleistungen, die noch nicht auf dem Markt abgesetzt worden sind und den Bestand erhöhen,
- Eigenleistungen, die für den eigenen Betrieb zur Verwendung bestimmt sind.

3.5 Vollkostenrechnung

3.5.1 Kostenartenrechnung

Die Kostenartenrechnung dient der Erfassung und Gliederung aller im Laufe der jeweiligen Abrechnungsperiode angefallenen Kostenarten. Die Fragestellung, die sich dahinter verbirgt lautet: Welche Kosten sind insgesamt in welcher Höhe in der Abrechnungsperiode angefallen? Die aus der Finanzbuchhaltung übernommenen Kostenarten bilden die Basis für die KLR. Kostenarten bilden den gesamten Werteverzehr einer Abrechnungsperiode nach Produktionsfaktoren ab. Die Kostenartenrechnung hat die Aufgabe, die im Betrieb anfallenden Kosten geordnet zu erfassen, um:

(1) in der Gegenüberstellung mit den Leistungsarten ein kurzfristiges Periodenergebnis ermitteln zu können,
(2) die Struktur der Kostenarten im Unternehmens- und Zeitvergleich darzustellen,
(3) die Weiterverrechnung der Kosten in der Kostenstellen- und Kostenträgerrechnung zu gewährleisten.

Ein Teil der Informationen entstammt der Finanzbuchhaltung. Der Kostenrechner muss aus den Aufwendungen der Finanzbuchhaltung die Kosten für die KLR ableiten. Es können Aufwendungen als Kosten übernommen werden (die o. g. sog. Grundkosten). Es sind aber auch Aufwendungen der Finanzbuchhaltung für die Kostenrechnung anders zu bewerten (die o. g. sog. Anderskosten) und Kosten zusätzlich zu den Aufwendungen der Finanzbuchhaltung in die KLR aufzunehmen (die o. g. sog. Zusatzkosten).

Die Erfassung der Kosten kann sich beispielsweise nach den Produktionsfaktoren richten:

- Materialkosten,
- Personalkosten,
- Dienstleistungskosten,
- öffentliche Abgaben,
- sonstige Kosten.[45]

3.5.2 Kostenstellenrechnung

Die Gemeinkosten werden den Kostenstellen verursachungsgerecht zugeordnet. Später werden die Kostenstellen auf die Kostenträger verrechnet. Die Kostenstellenrechnung lastet somit zunächst den einzelnen betrieblichen Bereichen diejenigen Kostenarten an, die dort zum Zwecke der Leistungserstellung entstanden sind. Durch diese Kostenzurechnung wird eine genaue Wirtschaftlichkeitskontrolle anhand des Vergleichs von Soll- und Ist-Kosten in den einzelnen Kostenstellen möglich.[46]

Die Verteilung der Kosten wird anhand der Betriebsabrechnung vorgenommen. Das dabei einzusetzende Instrument ist der Betriebsabrechnungsbogen (BAB). **Bild 3-5** verdeutlicht den Zusammenhang zwischen der Kostenartenrechnung und der Kostenstellenrechnung unter Einsatz eines BAB.[47]

Für die Kostenkontrolle und Kostenbeeinflussung ist es erforderlich zu wissen, wo die Kosten angefallen sind. In der Kostenstellenrechnung muss folglich die Frage beantwortet werden: Wo sind welche Kosten in welcher Höhe angefallen?

Die Kostenstellen sind Orte, an denen die zur Leistungserstellung benötigten Güter und Dienstleistungen verbraucht werden.

Die Kostenstellen lassen sich unterscheiden in:

- Hauptkostenstellen (Endkostenstellen, primäre Kostenstellen), die nicht auf andere Kostenstellen weiterverrechnet werden. Die Kosten aus den Hauptkostenstellen werden z. B. mittels Zuschlagssätzen in der Kalkulation den Produkten zugerechnet.
- Hilfskostenstellen (Vorkostenstellen, sekundäre Kostenstellen), die auf Hauptkostenstellen verrechnet werden.

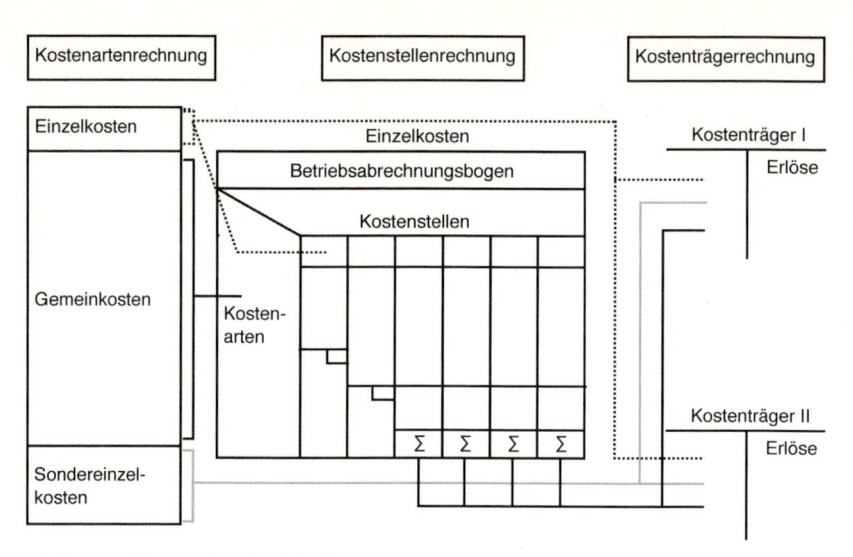

Bild 3-5 Schematisierung der Betriebsabrechnung

Die Dokumentation der Kostenstellen erfolgt im sog. Kostenstellenplan. Die Kostenstellen können gegliedert sein in

- funktionsorientierte Kostenstellen, z. B. allgemeine Kostenstellen, Materialkostenstellen, Fertigungskostenstellen, Verwaltungskostenstellen, Vertriebskostenstellen,
- raumorientierte Kostenstellen, z. B. Region Nord, Region Süd, Region Mitte,
- organisationsorientierte Kostenstellen, z. B. Werke, Niederlassungen, Abteilungen, Arbeitsstellen,
- rechnungsorientierte Kostenstellen, z. B. Maschine A, Maschine B, Maschine C; Großkunde I, Großkunde II, Großkunde III; Projekt 1, Projekt 2, Projekt 3.

Die Erstellung eines Kostenstellenplans sollte drei Kriterien genügen:

(1) Es sollten sich für jede Kostenstelle Maßstäbe der Kostenverursachung in Form von geeigneten Bezugsgrößen finden lassen. Ansonsten besteht durch die Wahl unkorrekter Gemeinkostensätze die Gefahr einer fehlerhaften Kalkulation, die zu falschen Entscheidungen führen könnte. Eine nicht nachvollziehbare oder nicht beeinflussbare Zuordnung von Kosten führt bei Kostenstellenverantwortlichen zur Unzufriedenheit und damit zur mangelnden Akzeptanz der Kostenstellenrechnung.
(2) Jede Kostenstelle muss ein selbstständiger Verantwortungsbereich sein, damit der Kontrollfunktion der Kostenrechnung genügt wird. Nur so ist eine Überwachung der Verantwortungsträger, z. B. einer Abteilungsleiterin, möglich.
(3) Im Sinne des Wirtschaftlichkeitsprinzips muss jede Kostenstelle dahingehend gebildet werden, dass sich die jeweiligen Kostenbelege möglichst eindeutig zuordnen lassen.

Für die Aufstellung eines Kostenstellenplans gibt es keine ausdrücklichen Vorschriften. Dieser richtet sich vielmehr jeweils nach dem einzelnen Unternehmen und seinen speziellen Bedürfnissen im Rahmen einer KLR. Ein Kostenstellenplan könnte beispielhaft für einen Industriebetrieb wie in **Bild 3-6** gegliedert sein.[48]

3.5 Vollkostenrechnung

```
1  ALLGEMEINER BEREICH                    3  FERTIGUNGSBEREICH

   11 Gruppe Raum                            31 Fertigungshilfsstellen
      111 Grundstücke und Gebäude               311 Technische Betriebsleitung
      112 Heizung und Beleuchtung               312 Arbeitsvorbereitung
      113 Reinigung                             313 Terminstelle
      ...                                       314 Werkzeugausgabe
                                                315 Werkzeugmacherei
   12 Gruppe Energie                            ...
      121 Wasserverteilung
      122 Stromerzeugung und -verteilung     32 Fertigungsstellen
      123 Gaserzeugung und -verteilung          321 Dreherei
      ...                                       322 Fräserei
                                                323 Schmiede
   13 Gruppe Transport                          ...
      131 Schienenfahrzeuge und Gleisanlagen
      132 Förderanlagen und Kräne           4  VERTRIEBSBEREICH
      133 Fuhrpark LKW
      ...                                       411 Verkaufsleitung Inland
                                                412 Verkaufsabteilungen
   14 Gruppe Sozial                             ...
      141 Gesundheitsdienst                     441 Marktforschung
      142 Kantine                               442 Werbung
      143 Werksbücherei                         ...
      ...

2  MATERIALBEREICH                       5  VERWALTUNGSBEREICH

      211 Einkaufsleitung                       511 Geschäftsleitung
      212 Einkaufsabteilungen                   512 Betriebswirtschaftliche Abteilung
      ...                                       513 Interne Revision
      221 Lagerleitung                          514 Rechtsabteilung
      222 Warenannahme                          521 Buchhaltung
      223 Prüflabor                             ...
      ...
```

Bild 3-6   Beispielhafter Kostenstellenplan[49]

Neben den Absatz- und Lagerleistungen werden von dem Betrieb innerbetriebliche Leistungen erstellt, die für andere Kostenstellen erforderlich sind. Solche Leistungen sind die Leistungen der allgemeinen Kostenstellen wie Stromerzeugung oder Wasserversorgung. Dazu gehören auch die Dienstleistungen dieser Kostenstellen wie Leistungen einer Instandhaltung oder eines internen Transports. Von Hauptkostenstellen werden daneben Dienstleistungen (z. B. Servicestunden) oder Produkte (z. B. Computer, Werkzeugmaschinen) für den Eigengebrauch hergestellt. Auch diese müssen den jeweiligen Kostenstellen belastet werden.

Welche Verrechnung jeweils vorgenommen wird, hängt von den Leistungsbeziehungen zwischen den Kostenstellen und von der gewünschten Genauigkeit des Verrechnungsverfahrens ab.[50] Als Verfahren der innerbetrieblichen Leistungsverrechnung lassen sich die Verfahren auf der Basis von Verteilschlüsseln und die Verfahren der exakten Leistungsverrechnung unterscheiden. Das in **Bild 3-7** dargestellte Beispiel verdeutlicht die Zusammenhänge.

Die Verrechnung nach Schlüsseln ist einfach mit einem Software-Programm durchführbar. Während bei der Verrechnung nach Kostenstellen nur die Anzahl der belastenden Kostenstellen bekannt sein muss, sind bei den Anlagewerten bzw. Abschreibungen Informationen aus der Buchhaltung erforderlich. Dies kann als softwaretechnisch einfache Herausforderung gesehen werden. Die Verrechnung nach erhaltenen Leistungen erfordert, in dem konkreten Beispiel, die Dokumentation erhaltener Stunden und erhaltener Instandhaltungsmaterialien je Kostenstelle. Hier kann ein höherer Aufwand für die Erfassung und für die Verrechnung unterstellt werden. Diesem höheren Aufwand steht jedoch auch eine höhere Genauigkeit in der internen Leistungsverrechnung gegenüber.

Instandhaltungskostenstelle		Fertigungsstelle 1		Fertigungsstelle 2		Fertigungsstelle 3	
Materialkosten	100.000	Anlagenwert	1.200.000	Anlagenwert	2.900.000	Anlagenwert	3.500.000
Personalkosten	100.000	Abschreibungsstd.	300.000	Abschreibungsstd.	580.000	Abschreibungsstd.	437.500
Sonstige Kosten	20.000	Erhaltene Ih-Std.	800	Erhaltene Ih-Std.	1.150	Erhaltene Ih-Std.	1.650
Summe	220.000	Erhaltenes Ih-Mat.	26.500	Erhaltenes Ih-Mat.	56.500	Erhaltenes Ih-Mat.	17.000
Instandhaltungsstunden	3.600						
Ih-Stundensatz „all in"	61,11						
Ih-Stundensatz Ohne Material	33,33						

Verrechnung auf Basis von Schlüsseln

	Fertigungsstelle 1	Fertigungsstelle 2	Fertigungsstelle 3
• Zahl der Kostenstellen	73.333,33	73.333,33	73.333,33
• Anlagenwert	34.736,84	83.947,37	101.315,79
• Abschreibungssumme	50.094,88	96.850,09	73.055,03

Leistungsbezogene Verrechnung

• Instandhaltung „all in"	48.888,89	70.277,78	100.833,33
• Instandhaltungsstunden und Materialkosten gesondert	53.166,67	94.833,33	72.000,00

Bild 3-7   Interne Leistungsverrechnung am Beispiel Instandhaltung[51]

Je mehr Kostenarten in einem Betrieb anzutreffen sind, desto mehr Kostenschlüssel sind zur Verrechnung denkbar. Betriebsindividuell ist zu entscheiden, welchen Aufwand ein Unternehmen bereit ist zu betreiben, um die Genauigkeit in der internen Leistungsverrechnung zu erhöhen.

3.5.3 Kostenträgerrechnung

Im Rahmen der Kostenträgerrechnung werden sämtliche Kosten den gesamten Leistungen einer Abrechnungsperiode zugerechnet (Kostenträgerstückrechnung) und den Verkaufserlösen gegenübergestellt (Kostenträgerzeitrechnung). Die Kostenträgerstückrechnung hat die Aufgabe, für erstellte Güter und Dienstleistungen (Kostenträger) jeweils Stückkosten festzustellen. Daher wird die Kostenträgerstückrechnung auch als Kalkulation, Selbstkostenrechnung oder Stückkostenrechnung bezeichnet. Die Kostenträgerzeitrechnung soll durch die Gegenüberstellung der Kosten und Leistungen für eine Abrechnungsperiode das Betriebsergebnis ermitteln. Durch die Aufschlüsselung der Kosten und Leistungen auf Kostenträgern sind die Ursachen für den Erfolg bzw. Misserfolg zu erkennen und kurzfristige Entscheidungen treffen. Die Frage, die die Kostenträgerrechnung beantworten muss, lautet: Wofür sind welche Kosten in welcher Höhe pro Stück angefallen?

Kostenträgerstückrechnung

Die Kostenträgerstückrechnung liefert die Grundlage für eine genaue Preiskalkulation.[52] Sie führt anhand der Kostenartenrechnung und Kostenstellenrechnung eine möglichst verursachungsgerechte Verteilung der anfallenden bzw. angefallenen Kosten auf die Güter und Dienstleistungen als Kostenträger durch **(Bild 3-8)**.

3.5 Vollkostenrechnung

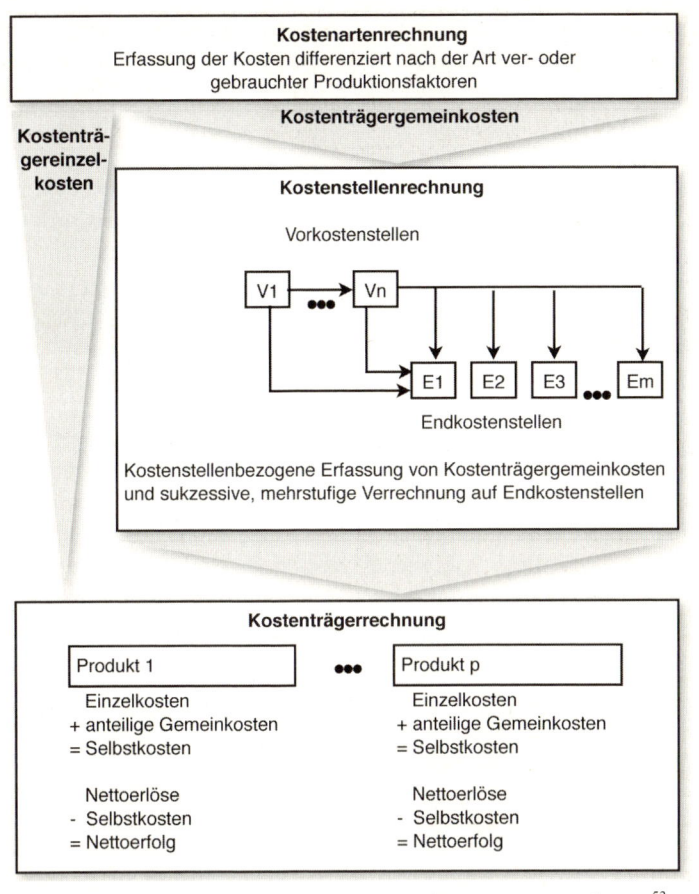

Bild 3-8 Zusammenhang Kostenarten-, Kostenstellen- und Kostenträgerrechnung[53]

Diejenigen Kostenarten, die den Kostenträgern direkt, also ohne Schlüsselung nach dem Verursachungsprinzip, zuzurechnen sind, werden unmittelbar aus der Kostenartenrechnung übernommen und benötigen nicht den Einsatz einer Kostenstellenrechnung (Einzelkosten). Für die anderen Kostenarten (Gemeinkosten), die nicht als Einzelkosten erfassbar sind und damit den Kostenträgern nicht direkt zugerechnet werden können, erfolgt eine Erfassung als Gemeinkosten in den Kostenstellen. Nach Inanspruchnahme der Leistungen einer Kostenstelle werden dann die Gemeinkosten von den Kostenstellen entlastet und den Kostenträgern zugerechnet.

Kostenträger kann eine Absatzleistung sein, die auftragsbestimmt (als ein konkreter Kundenauftrag) oder lagerbestimmt (als Leistung für den anonymen Markt) ist. Daneben kann die innerbetriebliche Leistung Kostenträger sein, indem es sich z. B. um einen zu aktivierenden Anlagenauftrag (sog. in der Finanzbuchhaltung zu aktivierende Eigenleistung) handelt oder um einen nicht aktivierbaren Gemeinkostenauftrag (z. B. die o. g. Instandhaltungsdienstleistung für eine Fertigungskostenstelle).

Die Kostenträgerstückrechnung hat somit folgende Aufgaben:
- Lieferung von Informationen für Kostenkontrollaufgaben, etwa die Beurteilung verschiedener Leistungserstellungsverfahren anhand von Vergleichskalkulationen,

- Lieferung von Daten für die Bildung von internen Verrechnungspreisen, etwa mit der Bewertung innerbetrieblicher Leistungen,
- Lieferung von Daten für die Bewertung von Beständen, etwa für die kurzfristige Erfolgsrechnung die Bestände an unfertigen und fertigen Produkten zu den Herstellungskosten zu bewerten,
- Lieferung von Daten für kurzfristige Entscheidungen und Planungsrechnungen, etwa zur Information, ob ein Produkt aus dem Produktionsprogramm eliminiert oder ein Zusatzauftrag angenommen werden soll,
- Lieferung von Informationen für preispolitische Entscheidungen, etwa für die Ermittlung einer Preisuntergrenze für ein Produkt oder des Selbstkostenpreises für einen öffentlichen Auftrag.

Kalkulationsarten

Die Kostenträgerstückrechnung lässt sich in unterschiedliche Kalkulationsarten differenzieren:

- Vor-, Zwischen- und Nachkalkulation: Je nach Zeitpunkt lassen sich mit den unterschiedlichen Arten unterschiedliche Ziele verfolgen. So ist z. B. in der Nachkalkulation eine Gegenüberstellung der tatsächlich angefallenen Kosten für einen bestimmten Auftrag mit den geplanten Kosten vorzunehmen, um eine Kostenkontrolle dieses Auftrags durchzuführen. Eine Zwischenkalkulation ist bei längerfristigen Projekten erforderlich. Denn eine Nachkalkulation wäre zu wenig, da dann keine Steuerungsmöglichkeiten mehr am Ende des Projektes möglich wären.
- Selbstkosten- und Absatzkalkulation: Je nach Zielsetzung interessieren das Unternehmen die Kosten nur als Selbstkosten oder der Angebotspreis im Sinne einer Absatzkalkulation.
- Vorwärts- und Rückwärtskalkulation: Kann das Unternehmen auf dem Absatzmarkt den Preis bestimmen, kommt die Vorwärtskalkulation zum Einsatz (kein Wettbewerb aufgrund von Innovation oder Monopol). Muss das Unternehmen dagegen den Verkaufspreis als Datum des Marktes akzeptieren, ist eine Rückwärtskalkulation vorzunehmen (hoher Wettbewerb aufgrund von Marktsättigung). Die Marktsituation bestimmt die Richtung der Kalkulation.

In Abhängigkeit von den Kostenträgern und den Leistungserstellungsprozessen wird das einzusetzende Kalkulationsverfahren bestimmt. Dies hängt z. B. davon ab, ob es sich um ein Einprodukt- oder Mehrproduktunternehmen handelt. Typische Kalkulationsverfahren sind

- die Zuschlagskalkulation,
- die Divisionskalkulation,
- die Äquivalenzziffernkalkulation,
- die Kalkulation von Kuppelprodukten und
- die Maschinen-/Personenstundensatzkalkulation.

Zuschlagskalkulation

Die Zuschlagskalkulation wird in Unternehmen eingesetzt, in denen heterogene Güter oder Dienstleistungen hergestellt bzw. angeboten werden.[54] Zur Vorbereitung der Kalkulation sind die gesamten Kosten in Einzel- und Gemeinkosten zu differenzieren. Diese Aufgabe übernimmt die Kostenartenrechnung, indem sie die einzelnen Kostenarten als Einzel- oder Gemeinkosten kennzeichnet. In der Kostenstellenrechnung sind die jeweiligen Kosten den verursachenden Kostenstellen zugerechnet worden. Daraus können anschließend die Verrechnungs-

3.5 Vollkostenrechnung

sätze bzw. Zuschlagssätze der Kostenstellen für die Kostenträger abgeleitet werden. Dies könnte z. B. verursachungsgerecht dadurch stattfinden, dass die Beanspruchung der Kostenstellen durch die Kostenträger festgestellt wird. Die Zuschlagskalkulation findet einstufig und mehrstufig Anwendung. Bei einer einstufigen Zuschlagskalkulation werden die gesamten Gemeinkosten des Betriebs auf der Basis der Einzelkosten den Kostenträgern zugerechnet. In einem Produktionsbetrieb werden z. B. die Gemeinkosten auf der Basis der Material- oder der Fertigungskosten, in einem Handelsbetrieb auf der Basis der Einstandspreise und in einem Dienstleistungsbetrieb auf der Basis der für eine Dienstleistung zu erbringenden Zeiteinheiten den Leistungen/Produkten zugeschlagen.

Hier ein Beispiel für einen Produktionsbetrieb mit einstufiger Zuschlagskalkulation:

Materialeinzelkosten für dieses Produkt	50.000 €
Fertigungseinzelkosten (Löhne) für dieses Produkt	10.000 €
Summe der Einzelkosten	60.000 €
50 % Gemeinkostenzuschlag auf die Einzelkosten	30.000 €
Selbstkosten	90.000 €

In kleineren Betrieben kann diese einfache Form der Zuschlagskalkulation angewendet werden, da sie keine Kostenstellenrechnung erfordert und der Zusammenhang zwischen den Einzelkosten und den Gemeinkosten i. d. R. noch offensichtlich ist. In größeren Betrieben führt dieses Verfahren jedoch zu vermeidbaren Ungenauigkeiten.

Bei Anwendung der mehrstufigen Zuschlagskalkulation werden dem Produkt jeweils die verursachten Kosten in den verschiedenen beanspruchten Kostenstellen per Zuschlagssatz zugerechnet. Das Kalkulationsschema einer mehrstufigen Zuschlagskalkulation ist in **Bild 3-9** erläutert.

(1) Materialeinzelkosten (MEK)	
(2) Materialgemeinkosten (MGK)	(in % von 1)
(3) Materialkosten (MK)	(1 + 2)
(4) Fertigungseinzelkosten (FEK)	
(5) Fertigungsgemeinkosten (FGK)	(in % von 4)
(6) Sondereinzelkosten der Fertigung (SEK)	
(7) Fertigungskosten (FK)	(4 + 5 + 6)
(8) Herstellkosten (HK)	(3 + 7)
(9) Verwaltungsgemeinkosten (VwGK)	(in % von 8)
(10) Vertriebsgemeinkosten (VtGK)	(in % von 8)
(11) Sondereinzelkosten des Vertriebs (SEVt)	
(12) Selbstkosten (SK)	(8 + 9 + 10 + 11)
(13) Gewinnaufschlag (Gew)	(in % von 12)
(14) Barverkaufspreis (BVP)	(12 + 13)
(15) Kundenskonto (Ksk)	(in % von 16)
(16) Zielverkaufspreis (ZVP)	(14 + 15)
(17) Kundenrabatt (Krab)	(in % von 18)
(18) Listenverkaufspreis netto (LVP)	(16 + 17)
(19) Mehrwertsteuer (MWST)	(in % von 18)
(20) Angebotspreis brutto (AP)	(18 + 19)

Bild 3-9 Mehrstufige Zuschlagskalkulation

Dieses Verfahren setzt voraus, dass je Kostenstelle Zuschlagssätze differenziert ermittelt werden. In Produktionsunternehmen finden sich häufig differenzierte Zuschlagssätze mindestens nach den Kostenstellen Material, Fertigung, Verwaltung und Vertrieb. In einem Dienstleistungsunternehmen würde statt Material und Fertigung die Art der Dienstleistung benannt.

Eine weitere Differenzierung (Stufung) in diesem Kalkulationsschema wäre denkbar, wenn weitere Zuschlagssätze im Fertigungsbereich aufgeteilt würden. Je nach Maschinen oder Abteilungen in der Fertigung könnte der angeführte Fertigungsgemeinkostenzuschlagssatz in unterschiedliche Sätze aufgesplittet werden. Eine genauere Kalkulation des einzelnen Auftrags aufgrund seiner differenzierten Beanspruchung der einzelnen Maschinen bzw. Abteilungen in der Fertigung wäre möglich. Diese Form der Kalkulation findet aufgrund der Produktvielfalt auch im Handelsbetrieb und in Dienstleistungsbetrieben Anwendung. Ausgangspunkt der Zuschlagskalkulation ist statt der Herstellkosten der Einstands- bzw. der Bezugspreis einer Leistung.

Divisionskalkulation

Die Divisionskalkulation stellt das einfachste Verfahren der Kostenträgerstückrechnung dar, da bei diesem Verfahren zur Ermittlung der Selbstkosten je Einheit die angefallenen Gesamtkosten durch die Anzahl der Produkte dividiert werden.[55] Sie ist insbesondere bei der Fertigung nur eines einzigen Produktes oder Erstellung einer einzigen Dienstleistung sinnvoll. Nach der Anzahl der durchzuführenden Produktions-/Leistungsstufen kann zwischen der einstufigen und der mehrstufigen Divisionskalkulation unterschieden werden.

Die einfache und die mehrstufige Divisionsrechnung können dahingehend relativiert werden, dass auch die mehrstufige Divisionsrechnung nur aus mehreren einfachen Divisionsrechnungen besteht. Dies kann darauf zurückgeführt werden, dass mehrere homogene Produkte auf von-einander unabhängigen Fertigungen produziert werden.

Die einstufige Divisionsrechnung sieht folgende Prämissen vor:
(1) es handelt sich um einen Einprodukt-Betrieb (bzw. -bereich) und
(2) es entsteht keine Bestandsveränderung an unfertigen oder fertigen Produkten.

Als Beispiel kann das Elektrizitätswerk eines Energieversorgers genannt werden. Aufgrund der mangelnden Lagerhaltung gibt es hier keine Bestandsveränderungen. Wird die Beschränkung, dass Produktions- und Absatzmenge identisch sein müssen, aufgehoben, kommt das zweistufige Divisionskalkulationsverfahren zum Einsatz. Die Herstellkosten sowie die Vertriebs- und Verwaltungskosten werden getrennt ermittelt und entsprechend zweistufig die Divisionskalkulation vorgenommen. Die Herstellkosten werden durch die produzierten Einheiten dividiert, die Verwaltungs- und Vertriebskosten werden durch die abgesetzten Produkteinheiten dividiert. In der Summe ergeben sich daraus die Selbstkosten pro Produkteinheit.

Wird die Restriktion der mangelnden Bestandsveränderungen an unfertigen Produkten, also zwischen den Fertigungsstufen, darüber hinaus aufgehoben, kommt das Verfahren der mehrstufigen Divisionskalkulation zum Einsatz. Unter Anwendung einer entsprechend differenzierten Kostenstellenrechnung in den einzelnen Fertigungsstufen werden die Kosten jeder Stufe durch die jeweils bearbeiteten Mengen dividiert. Somit werden die Kosten ermittelt, die in jeder Stufe für die Produkte anfallen. Mit dieser Kostenermittlung kann eine Bestandsbewertung von Lagern mit den unfertigen Erzeugnissen vorgenommen werden.

Die Grundgleichung der mehrstufigen Divisionskalkulation lautet:

3.5 Vollkostenrechnung

$$k = \frac{K_{H1}}{x_{p1}} + \ldots + \frac{K_{Hm}}{x_{pm}} + \frac{K_{Vw} + K_{Vt}}{x_A} \qquad (3.12)$$

- k Selbstkosten (€/Stück)
- k_H Herstellkosten (€/Stück)
- k_{Vw} Verwaltungskosten (€/Stück)
- k_{Vt} Vertriebskosten (€/Stück)
- x_p Produzierte Menge (Stück)
- x_A Abgerechnete Menge (€/Stück)
- i Anzahl Fertigungskostenstellen (1 … m)

Die Berechnung wird an einem Beispiel veranschaulicht:[56]

> Es wird eine Erzeugnisart hergestellt. Die Fertigung ist zweistufig. Die Rechnung bezieht sich auf eine Abrechnungsperiode.
> Stufe 1:   300 unfertige Erzeugnisse werden mit 6000 € Herstellkosten zu Halbfabrikaten verarbeitet.
> Stufe 2:   250 unfertige Erzeugnisse werden mit 2.000 € Herstellkosten zu Fertigerzeugnissen verarbeitet.
>
> Die Verwaltungskosten betragen 600 €, die Vertriebskosten 400 €. 100 Stück wurden abgerechnet. Es ergibt sich durch Einsetzen in Formel (3.12):
>
> $$k = \frac{6.000}{300} + \frac{2.000}{250} + \frac{600 + 400}{100} = 38 \, \text{€/Stück}$$
>
> Außerdem gilt:
> Herstellkosten der Halbfabrikate: 6.000 ÷ 300 = 20 €/Stück
> Herstellkosten der Fertigerzeugnisse: (6.000 − 50 · 20) ÷ 250 + 2.000 ÷ 250 = 28 €/Stück
> Wert der Halbfabrikate (Endbestand): (300 − 250) · 20 = 1.000 €
> Wert Endbestand Fertigerzeugnisse: (250 − 100) · 28 = 4.200 €

Äquivalenzziffernkalkulation

Ein weiteres Kalkulationsverfahren stellt die einstufige bzw. mehrstufige Äquivalenzziffernkalkulation dar (**Bild 3-11**).[57] Dieses Verfahren findet insbesondere in der Sortenfertigung (z. B. Brauereien) und bei Unternehmen mit Dienstleistungsdifferenzierung (z. B. Fluggesellschaften) Anwendung. Es wird davon ausgegangen, dass die Kosten der verschiedenen, jedoch artverwandten Produkte und Leistungen aufgrund fertigungstechnischer Ähnlichkeiten in einem bestimmten Verhältnis zueinander stehen. Die Äquivalenzziffer *a* eines Produktes *i* (auch Gewichtungsziffer, Wertigkeitsziffer oder Verhältniszahl) gibt das Verhältnis der Kosten, Qualitäten, Preise dieses Produktes zu denen eines Einheitsproduktes mit der Äquivalenzziffer 1 an.

Äquivalenzziffern werden aufgrund plausibler Zusammenhänge jeweils im Betrieb ermittelt. Beispiele dafür sind:

- Obwohl in einem Flugzeug alle Economy-Plätze der Fluggesellschaft gleich viel Kosten verursachen, zahlt der Frühbucher weniger als der Spätbucher.

- Obwohl in einem Kino alle Plätze dem Betreiber gleich hohe Kosten verursachen, zahlt der Besucher je nach Sitzkategorie (Sicht, Lage) unterschiedliche Preise.
- Obwohl die Produktionskosten für verschiedene Sorten gleich hoch sind, differenziert der Produzent die Preise anhand von Äquivalenzziffern.

Die Grundgleichung der Äquivalenzziffernkalkulation lautet:

$$k_i = \frac{K}{a_1 x_1 + \ldots + a_n x_n} \cdot a_i \qquad (3.13)$$

K   Gesamtkosten (€)
a_i Äquivalenzziffer des Produkts i
k_i Selbstkosten des Produkts i (€/Maßeinheit)
x_i Menge des Produkts i (Maßeinheit/Periode)
i   Anzahl der Produkte (1 … n)

Die Berechnung wird an einem Beispiel veranschaulicht:[58]

Drei Sorten eines Erzeugnisses weisen eine unterschiedliche Qualität auf:

Sorte 1: schlechte Qualität; $a_1 = 1{,}0$
Sorte 2: mittlere Qualität; $a_2 = 1{,}2$
Sorte 3: gute Qualität $a_3 = 1{,}5$

Es werden 600 kg von Sorte 1, 400 kg von Sorte 2 und 100 kg von Sorte 3 hergestellt. Die Gesamtkosten betragen 3.800 kg. Es ergibt sich durch Einsetzen in Formel (3.13):

$$k_1 = \frac{3.800}{1{,}0 \cdot 600 + 1{,}2 \cdot 400 + 1{,}5 \cdot 100} \cdot 1{,}0 = 3{,}09 \text{ €/kg}$$

$$k_2 = \frac{3.800}{1{,}0 \cdot 600 + 1{,}2 \cdot 400 + 1{,}5 \cdot 100} \cdot 1{,}2 = 3{,}71 \text{ €/kg}$$

$$k_3 = \frac{3.800}{1{,}0 \cdot 600 + 1{,}2 \cdot 400 + 1{,}5 \cdot 100} \cdot 1{,}5 = 4{,}63 \text{ €/kg}$$

Kuppelkalkulation

Ein weiteres Verfahren stellt die Kuppelkalkulation dar.[59] Sie wird angewendet bei Leistungserstellungsprozessen, bei denen aus technischen Gründen verschiedene Produkte bzw. Leistungen gleichzeitig hergestellt werden bzw. anfallen. Beispiele dafür sind die chemische Industrie, die Stahlindustrie (Hochofenprozess: Roheisen, Gichtgas, Schlacke, Wärme) oder die Mineralölindustrie (Raffinerie: Benzin, Öl, Gas). Im Rahmen der Kuppelkalkulation sollen die Gesamtkosten des Produktionsprozesses auf die einzelnen Kuppelprodukte verteilt werden. Eine verursachungsgerechte Verteilung ist nicht möglich, da sich nicht feststellen lässt, welchen Anteil welches Kuppelprodukt verursachungsgerecht übernehmen muss. Es kommt aus diesem Grund das Tragfähigkeits- oder das Durchschnittsprinzip zur Anwendung. Bei der Berechnung der Kosten lassen sich darüber hinaus zwei Verfahren unterschieden:

- Restwert- oder Subtraktionsmethode,
- Verteilungs- / Schlüsselungs- oder Marktwertmethode.

3.5 Vollkostenrechnung

Die Restwertmethode wird eingesetzt, wenn ein Produkt als das Hauptprodukt des Kuppelprozesses gilt. Der Kuppelproduktionsprozess wird also ausschließlich zur Erstellung des Hauptproduktes durchgeführt. Die anderen Produkte werden als Nebenprodukte bzw. Abfallprodukte angesehen. Entsprechend ist das Kalkulationsverfahren. Die Erlöse der Nebenprodukte (abzüglich noch anfallender Weiterverarbeitungskosten) bzw. die Erträge aus der Verwertung bzw. Veräußerung der Nebenprodukte werden als Kostenminderung in der Kalkulation des Hauptproduktes angesehen. Die sich aus dieser Subtraktion ergebenden Restkosten ergeben einen Restwert, der durch die Anzahl der gefertigten Hauptprodukte zu dividieren ist.

Bei Anwendung der Verteilungsmethode findet keine Unterscheidung in Haupt- und Nebenprodukte wie bei der Restwertmethode statt. Vielmehr werden alle aus dem Kuppelprozess entstehenden Produkte als gleich interessant für den Betrieb betrachtet. Alle erzeugten Produkte sind Nebenprodukte. Bei dieser Betrachtung werden die bereits bekannten Äquivalenzziffern verwendet, um das mögliche (Kosten-)Verhältnis zwischen den Kuppelprodukten auszudrücken. Das Verfahren ist identisch mit dem der Äquivalenzziffernkalkulation, weshalb an dieser Stelle verwiesen wird.

Maschinenstundensatz

Die Maschinen-/Personenstundensatzkalkulation ist eine Form der Verrechnungssatzkalkulation.[60] In verschiedenen Bereichen eines Betriebes können Verrechnungssätze zur verursachungsgenaueren Abbildung des Kostenanfalls ermittelt und auf die Kostenträger verrechnet werden. Die Verrechnungssatzkalkulation ist zumeist eine Verfeinerung der Zuschlagskalkulation. In den Bereichen, in denen die Zuschlagssätze zu Verrechnungsungerechtigkeiten führen, sind Verrechnungssätze verursachungsgerechter. Die maschinenabhängigen Gemeinkosten werden der jeweiligen Maschine aufgrund ihrer Laufzeit zugerechnet. Dazu zählen z. B. Energiekosten, Instandhaltungskosten, Werkzeugkosten, kalkulatorische Abschreibung, kalkulatorische Zinsen und (kalkulatorische) Raumkosten. Folgende Schritte sind zur Ermittlung eines Verrechnungssatzes für die Maschinenstunde erforderlich, was sich analog auch für die Ermittlung eines Personenstundensatzes durchführen lässt:

(1) Ermittlung der Maschinenlaufzeit,
(2) Ermittlung des Maschinenstundensatzes,
(3) Ermittlung der Fertigungskosten.

Die Laufzeit der Maschine bezogen auf eine Periode h kann wie folgt ermittelt werden:

	Gesamte Maschinenzeit (Std./Periode)
–	Stillstandzeit der Maschine
–	Instandhaltungszeit der Maschine
–	Rüstzeit der Maschine
=	Maschinenlaufzeit (Std./Periode)

Das folgende Beispiel **(Bild 3-10)** macht die Ermittlung des Maschinenstundensatzes deutlich. Kosten, die nicht direkt den Maschinen im Fertigungsbereich zugeordnet werden können, bleiben weiterhin als (Rest-) Fertigungsgemeinkosten bestehen und werden anhand eines (Rest-) Fertigungsgemeinkosten-Zuschlagssatzes den Fertigungslöhnen zugeschlagen. Dieser Zuschlagssatz ist jedoch wesentlich geringer als bei einer Verteilung sämtlicher Fertigungskosten über einen Fertigungsgemeinkosten-Zuschlagssatz.

Kostenarten	Zahlen der Buchführung	Material-bereich	Fertigungsbereich			Restfertigungs-gemeinkosten	Verwaltungsbereich	Vertriebsbereich
			Maschinenabhängige Kosten					
			A	B	C			
Zuschlagsgrundlagen		Fertigungsmaterial 185.500	Maschinenstunden 1.600	Maschinenstunden 1.600	Maschinenstunden 1.750	Fertigungslöhne 140.500	Herstellkosten des Umsatzes 740.000	Herstellkosten des Umsatzes 740.000
Gemeinkostenmaterial	150.100	25.700	0	0	0	160.400	0	18.000
Energiekosten	67.400	3.000	14.800	18.600	9.400	4.100	12.400	5.100
Hilfslöhne	45.800	5.800	0	0	0	25.100	0	14.900
Gehälter	185.200	19.200	0	0	0	28.300	121.000	16.700
Sozialkosten	34.000	2.200	0	0	0	15.100	13.200	3.500
Instandhaltungen	36.000	600	6.700	9.200	7.400	3.600	1.400	7.100
Steuer, Abgaben	22.000	2.300	0	0	0	0	17.000	2.700
Raumkosten	18.000	2.000	3.000	3.700	2.100	2.400	4.000	800
Verschiedene Bürokosten	45.800	4.100	0	0	0	3.800	32.000	5.900
Kalkulatorische Abschreibungen	65.400	5.200	11.000	12.000	8.200	6.000	13.000	10.000
Kalkulatorische Zinsen	38.200	4.100	6.500	8.500	5.100	1.900	8.000	4.100
	707.900	74.200	42.000	52.000	32.200	196.700	222.000	88.800
Gemeinkostenzuschläge		40 %	26,25 EUR	32,50 EUR	18,40 EUR	140 %	30 %	12 %

$$\frac{74.200 \times 100}{185.500} = 40\% \quad \frac{42.000}{1.600} = 26,25 \text{ EUR} \quad \frac{52.000}{1.600} = 32,50 \text{ EUR} \quad \frac{32.200}{1.750} = 18,40 \text{ EUR} \quad \frac{196.700 \times 100}{140.500} = 140\% \quad \frac{220.000 \times 100}{740.000} = 30\% \quad \frac{88.800 \times 100}{740.000} = 12\%$$

Bild 3-10 Maschinenstundensatzkalkulation[61]

Im einfachen und im Maschinenbau bekannten Schema der Maschinenstundensatzrechnung wird jede Maschine als einzelne Kostenstelle betrachtet. Die Kosten je genutzter Stunde werden dann durch folgende Formel berechnet.

$$K_{MH} = \frac{K_A + K_Z + K_R + K_E + K_I}{T_N} \quad (2.12)$$

K_{MH} Maschinenstundensatz [€/h]
K_A Abschreibungskosten pro Jahr [€]
K_Z Zinskosten pro Jahr [€]
K_R Raumkosten pro Jahr [€]
K_I Instandhaltungskosten pro Jahr [€]
T_N jährliche Nutzungszeit in Stunden [h]

Durch die individuelle Betrachtung jeder Maschine als Kostenstelle können Maschinenkosten transparent und verursachungsgerecht zugeordnet werden.

Personenstundensatz

Die Ermittlung des Personenstundensatzes könnte ähnlich vorgenommen werden.

> Gesamte Arbeitszeit eines Mitarbeiters (Std./Periode)
> – Verteilzeiten des Mitarbeiters
> – Urlaubszeit des Mitarbeiters
> – Weiterbildungszeit des Mitarbeiters
> – Krankheitszeit des Mitarbeiters
> = Netto-Arbeitszeit des Mitarbeiters (Std./Periode)

Die Kosten des Mitarbeiters in der Periode können durch die Netto-Arbeitszeit dividiert werden und das Ergebnis wäre der Personenstundensatz des Mitarbeiters. Dieser kann zur Verrechnung auf andere Kostenstellen oder auf die Kostenträger verwendet werden.

Kostenträgerzeitrechnung

Neben der Kostenträgerstückrechnung wird im Rahmen der Trägerrechnung auch eine Kostenträgerzeitrechnung vorgenommen.[62] Sie wird synonym auch als kurzfristige Erfolgsrechnung oder Betriebsergebnisrechnung bezeichnet. Diese Rechnung stellt die Kosten und Leistungen für eine Abrechnungsperiode, zumeist monatlich, gegenüber und ermittelt das periodenbezogene Betriebsergebnis. Darüber hinaus kann anhand einer sinnvollen Untergliederung der Kosten und Leistungen die Herkunft des Betriebserfolges aus der Produktion und dem Absatz eines Produktes transparent gemacht werden. Hauptaufgabe der kurzfristigen Erfolgsrechnung ist die permanente Überwachung der Wirtschaftlichkeit eines Betriebes. Diese Aufgabe macht es erforderlich, durch die Wahl kurzer Abrechnungszeiträume und zügiger Erfolgsermittlung ungünstige wirtschaftliche Entwicklungen frühzeitig aufzudecken.

Worin besteht der Unterschied der Betriebsergebnisrechnung der Betriebsbuchhaltung und der Gewinn- und Verlustrechnung der Finanzbuchhaltung?

- Die Betriebsergebnisrechnung wird auch unterjährig durchgeführt, um in kürzeren Abständen über das Betriebsergebnis informiert zu sein und steuernde Maßnahmen ergreifen zu können.
- Die Betriebsergebnisrechnung betrachtet nur den Erfolg des Betriebes und vernachlässigt die neutralen Aufwendungen und Erträge.
- Die Betriebsergebnisrechnung ist unabhängig von handels- und steuerrechtlichen Bewertungsansätzen.
- Die Betriebsergebnisrechnung ist unabhängig von der doppelten Buchführung. Sie kann die Rechnung auch in tabellarischer Form durchführen, um die Rechnungsdurchführung zu beschleunigen.

In der Kostenträgerzeitrechnung werden zwei Verfahren unterschieden:

- das Gesamtkostenverfahren und
- das Umsatzkostenverfahren.

Beide Verfahren führen zu einem identischen Betriebsergebnis. Dies ist nicht verwunderlich, da alle angefallenen Kosten auf die betrachtete Abrechnungsperiode aufgeteilt werden müssen. Die Leistungen verändern sich durch die Anwendung unterschiedlicher Verfahren ebenfalls nicht. Das Betriebsergebnis muss also gleich bleiben. Während bei der Betrachtung des Gesamtkostenverfahrens die Gesamtleistungen, einschließlich der Bestandsveränderungen, den Gesamtkosten gegenübergestellt werden, und damit die schnelle Ermittlung des Betriebsergebnisses im Vordergrund steht, sind beim Umsatzkostenverfahren die Kosten des Umsatzes (Selbstkosten der abgesetzten Menge) im Betrachtungsfokus.

Beispielhaft wird nachfolgend die Ermittlung des Betriebsergebnisses anhand der Gegenüberstellung von Gesamtleistung und Gesamtkosten dargestellt (Werte in €).

Es sei bekannt:

Materialeinzelkosten (Rohstoffe)	500.000
Materialgemeinkosten	55.000
Fertigungseinzelkosten (Löhne)	450.000
Hilfslöhne	45.000
Gehälter	480.000
Abschreibungen	50.000
Sondereinzelkosten des Vertriebs	20.000
Anfangsbestand an fertigen Erzeugnissen	120.000
Endbestand an fertigen Erzeugnissen	85.000
Anfangsbestand an unfertigen Erzeugnissen	180.000
Endbestand an unfertigen Erzeugnissen	190.000
Umsatzerlöse	1.700.000
Erlösschmälerungen	24.500

Daraus ergibt sich

	Umsatzerlöse	1.700.000
−	Erlösschmälerungen	24.500
−	Bestandsminderung an fertigen Erzeugnissen	35.000
+	Bestandserhöhung an unfertigen Erzeugnissen	10.000
=	Gesamtleistung	1.650.500

sowie

	Abschreibungen	50.000
+	Sondereinzelkosten des Vertriebs	20.000
+	Hilfslöhne	45.000
+	Gehälter	480.000
+	Materialeinzelkosten (Rohstoffe)	500.000
+	Materialgemeinkosten	55.000
+	Fertigungseinzelkosten (Löhne)	450.000
=	Gesamtkosten	1.600.000

Daraus ergibt sich

	Gesamtleistung	1.650.500 €
−	Gesamtkosten	1.600.000 €
=	Betriebsergebnis	50.500 €

Die Vollkostenrechnung schließt mit der Ermittlung des Betriebsergebnisses ab. Diese Ermittlung wird regelmäßig zur Einschätzung des betrieblichen Erfolgs durchgeführt.

3.6 Teilkostenrechnung

Als Kritikpunkte der Vollkostenrechnung werden häufig die Proportionalisierung der Fixkosten und die Schlüsselung der Gemeinkosten angeführt. Eine Ergänzung dazu liefert die Teilkostenrechnung.

In der Teilkostenrechnung wird, wörtlich genommen, nur ein Teil der Kosten den einzelnen Leistungen zugerechnet. Bei diesem Teil handelt es sich um die variablen bzw. direkt den Leistungen zurechenbaren Kosten. Die variablen Kosten bestehen aus den Einzelkosten und den variablen Gemeinkosten. Der andere Teil der Kosten, nämlich die fixen Kosten, bleiben als (Unternehmens-)Block bestehen oder werden in verschiedene Fixkostenschichten aufgeteilt. Im Mittelpunkt der Teilkostenrechnung steht der Deckungsbeitrag. Er wird als Differenz aus den Erlösen und den variablen Kosten ermittelt.

Mit der Teilkostenrechnung werden folgende Ziele verfolgt:

(1) Ermittlung von (kurzfristigen) Preisuntergrenzen
(2) Entscheidungen über Eigen- oder Fremdfertigung
(3) Aufzeigen der Auswirkungen von Produktprogrammveränderungen auf das Betriebsergebnis
(4) Aufzeigen der Auswirkungen von Produktionsprozessveränderungen auf das Betriebsergebnis.[63]

Als kurzfristige Preisuntergrenze eines Produktes wird ein Stückdeckungsbeitrag von 0 € angesehen. Ausgehend davon, dass mindestens die variablen Kosten gedeckt werden müssen, kann ein Unternehmen kurzfristig ein Produkt mit einem Deckungsbeitrag von 0 € mit dem entsprechenden Preis auf dem Markt anbieten. Langfristig muss jedoch jedes Produkt seinen Beitrag zur Deckung der fixen Kosten (und des Gewinns) beitragen. Möglich wäre auch, dass der Deckungsbeitrag eines Produkts bei 0 € liegt, während andere Produkte einen höheren Deckungsbeitrag leisten, um die fixen Kosten zu decken. Im Rahmen von komplementären Produkten, d. h., dass zwei Produkte von einem Unternehmen parallel angeboten werden müssen, kann ein Unternehmen gezwungen sein, ein Produkt mit einem Deckungsbeitrag von 0 € (oder sogar darunter) anbieten zu müssen. Das andere Produkt muss in diesem Fall einen höheren Beitrag zur Deckung der fixen Kosten erwirtschaften.

> Im Markt der Computerdrucker herrscht ein starker Preiswettbewerb, so dass Unternehmen so knapp kalkulieren, dass kein Deckungsbeitrag mit dem Drucker selbst erwirtschaftet wird. Der Deckungsbeitrag wird erst beim Verkauf einer (speziell für dieses Gerät erforderlichen) Druckerpatrone erwirtschaftet, die der Kunde für den Weiterbetrieb des Gerätes von dem Hersteller kaufen muss.

Der Deckungsbeitrag dient außerdem als Entscheidungsgröße zur Eigen- bzw. Fremdfertigung, d. h. ob selbst gefertigt werden sollte oder ob es für das Unternehmen günstiger ist, die Fertigung an fremde Betriebe zu vergeben. In welchem Maß trägt der Deckungsbeitrag zur Fixkostendeckung bei? Lohnt es sich bei einem niedrigen Deckungsbeitrag noch, selbst zu fertigen, oder ist eine Fremdfertigung günstiger? Lassen sich damit möglicherweise auch die fixen

Kosten senken? Die Beantwortung dieser Fragen entscheiden über die Fremdvergabe von Fertigungs- oder Dienstleistungsaufträgen.

Die Höhe der **Stückdeckungsbeiträge** entscheidet auch über das Produkt- bzw. Prozessprogramm. Je nach Höhe ist über die Veränderung im Produktprogramm nachzudenken. Lohnt es sich, Produkte mit einem niedrigen Deckungsbeitrag durch Produkte mit einem hohen Deckungsbeitrag zu substituieren bzw. aus dem Programm zu eliminieren? Was passiert mit den fixen Kosten? Lohnt es sich den Produktionsprozess zu verändern, um die Deckungsbeiträge einzelner Produkte zu erhöhen? Die unterschiedliche Höhe von Deckungsbeiträgen gibt z. B. Anhaltspunkte für Veränderungen im Produktprogramm.

Im Rahmen der Verfolgung dieser Ziele lassen sich verschiedene Verfahren der Teilkostenrechnung einsetzen:

- einstufige Deckungsbeitragsrechnung (auch: *direct costing*),
- mehrstufige Deckungsbeitragsrechnung (auch: Fixkostendeckungsrechnung),
- relative Deckungsbeitragsrechnung (auch: spezifische Deckungsbeitragsrechnung),
- Grenzplankostenrechnung.[64]

Je nach Zielsetzung und Aufwand kann damit auf unterschiedliche Verfahren zur Anwendung der Teilkostenrechnung zurückgegriffen werden.

3.6.1 Einstufige Deckungsbeitragsrechnung

Im Rahmen der einstufigen Deckungsbeitragsrechnung wird der Betriebserfolg über nur eine Fixkostenstufe ermittelt. Die Fixkosten bleiben in einem Block/in einer Stufe als gesamte Unternehmensfixkosten bestehen. Um Deckungsbeiträge zu ermitteln, werden neben den Kosten auch die Erlöse in die Berechnungen einbezogen (siehe Beispiel **Bild 3-11**).

Der (Gesamt-)Deckungsbeitrag reduziert um die fixen Kosten ergibt somit den Betriebsgewinn (auch: Betriebserfolg / Nettoerfolg / Betriebsergebnis).

	A1	A2	A3	B1	B2	B3	Gesamt
Nettoerlöse	92,85	97,25	166,10	162,40	174,20	193,00	
• Materialeinzelkosten	37,00	39,17	32,50	43,33	62,00	86,67	
• Variable Materialgemeinkosten	0,50	0,46	0,60	0,67	0,78	0,83	
• Variable Fertigungskosten (1)							
Fertigungseinzelkosten	18,00	20,83	30,00	15,83	13,80	17,00	
Variable Fertigungsgemeinkosten	3,90	4,00	5,00	1,83	9,00	10,67	
• Variable Fertigungskosten (2)							
Fertigungseinzelkosten	2,00	1,83	3,75	8,16	7,40	6,67	
Variable Fertigungsgemeinkosten	1,50	1,00	4,50	2,83	3,00	4,67	
• Variable Vertriebskosten	0,10	0,08	0,35	0,13	0,10	0,07	
Stückdeckungsbeitrag							
Absolut	29,85	29,88	89,40	89,60	78,12	66,43	
in % vom Nettoerlös	32,0 %	31,0 %	54,0 %	57,7 %	45,0 %	34,0 %	
Produktdeckungsbeitrag	29.850	35.850	17.880	53.760	39.060	19.930	196.330
• Fixkosten							187.400
Nettoergebnis							8.930

Bild 3-11 Beispiel einer einstufigen Deckungsbeitragsrechnung[65]

Im vorgenannten Beispiel werden sechs Produkte in zwei Produktgruppen (A und B) unterschieden, die jeweils unterschiedliche Nettoerlöse erwirtschaften und unterschiedliche variable Kosten verursachen. Damit ergeben sich je Produkt unterschiedliche Deckungsbeiträge. Der Deckungsbeitrag in % vom Nettoerlöse gibt die Deckungsbeitragsmarge an: Wie viel % an Deckungsbeitrag werden je Euro an Umsatzerlösen erzielt. Dies ist eine interessante Steuerungsgröße für das Produktprogramm des Unternehmens. Wird der Stückdeckungsbeitrag mit der Anzahl der verkauften Produkte multipliziert, ergibt sich der Produktdeckungsbeitrag. Die Summe der Produktdeckungsbeiträge muss die Unternehmensfixkosten decken und einen Ergebnisbeitrag leisten.[66]

3.6.2 Mehrstufige Deckungsbeitragsrechnung

Die mehrstufige Deckungsbeitragsrechnung versucht den Fixkostenblock aus der einstufigen Deckungsbeitragsrechnung zur besseren Steuerung über Deckungsbeiträge weiter aufzuspalten. Die Zielsetzung ist, die Fixkosten besser zuordnen zu können und damit die Wirkungen von Entscheidungen, z. B. hinsichtlich der Produktprogrammbereinigung, besser prognostizieren und kontrollieren zu können. Voraussetzung dafür ist, dass sich der Fixkostenblock entsprechend aufteilen lässt.

Als Fixkostenschichten bzw. -stufen lassen sich beispielsweise differenzieren:
- Fixkosten einzelner Produkte
- Fixkosten einzelner Produktgruppen
- Fixkosten einzelner Kostenstellen
- Fixkosten einzelner Betriebsbereiche
- Fixkosten einzelner Betriebe
- Fixkosten der Gesamtunternehmung.

Bild 3-12 verdeutlicht den Zusammenhang anhand von drei Fixkostenschichten am bekannten Beispiel.

Die unterschiedliche Bildung von Fixkostenstufen ist von den Bedürfnissen und Möglichkeiten des jeweiligen Unternehmens abhängig und kann daher nicht allgemeingültig festgelegt werden. Je mehr Deckungsbeiträge in Stufenabhängigkeit gebildet werden können, desto differenzierter ist eine Steuerung über Deckungsbeiträge für das Unternehmen möglich. Abhängig von der Anzahl der Stufen werden Deckungsbeitrag 1, 2, n unterschieden.

Direkt dem Produkt zurechenbare Fixkosten wären z. B. eine ausschließlich für dieses Produkt benötigte Maschine oder ausschließlich für dieses Produkt beschäftigtes Personal. Der Produktbeitrag bildet den Beitrag dieses Produkt zur Deckung der noch verbleibenden Fixkosten ab. Die einer Produktgruppe zurechenbaren Fixkosten gleichen den einem Produkt zurechenbaren Fixkosten, nur dass diese auf eine Produktgruppe erweitert werden. Dies sind beispielsweise ausschließlich für eine Produktgruppe zur Fertigung eingesetzte Maschinen oder ausschließlich für eine Produktgruppe beschäftigtes Personal. Gleiches gilt bei den weiteren Fixkostenschichten. Es müssen also jeweils direkt den Fixkostenschichten zurechenbare Fixkosten abgegrenzt und zugeordnet werden können.

Nachdem sämtliche Schichten abgedeckt wurden, bleiben immer als letzte Schicht die (restlichen) Unternehmensfixkosten, wie z. B. die Geschäftsleitung oder der Empfang, die nicht direkt einer vorherigen Fixkostenstufe zugeordnet werden können. Nach der Abdeckung dieser letzten Fixkostenstufe verbleibt der Betriebserfolg.[67]

	A1	A2	A3	Summe A	B1	B2	B3	Summe B	Gesamt
Nettoerlöse	92,85	97,25	166,10		162,40	174,20	193,00		
• Materialeinzelkosten	37,00	39,17	32,50		43,33	62,00	86,67		
• Variable Materialgemeinkosten	0,50	0,46	0,60		0,67	0,78	0,83		
• Variable Fertigungskosten (1) Fertigungseinzelkosten	18,00	20,83	30,00		15,83	13,80	17,00		
Variable Fertigungsgemeinkosten	3,90	4,00	5,00		1,83	9,00	10,67		
• Variable Fertigungskosten (2) Fertigungseinzelkosten	2,00	1,83	3,75		8,17	7,40	6,67		
Variable Fertigungsgemeinkosten	1,50	1,00	4,50		2,83	3,00	4,67		
• Variable Vertriebskosten	0,10	0,08	0,35		0,13	0,10	0,07		
Stückdeckungsbeitrag Absolut	29,85	29,88	89,40		89,60	78,12	66,43		
In % vom Nettoerlös	32 %	31 %	54 %		55 %	45 %	34 %		
Stückdeckungsbeitrag gesamt	29.850	35.850	17.880		53.760	39.060	19.930		
• Produktfixkosten	0	0	13.500		14.500	0	0		
Produktdeckungsbeitrag	29.850	35.850	4.380	70.080	39.260	39.060	19.930	98.250	
• Produktgruppenfixkosten				51.900				76.500	
Produktgruppendeckungsbeitrag				18.180				21.750	39.930
• Unternehmensfixkosten									31.000
Nettoergebnis									8.930

Bild 3-12 Beispiel einer mehrstufigen Deckungsbeitragsrechnung[68]

Bei den beiden genannten Deckungsbeitragsrechnungen wird unterstellt, dass es keinen Engpass in der Fertigung des Betriebes gibt. Dies kann jedoch häufig gerade nicht unterstellt werden. Einen Engpass kann z. B. eine Maschine, ein Mensch oder ein Raum darstellen. In diesem Fall kommt die relative Deckungsbeitragsrechnung zum Einsatz.

3.6.3 Relative Deckungsbeitragsrechnung

Mit dieser Deckungsbeitragsrechnung werden die Deckungsbeiträge in Relation zu einem Engpass in einem Betrieb gesetzt. Ausgehend davon, dass z. B. auf einer Maschine, die einen Engpass in einem Betrieb darstellt, Produkte mit verschiedenen Deckungsbeiträgen produziert werden, sollten die Produkte mit dem höchsten Deckungsbeitrag (je Zeiteinheit auf dem Engpass) darauf produziert werden. Ziel ist die Ermittlung eines deckungsbeitragsoptimalen Produktionsprogramms auf der Engpasseinheit. Es ist einerseits erforderlich, die Laufzeit dieser Maschine zu ermitteln. Andererseits ist der Deckungsbeitrag pro Zeiteinheit (z. B. als Deckungsbeitrag pro Minute) aus der Division des Stückdeckungsbeitrags durch die benötigte Fertigungszeit auf der Engpassmaschine festzustellen. Somit ergeben sich pro Produkt unter-

3.6 Teilkostenrechnung

schiedliche Deckungsbeiträge pro Zeiteinheit. Die Produkte würden vorzugsweise auf der Maschine gefertigt, die den höchsten Deckungsbeitrag pro Zeiteinheit erwirtschaftet.

Denkbar ist, dass Restriktionen zur Begrenzung der Produktion des Gutes mit dem höchsten Deckungsbeitrag je Zeiteinheit vorliegen. Es ist etwa möglich, dass Lager- oder Absatzkapazitäten bei dem Produkt mit dem höchsten relativen Deckungsbeitrag begrenzt sind. Dies hat zur Folge, dass nicht sämtliche Kapazitäten zur Fertigung des Produktes mit dem höchsten relativen Deckungsbeitrag genutzt werden können.[69]

Bild 3-13 verdeutlicht beispielhaft den Zusammenhang anhand von minimalen (z. B. aufgrund von Lieferverpflichtungen) und maximalen Absatzmengen (z. B. aufgrund von Marksättigung) jedes Produktes.

Produkte	A	B	C	D
Deckungsbeitrag (EUR/Stück)	7,00	0,30	9,60	5,00
Bearbeitungszeit (Minuten/Stück)	5	3	12	10
Mindestabsatz (Stück)	1.000	5.500	-	1.150
Höchstabsatz (Stück)	10.000	18.000	6.000	6.000

Produkte	A	B	C	D	Gesamt
Deckungsbeitrag (EUR/Stück)	7,00	0,30	9,60	5,00	
Bearbeitungszeit (Minuten/Stück)	5	3	12	10	
Relativer Deckungsbeitrag (EUR/Min)	1,40	0,10	0,80	0,50	
Rangplatz	1	4	2	3	
Mindestmenge (Stück)	1.000	5.500	-	1.150	
Kapazitätsbedarf Mindestmenge	5.000	16.500	-	11.500	33.000
Zusatzmenge	9.000	-	6.000	3.000	
Kapazitätsbedarf Zusatzmenge	45.000	-	72.000	30.000	
Optimale Menge	10.000	5.500	6.000	4.150	
Deckungsbeitrag	70.000	1.650	57.600	20.750	150.000
Fixkosten					120.000
Max. Betriebsergebnis					30.000

Bild 3-13   Beispiel einer relativen Deckungsbeitragsrechnung

Das Beispiel zeigt, dass das Instrument der relativen Deckungsbeitragsbeitragsrechnung bei Engpässen die deckungsbeitragsoptimale Auslastung zu ermitteln hilft.

Zusammenfassend betrachtet bietet die Teilkostenrechnung in den hier aufgeführten Formen der einstufigen, der mehrstufigen und der relativen Deckungsbeitragsrechnung Vorteile gegenüber der Vollkostenrechnung. Die Vollkostenrechnung kann damit nicht ersetzt werden. Bei der Auswahl eines Verfahrens der Teilkostenrechnung ist daher Nutzen und Aufwand für die Durchführung der einzelnen Rechnungen gegenüberzustellen. Da der Nutzen meist größer als der Aufwand einzuschätzen ist, sind Teilkostenrechnungen in der Praxis verbreitet.

Sämtliche bis hierher vorgestellten Kostenrechnungssysteme können vergangenheitsbezogen als Ist-Kostenrechnung, durchschnittsbezogen als Normal-Kostenrechnung oder zukunftsbezogen als Plan-Kostenrechnung durchgeführt werden.[70]

Insbesondere der Vergleich zwischen Plan- und Istwerten soll über die Zukunft eines Unternehmens Auskunft geben. Da zwischen der Planung und der eingetretenen Istsituation meist Abweichungen eintreten, sind diese festzustellen und zu analysieren. Hierbei handelt es sich vorwiegend um Beschäftigungs-, Verbrauchs- und Preisabweichungen.[71]

3.7 Moderne Kostenrechnungssysteme

3.7.1 Prozesskostenrechnung

Die Prozesskostenrechnung geht von definierten Geschäftsprozessen aus. Kern- und Unterstützungsprozesse sind durch das Unternehmen zu identifizieren und abzubilden **(Bild 3-14)**.

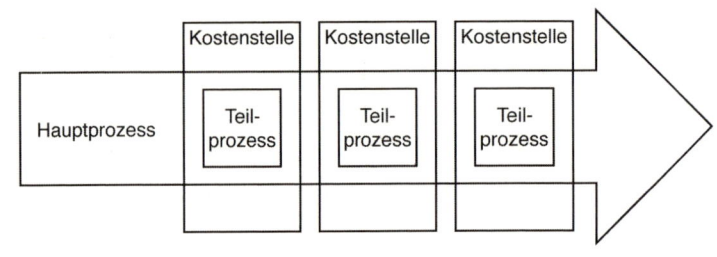

Bild 3-14 Schematischer Prozessverlauf[72]

Ziel dieser Prozessbetrachtung ist ein Geschäftsprozessmanagement, bei dem die Durchlaufzeiten, die Ergebnisse und die Kosten von Prozessen im Betrachtungsmittelpunkt stehen. Aus der Sicht der Kostenrechnung geht es um eine verursachungsgerechtere Verteilung der Gemeinkosten auf Kostenstellen und auf Kostenträger als in der traditionellen wertgesteuerten Zuschlagskalkulation. Vereinfacht ist von einer Sichtweise auszugehen, dass ein Prozess Leistungen von mehreren Kostenstellen (als Teilprozesse je Kostenstelle) erfordert, um sein Ergebnis zu erzielen.[73]

Folgende Schritte sind erforderlich:
(1) Analyse der wesentlichen Prozesse einer Unternehmung,
(2) Identifizierung der Kostentreiber,
(3) Darstellung der Prozesskosten,
(4) Feststellung der die Prozesse in Anspruch nehmenden Kostenträger,
(5) Verteilung der Prozesskosten auf die Kostenträger.

Sind die Prozesse und die Kostentreiber identifiziert, werden die Prozesskosten ermittelt. Eine beispielhafte Darstellung (am Beschaffungsprozess) gibt **Tabelle 3-7**.

Wie viele Bestellungen sind geplant (als Planrechnung) oder sind durchgeführt worden (als Ist-Rechnung)? Auf Basis der Menge ist die Prozessmenge an Teilprozessen zu planen. Es stellen sich Fragen: Wie viele Angebote sind für eine Bestellung einzuholen, oder wie viel Überwachung einer Bestellung ist erforderlich? Bei diesen Teilprozessen gibt es einzusetzende Kapazitäten und davon abhängige Prozesskosten. Die erforderlichen Kapazitäten bzw. Prozesskosten, die von der Prozessmenge abhängig sind, sog. leistungsmengeninduzierte (lmi) Kosten, und Kapazitäten bzw. Prozesskosten, die von der Prozessmenge unabhängig sind, sog. leis-

3.7 Moderne Kostenrechnungssysteme

tungsmengenneutrale (lmn) Kosten. Die leistungsmengenneutralen Kosten werden auf der Basis von Schlüsseln auf die Teilprozesse verteilt. Aus dem leistungsmengeninduzierten und -neutralen Kostenanteil eines Teilprozesses entsteht der Prozesskostensatz für den jeweiligen Teilprozess.

Tabelle 3-7   Tabellarische Prozessdarstellung am Beispiel „Beschaffung"[74]

Haupt-prozesse	Cost driver	Teilprozesse	Prozess-menge	Kapazität lmi	Kapazität lmn	Prozesskosten lmi	Prozesskosten lmn	Prozesskostensätze gesamt
Beschaffen	Bestellungen	Disponieren						
		Angebote einholen						
		Lieferanten auswählen						
		Verhandeln und Vertrag						
		Bestellung überwachen						
		Summe						

Das nachfolgende Beispiel aus dem Bereich der Dienstleistung verdeutlicht die Verteilung anhand konkreter Zahlen **(Tabelle 3-8)**.

Tabelle 3-8   Beispiel einer Prozesskostenrechnung im Qualitätsmanagement

Teilprozess	lmi/lmn	PJ	Prozess-kosten [€]	Kosten-treiber	Menge	PK-Satz, lmi [€]	Umlage-satz, lmn [€]	PK-Satz, gesamt [€]
Prüfpläne ändern	lmi	0,6	48.000	Produkt-änderungen	100	480	96	576
Produktquali-tät prüfen	lmi	3,0	240.000	gefertigte Lose	2.000	120	24	144
Dokumen-tation pflegen	lmi	0,8	64.000	Verfahrens-anweisungen	100	640	128	768
Teilnahme an Q-Zirkeln	lmi	0,6	48.000	Anzahl Q-Zirkel	20	2.400	480	2.880
Abteilung leiten	lmn	1,0	80.000	kein *Cost Driver*				

In der Abteilung Qualitätsmanagement existieren vier leistungsmengeninduzierte (lmi) Prozesse und ein leistungsmengenneutraler (lmn) Prozess. Die Kapazität für die Teilprozesse wird in Personenjahren (PJ) angegeben. Die Dienstleistungsprozesse sind personalintensiv, weshalb die Aufteilung der Kostenstellenkosten in Höhe von insgesamt 480.000 € anhand der Personalkapaziät vorgenommen wird. Je Personenjahr werden durch Division Kosten in Höhe von 80.000 € ermittelt. Kommt ein Prozess mit weniger als einem Personenjahr aus, werden die

Kosten anteilmäßig gekürzt – und umgekehrt. Im Beispiel verursachen die vier leistungsmengeninduzierten Prozesse Kosten in Höhe von 400.000 €. Der leistungsmengenneutrale Prozess der Leitung der Kostenstelle verursacht 80.000 €. Durch Division der (Teil-)Prozesskosten durch die Menge der erwarteten Kostentreiber ergibt sich ein leistungsmengeninduzierter Prozesskostensatz. (PK-Satz, lmi, €). Das Verhältnis zwischen leistungsmengenneutralen und leistungsmengeninduzierten Kosten ergibt den Zuschlag von 20 %. Danach müssen jedem Teilprozess noch 20 % an leistungsmengenneutralen Kosten zugeschlagen werden.

Damit kostet z. B. die durch eine Produktänderung getriebene Änderung der Prüfpläne je Änderung im Durchschnitt 576 € oder die einzelne Produktqualitätsprüfung eines gefertigten Loses 144 €.

Werden diese Teilprozesse zur Erstellung einer Leistung in Anspruch genommen, müssen sie auf die in Anspruch nehmenden Kostenträger anhand der Prozesskostensätze verrechnet werden. Es erfolgt somit eine genauere Verrechnung der Gemeinkosten auf die Kostenträger als auf der Basis von Zuschlagssätzen.

3.7.2 Target Costing

Das Target Costing ist als Zielkostenrechnung zu verstehen, das sich an einer Rückwärtskalkulation orientiert.[75]

Die traditionelle Kostenrechnung beantwortet die Frage: Was wird ein Produkt kosten? Dies orientiert sich an Unternehmen, die keinem starken Wettbewerb ausgesetzt bzw. mit ihrer Marktleistung (noch) konkurrenzlos sind.

In Märkten mit starkem Wettbewerb muss jedoch die Frage beantwortet werden: Was darf ein Produkt kosten bzw. was ist ein Kunde bereit, für eine Leistung zu bezahlen? Der Marktpreis ist damit ein Datum (d. h. eine feststehende Größe) für das Unternehmen und wird als Ziel- bzw. Target-Preis bezeichnet.

Dies ist eine Herausforderung für den Betrieb, da Kostenreduktionspotenziale zu identifizieren und zu heben sind. Aus **Bild 3-15** wird deutlich, wo die Herausforderungen für die Unternehmen liegen.

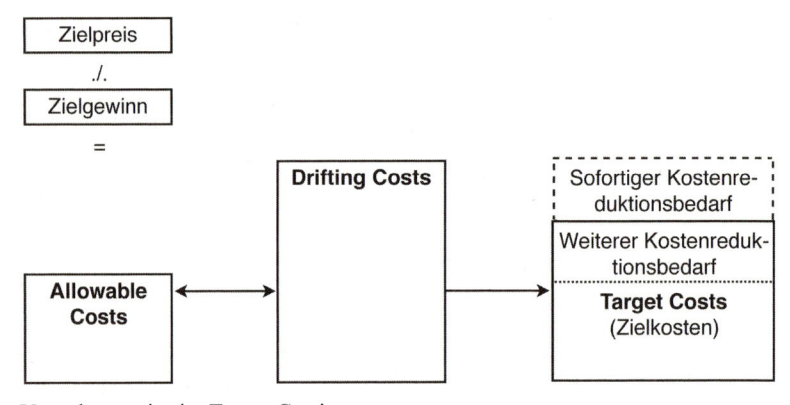

Bild 3-15 Vorgehensweise im Target Costing

Der Zielpreis abzüglich der vom Unternehmen kalkulierten Gewinnspanne ergeben die vom Markt erlaubten Kosten *(allowable costs)*. Die *allowable costs* werden den *drifting costs* gegenübergestellt. Die **drifting costs** sind die unter „Aufrechterhaltung vorhandener Technologie- und Verfahrensstandards im Unternehmen erreichbaren Plankosten". Die *drifting costs* sind auf die Basis der *target costs* zu reduzieren. Langfristig sind die *target costs* auf die Höhe der *allowable costs* zu reduzieren.

Quellenhinweise (Kap. 3)

Literaturverzeichnis zu Kap. 3

Baum, H.-G.; Coenenberg, A.G.; Günther, T.: Strategisches Controlling, 4. Aufl. Stuttgart: Schäffer-Poeschel, 2007

Brümmer, M.; Daum, A. : Entscheidungsorientierte Kostenrechnung, S. 461-489. In: Steinle, C.; Daum, A. (Hrsg.), Controlling, 4. Aufl. Stuttgart: Schäffer-Poeschel, 2007

Coenenberg, A.G.; Fischer, T. M.; Günther, T.: Kostenrechnung und Kostenanalyse, 6. Aufl. Stuttgart: Schäffer-Poeschel, 2007

Daum, A.; Brümmer, M.: Grundlagen und Systeme der Kosten- und Leistungsrechnung, S. 387-460. In: Steinle, C.; Daum, A. (Hrsg.), Controlling, 4. Aufl. Stuttgart: Schäffer-Poeschel, 2007

Ebert, G.: Kosten- und Leistungsrechnung, 10. Aufl. Wiesbaden: Gabler, 2004

Eichhübl, G.; Kunesch, H.: Operative Unternehmensplanung, S. 399-435. In: Eschenbach, R. (Hrsg), Controlling, 2. Aufl. Stuttgart: Schäffer-Poeschel, 1996

Haberstock, L.: Kostenrechnung I, 13. Aufl. Berlin: Erich Schmidt, 2008a

Haberstock, L.: Kostenrechnung II, 13. Aufl. Berlin: Erich Schmidt, 2008b

Heinze, I.: Personal-Controlling, S. 802-824. In: Steinle, C.; Daum, A. (Hrsg.): Controlling, 4. Aufl. Stuttgart: Schäffer-Poeschel, 2007

Horváth, P.: Controlling, 11. Aufl. München: Vahlen, 2009

Horváth, P.; Reichmann, T.: Vahlens Großes Controllinglexikon, 2. Aufl. München:Vahlen, 2003

Hummel, T. R.: Marketing- und Vertriebs-Controlling, S. 746-769. In: Steinle, C.; Daum, A. (Hrsg.), Controlling, 4. Aufl. Stuttgart: Schäffer-Poeschel, 2007

Keilus, M.; Maltry, H.: Managementorientierte Kosten- und Leistungsrechnung, 2. Aufl. Wiesbaden: Teubner, 2006

Kilger, W.; Pampel, J.; Vikas, K.: Flexible Plankostenrechnung und Deckungsbeitragsrechnung, 12. Aufl. Wiesbaden: Gabler, 2007

Kloock, J.; Sieben, G.; Schildbach, T.; Homburg, C.: Kosten- und Leistungsrechnung, 9. Aufl. Stuttgart: Lucius & Lucius, 2005

Koß, T.: IT-Controlling, S. 825-850. In: Steinle, C.; Daum, A. (Hrsg.): Controlling, 4. Aufl. Stuttgart: Schäffer-Poeschel, 2007

Küpper, H.-U.: Controlling, 5. Aufl. Stuttgart: Schäffer-Poeschel, 2008

Olfert, K.: Kostenrechnung, 15. Aufl. Ludwigshafen: Kiehl, 2008

Olfert, K.; Rahn, H.-J.: Einführung in die Betriebswirtschaftslehre. Ludwigshafen: Kiehl, 2008

Paffenholz, G.; Kranzusch, P.: Insolvenzplanverfahren. Sanierungsoption für mittelständische Unternehmen. Wiesbaden: GWV, 2007

Schimmelpfeng, K.: Produktions-Controlling, S. 720-733. In: Steinle, C.; Daum, A. (Hrsg.): Controlling, 4. Aufl. Stuttgart: Schäffer-Poeschel, 2007

Schmidt, A. : Kostenrechnung: Grundlagen der Vollkosten-, Deckungsbeitrags- und Plankostenrechnung sowie des Kostenmanagements, 4. Aufl. Stuttgart: Kohlhammer, 2005

Schweitzer, M.; Küpper, H.-U.: Systeme der Kosten- und Erlösrechnung, 9. Aufl. München: Vahlen, 2008

Steinle, C.: Systeme, Objekte und Bestrandteile des Controlling, S. 267-327. In: Steinle, C.; Daum, A. (Hrsg.): Controlling, 4. Aufl. Stuttgart: Schäffer-Poeschel, 2007

Töpfer, A.: Betriebswirtschaftslehre. Anwendungs- und prozessorientierte Grundlagen, 2. Aufl. Berlin usw.: Springer, 2007

Vollmuth, H. J. Controlling-Instrumente von A-Z, 6. Aufl. Planegg/München: Haufe, 2003

Weber, J.; Schäffer, U.: Einführung in das Controlling, 11. Aufl. Stuttgart: Schäffer-Poeschel, 2006

Weber, J.; Weißenberger, B.E.: Einführung in das Rechnungswesen, 7. Aufl. Stuttgart: Schäffer-Poeschel, 2006

Wöhe, G.; Döding, U.: Einführung in die Allgemeine Betriebswirtschaftslehre, 23. Aufl. München: Vahlen, 2008

Ziegenbein, K.: Controlling, 8. Aufl. Ludwigshafen: Kiehl, 2004

Anmerkungen zu Kap. 3

[1] vgl. Horvath (2009), S. 16 ff.
[2] vgl. Horvath (2009), S. 743 ff., Küpper (2008), S. 545 ff., Weber/Schäffer (2006), S. 455 ff.
[3] vgl. z. B. zum: Personalcontrolling Heinze (2007), S. 802 ff.; Produktionscontrolling Schimmelpfeng (2007), S. 720 ff.; IT-Controlling Koß (2007), S 825 ff.; Vertriebscontrolling Hummel (2007), S. 746 ff.
[4] vgl. zum Strategiebegriff Baum/Coenenberg/Günther (2007), S. 1 ff.
[5] vgl. Baum/Coenenberg/Günther (2007), S. 9 f., Weber/Schäffer (2006), S. 343 ff.
[6] vgl. Horváth (2009), S. 312 ff.
[7] vgl. Weber/Schäffer (2006), S. 263 ff.
[8] vgl. Horváth (2009), S. 222
[9] vgl. Küpper (2008), S. 105 ff., Ziegenbein (2004), S. 22 ff.
[10] vgl. Horváth (2009), S. 125
[11] vgl. Vollmuth (2003), S. 9 ff.
[12] vgl. Baum/Coenenberg/Günther (2007), S. 367 ff., Horvath (2009), S. 229 ff., Küpper (2008), S. 416 ff.
[13] vgl. Vollmuth (2003), S. 232 ff.
[14] vgl. Horváth/Reichmann (2003), S. 48 f., Vollmuth (2003), S. 245 ff.
[15] vgl. zum Vorgehen des Benchmarkings Weber/Schäffer (2006), S. 340
[16] Weber/Schäffer (2006), S. 341
[17] vgl. Horváth/Reichmann (2003), S. 1 f.
[18] vgl. Vollmuth (2003), S. 19 ff.
[19] vgl. Horváth/Reichmann (2003), S. 1
[20] vgl. Küpper (2009), S. 360 ff., Steinle (2007), S. 309 ff., Ziegenbein (2004), S. 423 ff.
[21] vgl. Horváth/Reichmann (2003), S. 97 f.
[22] vgl. Horváth/Reichmann (2003), S. 104 ff.
[23] vgl. Horváth/Reichmann (2003), S. 835 f.
[24] vgl. Horvath (2009), S. 743 ff., Küpper (2008), S. 545 ff., Weber/Schäffer (2006), S. 385 ff.
[25] vgl. Küpper (2008), S. 572 ff.
[26] vgl. Ziegenbein (2004), S. 178 ff. Horvath (2009), S. 801 ff.
[27] vgl. Horvath (2009), S. 504 ff., Küpper (2008), S. 289 ff., Weber/Schäffer (2006), S. 167 ff.

28 vgl. Olfert/Rahn (2008), S. 37
29 vgl. Olfert/Rahn (2008), S. 38
30 vgl. Olfert/Rahn (2008), S. 39
31 vgl. Paffenholz/Kranzusch (2007), S. 5-13
32 vgl. Wöhe (2005), S. 673 <aktualisieren>
33 vgl. Töpfer (2007), S. 1011
34 vgl. Horvath (2009), S. 506 ff., Küpper (2008), S. 399 ff., Weber/Schäffer (2006), S. 192 ff.
35 vgl. Horváth/Reichmann (2003), S. 175
36 vgl. Weber/Weißenberger (2006), S. 360
37 vgl. Olfert (2008), S. 39 ff.
38 vgl. Wöhe (2008), S. 38-40, Töpfer (2007), S. 61-65
39 vgl. Wöhe (2008), S. 35-38, Töpfer (2007), S. 77-83
40 vgl. zu den Aufgaben Coenenberg/Fischer/Günther (2007), S. 22 ff., Daum/Brümmer (2007), S. 394 ff.
41 vgl. Haberstock (2008a), S. 26; Schweitzer/Küpper (2008), S. 13
42 vgl. Kloock/Sieben/Schildbach/Homburg (2005), S. 62 ff., Olfert (2008), S. 48 ff.
43 vgl. Kloock/Sieben/Schildbach/Homburg (2005), S. 51 ff., Olfert (2008), S. 50 ff.
44 vgl. Kloock/Sieben/Schildbach/Homburg (2005), S. 72 ff., Olfert (2008), S. 62)
45 vgl. Olfert (2008), S. 75 ff.; Coenenberg/Fischer/Günther (2007), S. 37 ff.
46 vgl. Olfert (2008), S. 131 ff.; Coenenberg/Fischer/Günther (2007), S. 83 ff.
47 vgl. ausführlich bei Olfert (2008), S. 142 ff.
48 vgl. Olfert (2008), S. 140
49 vgl. ausführlich Olfert (2008), S. 144
50 vgl. Ebert (2004), S. 62 ff.; Olfert (2008), S. 156 ff.; Weber/Weißenberger (2006), S. 457 ff.)
51 vgl. Weber/Weißenberger (2006), S. 464
52 vgl. Schmidt (2005), S. 115 ff.)
53 vgl. Weber/Weißenberger (2006), S. 368
54 vgl. Coenenberg/Fischer/Günther (2007), S. 111 ff., Olfert (2008), S. 181 ff., Schweitzer/Küpper (2008), S. 169 ff.
55 vgl. Coenenberg/Fischer/Günther (2007), S. 106 ff., Olfert (2008), S. 174 ff., Schweitzer/Küpper (2008), S. 161 ff.
56 vgl. Olfert (2008), S. 177 f.
57 vgl. Coenenberg/Fischer/Günther (2007), S. 116 ff., Olfert (2008), S. 178 ff., Schweitzer/Küpper (2008), S. 167 ff.)
58 vgl. Olfert (2008), S. 179. Die Ungenauigkeiten in der Berechnung wurden hier korrigiert.
59 vgl. Coenenberg/Fischer/Günther (2007), S. 124 f., Olfert (2008), S. 190 ff., Schweitzer/Küpper (2008), S. 176 ff.
60 vgl. Coenenberg/Fischer/Günther (2007), S. 121 ff., Olfert (2008), S. 185 ff., Schweitzer/Küpper (2008), S. 175 f.)
61 vgl. Olfert (2008), S. 186 f.
62 vgl. Coenenberg/Fischer/Günther (2007), S. 152 ff., Olfert (2008), S. 193 ff., Schweitzer/Küpper (2008), S. 188 ff.)
63 vgl. Ebert (2004), S. 156ff., Haberstock (2008a), S. 178ff., Olfert (2008), S. 251 ff., Schmidt (2005), S. 154 f.
64 vgl. Olfert (2008), S. 251
65 vgl. mit veränderten Zahlen Weber/Weißenberger (2006), S. 520
66 vgl. Schmidt (2005), S. 161 ff., Olfert (2008), S. 253 ff., Weber/Weißenberger (2006), S. 517 ff.
67 vgl. Schmidt (2005), S. 165 ff., Olfert (2008), S. 296 ff., Weber/Weißenberger (2006), S. 521 ff.
68 vgl. mit veränderten Zahlen Weber/Weißenberger (2006), S. 524
69 vgl. Coenenberg/Fischer/Günther (2007), S. 200 ff., Schmidt (2005), S. 176 ff., Olfert (2008), S. 309 ff.
70 vgl. zur Entwicklung der Plankostenrechnung Kilger/Pampel/Vikas (2007), S. 51 ff.
71 vgl. Brümmer/Daum (2007), S. 469 ff., Coenenberg/Fischer/Günther (2007), S. 215 ff., Kloock/Sieben/Schildbach/Homburg (2005), S. 197 ff., Haberstock (2008b), S. 9 ff.
72 vgl. Eichhübl/Kunesch (1996), S. 418
73 vgl. Schmidt (2005), S. 222 ff.
74 vgl. Eichhübl/Kunesch (1996), S. 418
75 vgl. Coenenberg/Fischer/Günther (2007), S. 527 ff., Olfert (2008), S. 368 ff., Schmidt (2005), S. 245 ff.

4 Organisation und Projektmanagement

In diesem Kapitel wird erläutert, wie Strukturen und Prozesse in Industrieunternehmen gestaltet werden. Im ersten Unterkapitel (Organisation) geht es dabei um Konzepte, die grundsätzlich auf unbestimmte Dauer angelegt sind, allerdings regelmäßig auf ihre Eignung überprüft und bei Bedarf angepasst werden müssen. Gegenstand des zweiten Unterkapitels ist das Management von Projekten, also zeitlich begrenzten Vorhaben.

4.1 Organisation

Nach der Erläuterung von Grundlagen und Begriffen der Organisation wird in diesem Unterkapitel erläutert, wie die Struktur eines Unternehmens gestaltet wird (Aufbauorganisation) und wie Geschäftsprozesse modelliert und gesteuert werden.

4.1.1 Grundlagen und Begriffe

Organisationstheoretische Ansätze

In der Literatur wird eine Vielzahl organisationstheoretischer Ansätze diskutiert,[1] aus denen im Folgenden eine Auswahl vorgestellt wird:

- Bürokratieansatz,
- Taylorismus,
- Human Relations,
- Systemtheorie.

Der auf *Max Weber* zurückgehende Bürokratieansatz ist durch Arbeitsteilung, einen streng hierarchischen Aufbau, Regeln und Normen zur Aufgabenerfüllung sowie die Dokumentation aller Vorgänge in Form von Akten gekennzeichnet.[2]

Als „Taylorismus" wird der von *Taylor* entwickelte Ansatz des ***Scientific Management*** bezeichnet. Wesentliche Elemente sind Arbeitsteilung, insbesondere die Trennung von Hand- und Kopfarbeit, arbeitswissenschaftlich festgelegte, individuelle Leistungsvorgaben und -anreize sowie die auf systematischen Analysen von Arbeitsvorgängen beruhende Optimierung der Arbeitsorganisation. Taylor geht davon aus, dass der Mensch von Natur aus faul ist und deshalb Leistungsanreize und Kontrollen erforderlich seien.[3]

Als Gegenbewegung zum *Scientific Management* entstand aus diesem heraus der ***Human-Relations-Ansatz***. Bei arbeitswissenschaftlichen Studien ergab sich, dass das Verhalten der Arbeiter nicht nur von den objektiven Arbeitsbedingungen – bei den Studien ging es eigentlich um die Optimierung der Beleuchtung – sondern auch von zwischenmenschlichen Beziehungen, insbesondere zwischen den Arbeitern und ihren Vorgesetzten sowie den Arbeitswissenschaftlern, beeinflusst wird.[4]

Im Rahmen der Systemtheorie, der verschiedene organisationstheoretische Ansätze zugeordnet werden können, werden Unternehmen als sozio-technische, also durch das Zusammenwirken von Menschen und Sachmitteln geprägte Systeme verstanden. Jedes System besteht aus Ele-

4.1 Organisation

menten (z. B. Mitarbeiter, Maschinen, Werkstücke), die untereinander in Beziehung stehen. Diese Beziehungen bilden die Struktur des Systems. In Systemen laufen Prozesse ab, die Eingangsgrößen (Input, z. B. Werkstücke) in Ausgangsgrößen (Output, z. B. verkaufsfähiges Produkt) transformieren. Innerhalb von Systemen können Teilsysteme (z. B. Abteilungen) abgegrenzt werden.[5]

Begriffe

Eine Aufgabe ist „die dauerhaft wirksame Verpflichtung, bestimmte Tätigkeiten auszuführen, um ein definiertes Ziel zu erreichen"[6]. Die Bestimmungsmerkmale einer Aufgabe und die zugehörigen Fragestellungen sind in Fehler! Verweisquelle konnte nicht gefunden werden. aufgeführt.[7]

Tabelle 4-1   Bestimmungsmerkmale von Aufgaben

Bestimmungsmerkmal	Fragestellung
Verrichtung	was?
Objekt	woran?
Aufgabenträger	wer?
Sachmittel	womit?
Zeit	wann?
Ort	wo?

Die **Stelle** ist die kleinste Organisationseinheit im Unternehmen. Mehrere Stellen werden im Rahmen der Aufbauorganisation zu Gruppen, Abteilungen usw. zusammengefasst. Einer Stelle ist ein Komplex von Aufgaben zugeordnet. Sie kann mit einer oder mehreren (die dann alle dieselben Aufgaben haben, wie z. B. mehrere Kassierer in einem Supermarkt) Personen zugeordnet werden.[8]

4.1.2 Aufbauorganisation

Im Rahmen der Aufbauorganisation geht es zunächst darum, Stellen zu bilden, denen dann Mitarbeiter und Sachmittel zugeordnet werden. Wenn die Aufbauorganisation nicht nur für eine kleinere Organisationseinheit, wie z. B. eine Entwicklungsabteilung mit zehn Mitarbeitern zu gestalten ist, sondern für eine größere Abteilung oder gar ein komplettes Unternehmen, so müssen im Anschluss die gebildeten Stellen in eine Ordnung gebracht werden. Dazu wird ein Leitungssystem aufgebaut, das die Neben-, Über- und Unterordnung der Stellen regelt. Für die oberste Führungsebene des Unternehmens ist überdies festzulegen, welches Organisationsmodell Verwendung finden soll.

Stellenbildung

Stellen werden gebildet, indem zunächst die Gesamtaufgabe der betreffenden Organisationseinheit in Elementaraufgaben zerlegt werden (Aufgabenanalyse), die dann jeweils zu den Aufgaben einer Stelle gebündelt werden (Aufgabensynthese). Dieser Ansatz geht auf *Kosiol* zurück.[9]

Bei der Aufgabenanalyse muss auf Vollständigkeit und Überschneidungsfreiheit geachtet werden. Unvollständigkeit würde bedeuten, dass Elementaraufgaben bei der Stellenbildung vergessen wurden, für die dann im Arbeitsalltag niemand verantwortlich ist. Überschneidungen hingegen führen dazu, dass für eine Elementaraufgabe nicht klar ist, welcher Stelleninhaber verantwortlich ist, so dass es zu Doppelarbeiten und Kompetenzstreitigkeiten kommen kann. Das Risiko des Auftretens von Unvollständigkeiten und Überschneidungen kann vermindert werden, indem bei der Aufgabenanalyse kriteriengestützt vorgegangen wird. Die wichtigsten Kriterien in diesem Zusammenhang sind:

- Objekt
- Verrichtung
- Zweck
- Rang
- Phase.[10]

Das Objekt ist der Gegenstand, an dem bei der Aufgabenerledigung Verrichtungen vorgenommen werden. Neben materiellen Objekten gibt es auch immaterielle, z. B. ein Konzept zur Verbesserung der Anlagenauslastung. Ein Beispiel für eine objektorientierte Aufgabenanalyse findet sich in **Bild 4-1**. Wenn eine Aufgabe objektorientiert in Teilaufgaben zerlegt wird, beziehen sich diese auf Teilobjekte (z. B. Motor, Getriebe) des Objekts der übergeordneten Aufgabe (Pkw). Die Systematik der Aufgabenanalyse würde durchbrochen – mit der Gefahr von Unvollständigkeiten und Überschneidungen –, wenn gleichzeitig mit der Zerlegung einer Aufgabe nach einem Kriterium (hier: Objekt) die Aufgabe auch nach anderen Kriterien zerlegt würde.

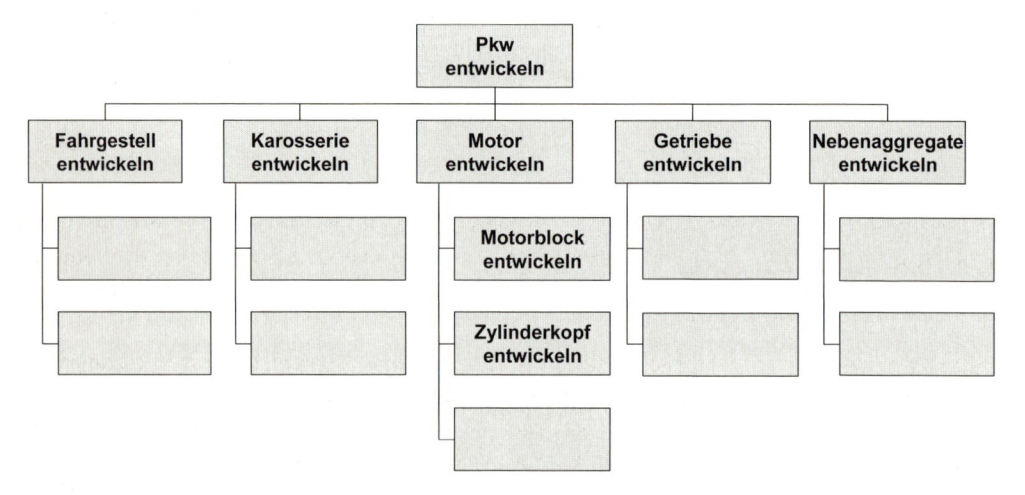

Bild 4-1 Objektorientierte Aufgabenanalyse (Beispiel)

Die Aufgabenanalyse muss in der Regel über mehrere Ebenen fortgeführt werden. Die aus dem ersten Analyseschritt resultierenden Teilaufgaben werden also weiter zerlegt, bis man auf der Ebene der Elementaraufgaben angekommen ist. Von Ebene zu Ebene sind Kriterienwechsel zulässig und im Allgemeinen auch erforderlich.

Die Verrichtung ist das Kriterium für das Beispiel einer Aufgabenanalyse in **Bild 4-2**.

4.1 Organisation

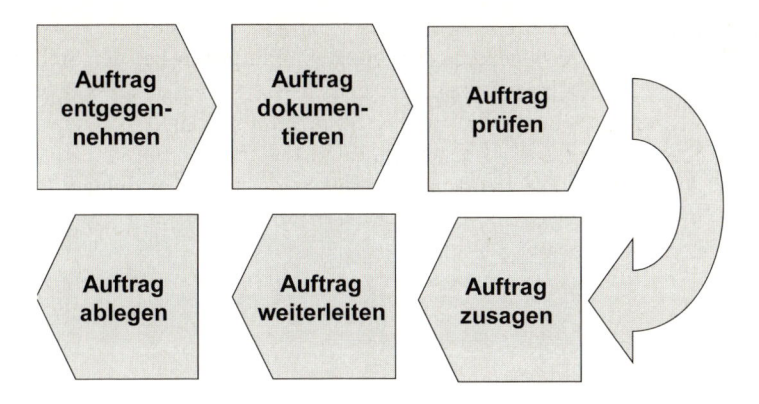

Bild 4-2 Verrichtungsorientierte Aufgabenanalyse (Beispiel)

Nach dem Kriterium Zweck können primäre Aufgaben, die unmittelbar der Erstellung der vom Unternehmen am Markt abgesetzten Leistungen dienen von sekundären unterschieden werden, deren Ergebnis als innerbetriebliche Dienstleistungen für die Erfüllung der Primäraufgaben erforderlich sind.

Der Rang dient zur Unterscheidung von Entscheidungs- und Ausführungsaufgaben.

Die Phase ist ein Kriterium, mit dem sich die Aufgabenerfüllung auf der Zeitachse gliedern lässt, indem Planung, Durchführung und Kontrolle unterschieden werden.

Nach Durchführung der Aufgabenanalyse erfolgt die Aufgabensynthese, also die Bündelung der gebildeten Elementaraufgaben. Dafür finden dieselben Kriterien Anwendung wie bei der Aufgabeanalyse. Zusätzlich kann das Kriterium Person verwendet und damit die Aufgabe auf die Person des Stelleninhabers zugeschnitten werden.[11]

Leitungssysteme

Das in der Industrie am weitesten verbreitete Leitungssystem ist das Stabliniensystem, in das in vielen Unternehmen Inseln von Teamorganisation eingebettet sind. Zum Teil wird quer zu diesen Leitungssystemen eine Sekundärorganisation eingerichtet, in den häufigsten Fällen projekt- oder produktbezogen.

Das Stabliniensystem ist eine Form der Einlinienorganisation, deren Bezeichnung darauf zurückzuführen ist, dass jede Stelle im Organisationsdiagramm („Organigramm") durch genau eine Linie mit der vorgesetzten Stelle verbunden ist. Kennzeichnend für die auf *Fayol* zurückgehende Einlinienorganisation ist entsprechend, dass jede Stelle genau von einer (der vorgesetzten) Stelle Weisungen erhält.[12] Der von *Taylor* stammende Gegenentwurf der Mehrlinienorganisation hat sich in der Breite nicht durchgesetzt, findet sich aber in Teilbereichen als Sekundärorganisation und im Organisationsmodell der Matrix wieder.

Stabliniensysteme sind durch Stabsstellen ohne Weisungsbefugnis gekennzeichnet, die Leitungsstellen zugeordnet sind (vgl. **Bild 4-3**); die Stabsstelle ist dort der Leitungsstelle „Produktion" zugeordnet).

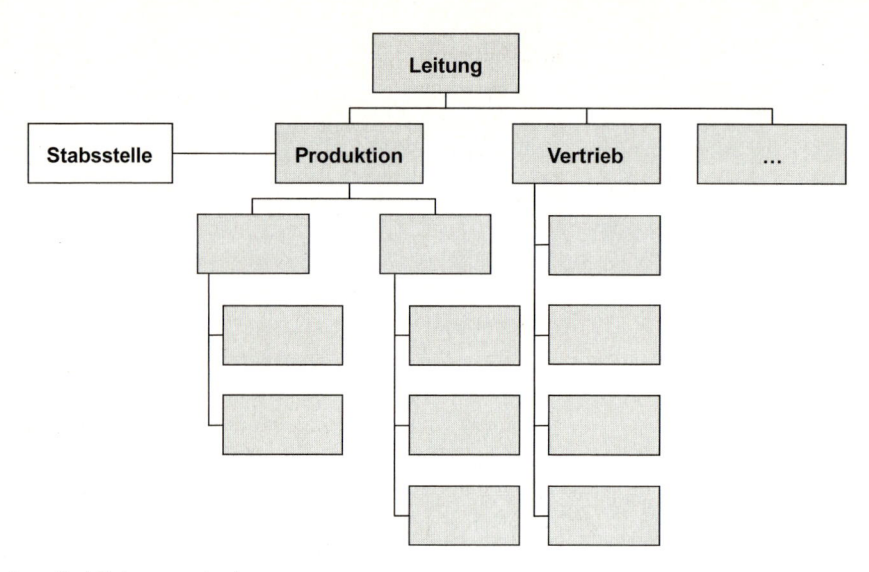

Bild 4-3   Stablinienorganisation

Vorteile der Einrichtung von Stabsstellen sind die Entlastung der Leitungsstelle und die Verfügbarkeit von Spezialwissen für den Inhaber der Leitungsstelle. Die Stabsstelle kann dem Inhaber der Leitungsstelle zuarbeiten und Entscheidungen durch Zusammenstellen und Aufbereiten von Informationen vorbereiten. Aus der Trennung von Entscheidungsvorbereitung und Entscheidung ergeben sich aber auch Nachteile, wenn der Entscheidungsträger (Leitungsstelle) aus Mangel an Zeit oder Wissen keine eigenständige Entscheidung fällen kann und damit von der Stabsstelle gesteuert wird.[13]

Bei der Teamorganisation handelt es sich um ein Leitungssystem, dass häufig in ein Einliniensystem eingebunden ist. Die Teamorganisation durchdringt in diesen Fällen nicht das gesamte Unternehmen, sondern findet nur in Teilbereichen Anwendung, indem z. B. die unterste Führungsebene in die Teams integriert wird. Relativ häufig ist Teamarbeit in der Produktion anzutreffen, während in anderen Funktionsbereichen das Einliniensystem bis auf die unterste hierarchische Ebene reicht. Der Begriff „Team" wird häufig verwendet, aber nur ein kleiner Teil der Unternehmen hat wirklich Teamarbeit umgesetzt.[14]

Das wesentliche Merkmal der Teamorganisation ist die Selbststeuerung: Entscheidungen, die in der Einlinienorganisation der Vorgesetzte trifft, werden an das Team delegiert. Teams benötigen spezifische Strukturen und Prozesse, um diese Entscheidungen treffen zu können. Dazu gehören Teamsprecher, die Entscheidungsprozesse koordinieren und die Schnittstellen zwischen ihrem Team und anderen Teams sowie dem Vorgesetzten bedienen, jedoch keine Weisungsbefugnis haben. Regelmäßige Teamgespräche dienen als Forum für den Informationsaustausch und die Entscheidungsfindung. Wichtig für den Erfolg der Teamarbeit ist, dass es gemeinsame Aufgaben und Leistungsziele gibt.[15]

Die Einbettung von Teams in die Linienorganisation erfolgt über Führungskräfte, die mehrere Teams führen und selbst an einen Linienvorgesetzten angebunden sind (vgl. **Bild 4-4**).

4.1 Organisation

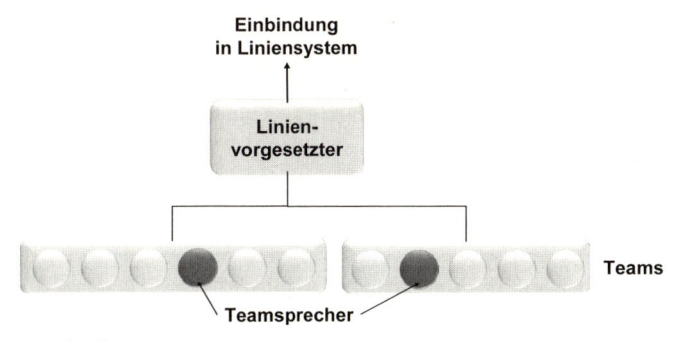

Bild 4-4   Teamorganisation

Quer zu dem eingerichteten Leitungssystem gibt es in einigen Unternehmen eine Sekundärorganisation. Am häufigsten trifft man diese Konstellation im Zusammenhang von Projekten an. Dabei werden zeitlich begrenzte Projekte von Projektgruppen bearbeitet, deren Mitarbeiter für die Projekte aus der im Allgemeinen ohne zeitliche Begrenzung angelegten Linienorganisation (in der betrieblichen Umgangssprache kurz „Linie") ausgeliehen werden. Je nach der im Projekt benötigten Kapazität werden die Mitarbeiter für die Dauer des Projekts mit ihrem vollen Arbeitsvolumen oder auch nur mit einem im Projektauftrag festzuschreibenden Anteil (z. B. 20 %, entsprechend einem Tag pro Woche) von ihrem Linienvorgesetzten dem Projekt zur Verfügung gestellt. Es gibt auch Fälle, in denen Mitarbeiter speziell für ein Projekt eingestellt werden.[16]

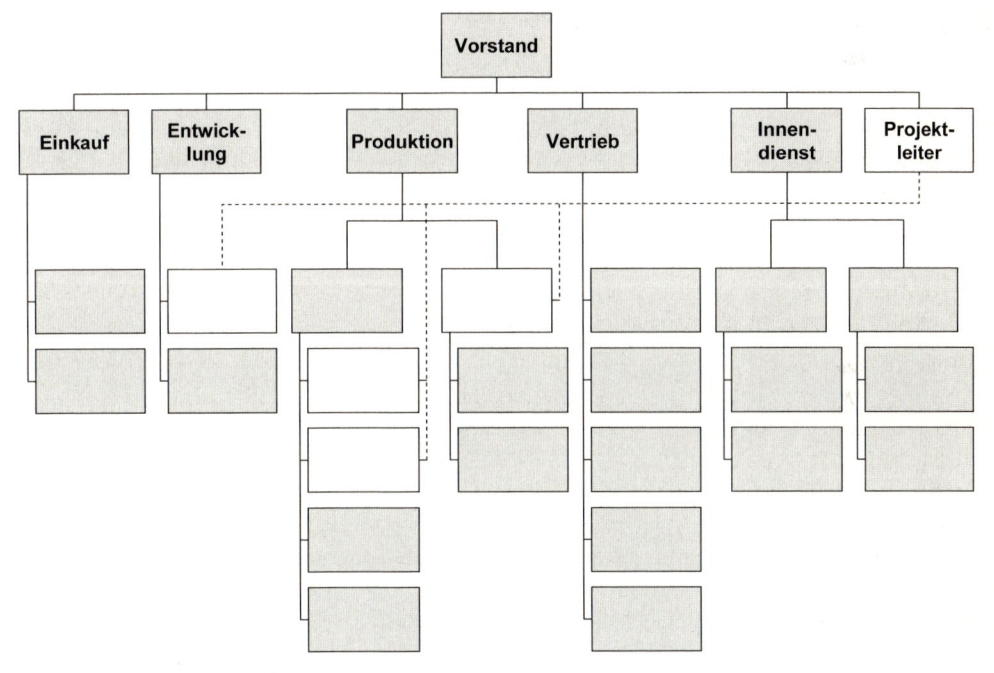

Bild 4-5   Projektorganisation

Der Projektleiter ist über seinen Auftraggeber in die Linienorganisation eingebunden (vgl. **Bild 4-5**). Bei dem Auftraggeber handelt es sich häufig nicht um eine einzelne Stelle, sondern um ein Gremium (Lenkungsausschuss, in dem Beispiel ist dies der Vorstand). Üblicherweise ist der Projektleiter gegenüber den Projektmitarbeitern in Bezug auf ihren Einsatz im Projekt weisungsbefugt; es gibt aber auch andere Ansätze der Kompetenzverteilung.[17]

Wegen des besonderen Stellenwerts des Projektmanagements für die Ingenieurarbeit ist diesem Thema das separate Unterkapitel 4.2 gewidmet.

Das Produktmanagement ist eine weitere häufig anzutreffende Form der Sekundärorganisation. Dabei hat jeweils ein Produktmanager die funktionsübergreifende, insbesondere die Funktionen „Entwicklung", „Produktion" und „Absatz" umfassende Verantwortung für ein Produkt bzw. eine Produktgruppe. Der Produktmanager kümmert sich somit um alle Belange seines Produkts im Unternehmen. Ähnlich wie beim Projektmanagement liegt die Produktverantwortung quer zum Leitungssystem, weil sie aus diesem mehrere Funktionsbereiche berührt. In Abhängigkeit von der Ausstattung des Produktmanagers mit Weisungsbefugnissen unterscheidet man das Stabs- vom Matrix-Produktmanagement.[18]

Organisationsmodelle

Für die Synthese der Aufgaben der obersten Leitungsebene machen die Kriterien „Rang", „Phase" und „Zweck" in den meisten Fällen keinen Sinn, so dass nur die Kriterien „Objekt" und Verrichtung" zur Verfügung stehen. Bei verrichtungsorientierter Organisation der obersten Leitungsebene spricht man von funktionaler, bei objektorientierter von divisionaler (von engl. *division* = Geschäftsbereich) Organisation. Die Kombination beider Kriterien im Sinne eines Mehrliniensystems ergibt eine Matrixorganisation.

Das funktionale Organisationsmodell ist dadurch gekennzeichnet, dass die oberste Leitungsebene eines Unternehmens in Funktionsbereiche (z. B. Vertrieb, Entwicklung, Produktion) gegliedert ist.[19] Es war lange Zeit dominierend und ist auch heute noch bei kleineren Unternehmen am weitesten verbreitet, aber auch bei einigen Großunternehmen anzutreffen (vgl. Beispiel BMW, **Bild 4-6**).

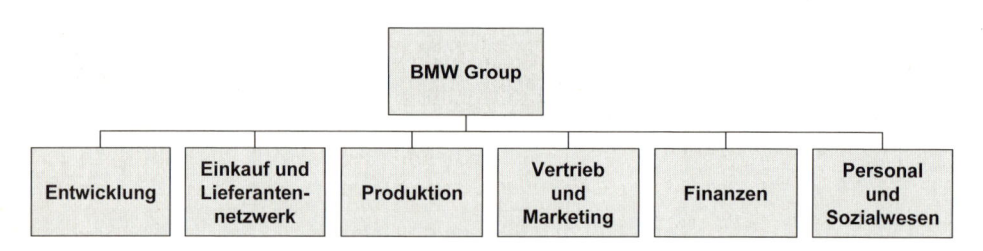

Bild 4-6 Funktionale Organisation (Beispiel BMW)

Objekt und damit Kriterium für die Geschäftsbereichsbildung im divisionalen Organisationsmodell ist in den meisten Fällen das Produkt, z. B. bei einem Fahrzeughersteller mit Geschäftsbereichen für Nutzfahrzeuge, PKW und Fahrräder. Als Objekt sind aber auch Kunden (z. B. Industrie, Kleingewerbe, Privatpersonen) oder Regionen anzutreffen.[20] Die zweite Ebene ist dann in der Regel verrichtungsorientiert organisiert: Jeder Geschäftsbereich hat z. B. einen Vertrieb eine Produktion usw. Eine rein divisionale Organisation ist damit zwangsläufig ineffizient, weil es in allen Geschäftsbereichen funktionsgleiche oder -ähnliche Organisationsein-

4.1 Organisation

heiten gibt, die nach den Regeln der *economies of scale* effizienter arbeiten könnten, wenn sie zu einer für das gesamte Unternehmen tätigen Einheit zusammengefasst würden. Die Funktionsgleichheit betrifft in Wesentlichen vom Absatzmarkt entfernte Aufgaben wie z. B. das Rechnungs- oder das Personalwesen. Viele divisional organisierte Unternehmen lösen daher derartige Querschnittsfunktionen aus den Geschäftsbereichen und zentralisieren sie, ordnen sie also aufbauorganisatorisch neben den Geschäftsbereichen an, für die sie dann Dienstleistungen erbringen.[21] Der wesentliche Nachteil dieser Zentralisierung ist, dass damit die Geschäftsbereiche nicht autark sind und es schwieriger ist, einen Geschäftsbereich zu verkaufen – weil er z. B. ohne eigenes Rechnungswesen nicht funktionsfähig ist – oder ein hinzugekauftes Unternehmen einzugliedern.

Das divisionale Organisationsmodell weist im Vergleich zum funktionalen folgende Vorteile auf:

- Die oberste Leitungsebene wird entlastet, weil operative Entscheidungen in den Geschäftsbereichen gefällt werden, die zudem die zu entscheidenden Sachverhalte besser kennen.
- Die Geschäftsbereiche können wie eigenständige Unternehmen geführt werden – ohne die Notwendigkeit einer eigenen Rechtspersönlichkeit (z. B. GmbH), auch wenn diese häufig anzutreffen sind. Dadurch werden die Motivation und das unternehmerische Denken der Geschäftsbereichsleiter gefördert und es ist ohne weiteres möglich, den Erfolg jedes Geschäftsbereichs zu messen. Geschäftsbereiche können leicht ein- und ausgegliedert werden.

Nachteile des divisionalen Organisationsmodells sind

- die mit der Existenz vieler kleiner funktionsähnlicher Einheiten (z. B. Personalabteilungen) einhergehenden Synergieverluste,
- die größere Zahl zu besetzender Leitungsstellen und
- die Gefahr des Eigenlebens der Geschäftsbereiche, die zu Lasten des Gesamtunternehmens geschäftsbereichsinterne Suboptima anstreben.

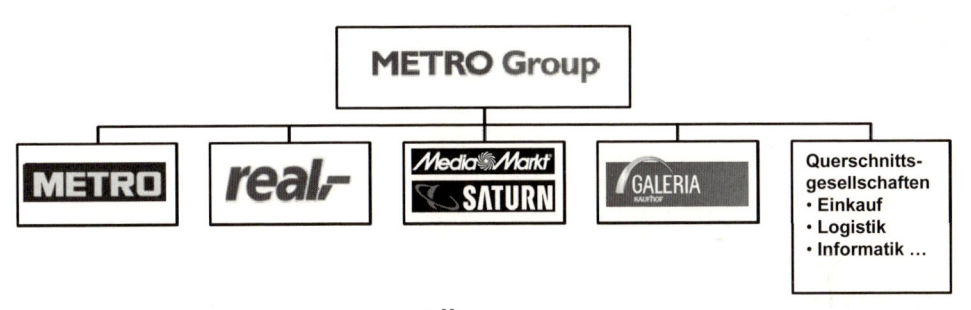

Bild 4-7 Divisionale Organisation (Beispiel)[22]

Eine Matrixorganisation entsteht durch gleichzeitige Verwendung zweier Kriterien für die Aufgabengliederung der obersten Leitungsebene. Die Kriterien sind üblicherweise Objekt und Verrichtung,[23] es können aber auch mehrere objektbezogene Kriterien (z. B. Produkt und Kundengruppen) verwendet werden. Mit der Objekt-/Verrichtungsmatrix (vgl. **Bild 4-8**) wird versucht, die Vorteile beider Organisationsmodelle zu nutzen.

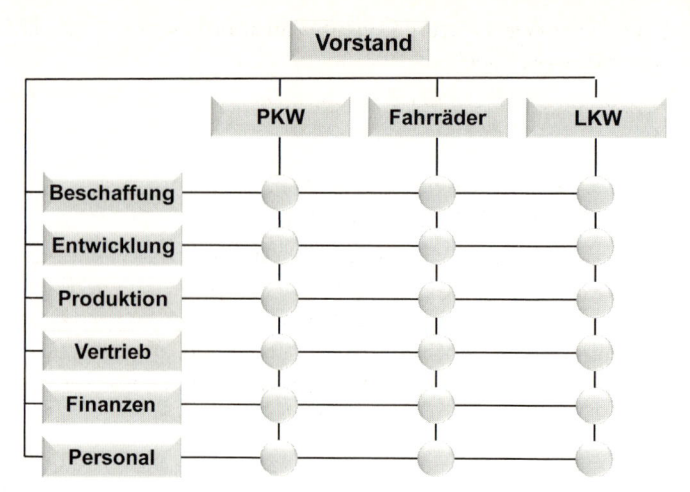

Bild 4-8 Matrixorganisation

Durch die Matrixorganisation entsteht in der zweiten Leitungsebene eine Mehrlinienorganisation, weil jeder Stelleninhaber dieser Ebene zwei Vorgesetzte hat. Für den Leiter „Entwicklung PKW" in dem Beispiel wären das der Leiter des Geschäftsbereichs PKW und der Leiter der Entwicklung.

4.1.3 Geschäftsprozessorganisation

In der klassischen Organisationslehre stand neben der Aufbau- die Ablauforganisation. Dabei ging es darum, nach Festlegung der organisatorischen Strukturen Raum- und Zeitbeziehungen zu gestalten. Diese Sichtweise und das damit verbundene Vorgehensmodell führen oftmals zu Funktionsstörungen, weil die Abläufe dabei innerhalb bereits bestehender bzw. festgelegter Organisationseinheiten optimiert werden. Abteilungsübergreifende Prozesse laufen häufig nur suboptimal, weil bei der Organisationsgestaltung nicht die Prozesse, sondern die Organisationseinheiten im Fokus stehen. Wegen dieser Defizite ereignete sich zum Ende des letzten Jahrtausends ein Paradigmenwechsel im Bereich der Organisationsgestaltung. Nunmehr stehen die Abläufe (Prozesse) im Mittelpunkt. Dadurch sollen Schnittstellenprobleme verringert, die Kundenorientierung verbessert und eine ganzheitliche Prozessverantwortung geschaffen werden.[24]

Im Folgenden wird zunächst erläutert, welche Arten von Prozessen zu unterscheiden sind, anschließend ein Ansatz zur Prozessgestaltung beschrieben und schließlich das Prozesscontrolling thematisiert. Die beschriebenen Ansätze sind grundsätzlich für Unternehmen aller Branchen und innerhalb eines Unternehmens für alle Funktionsbereiche anwendbar. Im Anschluss wird dann auf Besonderheiten der Fertigungs- und Montageorganisation in Industriebetrieben eingegangen.

Prozessarten

Unter einem Prozess wird eine Folge von Aktivitäten verstanden, die innerhalb einer definierten Zeitspanne nach bestimmten Regeln einen Input zielgerichtet in einen Output transformieren.[25] Um Verwechselungen mit z. B. juristischen oder verfahrenstechnischen Prozessen zu vermeiden, wird mit derselben Bedeutung häufig auch der Begriff „Geschäftsprozess" (englisch: *business process*) verwendet.[*]

Üblicherweise werden drei Prozessarten unterschieden:

- Kernprozesse,
- Managementprozesse (auch: Führungsprozesse),
- Unterstützungsprozesse (auch: Supportprozesse).[26]

Die Kernprozesse erbringen die Wertschöpfung im Unternehmen, die der Differenz zwischen dem Wert des Outputs und des Inputs eines Prozesses entspricht. Die Gesamtheit aller Kernprozesse bildet die Wertschöpfungskette (auch Wertkette, engl. *value chain* nach *Porter*) des Unternehmens. Das Wertverständnis bezieht sich auf den Absatzmarkt: Der Wert des Outputs ist der Preis, den der Kunde dafür zu zahlen bereit ist. Entsprechend sind die typischen Kernprozesse in Industrieunternehmen neben der Produktion der Vertrieb, die Produktentwicklung und die Logistik.

Management- und Unterstützungsprozesse sind nicht wertschöpfend, aber zur Durchführung der Kernprozesse erforderlich. Zu ersteren gehören die übergeordnete operative und strategische Planung, Koordination und Steuerung sowie das Prozesscontrolling. Die Outputs der Unterstützungsprozesse werden benötigt, um die anderen Prozesse zu betreiben. Dazu gehören z. B. das Personal- und das Rechnungswesen.[27]

Prozessgestaltung

Anlässe für die Gestaltung von Geschäftsprozessen können der Neuaufbau eines Unternehmens bzw. einer Organisationseinheit oder deren Restrukturierung sein. Aus dem letztgenannten Anlass entstand im Zuge des vorstehend beschriebenen Paradigmenwechsels unter der Überschrift *„Business Process Reengineering"* eine Welle von Reorganisationsprojekten in Unternehmen, die wesentlich auf die Arbeiten von *Hammer und Champy* zurückgeführt werden können.

Bei der Prozessgestaltung werden allgemein folgende Ziele verfolgt:

- Durchlaufzeitreduzierung
- Kostensenkung
- Qualitätssteigerung
- Verbesserung der Innovationsfähigkeit.[28]

Bevor einzelne Prozesse gestaltet werden können, muss die Gesamtheit der Geschäftsprozesse in eine Struktur gebracht werden, die häufig graphisch dokumentiert und als Prozesslandschaft bezeichnet wird (vgl. **Bild 4-9**). Aus Gründen der Übersichtlichkeit wird bei umfangreichen Prozessen mit mehreren Ebenen gearbeitet. Dabei werden einzelne Kernprozesse in Teilprozesse zergliedert.

---

[*] Anders z. B. Vahs, der unter Geschäftsprozessen nur Kernprozesse versteht (vgl. Vahs (2007), S. 228).

Managementprozesse: Strategie, Controlling, Organisation

Kernprozesse: Vertrieb, Entwicklung, Logistik, Produktion

Unterstützungsprozesse: Personal, Rechnungswesen, Datenverarbeitung

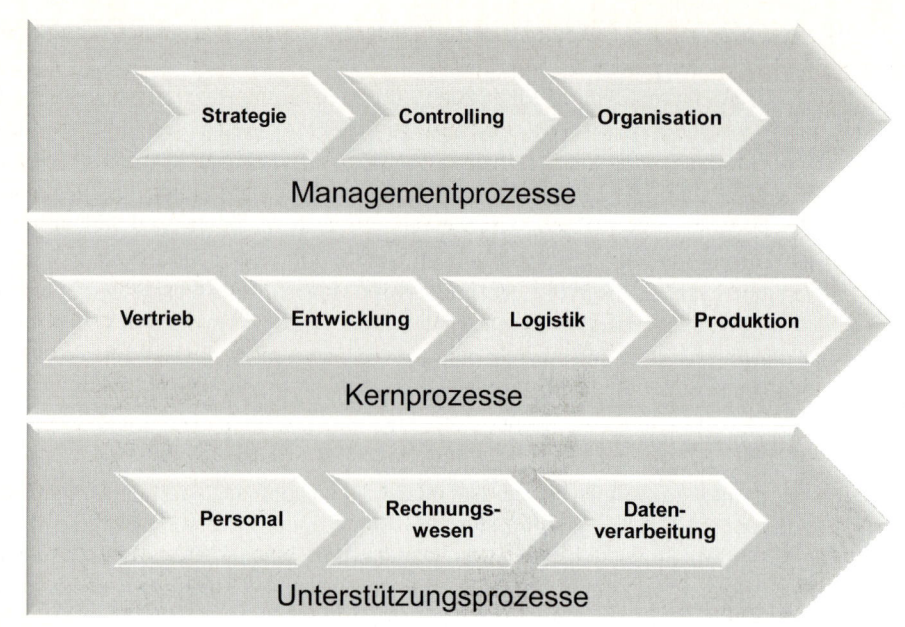

Bild 4-9   Beispiel Prozesslandschaft

Für den Ablauf der Gestaltung eines einzelnen Prozesses werden verschiedene Vorgehensweisen vorgeschlagen,[29] von denen hier die 4-Schritte-Methode von Wagner beschrieben werden soll:

(1) Prozessidentifikation und -abgrenzung,
(2) Dokumentation und Analyse Ist-Prozess
(3) Konzeption Soll-Prozess
(4) Realisierung Verbesserungspotential.[30]

Zur Prozessidentifikation und -abgrenzung werden folgende Merkmale verwendet:

- Zweck des Prozesses
- Kunden des Prozesses (auch interne Kunden) und deren Erwartungen
- Input und Output
- erster und letzter Prozessschritt
- Schnittstellen
- erforderliche Ressourcen (Menschen, Informationen, Arbeitsumgebung, Betriebsmittel, Infrastruktur)
- Erfolgsfaktoren.[31]

Zu Input, Output, Schnittstellen und Ressourcen werden jeweils auch Mengen und Zeiten erhoben.[32]

Wenn der Anlass der Prozessgestaltung eine Restrukturierung ist und es daher schon einen bestehenden Prozess gibt, so folgt im zweiten Schritt dessen Dokumentation und Analyse.

4.1 Organisation

Prozesse werden meist graphisch dokumentiert.* Dazu gibt es unterschiedliche Abbildungsregeln, die meist durch eine Dokumentationssoftware unterstützt werden. Weit verbreitet sind die Methodik der ereignisgesteuerten Prozesskette *(Scheer)* und die Swimlane-Methodik *(Binner)*. Erstere wird vor allem im Bereich der Softwareentwicklung eingesetzt, letztere für Geschäftsprozessoptimierung und Qualitätsmanagement. Mit dem internationalen Standard BPMN (Business Process Modeling Notation) wurde 2008 ein internationaler Standard zur graphischen Dokumentation von Geschäftsprozessen definiert, der beide Methodiken beinhaltet.[33] **Bild 4-10** ist ein Beispiel für eine BPMN-Prozessgraphik. Die drei großen Rechtecke („Patient", „Empfang" und „Arzt") sind die Funktionsträger *(swimlanes)*, denen jeweils kleine Rechtecke zugeordnet sind, die die einzelnen Aktivitäten abbilden. Die Reihenfolge der Abarbeitung der Aktivitäten wird durch Pfeile mit durchgezogenen Linien, Informationsflüsse durch Pfeile mit gestrichelten Linien abgebildet.

Ein wesentlicher Vorteil der Swimlane-Methodik ist, dass Schnittstellen zwischen einzelnen Funktionsträgern in der Prozessgraphik sichtbar sind. Schnittstellen sind potentielle Prozess-Schwachstellen, weil es hier zu Doppelarbeiten und Reibungsverlusten kommen kann. Deshalb wird im Rahmen der Analyse des Ist-Prozesses geprüft, ob die Anzahl der Schnittstellen minimiert oder ob durch genauere Definition der Schnittstellen eine Verbesserung der Abläufe möglich ist. Daneben sind die einzelnen Aktivitäten auf ihre Wertschöpfung zu überprüfen; nicht-wertschöpfende Aktivitäten sollten soweit möglich eliminiert werden. Daneben gibt es eine Reihe von Analyseinstrumenten (z. B. Ishikawa-Methodik, vgl. Abschnitt 10.1.1), die zur Identifikation von Schwachstellen genutzt werden können.[34]

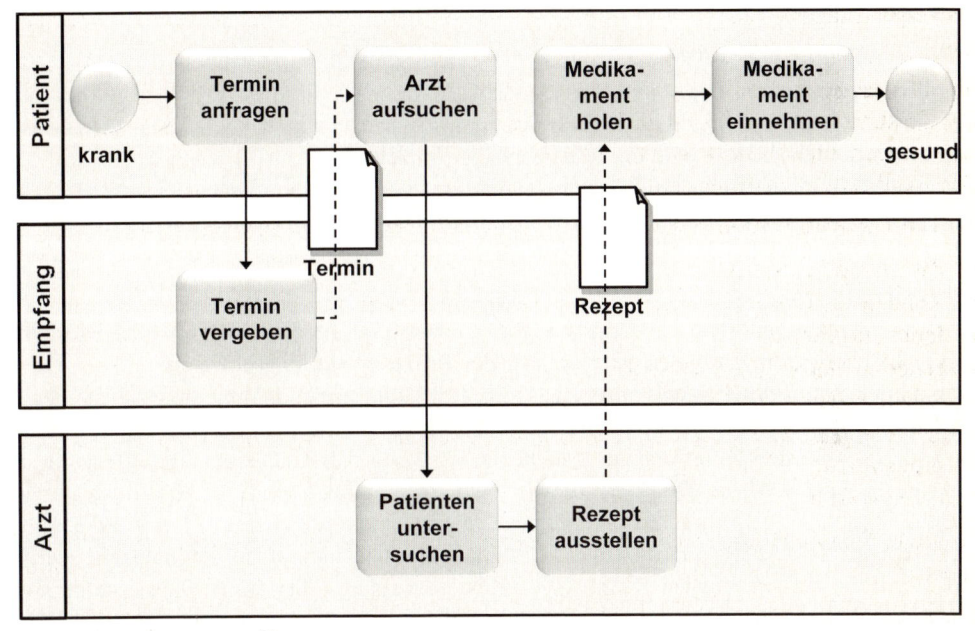

Bild 4-10 Beispiel BPMN[35]

---

* Daneben gibt es mit BPEL eine Sprache zur Beschreibung von Geschäftsprozessen, die aber weniger im Bereich der Organisation als in der Softwareentwicklung Anwendung findet, vgl. OASIS (2008): Web Services Business Process Execution Language Version 2.0

Im dritten Schritt wird der Soll-Prozess konzipiert. Dazu werden zunächst Ziele festgelegt, die nach Möglichkeit mit Kennzahlen hinterlegt werden sollten, die nach Implementierung des neuen Prozesses für das Controlling verwendet werden können.

Ausgehend vom Ist-Prozess und den Ergebnissen der Schwachstellenanalyse wird nun der Soll-Prozess modelliert und ebenfalls als Prozessgraphik dokumentiert. Ansätze zur Eliminierung von Schwachstellen sind:

- Outsourcing von Geschäftsprozessen,
- Eliminierung von Prozessschritten,
- Verbesserung von Arbeitsmethoden und -bedingungen,
- Bildung von Prozessvarianten,
- Optimierung der Abarbeitungsreihenfolge,
- zeitliche und räumliche Optimierung,
- Einrichtung von Kontrollpunkten,
- Integration von Geschäftsprozessen.[36]

Vor allem in der Produktion spielt im Rahmen des Konzepts der digitalen Fabrik[37] die Simulation der Abläufe eine wichtige Rolle: Vor der Umsetzung eines Soll-Prozesses in der realen Welt wird mit Hilfe geeigneter Software[38] ein virtuelles Modell der betreffenden Produktionseinheit erstellt und der Ablauf des Soll-Prozesses simuliert.[39] Die Simulationsergebnisse können im Vorfeld der Soll-Prozessumsetzung Mängel, wie z. B. Engpässe („Flaschenhälse") aufdecken, die dann im Soll-Prozess korrigiert werden. In weiteren Simulationsläufen kann dann geprüft werden, wie die Veränderungen sich auswirken, und so der Soll-Prozess iterativ optimiert werden.

Im vierten Schritt wird schließlich durch die Umsetzung des Soll-Prozesses das Verbesserungspotential realisiert. Die erforderlichen Maßnahmen, z. B. die Beschaffung von Maschinen und Software oder die Schulung von Mitarbeitern, müssen vor ihrer Umsetzung geplant werden. Wenn die Umsetzung eine große Anzahl von Mitarbeitern betrifft, kann es sinnvoll sein, sie zunächst in einem kleineren Bereich zu pilotieren, um vor der flächendeckenden Umsetzung *(„roll-out")* noch vorhandene Schwachstellen erkennen und beseitigen zu können.[40]

Prozesscontrolling

Geschäftsprozesse bedürfen der ständigen Überwachung, um Ineffizienzen zu vermeiden. Maß für die Effizienz von Prozessen sind die bei der Prozessgestaltung definierten Ziele, die im Rahmen des Controllings weiterentwickelt, also auf Aktualität und Anpassungsbedarf geprüft werden. Zum Prozesscontrolling gehört, zu jedem Prozessziel kurzfristig (im Allgemeinen für ein Jahr) das anzustrebende Ausmaß festzulegen (z. B. für das Ziel „kurze Durchlaufzeit" das Ausmaß „5 Tage"). Diese Zielerreichung ist dann regelmäßig zu prüfen, bei Abweichungen sind die Ursachen zu analysieren und Korrekturmaßnahmen einzuleiten.[41] Der Abgleich zwischen den gesteckte Zielen und dem tatsächlich Erreichten kann auch automatisiert werden, z. B. wenn die entsprechenden Daten in Produktionsplanungs- und Steuerungssystemen oder Workflow-Managementsystemen zur Verfügung stehen.

Auch wenn Prozessziele nicht mit Kennzahlen operationalisiert werden können, ist ein Controlling möglich, z. B. indem die Erreichung qualitativer Ziele im Rahmen eines Prozessaudits durch Gespräche mit Prozessverantwortlichen und -beteiligten überprüft wird.

Besonderheiten der Fertigungs- und Montageorganisation

Im Bereich der industriellen Fertigung sind aus der Kombination bestimmter aufbau- und prozessorganisatorischer Merkmale Organisationstypen entstanden, deren Idealtypen in **Bild 4-11** dargestellt sind und im Folgenden beschrieben werden. In der betrieblichen Praxis gibt es eine Vielzahl von Varianten dieser Organisationstypen.

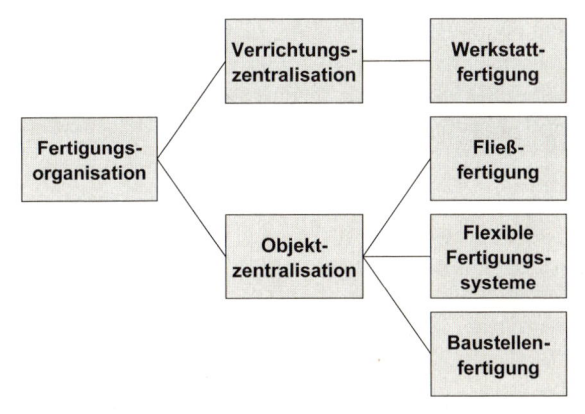

Bild 4-11 Organisationstypen der Fertigung

Die Organisationstypen der Fertigung unterscheiden sich nach dem Kriterium, das für die räumliche Anordnung und die Zuordnung der Weisungsbefugnis verwendet wird. Als Kriterien finden „Objekt" und „Verrichtung" Anwendung.[*]

Bei der Werkstattfertigung werden die Arbeitsplätze mit gleichartigen Verrichtungen zusammengefasst (z. B. Zerspanung, Blechbearbeitung, Schweißwerkstatt). Gruppen gleichartiger Arbeitsplätze bilden Werkstätten, die räumlich (z. B. eigene Halle) und aufbauorganisatorisch (eigener Verantwortungsbereich mit zuständiger Führungskraft) untereinander abgegrenzt werden. Die Werkstücke werden zwischen den einzelnen Werkstätten transportiert, und zwar entweder einzeln oder losweise[**].[42]

Kennzeichen der Fließfertigung ist die Objektzentralisation, wobei mit „Objekt" das zu bearbeitende Werkstück gemeint ist. Der Organisationstyp der Fließfertigung geht auf *Henry Ford* zurück. Die Arbeitsplätze werden in der Reihenfolge der an dem Werkstück durchzuführenden Arbeitsgänge angeordnet. Ein nach diesem Organisationstyp aufgebauter Betrieb ist daher auf ein Produkt bzw. eine Produktart spezialisiert.

Nach der Starrheit der Verkettung der einzelnen Arbeitsplätze kann man zwischen Reihen- und Fließbandfertigung unterscheiden. Das Fließband war das von Ford in der Automobilmontage eingesetzte Fördermittel. Unter „Fließbandfertigung" versteht man in Anlehnung an das von Ford errichtete Urmodell ein System mit starrem Takt. Da alle Werkstücke mit derselben Ge-

---

[*] Als drittes Kriterium wird zum Teil der Mensch genannt (vgl. z. B. Wiendahl 2008, S. 29 f.), der entsprechende, vor allem im Handwerk anzutreffende Organisationstyp der Werkbankfertigung spielt jedoch im industriellen Kontext nur eine geringe Rolle und wird daher hier nicht weiter thematisiert.

[**] Unter einem Los wird eine Menge von Werkstücken verstanden, die ohne Unterbrechung durch andere Werkstücke nacheinander an den einzelnen Arbeitsplätzen bearbeitet werden und gemeinsam die Fertigung durchlaufen.

schwindigkeit transportiert werden, ist die zur Verfügung stehende Bearbeitungszeit an allen Stationen* dieselbe. Neben dem Fließband, bei dem die Werkstücke auch während der Bearbeitung transportiert werden, gibt es fördertechnische Lösungen, bei denen sich die Werkstücke während der Bearbeitung nicht bewegen, aber jeweils gleichzeitig zur nächsten Station transportiert werden.

Um die Kapazitäten der einzelnen Stationen einer Fließbandfertigung möglichst gut zu nutzen, müssen die Arbeitsumfänge abgetaktet werden. Dazu werden jeder Station Teilaufgaben und Betriebsmittel so zugeordnet, dass die Bearbeitungszeit die Taktzeit so vollständig wie möglich ausnutzt. Durch die Taktzeit und die Gesamtlaufzeit (Schichtmodell) der Anlage ist auch die Ausbringung eines als Fließbandfertigung organisierten Betriebes festgelegt, da mit jedem Takt eine Produkteinheit fertiggestellt wird.

Da bei Ausfall einer Station in einer Fließbandfertigung die nachfolgende Station schon im nächsten Arbeitstakt kein zu bearbeitendes Werkstück mehr erhält, ist das Risiko des Stillstands der kompletten Fertigung durch Ausfall einer einzelnen Station sehr hoch. Um die Auswirkungen von Stationsausfällen zu verringern, werden jeweils für Gruppen von Arbeitsstationen Pufferlager angelegt, aus denen während der Beseitigung einer Störung an einer vorgelagerten Station Werkstücke entnommen werden können.[43]

Die Reihenfertigung ist im Gegensatz zur Fließbandfertigung nicht getaktet. Daraus ergibt sich eine höhere Flexibilität bei der Fertigung von Varianten mit unterschiedlichen Arbeitsumfängen je Station, die aber mit einer schlechteren Kapazitätsauslastung erkauft wird.

Die Fließfertigung weist im Vergleich zur Werkstattfertigung folgende Vorteile auf:
- kürzere Durchlaufzeit (weil es keine Wartezeiten zwischen den einzelnen Arbeitsverrichtungen gibt),
- bessere Planbarkeit von Personal- und Materialbedarf,
- Spezialisierungsvorteile durch hohe Wiederholungsanzahl.

Ihnen stehen folgende Nachteile gegenüber:
- hohe Fixkosten,
- geringe Flexibilität,
- Monotonie der Arbeit.[44]

Im Rahmen flexibler Fertigungssysteme wird versucht, Objekt- und Verrichtungszentralisation zu kombinieren und damit Vorteile beider Organisationstypen zu nutzen. Ausgangspunkt ist die Bildung von Teilefamilien: Erzeugnisse, deren Fertigungsprozesse sich nur geringfügig unterscheiden (z. B. durch unterschiedliche Maschineneinstellungen oder Werkzeuge) werden zu Gruppen zusammengefasst. Die für die Bearbeitung einer Teilefamilie erforderlichen Maschinen bilden ein flexibles Fertigungssystem, in dem Werkstücktransport und Werkzeugwechsel automatisch ablaufen. So wird eine automatische, ungetaktete, richtungsfreie und damit hochflexible Fertigung ermöglicht.[45]

Die Baustellenfertigung kommt zum Einsatz, wenn das zu erstellende Produkt ortsfest (z. B. Brücke) oder, insb. wegen seiner Masse, schlecht zu bewegen ist (z. B. Großkraftwerksturbine).[46]

---

* Im Zusammenhang mit der Fließfertigung spricht man von „Stationen" statt von „Arbeitsplätzen", weil es neben Arbeitsplätzen, an denen Menschen arbeiten, auch vollautomatische Stationen gibt.

4.1 Organisation

In der industriellen Montage finden grundsätzlich dieselben Organisationstypen Anwendung. Es gibt jedoch einige Besonderheiten, die im Folgenden kurz angesprochen werden. Die Flexibilitätsanforderungen an die Montageorganisation sind in den letzten Jahren stark gestiegen, vor allem aufgrund kürzerer Produktlebenszyklen und größerer Variantenvielfalt.[47] Ein Lösungsansatz zur Erfüllung der Flexibilitätsanforderungen sind hybride Montagesysteme, in denen automatische Stationen mit Handarbeitsplätzen kombiniert sind.[48]

Bei der Planung von Montagelinien werden die einzelnen Handhabungs- und Fügevorgänge danach unterschieden, ob sie einen Beitrag zur Wertschöpfung leisten (Primärvorgang) oder nicht (Sekundärvorgang, z. B. Transportieren, zwischenzeitliches Ablegen mit anschließendem Wiederaufgreifen eines Teils).[49]

Wertschöpfende und nicht wertschöpfende Montagetätigkeiten werden zum Teil organisatorisch getrennt, also unterschiedlichen Stellen zugeordnet. Das Material wird im Rahmen der bevorratungsfreien Fließmontage synchron zum Montageablauf bereitgestellt.

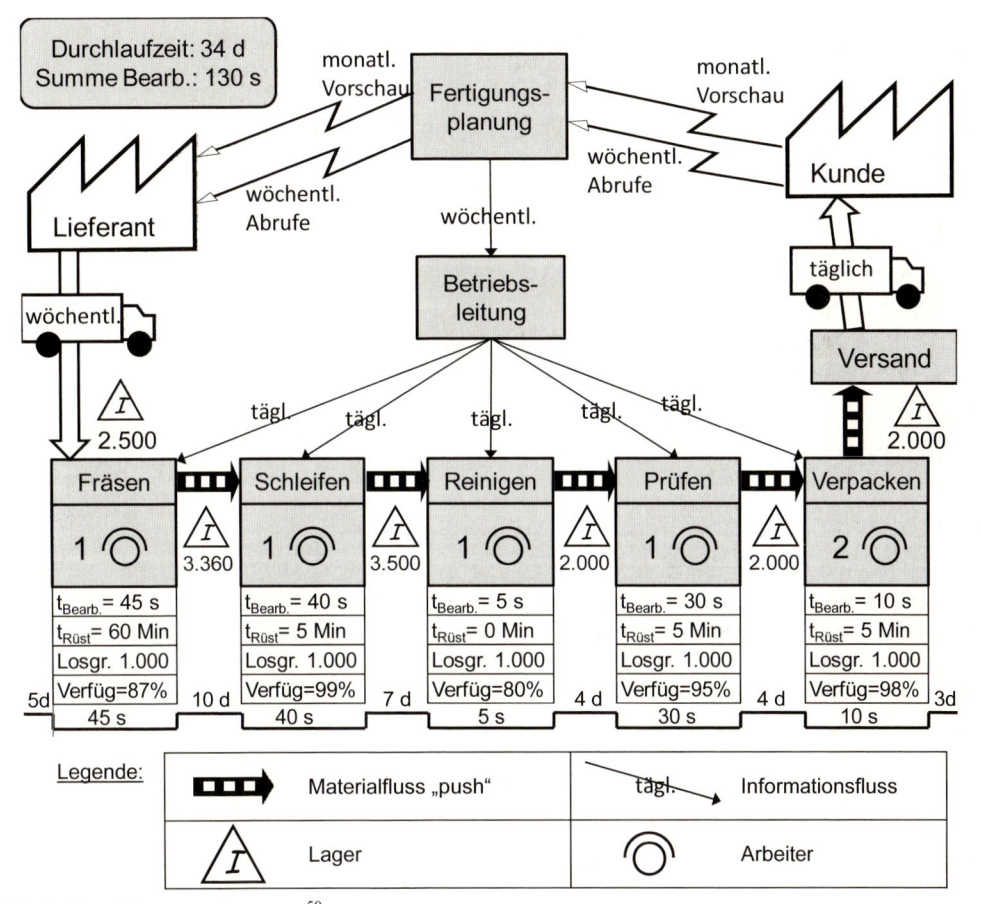

Bild 4-12 Wertstromdiagramm[50]

Bei der Umgestaltung bestehender Montagelinien wird häufig das Konzept des Wertstromdesigns *(value stream mapping)* verwendet.[51] Dazu wird der Ist-Zustand der Material- und Informationsflüsse graphisch dargestellt (vgl. **Bild 4-12**). Dabei werden alle nicht wertschöpfenden Tätigkeiten identifiziert. Aus dem Ist- wird nun ein Soll-Zustand entwickelt mit der Maßgabe, die nicht wertschöpfenden Tätigkeiten so weit wie möglich zu eliminieren.

4.2 Projektmanagement

Ein großer Teil der Arbeit von Ingenieuren wird in der Organisationsform „Projekt" abgewickelt. Schon daher kommt dem Thema „Projektmanagement" für Ingenieure eine besondere Bedeutung zu, die dadurch noch gesteigert wird, dass viele Projekte scheitern. So ergab eine Studie, dass nur 32 % aller Projekte erfolgreich, also unter Erreichung ihrer Ziele abgeschlossen werden, während 44 % zwar ihre Ziele nicht erreichen, aber bis zum Ende durchgeführt und 24 % abgebrochen werden. Das Scheitern ist häufig auf ein schlechtes Projektmanagement zurückzuführen.[52]

Mit dem *Project Management Body of Knowledge* (PMBOK) ist unter Federführung des *Project Management Institute* (PMI)[53] ein weltweit anerkannter Standard für das Projektmanagement entstanden,[54] der die Grundlage für die zum Zeitpunkt des Erscheinens dieses Buches in Entwicklung befindliche ISO-Norm 21500 bildet und im Folgenden beschrieben wird. Im Anschluss wird der vor allem in Softwareentwicklungsprojekten weit verbreitete, in Konkurrenz zum PMBOK stehende Projektmanagementansatz „PRINCE2" kurz dargestellt.

Der deutschen Norm DIN 69901:2009 liegt ein dem PMBOK ähnlicher Ansatz zu Grunde, mit detaillierter Beschreibung der Projektmanagementprozesse. Die für die erfolgreiche Durchführung eines Projekts unbedingt erforderlichen Prozesse sind gekennzeichnet und bilden in ihrer Gesamtheit einen Mindeststandard.

4.2.1 Projektmanagementprozess nach PMBOK

Das Projektmanagement lässt sich in 42 Prozesse zergliedern, die in fünf Prozessgruppen zusammengefasst werden können (siehe **Bild 4-13**).

Initiierung → Planung → Durchführung → Überwachung → Abschluss

Bild 4-13 PMBOK-Prozessgruppen

Bei den Prozessgruppen handelt es sich nicht um Projektphasen. Letztere sind inhaltlich definiert.[55] So kann z. B. ein Anlagenbauprojekt aus den folgenden Phasen bestehen:

- betriebswirtschaftliche Planung,
- technische Planung,
- Entwicklung,
- Komponentenbeschaffung, -fertigung und Vormontage,
- Montage,
- Inbetriebnahme und Übergabe.

4.2 Projektmanagement

Die einzelnen Projektphasen liefern Ergebnisse, die Grundlage für die Arbeit in den nachfolgenden Phasen sind. Zwischen den einzelnen Phasen entscheidet der Auftraggeber, ob das Projekt fortgesetzt werden, also die Folgephase gestartet werden soll.[56] In jeder Projektphase werden alle fünf Prozessgruppen durchlaufen.

Im Folgenden werden die einzelnen Prozesse des Projektmanagements beschrieben. Der PMBOK-Ansatz ist sehr umfassend und auf das Management großer, komplexer Projekte ausgerichtet. Vor allem in kleineren Projekten ist es nicht erforderlich, alle 42 Prozesse zu bearbeiten. Der Projektleiter muss jeweils prüfen, welche Prozesse für sein Projekt relevant sind.[57] Da viele Projektgruppen international besetzt werden und die Projektsprache dann häufig Englisch ist, sind im Folgenden zu wichtigen Begriffen die englischen Pendants angegeben.

Initiierung

In dieser Prozessgruppe entsteht das Projekt. Der Auftraggeber entscheidet, das Projekt durchzuführen, stellt erste Überlegungen zu Zielen und Aufgaben an und wählt den Projektleiter aus. Diese Prozessgruppe kann vom Auftraggeber allein bearbeitet werden, aber auch unter Einbeziehung des Projektleiters und/oder der Projektgruppe.

Die Prozessgruppe der Initiierung besteht aus der Erteilung des Projektauftrags *(project charter)* und der Identifikation der Projektbeteiligten *(stakeholder)*.

Mit der *Erteilung des Projektauftrags* ruft der Auftraggeber das Projekt formell ins Leben und ermöglicht dem Projektleiter den Zugriff auf definierte Ressourcen – vor allem Mitarbeiter. Wenn das Projekt für einen Kunden durchgeführt wird (Beispiel: Ein Anlagenbauer baut eine Raffinerie für einen Mineralölkonzern), ist der Kundenauftrag Grundlage des Projektauftrags.

Ein Projektauftrag besteht aus folgenden Elementen:

- Projektziele (Antwort auf die Frage: Warum wird das Projekt durchgeführt?),
- Projektergebnis (Antwort auf die Frage: Was soll die Projektgruppe beim Auftraggeber abliefern?),
- Projektorganisation, insbesondere Name des Auftraggebers und Projektleiters, evtl. weitere einzubeziehende Personen oder Gremien, z. B. Lenkungsausschuss oder Beirat,
- Ecktermine (Meilensteine und Projektende),
- Projektbudget,
- Nachweis der Wirtschaftlichkeit des Projekts *(business case)*.[58]

Der Projektauftrag sollte schriftlich dokumentiert werden. Wenn es stattdessen nur mündliche Abreden zwischen Auftraggeber und Projektleiter gibt, sind spätere Konflikte vorprogrammiert, weil zum Projektende beide Seiten unterschiedliche Erinnerungen an das Verabredete haben werden. Zudem fällt es dem Projektleiter bei Fehlen eines schriftlichen Projektauftrags schwer, vom Auftraggeber im Projektablauf nachgeschobene Aufgaben und Anforderungen zu identifizieren und zu begründen, warum zur Realisierung dann mehr Geld und mehr Zeit erforderlich sind.

Projektbeteiligte sind Personen oder Organisationen, die aktiv in den Projektablauf eingreifen (z. B. Auftraggeber) oder deren Interessen durch das Projekt berührt werden (z. B. Mitarbeiter, die ein im Projekt zu entwickelndes Produkt später fertigen). Die Projektgruppe muss diese Projektbeteiligten identifizieren und ihre Anforderungen und Erwartungen an das Projekt ermitteln. Die Projektbeteiligten können in Bezug auf das Projekt sowohl positive als auch negative Interessen haben, also an dem Scheitern des Projekts interessiert sein.[59] So dürfte z. B.

bei einem Produktentwicklungsprojekt der Konkurrent zu den Stakeholdern mit negativen Interessen gehören, die es aber auch unternehmensintern geben kann, wenn z. B. im Unternehmen Machtkämpfe ausgetragen werden, in die das Projekt hineingerät.

Planung

Diese Prozessgruppe besteht aus 20 Prozessen, die sich folgenden Themenfeldern zuordnen lassen:

- Gesamtprojekt,
- Arbeitspakete,
- Termine,
- Ressourcen,
- Kosten,
- Qualität,
- Kommunikation,
- Risiken.

Im Gesamtprojekt geht es darum, einen Gesamtplan zu erstellen, in den dann die einzelnen Teilpläne (Termin-, Kostenplan usw.) integriert werden und die Anforderungen des Auftraggebers an das Projektergebnis im Detail abzuklären sowie die Projektaufgabe *(scope)* genau abzugrenzen. Anzustreben ist ein gemeinsames Verständnis von Auftraggeber und Projektleiter über das von der Projektgruppe abzuliefernde Ergebnis. Dabei wird es selten möglich sein, eine vollständige Übereinstimmung zu erzielen, zumal die Vorstellungen des Auftraggebers über das von ihm gewünschte Ergebnis sich im Projektablauf ändern können bzw. sich konkretisieren. Damit der Projektleiter sein Projekt erfolgreich leiten kann, ist es notwendig, gleich zu Beginn der Planung Klarheit über das vom Auftraggeber gewünschte Projektergebnis zu schaffen.[60]

In Bezug zur Genauigkeit der Planung gibt es zwei konkurrierende Ansätze: Als *„rolling wave planning"* wird eine Vorgehensweise bezeichnet, bei der anfänglich nur eine grobe Planung erstellt wird, die dann im Laufe der Projektarbeit schrittweise verfeinert wird.[61] Die Gegenposition dazu wird als *„front end loading"* bezeichnet. Nach diesem Ansatz wird das Projekt komplett durchgeplant, bevor das erste Arbeitspaket bearbeitet wird. Wenn dies nicht möglich ist, weil sich z. B. erst im Projektablauf Konkretisierungen ergeben, die für eine detaillierte Planung erforderlich sind, wird das Projekt in Teilprojekte oder Phasen zerlegt, die jeweils komplett durchgeplant werden können. Die erste Phase ist dabei häufig eine Machbarkeitsstudie. Zwischen den Teilprojekten oder Phasen entscheidet der Auftraggeber jeweils über die Fortführung. Die Verfechter dieses Ansatzes sehen in der anfänglichen Ungenauigkeit der Rolling-wave-Planung eine wesentliche Ursache für Termin- und Kostenüberschreitungen.[62] Der wesentliche Nachteil des *front end loading* bei Kundenprojekten besteht darin, dass für Aufträge, die der Kunde schließlich einem Wettbewerber erteilt, Planungsleistungen erbracht werden, die nicht an den Kunden abgerechnet werden können.

Arbeitspakete stellen die Atome der Projektplanung dar. Für Planungszwecke werden sie nicht weiter untergliedert, sondern sind als Ganzes Objekt der folgenden Planungsschritte (z. B. Termin-, Kosten- und Ressourcenplanung).[63] Die Arbeitspakete eines Projekts ergeben sich aus der Zerlegung der Gesamtaufgabe des Projekts. Jedes Arbeitspaket wird von den ihm zugeordneten Ressourcen bearbeitet. Das sind im Bereich der personellen Ressourcen vor allem Projektmitarbeiter, entweder einzeln oder als Arbeitsgruppe.

4.2 Projektmanagement

Der Zusammenhang der Arbeitspakete wird im Projektstrukturplan *(work breakdown structure)* dargestellt, üblicherweise in Form eines Baumdiagramms (siehe **Bild 4-14**). Die Arbeitspakete finden sich auf der untersten Ebene des Projektstrukturplans. Wichtig ist, dass er vollständig ist, also keine Arbeitspakete fehlen, weil die Arbeitspakete die Grundlage der folgenden Planungsschritte bilden. Wenn ein Arbeitspaket fehlt, wird es entsprechend auch nicht bei der Termin- und Kostenplanung berücksichtigt. Erst bei der Projektdurchführung wird dann auffallen, dass in der Planung ein Arbeitspaket vergessen wurde und nun nachträglich eingefügt werden muss. Die sich dadurch ergebenden Terminverschiebungen und Kostensteigerungen führen zu Konflikten mit dem Auftraggeber. Zur Vermeidung von Unvollständigkeiten muss beim Herunterbrechen der Projektaufgabe in Teilaufgaben systematisch vorgegangen werden.[64]

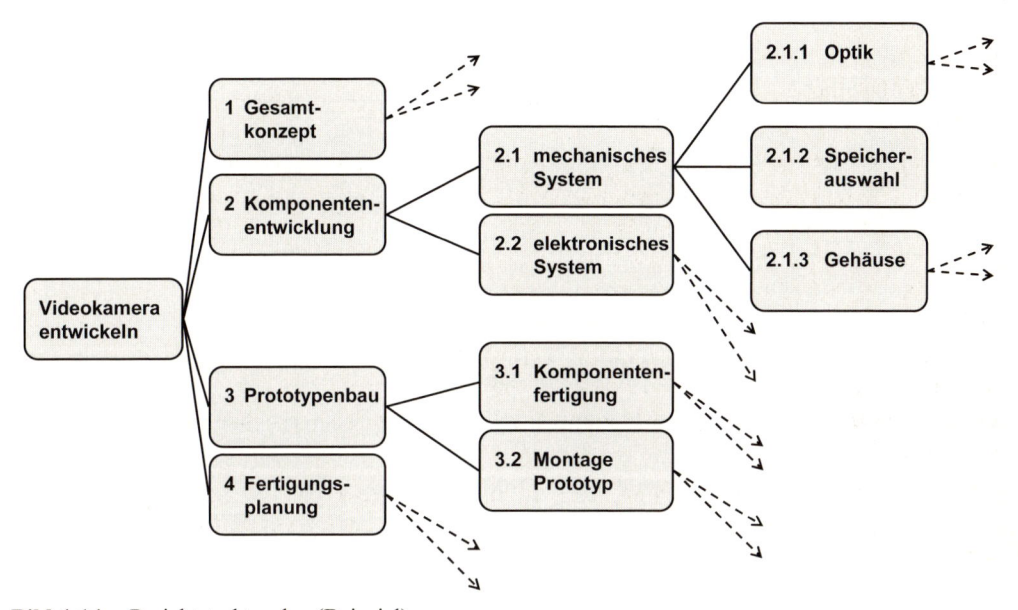

Bild 4-14 Projektstrukturplan (Beispiel)

Es gibt eine Vielzahl von Standard-Projektstrukturplänen, die als Ausgangspunkt für die Strukturplanung verwendet werden können, darunter auch unternehmensspezifische, die vor allem dann Verwendung finden, wenn in einem Unternehmen häufig gleichartige Projekte durchgeführt werden.[65]

Nachdem die Arbeitspakete gebildet worden sind, müssen sie beschrieben werden. Um für umfangreiche Arbeitspakete die späteren Planungsschritte, insbesondere die Dauerermittlung und die Ressourcenzuordnung zu erleichtern, kann es sinnvoll sein, die Arbeitspakete weiter in einzelne Aktivitäten zu zergliedern.[66]

Zum Themenfeld „Termine" gehören die Ablaufplanung, die Ermittlung der Arbeitspaketdauer und die Terminierung der Arbeitspakete.

Der Ablaufplan bildet die Reihenfolge ab, in der die Arbeitspakete durchgeführt werden. Reihenfolgebeziehungen geben sich in erster Linie durch Input-/Outputrelationen: Wenn das Ergebnis eines Arbeitspakets benötigt wird, um ein anderes durchführen zu können (z. B. eine

Zeichnung als Ergebnis des Arbeitspakets „Konstruktion", die für das Arbeitspaket „Prototypenbau" benötigt wird), ist damit die Reihenfolge vorgegeben, in der beide Arbeitspakete durchgeführt werden müssen. Neben zwingenden projektinternen Reihenfolgebeziehungen kann es auch Abhängigkeiten einzelner Arbeitspakete von projektexternen Ereignissen (z. B. behördliche Genehmigung) und nicht zwingende, aber bevorzugte Reihenfolgen geben, die bei Bedarf verändert werden können. Eine gängige Methode zur Dokumentation des Projektablaufs ist die Netzplantechnik (siehe **Bild 4-15**).[67]

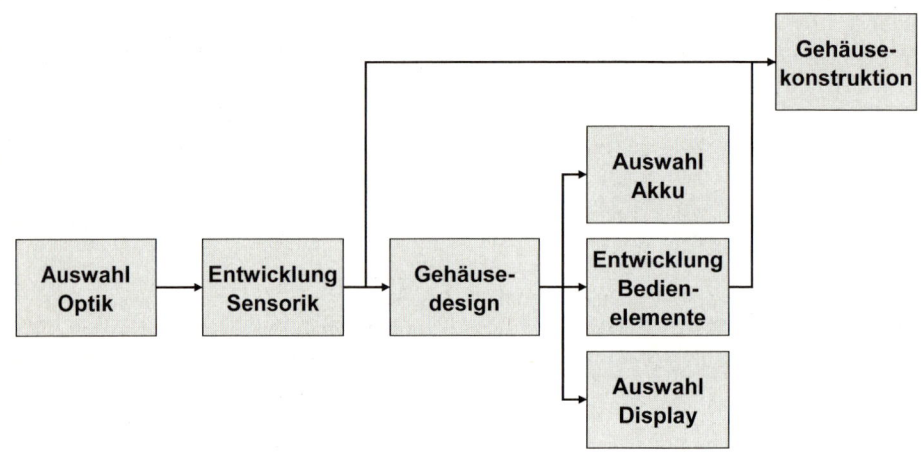

Bild 4-15   Netzplan (Beispiel/Ausschnitt).[*]

Der Ablaufplan einfacher Projekte kann auch als Balkendiagramm (Gantt-Diagramm) abgebildet werden, wobei dann alle zum Themenfeld „Termine" gehörenden Planungsschritte in einem Arbeitsgang durchgeführt werden (siehe **Bild 4-16**).[68]

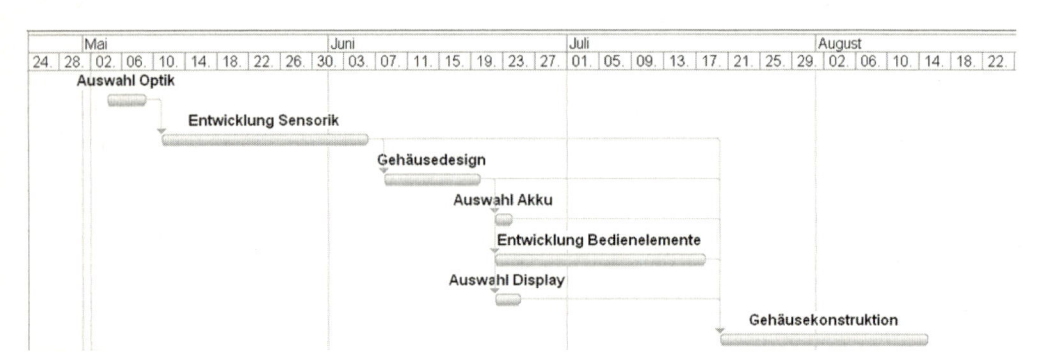

Bild 4-16   Balkendiagramm (Beispiel/Ausschnitt)

Im nächsten Planungsschritt muss für die einzelnen Arbeitspakete die **Dauer** ermittelt werden, die wiederum vom erforderlichen Arbeitsvolumen und den eingesetzten Ressourcen abhängt.

---

[*] In den Netzplanknoten werden üblicherweise weitere Informationen, insbesondere Termine, eingetragen.

4.2 Projektmanagement

Das **Arbeitsvolumen** (häufig in Personentagen gemessen) kann auf folgende Arten ermittelt werden:

- Expertenbefragung (z. B. Projektmitarbeiter mit Erfahrungen bezüglich einzelner Tätigkeiten oder erfahrener Projektleiter),
- Analogschätzung (Ableitung der Dauer aus Ist-Daten bereits durchgeführter Projekte),
- Kennzahlen (z. B. Anzahl Arbeitsstunden pro Teilzeichnung),
- Dreipunktschätzung (Durchschnittswert aus wahrscheinlicher, optimistisch und pessimistisch geschätzter Dauer).

Risiken, z. B. der Verzögerung von Arbeitspaketen aufgrund von Krankheitsfällen, können durch Aufschläge auf die nach den oben genannten Verfahren ermittelten Dauern berücksichtigt werden.[69]

Bei der Ermittlung der Arbeitspaketdauer wird ressourcenseitig zunächst von der optimalen Besetzung der Arbeitspakete ausgegangen. Nach erfolgter Termin- und Ressourcenplanung ergibt sich hier häufig Korrekturbedarf, weil z. B. dieselbe Ressource mehreren gleichzeitig terminierten Arbeitspaketen zugeordnet wurde.

Die Terminierung der Arbeitspakete *(schedule)* wird auf Grundlage des Ablaufplans und der ermittelten Arbeitspaketdauern vorgenommen. Dieser Planungsschritt kann bei Verwendung entsprechender Projektmanagementsoftware automatisiert werden. Für jedes Arbeitspaket werden Anfangs- und Endzeitpunkt festgelegt. Dies kann auf dem Weg der Vorwärts- wie der Rückwärtsterminierung erfolgen. Bei der Vorwärtsterminierung werden alle Arbeitspakete ohne Vorgänger mit ihrem Beginn auf den Zeitpunkt des Projektstarts gelegt. Der Beginn der direkten Nachfolger ist dann gleich dem Ende des Vorgängers. Auf diese Weise werden in der sich aus dem Ablaufplan ergebenden Reihenfolge alle Arbeitspakete zum frühestmöglichen Zeitpunkt eingeplant. Die Rückwärtsterminierung geht entsprechend vom Projektende aus. Alle Arbeitspakete ohne Nachfolger werden so terminiert, dass sie zum Zeitpunkt des Projektendes fertig sind. Als Endtermine der direkten Vorgänger werden nun die Starttermine der Nachfolger übernommen. Die Arbeitspakete werden in Umkehrung des Ablaufplans terminiert. Die den Arbeitspaketen zugeordneten Termine sind die spätestmöglichen.[70]

Der zeitliche Abstand zwischen frühest- und spätestmöglichem (Beginn- oder End-) Termin eines Arbeitspakets ist seine Pufferzeit: Um diesen Zeitraum kann das Arbeitspaket später als zum frühestmöglichen Zeitpunkt starten oder länger dauern, ohne dass der Endtermin des Projekts gefährdet wird, vorausgesetzt, dass nicht andere Arbeitspakete bereits einen Teil dieser Pufferzeit aufgezehrt haben. Der Weg durch den Terminplan, der alle Arbeitspakete ohne Pufferzeit miteinander verbindet, wird „kritischer Pfad" genannt, weil jede Verspätung oder Verzögerung sich auf den Endtermin des Projekts auswirkt.[71]

Bei der Terminierung der Arbeitspakete müssen die im Projektauftrag vorgegebenen Meilensteintermine berücksichtigt werden. Soweit möglich wird versucht, Abweichungen von den Meilensteinterminen zu kompensieren, z. B. durch Abgehen von bevorzugten, aber nicht zwingenden Reihenfolgen. Ist dies nicht möglich, muss das Projekt beschleunigt werden, oder der Auftraggeber muss seine Terminvorstellungen anpassen.

Ein Projekt kann beschleunigt werden, indem den kritischen Arbeitspaketen mehr Ressourcen zugeordnet werden. Wenn dies durch Umschichtung zwischen einzelnen Arbeitspaketen gelingt, also die kritischen Arbeitspakete durch vermehrten Ressourceneinsatz beschleunigt und die nicht-kritischen durch verminderten entsprechend verlangsamt werden, ist dies ohne Mehrkosten möglich. Der entsprechende Spielraum ist allerdings häufig gering, zumal durch Umschichtungen von Ressourcen vorher nicht-kritische Arbeitspakete kritisch werden können. Weitere Beschleunigungsmöglichkeiten sind mit Mehrkosten verbunden, weil das Projekt insgesamt mehr Ressourcen benötigt, z. B. durch Aufnahme zusätzlicher Projektmitarbeiter oder durch Fremdvergabe von Arbeitspaketen (z. B. Vergabe der Konstruktion eines Teils an ein Ingenieurbüro, das damit externe Ressource des Projekts wird).

Eine weitere Möglichkeit, ansonsten nicht realisierbare Terminvorstellungen des Auftraggebers doch noch zu erreichen, ist die Reduzierung der Projektaufgaben, die nur mit Zustimmung des Auftraggebers möglich ist, weil sie den Projektauftrag ändert.

Die Ressourcenplanung bezieht sich auf personelle und sachliche Ressourcen, wobei in den meisten Projekten erstere im Mittelpunkt stehen. Für jedes Arbeitspaket wird geplant, welche Ressourcen benötigt werden. In Bezug auf die Projektmitarbeiter steht dabei deren Qualifikation im Mittelpunkt.

In den meisten Projekten stammt der größte Teil der Mitarbeiter aus dem Unternehmen, das das Projekt durchführt. Die Mitarbeiter werden von ihren Abteilungen temporär ins Projekt entsandt, häufig nur mit einem Teil ihrer Arbeitskapazität (z. B. zwei Tage pro Woche), so dass sie nicht nur im Projekt, sondern daneben auch noch in Ihrer Abteilung und ggf. in weiteren Projekten arbeiten. Diese Projektmitarbeiter haben jeweils zwei Vorgesetzte, nämlich Projekt- und Abteilungsleiter. Damit sind Konflikte zwischen dem Projekt und den Abteilungen (das sind auf Dauer gebildete Organisationseinheiten der Linienorganisation, oft auch kurz als „Linie" bezeichnet) angelegt, z. B. in Bezug auf den Arbeitseinsatz des Mitarbeiters oder auf die Zielprioritäten, wenn inhaltliche Projekt- und Abteilungsziele zueinander in Konflikt stehen.

Neben den aus der Linienorganisation in Projekte entsandten gibt es auch Projektmitarbeiter, die Vollzeit in einem Projekt arbeiten, und Externe, die z. B. bei Lieferanten, Kunden oder Ingenieurbüros beschäftigt sind.

Bei internationalen Projekten kann es zusätzlich Probleme aufgrund sprachlicher und kultureller Unterschiede sowie verschiedener Zeitzonen geben, die bei der Planung berücksichtigt werden müssen.

Wenn die Projektgruppe zum Zeitpunkt der Ressourcenplanung noch nicht gebildet wurde, kann aus dem Ressourcenplan abgeleitet werden, wie viele Mitarbeiter mit welchen Qualifikationen für das Projekt benötigt werden. Auf Basis des Ressourcenplans kann dann die Projektgruppe gebildet werden. Häufig existiert die Projektgruppe zum Zeitpunkt der Ressourcenplanung bereits. In diesem Fall zeigt der Ressourcenplan Defizite zwischen benötigter und tatsächlich vorhandener personeller Ausstattung des Projekts auf und bildet damit die Grundlage für die Akquisition zusätzlicher Projektmitarbeiter und auch die Auslagerung von Arbeitspaketen (z. B. an ein Ingenieurbüro), die die Projektgruppe aufgrund mangelnder zeitlicher Verfügbarkeit oder Qualifikation nicht bewältigen kann. Aus dem Ressourcenplan kann außerdem die Inanspruchnahme der Kapazität der Projektmitarbeiter im Laufe des Projektes abgelesen werden. Die Kapazitätsauslastung kann z. B. als Histogramm dargestellt werden. Über- und Unterauslastungen sollten soweit möglich durch Ressourcentausch oder Verschiebung von Arbeitspaketen eliminiert werden.[72]

Sachliche Ressourcen, die beschafft werden müssen, lassen sich in Betriebsmittel, Dienstleistungen und Material gliedern. Lieferanten können auch unternehmensinterne Organisationseinheiten sein, wie z. B. die Versuchsbauabteilung, die für ein Produktentwicklungsprojekt einen Prototyp fertigt. Im Falle externer Lieferanten sind im Rahmen der Planung Angebote einzuholen, Lieferanten auszuwählen und Vertragsverhandlungen zu führen, im Allgemeinen mit Unterstützung der Einkaufsabteilung.[73] Bei internen Lieferanten geht es im Wesentlichen um die Terminabstimmung.

Die Kosten des Projekts werden zunächst für jedes einzelne Arbeitspaket geplant und ergeben in ihrer Addition dann die Gesamtkosten des Projekts. Die Arbeitspaketkosten lassen sich aus dem Ressourcenbedarf des Arbeitspakets und den Ressourcenkosten ableiten. Die Kosten der Projektmitarbeiter werden im Allgemeinen in Form pauschaler Tages- oder Stundensätze verrechnet und müssen entsprechend geplant werden. Bei größeren Projekten wird für jedes Projekt mindestens eine Kostenstelle eingerichtet, auf der sämtliche durch das Projekt verursachte Kosten gesammelt werden, im Falle der Verrechnung auch die der Projektmitarbeiter. Die Verrechnung dieser Kosten kann auf Grundlage der im Projektauftrag festgelegten Projekt-Einsatzzeiten der Mitarbeiter (z. B. zwei Tage pro Woche) erfolgen oder sich an der tatsächlichen Arbeitszeit im Projekt orientieren, was die Erfassung dieser Zeiten erforderlich macht. Soweit im Unternehmen darauf verzichtet wird, die Kosten der Projektmitarbeiter zu verrechnen, sie also dem Projekt kostenlos zur Verfügung gestellt werden, müssen diese Kosten aus der Kostenplanung ausgeklammert werden.

Zur Planung der Kosten für externe Ressourcen (z. B. von einem Ingenieurbüro eingekaufte Personentage, Lieferung von Software, Bereitstellung eines Autokrans) werden bei den Lieferanten Angebote eingeholt.[74]

Die Aggregation der für die einzelnen Arbeitspakete ermittelten Kosten ergibt die Gesamtkosten des Projekts. Da das Kostenberichtswesen in den Unternehmen üblicherweise monatsorientiert ist, müssen die Arbeitspaketkosten nicht nur für die Gesamtlaufzeit des Projekts, sondern auch für jeden einzelnen Monat zusammengestellt werden. Diese Information ist nicht nur für spätere Soll-/Ist-Vergleiche, sondern auch für die Liquiditätsplanung des Unternehmens wichtig.[75]

Ähnlich wie bei der Terminplanung kann auch bei der Kostenplanung das Problem entstehen, dass die ermittelten Kosten das im Projektauftrag zugestandene Budget überschreiten. Auch in diesem Fall muss der Auftraggeber entscheiden, ob er bereit ist, mehr Geld für das Projekt bereitzustellen oder Abstriche bezüglich der gewünschten Projektergebnisse hinzunehmen.

Für die Qualitätsplanung muss zunächst geklärt werden, welche Anforderungen und Standards zu berücksichtigen sind. Diese können unternehmensintern, aber auch vom Kunden vorgegeben oder als Normvorschriften allgemein verbindlich sein. Auf dieser Grundlage wird im Rahmen der Qualitätsplanung festgelegt, welche Maßnahmen zur Qualitätssicherung (z. B. projektinterne Audits) durchgeführt werden und welche Kennzahlen (z. B. Anteil planmäßig abgeschlossener Arbeitspakete) laufend ermittelt werden sollen.[76]

Die Kommunikationsplanung soll sicherstellen, dass projektbezogene Informationen rechtzeitig und inhaltlich zutreffend erstellt, gesammelt, verteilt, gespeichert, wieder abgerufen und schließlich gelöscht werden. Dazu ist festzulegen, welche Informationen (Inhalt, Format) in welchen Zeitabständen zu übermitteln sind, wer für die Übermittlung verantwortlich und wer Empfänger ist.[77]

In Projekten gibt es seine Vielzahl von Risiken. Diese Risiken müssen im Rahmen der Projektplanung zunächst identifiziert werden. Um zu vermeiden, dass Risiken übersehen werden, kann eine Risikostrukturanalyse sinnvoll sein, bei der ein dem Projektstrukturplan ähnliches Baumdiagramm erstellt wird, das die einzelnen Risiken (z. B.: erforderliche behördliche Genehmigung wird nicht erteilt) enthält. Die Risiken werden dann priorisiert, indem ihre Eintrittswahrscheinlichkeit und ihre Auswirkung auf die Erreichung der Projektziele abgeschätzt werden. Ein dafür häufig genutztes Instrument ist die Risikomatrix, in der die Risiken nach Eintrittswahrscheinlichkeit und Auswirkung eingeordnet werden. Die Matrix wird dann nach dem Ampel-Farbschema in rote, gelbe und grüne Zonen eingeteilt, die die Prioritäten abbilden. Risiken hoher Priorität (rote Zone) können dann einer quantitativen Analyse unterzogen werden, bei der es darum geht, die Zielwirkungen der Risiken zu quantifizieren. Dabei geht es insbesondere um die Kostenwirkungen der einzelnen Risiken. Als Verfahren kommen dabei z. B. Sensitivitäts- und Entscheidungsbaumanalysen zum Einsatz.

Neben den vorstehend erläuterten Risikoanalysen gehört auch die Planung von Gegenmaßnahmen zur Risikoplanung. Dabei geht es zum einen darum, für hoch priorisierte Risiken Maßnahmen planerisch vorzubereiten, um im Falle des Risikoeintritts dann schnell reagieren zu können. Zum anderen können manche Risiken durch geeignete Maßnahmen vermieden, auf unternehmensexterne Risikoträger (z. B. Versicherungen, Kunden, Lieferanten) abgewälzt oder vermindert werden. Die entsprechenden Maßnahmen müssen natürlich schon vor Eintritt eines Risikos durchgeführt werden.[78]

Durchführung

Diese Prozessgruppe besteht aus acht Prozessen, die sich im Schwerpunkt auf die Projektgruppe beziehen, die zusammengestellt, entwickelt und geführt werden muss. Wenn die Projektgruppe nicht bereits vom Auftraggeber zusammengestellt wurde, kann sie auf Grundlage der Ressourcenplanung für das Projekt maßgeschneidert werden. Eine bereits zusammengestellte Projektgruppe muss anhand der Ressourcenplanung daraufhin geprüft werden, ob Defizite an Qualifikationen und Kapazitäten bestehen und wie sie ausgeglichen werden können, z. B. durch Austausch oder Schulung von Mitarbeitern. Die Schulung gehört zum Prozess „Projektgruppe entwickeln". In diesem Prozess geht es nicht nur um die fachliche Weiterbildung, sondern auch um die Einstellung der Mitarbeiter zum Projekt: Erfolgreiche Projektarbeit erfordert die Identifikation der Mitarbeiter mit dem Projekt und seinen Zielen und die Bereitschaft, sich gegenseitig zu unterstützen. Zur Förderung des Zusammenhalts in der Projektgruppe können die Projektmitglieder räumlich in einem Projektraum, bei größeren Projekten auch Projekthaus, zusammengefasst werden.[79]

Wie bei jeder Gruppenbildung läuft auch in der Anfangsphase eines Projekts ein Prozess der Rollenfindung in der Projektgruppe ab, der sich in die vier Phasen gliedern lässt:

- *forming* (Gruppenbildung),
- *storming* (Konflikt),
- *norming* (Normierung und Integration),
- *performing* (Leistungserbringung).[80]

Wenn es nicht gelingt, die Konfliktphase schnell zu durchlaufen, wird ein großer Teil der Arbeitszeit und des Engagements der Projektmitarbeiter nicht für die Erreichung der Projektziele, sondern für gruppeninterne Konflikte eingesetzt. Um aus der Konfliktphase herauszukommen, können Spielregeln vereinbart werden, in denen die Grundregeln der Zusammenarbeit in der Projektgruppe geregelt werden. Beispiele für Projekt-Spielregeln sind: pünktliches Erscheinen zu Projektsitzungen, Tagesordnung und Protokoll zu jeder Projektsitzung, Verteilung der Un-

4.2 Projektmanagement

terlagen zu den Tagesordnungspunkten drei Tage vor Projektsitzung (keine „Tischvorlagen"), Ausschalten der Mobiltelefone.

Im Rahmen der Führung der Projektgruppe muss der Projektleiter die Leistung und das Verhalten seiner Mitarbeiter beobachten und ihnen dazu Rückmeldungen geben, die Mitarbeiter motivieren und projektgruppeninterne Konflikte lösen. Die Führungsaufgabe ist vor allem dann schwierig, wenn die Projektmitarbeiter gleichzeitig noch Linienvorgesetzten unterstellt sind.[81]

Wichtig ist, dass der Projektleiter Konflikte in der Projektgruppe frühzeitig erkennt und gegensteuert. Konflikte können ihre Ursache auf der Sachebene oder auf der psycho-sozialen Ebene haben. Konflikte auf der Sachebene können weiter in Ziel-, Beurteilungs-, und Verteilungskonflikte gegliedert werden. Gerade Zielkonflikte sind in Projekten häufig anzutreffen, wenn die Projektmitarbeiter aus der Linienorganisation stammen und neben den Projektzielen ihre Abteilungsziele verfolgen. Konflikte der psycho-sozialen Ebene können auf unterschiedliche Wertvorstellungen oder auf Beziehungsprobleme (Vorurteile, Antipathie, Misstrauen) zurückgeführt werden.[82] Wenn Sachkonflikte nicht schnell gelöst werden, z. B. indem bei konfliktären Abteilungszielen zweier Projektmitarbeiter anhand des Projektauftrags die Projektziele verdeutlicht werden, können sie auf die psycho-soziale Ebene durchschlagen, wo eine Lösung deutlich schwerer fällt.

Die Qualitätssicherung ist ein Prozess, der auf der Qualitätsplanung aufsetzt. Mit den dort festgelegten Maßnahmen, wie z. B. Audits, wird die Qualität der Projektarbeit laufend überwacht. Abweichungen von den geplanten Qualitätszielen müssen mit den Verantwortlichen besprochen werden und entsprechende Verbesserungsmaßnahmen anstoßen.[83]

Die Projektleitungsaufgaben als Teil der Prozessgruppe „Durchführung" bestehen aus einer Vielzahl von Teilaufgaben wie z. B. die Vorbereitung, Moderation und Dokumentation von Projektsitzungen sowie die Erkennung von Störungen und deren Beseitigung. Zur Vorbereitung von Projektsitzungen sollten Tagesordnungen erstellt werden, damit sich jeder Mitarbeiter auf die Sitzung vorbereiten kann. Außerdem erleichtert die Tagesordnung die Sitzungsmoderation, weil ein Abschweifen vom Thema sofort erkannt und zum Thema zurückgeführt werden kann. Ohne Tagesordnung kann es passieren, dass in einer Projektsitzung zwar alle relevanten Themen besprochen, aber keine Entscheidungen gefällt worden sind, weil die Diskussion jeweils vor Abschluss eines Themas zum nächsten Punkt gesprungen ist.[84] Diskussionsergebnisse sollten vom Moderator der Projektsitzung – das ist in der Regel der Projektleiter – visualisiert werden (z. B. „Der vorgestellte Design-Prototyp ist ohne Änderungen abgenommen"), damit allen Teilnehmern der Stand der Diskussion klar ist und eventuelle Missverständnisse ausgeräumt werden können. Die Visualisierung – z. B. auf Flipchart oder Whiteboard – ist die Grundlage für die Erstellung des Protokolls.

Dem Kommunikationsplan entsprechend werden die Projektbeteiligten mit den von ihnen benötigten Informationen versorgt. Die elektronische Datenverarbeitung stellt eine Vielzahl von Instrumenten für diesen Prozess bereit, z. B. Datenbanken zur strukturierten Speicherung, Auswertung und Archivierung von Informationen, Gruppenarbeitshilfen und Internetportale zur gemeinsamen Bearbeitung von Dokumenten sowie Videokonferenzsysteme zur Durchführung virtueller Projektgruppensitzungen. Zur Information gehört auch die projektbegleitende Dokumentation der im Projekt gesammelten und für Folgeprojekte möglicherweise wichtigen Erfahrungen *(lessons learnt)*. Vor allem aufgetretene Probleme sollten zeitnah dokumentiert werden, damit die Problemursachen, gewählten Lösungen und die Begründungen für ihre Auswahl nicht in Vergessenheit geraten.[85]

Neben der informationstechnischen Seite der Kommunikation darf die persönliche nicht vernachlässigt werden. Art, Umfang und Zeitpunkt der Informationsweitergabe beeinflussen die Einstellungen des Informationsempfängers zum Projekt und zum Absender der Information. Bei internationalen Projekten müssen zudem kulturelle Besonderheiten beachtet werden.[86]

Die Betreuung der Projektbeteiligten ist ein Prozess, in dessen Fokus deren Erwartungen stehen, die sich im Projektablauf ändern können. Der Projektleiter muss ständig Kontakt zu den Projektbeteiligten halten und darauf achten, die nicht unmittelbar in die Projektarbeit oder ins Projektberichtswesen Eingebundenen nicht aus den Augen zu verlieren. Sie sollten z. B. durch die regelmäßige Präsentation von Zwischenergebnissen einbezogen werden. Die persönliche Kommunikation mit den Projektbeteiligten ist vor allem dann wichtig, wenn es Probleme, z. B. durch nicht erfüllte Erwartungen, gibt.[87]

Beschaffungen werden durchgeführt, wie im Rahmen der Ressourcenplanung vorgesehen. Mit den ausgewählten Lieferanten werden Verträge abgeschlossen, es werden Bestellungen durchgeführt und Lieferungen koordiniert.[88]

Überwachung

Zur Prozessgruppe „Überwachung" gehören zehn Prozesse. Überwacht werden die im Zuge der Planung getroffenen Festlegungen von Terminen, Kosten, Qualität, Risiken und der Beschaffung. Daneben sind die Projektaufgaben einschließlich möglicher Änderungen und die Projektarbeit insgesamt Gegenstand der Überwachung. Schließlich sind auch die Erstellung von Projektberichten und die Abnahme der Projektergebnissen dieser Prozessgruppe zugeordnet.

Die Terminüberwachung richtet sich auf die Beginn- und Endtermine der Arbeitspakete einschließlich der Meilensteintermine. Ursachen eingetretener Verzögerungen müssen analysiert werden, um weitere Verzögerungen zu verhindern. Soweit kritische Arbeitspakete verzögert sind, also der Projektfertigstellungstermin betroffen ist oder Meilensteintermine gefährdet sind, muss geprüft werden, ob die verlorene Zeit durch Beschleunigung nachfolgender Arbeitspakete wieder aufgeholt werden kann. Einen Überblick, wie ein Projekt insgesamt zeitlich im Plan ist, geben Kennzahlen (z. B. Terminvarianz) und Soll-/Ist-Balkendiagramme.[89] Wenn im Projektauftrag festgeschriebene Termine nicht eingehalten werden können, muss der Auftraggeber informiert werden und über das weitere Vorgehen entscheiden. Der Auftraggeber kann grundsätzlich die Verzögerungen akzeptieren, mehr Ressourcen zur Verfügung stellen oder die Projektaufgaben reduzieren; derartige Maßnahmen führen zu Änderungen des Projektauftrags.

Bei der Kostenüberwachung geht es darum, die tatsächlich angefallenen mit den geplanten Kosten zu vergleichen. Das Problem dabei ist, dass die Projektkosten auf Arbeitspaketebene geplant sind, während das Kostenberichtswesen in den Unternehmen monatsorientiert ist: Im Allgemeinen wird für jedes Projekt mindestens eine Kostenstelle eingerichtet, auf der sämtliche dem Projekt zuzuordnenden Kosten gesammelt werden. Die vom Controlling erstellten Kostenstellenberichte weisen die pro Monat angefallenen Kosten nach Kostenarten aufgeschlüsselt aus. Ein exakter Soll-/Ist-Vergleich der Kosten würde erfordern, mit hohem Aufwand die Ist-Kosten den Arbeitspaketen zuzuordnen.

4.2 Projektmanagement

Eine Lösung für dieses Problem ist die Verwendung von Kennzahlen, z. B. dem Fertigstellungswert *(earned value)*, der sich aus der Bewertung der bereits ausgeführten Projektarbeiten mit den dafür geplanten bzw. den tatsächlich angefallenen Kosten ergibt und daraus abgeleiteten Relationen. Zur Kostenüberwachung gehört auch, die bis zum Projektende noch zu erwartenden Kosten abzuschätzen *(forecast)* und bei drohender Überschreitung des Projektbudgets – ähnlich wie oben im Zusammenhang mit der Terminüberwachung erläutert – den Auftraggeber in die Problemlösung einzubeziehen.[90]

Die Qualitätskontrolle bezieht sich auf Projektergebnisse und -prozesse und setzt auf der Qualitätsplanung auf. Für die ergebnisbezogene Qualitätskontrolle kommen die aus dem Qualitätsmanagement bekannten Methoden (z. B. Ishikawa-Diagramm, Qualitätsregelkarten) zum Einsatz.[91] In Bezug auf die Prozesse ist zu kontrollieren, ob die geltenden Standards eingehalten werden, z. B. ob der Terminplan aktuell ist oder ob die Projektsitzungen angemessen vorbereitet (z. B. Tagesordnung) und dokumentiert werden.

Im Rahmen der Risikoüberwachung sind die bei der Planung erkannten Risiken zu beobachten und es ist zu entscheiden, ob Handlungsbedarf besteht. Laufende Risikoabwehrmaßnahmen sind auf ihre Wirksamkeit zu prüfen. Weiterhin ist ständig zu überprüfen, ob die bei der Projektplanung vorgenommene Einschätzung der Risiken angepasst werden muss, weil z. B. neue Risiken hinzugekommen sind.[92]

Die Überwachung der Beschaffungsvorgänge soll sicherstellen, dass die Lieferanten die mit ihnen geschlossenen Verträge erfüllen. Dazu gehören insbesondere die Qualität der erbrachten Lieferungen und Leistungen, die Einhaltung von Lieferterminen und vereinbarten Konditionen. Diese Aufgaben werden in einigen Unternehmen zumindest teilweise nicht im Projekt, sondern in dafür eingerichteten Organisationseinheiten der Linienorganisation (insb. Einkaufsabteilung) wahrgenommen.[93]

Änderungen der Projektaufgaben und anderer Elemente des Projektauftrags (z. B. Termine, Budget) während der Projektlaufzeit sind in den meisten Projekten unvermeidlich. Für die Projektleitung wichtig ist, den Überblick über die durchgeführten Änderungen zu behalten und den Änderungsprozess zu steuern. Die Änderungen müssen mit dem Auftraggeber einschließlich möglicher Konsequenzen für Fertigstellungstermine und Budget abgestimmt werden. Es ist zu prüfen, ob die Änderungen die Anpassung der Projektpläne erfordern. Für Änderungen werden im Rahmen des Änderungsmanagements häufig Antragsformulare *(change request)* verwendet, um sicherzustellen, dass die die Änderungen anstoßende Stelle alle für die Entscheidung über die Durchführung der Änderung benötigten Angaben bereitstellt und der Beantragungs- und Entscheidungsweg nachvollziehbar ist. Die Änderungen müssen dokumentiert und allen betroffenen Projektbeteiligten zur Kenntnis gebracht werden.[94]

Die Überwachung der Projektarbeit ist eine ständige Aufgabe der Projektleitung. Die tatsächlich erzielten Ergebnisse müssen mit den geplanten abgeglichen und daraus bei Bedarf Maßnahmen abgeleitet werden.[95]

Die Überwachungsergebnisse fließen in die Projektberichte ein, mit denen die Projektbeteiligten – insbesondere der Auftraggeber – in regelmäßigen Zeitabständen (üblicherweise monatlich) und zusätzlich aus besonderen Anlässen über den Stand des Projekts informiert werden. Projektberichte beinhalten Informationen über erzielte Ergebnisse, erledigte Aufgaben, Termine, Kosten, Qualität, Risiken und ggf. auch die Beschaffung. In der Regel werden unternehmensspezifische Formulare bzw. ein Software-Tool mit entsprechenden Eingabefeldern verwendet.[96] Neben schriftlich übermittelten Projektberichten stehen Projektreviews. Das sind

Besprechungen zwischen Projektleitung und Auftraggeber, in denen es um dieselben Themen wie in den Projektberichten geht. Wegen der Präsenz des Auftraggebers sind diese Projektaudits ein geeignetes Forum, um über Änderungen des Projektauftrags zu entscheiden.

Bevor ein Projekt oder eine Projektphase beendet werden, müssen die Ergebnisse vom Auftraggeber abgenommen werden. Grundlage für die Abnahme der Projektergebnisse ist der Projektauftrag mit den dort definierten Abnahmekriterien (z. B. 24 Stunden störungsfreier Betrieb einer Anlage).[97]

Gegenstand der Abnahme können auch Zwischenergebnisse (z. B. Design-Protoyp in einem Produktentwicklungsprojekt) sein, die dann vom Auftraggeber freigegeben oder mit Änderungsauflagen versehen werden. Die Zeitpunkte für diese Freigaben werden bereits bei der Terminplanung als Meilensteine berücksichtigt.

Abschluss

Zur letzten Prozessgruppe gehören zwei Prozesse: Der Abschluss eines Projekts oder einer Phase und die Beendigung der Beschaffungsvorgänge.

Im Rahmen des Projektabschlusses werden die Projektergebnisse und die Projektdokumentation an den Auftraggeber übergeben. Zur Dokumentation gehören neben den während des Projektablaufs entstandenen Dokumenten, wie z. B. Zeichnungen und Stücklisten, der Abschlussbericht des Projekts und eine Auswertung der Erfahrungen aus dem Projekt, die für Folgeprojekte genutzt werden können.[98]

Wenn an den Ergebnissen des Projekts unmittelbar nach Projektende weiter gearbeitet wird, indem z. B. das im Projekt entwickelte Produkt an die Fertigung übergeben wird, muss die Übergabe der Verantwortung exakt definiert werden.

Die Projektressourcen werden mit dem Abschluss des Projekts wieder freigegeben bzw. einer Weiterverwendung für andere Zwecke zugeführt.

Durch die Beendigung der Beschaffungsvorgänge soll sichergestellt werden, dass alle im Rahmen des Projekts abgeschlossenen, noch offenen Verträge entweder an Nachfolgeprojekte bzw. Linienorganisationseinheiten übergeben oder beendet werden. Für den Fall der Beendigung ist zu prüfen, ob alle vertraglichen Verpflichtungen erfüllt worden sind. Offene Verpflichtungen können vor allem bei vorzeitig eingestellten Projekten zu Konflikten führen, weil es noch Ansprüche Dritter an das das Projekt durchführende Unternehmen geben kann.[99]

Im PMBOK werden neun Themenfelder *(knowledge areas)* für das Projektmanagement definiert (siehe **Bild 4-17**). Jeder der vorstehend beschriebenen 42 Teilprozesse lässt sich einem dieser Themenfelder zuordnen. Der PMBOK weist damit eine dreidimensionale Struktur auf (Themenfelder, Prozessgruppen, Prozesse).

Bild 4-17 PMBOK-Themenfelder

[Themenfelder: Projektintegration, Projektauftrag, Zeitmanagement, Kostenmanagement, Qualitätsmanagement, Personalmanagement, Kommunikation, Risikomanagement, Beschaffung]

4.2.2 PRINCE2

PRINCE2 (*Projects In Controlled Environments*, Projekte in gesteuerter Umgebung) ist ein in Konkurrenz zum PMBOK stehender Projektmanagementansatz, der sich durch seine Skalierbarkeit (Anwendbarkeit sowohl für kleine als auch große Projekte) und die zentrale Funktion des in einem *Business Case* darzulegenden betriebswirtschaftlichen Nutzen des Projekts auszeichnet. PRINCE2 wurde vom *Office of Government Commerce* (OGC) der britischen Regierung entwickelt,[100] das ebenfalls den im Bereich der Planung und des Betriebs von IT-Infrastruktur und -Diensten weit verbreiteten Standard ITIL *(Information Technology Infrastructure Library)* herausgibt. Zwischen PRINCE2 und ITIL bestehen enge Zusammenhänge,[101] der Ursprung von PRINCE lag im Bereich von IT-Projekten.

Im Gegensatz zum PMBOK stehen bei PRINCE nicht Prozesse, sondern Objekte im Mittelpunkt. Die Objekte werden als „Produkte" bezeichnet, womit alles gemeint ist, was aus dem Projekt heraus erzeugt wird, also auch Dokumente.[102]

Den Phasen gemäß PMBOK entsprechen in PRINCE2 Projektetappen *(stages)*, zwischen denen ebenfalls Entscheidungen des Auftraggebers über die Projektfortführung zu treffen sind.[103]

Die Prozesse sind den Prozessgruppen nach PMBOK ähnlich:

- Projektvorbereitung,
- Projektinitiierung,
- Projektlenkung,
- Projektplanung
- Projektphasensteuerung,
- Management der Produktlieferung,
- Management der Phasenübergänge,
- Projektabschluss.[104]

Diese Prozesse sind in insgesamt 45 Subprozesse untergliedert.

Für die zum Management eines Projektes nach dem PRINCE2-Ansatz erforderlichen Dokumente, z. B. Business Case, Projektstatusbericht oder Kommunikationsplan, gibt es eine Vielzahl von Vorlagen.[105]

Quellenhinweise (Kap. 4)

Literaturverzeichnis zu Kap. 4

Binner, H.: Handbuch der prozessorientierten Arbeitsorganisation. Methoden und Werkzeuge zur Umsetzung, 2. Aufl. Darmstadt: Hanser, 2005

Binner, H.: Pragmatisches Wissensmanagement. Systematische Steuerung des intellektuellen Kapitals. Darmstadt: Hanser, 2007

Boy, J.; Dudek, C.; Kuschel, S.: Projektmanagement: Grundlagen, Methoden und Techniken, Zusammenhänge; 10. Aufl. Offenbach: Gabal, 2005

Bühner, R.: Betriebswirtschaftliche Organisationslehre, 10. Aufl. München und Wien: Oldenbourg, 2004

Diethelm, G.: Projektmanagement. Band I: Grundlagen. Herne und Berlin: nwb, 2000

Diethelm, G.: Projektmanagement. Band II: Sonderfragen. Herne und Berlin: nwb, 2001

Dinsmore, P. C.; Cooke-Davies, T. J.; Cooke-Davies, T.: The right projects done right! From business strategy to successful project implementation. San Francisco: Jossey-Bass, 2005

Ebel, N.: PRINCE2. Projektmanagement mit Methode. Grundlagenwissen und Vorbereitung für die Zertifizierungsprüfungen. München usw.: Addison-Wesley, 2007

Erlach, K.: Wertstromdesign: Der Weg zur schlanken Fabrik. Berlin und Heidelberg: Springer, 2007

Gibson, G. E.; Wang, Y.; Cho, C.-S.; Pappas M. P. J.: What Is Preproject Planning, Anyway? In: Journal of Management in Engineering. 22, 35 (2006)

Goller, I.; Bronsack, T.: Von den Besten lernen: Benchmarking Teamarbeit. In: REFA-Nachrichten 3/2006, S. 34-39 (2006)

Greife, W., Langemeyer, W.: Führung in Teams. In: Elsik, W., Mayrhofer, W. (Hrsg.): Strategische Personalpolitik, S. 197-221. Mering und München: Hampp, 1999

Greife, W.: Prozess-Cockpit. In: GFO/IABPM (Hrsg.): Business Process Management Body of Knowledge (BPM-BOK), 2008. http://www.gfuero.org/wiki153/index.php, Zugriff 28.6.2009

Kieser, A.; Walgenbach, P.: Organisation, 5. Aufl., Stuttgart: Schäffer-Poeschel, 2007

Kosiol, E.: Organisation der Unternehmung. Wiesbaden: Gabler, 1976

Kraus, G.; Westermann, R.: Projektmanagement mit System; 3. Aufl. Wiesbaden: Gabler, 2006

Kühn, W.: Digitale Fabrik: Fabriksimulation für Produktionsplaner. München usw.: Hanser, 2006

Litke, H.-D.: Projektmanagement. Methoden, Techniken, Verhaltensweisen, evolutionäres Projektmanagement, 5. Aufl. München: Hanser, 2007

Lotter, B.; Wiendahl, H.-P. (Hrsg.): Montage in der industriellen Produktion. Ein Handbuch für die Praxis. Berlin und Heidelberg: Springer, 2006

Lotter, B.: Primär-Sekundär-Analyse. In: Lotter, B., Wiendahl, H.-P. (Hrsg.): Montage in der industriellen Produktion. Ein Handbuch für die Praxis, S. 59-93. Berlin und Heidelberg: Springer, 2006

Lotter, E.: Hybride Montagesysteme. In: Lotter, B., Wiendahl, H.-P. (Hrsg.): Montage in der industriellen Produktion. Ein Handbuch für die Praxis, S. 193-217. Berlin und Heidelberg: Springer, 2006

o.V.: Value Stream Mapping. http://www.strategosinc.com/value-stream-mapping-3.htm, Zugriff 28.6.2009

OASIS (Hrsg.): Web Services Business Process Execution Language Version 2.0, 2008, http://docs.oasis-open.org/wsbpel/2.0, Zugriff 28.6.2009

Olfert, K.: Kompakttraining Projektmanagement, 6. Aufl. Ludwigshafen: Kiehl, 2008

Olfert, K.: Organisation, 14. Aufl. Ludwigshafen: Kiehl, 2006

OMG (Hrsg.): Business Process Modeling Notation, V1.1, 2008, http://www.bpmn.org

Patzak, G., Rattay, G.: Projektmanagement, 4. Aufl. Wien: Linde, 2004

Project Management Institute (Hrsg.): A Guide to the Project Management Body of Knowledge, 4. Aufl., Newtown Square: PMI, 2009

Reckert, H.: Risikomanagement. In: Hoffmann, H.-E.; Schoper, Y.-G.; Fitzsimons, C. J. (Hrsg.): Internationales Projektmanagement. Interkulturelle Zusammenarbeit in der Praxis, S. 265-291. München: DTV, 2004

Schreyögg, G.: Organisation. Grundlagen moderner Organisationsgestaltung, 5. Aufl. Wiesbaden: Gabler, 2008

Schulte-Zurhausen, M.: Organisation, 4. Aufl. München: Vahlen, 2005

Standish Group (Hrsg.): Standish 2009 CHAOS Report, Boston: Standish, 2009

Stöger, R.: Wirksames Projektmanagement. Mit Projekten zu Ergebnissen, 2. Aufl. Stuttgart: Schäffer-Poeschel, 2007

Triest, S., Heilwagen, A.: PMBOK® Guide 4th Edition – großer Wurf oder vergebene Chance? In: Projekt-Magazin, http://www.projektmagazin.de/magazin/abo/artikel/2009/0409-3.html, Zugriff 28.6.2009

Vahs, D.: Organisation. Einführung in die Organisationstheorie und -praxis, 6. Aufl. Stuttgart: Schäffer-Poeschel, 2007

VDI (Hrsg.): Richtlinie 4499 Digitale Fabrik - Grundlagen

Wagenhals, K.: Kommunikation und Information. In: Hoffmann, H.-E.; Schoper, Y.-G.; Fitzsimons, C. J. (Hrsg.): Internationales Projektmanagement. Interkulturelle Zusammenarbeit in der Praxis, S. 77-99. München: DTV, 2004

Wagner, K. (Hrsg.): PQM – Prozessorientiertes Qualitätsmanagement. Leitfaden zur Umsetzung der ISO9001:2000, 3. Aufl. München und Wien: Hanser, 2006

Wiendahl, H.-P.: Betriebsorganisation für Ingenieure, 6. Aufl. München und Wien: Hanser, 2008

Anmerkungen zu Kap. 4

[1] vgl. die Übersichten bei Bühner (2004), S. 103-117, Schreyögg (2008), S. 31 und Schulte-Zurhausen (2005), S. 7
[2] vgl. Schulte-Zurhausen (2005), S. 8 f.
[3] vgl. Bühner (2004), S. 104 f.
[4] vgl. Schreyögg (2008), S. 43-48
[5] vgl. Schulte-Zurhausen (2005), S. 29-39
[6] Vahs (2007), S. 52
[7] vgl. Vahs (2007), S. 53
[8] vgl. Schulte-Zurhausen (2005), S. 161
[9] vgl. Kosiol (1976), S. 49 ff.
[10] vgl. Schulte-Zurhausen (2005), S. 42
[11] vgl. Schulte-Zurhausen (2005), S. 43 f.
[12] vgl. Schulte-Zurhausen (2005), S. 251
[13] vgl. Bühner (2004), S. 133-140
[14] vgl. Goller/Bronsack (2006), S. 35
[15] vgl. Greife/Langemeyer 1999, S. 198 f. und S. 203-208
[16] vgl. Bühner (2004), S. 215-229, Schulte-Zurhausen (2005), S. 427-430
[17] vgl. Schulte-Zurhausen (2005), S. 420-423
[18] vgl. Bühner (2004), S. 202-207, Schulte-Zurhausen (2005), S. 309-311
[19] vgl. Schulte-Zurhausen (2005), S. 229-264
[20] vgl. Schulte-Zurhausen (2005), S. 264-268
[21] vgl. Schulte-Zurhausen (2005), S. 269 f.

22 Quelle: http://www.metrogroup.de/servlet/PB/menu/1000080_11/index.html
23 vgl. Schulte-Zurhausen (2005), S. 273 f.
24 vgl. Vahs (2007), S. 215-221
25 vgl. Vahs (2007), S. 222, Schulte-Zurhausen (2005), S. 51
26 vgl. Vahs (2007), S. 230
27 vgl. Vahs (2007), S. 226-230 und Wagner (2006), S. 39-41
28 vgl. Vahs (2007), S. 230-237
29 vgl. z. B. Vahs (2007), S. 239-255, Schulte-Zurhausen (2005), S. 96-126
30 vgl. Wagner (2006), S. 45-84
31 vgl. Wagner (2006), S. 49 f.
32 vgl. Schulte-Zurhausen (2005), S. 102-103
33 Business Process Modeling Notation, V1.1, Herausgeber Object Management Group (OMG)
34 vgl. Wagner (2006), S. 55-65
35 in Anlehnung an OGM (2008), S. 14
36 vgl. Schulte-Zurhausen (2005), S. 108-117
37 vgl. VDI-Richtlinie 4499: Digitale Fabrik - Grundlagen
38 z. B. DELMIA oder Digital Factory Solution/eMPower, vgl. Kühn (2006), S. 209-273
39 vgl. Kühn (2006), S. 60-64
40 vgl. Wagner (2006), S. 81 f.
41 vgl. Wagner (2006), S. 95-104, Greife (2008)
42 vgl. Schulte-Zurhausen (2005), S. 128, Wiendahl (2008), S. 30, Bühner (2004), S. 238-250
43 vgl. Schulte-Zurhausen (2005), S. 128 f., Wiendahl (2008), S. 30-32
44 vgl. Bühner (2004), S. 251-253
45 vgl. Wiendahl (2008), S. 33-39
46 vgl. Wiendahl (2008), S. 32 f
47 vgl. Lotter/Wiendahl (2006), S. 3 f.
48 vgl. Lotter, E. (2006), S. 193-211
49 vgl. Lotter, B. (2006), S. 59-70

50 in Anlehnung an: http://www.strategosinc.com/value-stream-mapping-3.htm, Zugriff 29.6.2009
51 vgl. Erlach (2007), S. 7-12
52 vgl. Standish Group (2009), S. 1
53 www.pmi.org
54 vgl. Triest/Heilwagen (2009)
55 vgl. PMBOK Kap. 2.1.3
56 vgl. PMBOK Kap. 2.1.3
57 vgl. PMBOK Kap. 3
58 vgl. PMBOK Kap. 4.1; Kraus/Westermann (2006), S. 44-52
59 vgl. PMBOK Kap. 10.1
60 vgl. PMBOK Kap. 4.2, 5.1, 5.2
61 vgl. PMBOK Kap 3.4
62 vgl. Dinsmore et al. (2005), S. 229 f., Gibson et al. (2006)
63 vgl. Diethelm (2000), S. 276 f. Die Arbeitspakete entsprechen den *activities* gemäß PMBOK.
64 vgl. Litke (2007), S. 90-97
65 vgl. PMBOK Kap. 5.3
66 vgl. PMBOK Kap. 6.1
67 vgl. PMBOK Kap. 6.2
68 vgl. Patzak/Rattay (2004), S. 183 f.
69 vgl. PMBOK Kap. 6.4 und Litke (2007), S. 110-125
70 vgl. PMBOK Kap. 6.5
71 vgl. Patzak/Rattay (2004), S. 193-195
72 vgl. PMBOK Kap. 6.3 und 9.1 sowie Patzak/Rattay (2004), S. 205-214
73 vgl. PMBOK Kap. 12.1
74 vgl. PMBOK Kap. 7.1
75 vgl. PMBOK Kap. 7.2
76 vgl. PMBOK Kap. 8.1
77 vgl. PMBOK Kap. 10.2
78 vgl. PMBOK Kap. 11.1 bis 11.5, Reckert (2004), S. 277-288
79 vgl. PMBOK Kap. 9.2 und 9.3
80 vgl. Diethelm (2001), S. 21-29
81 vgl. PMBOK Kap. 9.4

[82] vgl. Boy/Dudek/Kuschel (2006), S. 58-65; Olfert (2008), S. 163
[83] vgl. PMBOK Kap. 8.2
[84] vgl. Stöger (2007), S. 133-137
[85] vgl. PMBOK Kap. 10.3
[86] vgl. Wagenhals (2004), S. 80-94
[87] vgl. PMBOK Kap. 10.4
[88] vgl. PMBOK Kap. 12.2
[89] vgl. PMBOK Kap. 6.6
[90] vgl. PMBOK Kap. 7.3
[91] vgl. PMBOK Kap. 8.3
[92] vgl. PMBOK Kap. 11.6
[93] vgl. PMBOK Kap. 12.3
[94] vgl. PMBOK Kap. 4.5 und 5.5
[95] vgl. PMBOK Kap. 4.4
[96] vgl. PMBOK Kap. 10.5
[97] vgl. PMBOK Kap. 5.4
[98] vgl. PMBOK Kap. 4.6
[99] vgl. PMBOK Kap. 12.4
[100] vgl. Ebel (2007), S. 37-39
[101] vgl. Ebel (2007), S. 408-417
[102] vgl. Ebel (2007), S. 157 f.
[103] vgl. Ebel (2007), S. 40
[104] vgl. Ebel (2007), S. 61-77 und S. 147-230
[105] http://www.prince2.com/prince2-downloads.asp

5 Externes Rechnungswesen

5.1 Grundsätze ordnungsgemäßer Buchführung und Bilanzierung (GoB)

Buchführung ist die systematische Erfassung und Aufzeichnung der wirtschaftlichen Prozesse in einem Unternehmen. Die Vorschriften zur Buchführung und Rechnungslegung werden im Handelsrecht und in Steuergesetzen geregelt.

Dabei sind die sog. Grundsätze ordnungsgemäßer Buchführung und Bilanzierung (GoB) zu beachten. Hierunter werden allgemein anerkannte Regeln zur Führung von Büchern und für die Jahresabschlusserstellung verstanden.[1] Sie lassen sich in materielle und formelle Grundsätze unterteilen.

Die materiellen Grundsätze verlangen:

- Vollständigkeit,
- Wirklichkeit,
- Begründetheit und
- Richtigkeit

der Bücher und sonstigen Aufzeichnungen.

Die formellen Grundsätze verlangen:

- Klarheit,
- Sicherheit und
- zeitgerechte sowie geordnete Verbuchung.

Der Grundsatz der Klarheit z. B. ist erfüllt bei Verwendung:

(1) eines in sich geschlossenen Buchführungssystems,
(2) eines Kostenplans,
(3) eines vollständigen Symbolverzeichnisses und
(4) der doppelten Buchführung bei Vollkaufleuten.

Mit der doppelten Buchführung wird jeder Geschäftsvorgang in zweifacher Weise erfasst: erstens im Grundbuch (Buchung aller Vorgänge in zeitlicher Reihenfolge) und zweitens im Hauptbuch (sachliche Zuordnung aller Vorgänge über das Buchen in entsprechende Konten).[2]

Die Erfüllung dieses Grundsatzes ist erreicht, wenn ein sachverständiger Dritter bei der zeitgerechten und geordneten Verbuchung in der Lage ist, innerhalb eines angemessenen Zeitrahmens einen Überblick über die Geschäftsvorfälle und die Lage der Unternehmung zu erhalten.

Bild 5-1 gibt den Überblick über die materiellen Grundsätze. Die Grundsätze der Vollständigkeit und der Richtigkeit (materielle GoB) verlangen, dass die Geschäftsvorfälle lückenlos erfasst und verbucht werden, dass keine Buchungen fingiert und das alle Geschäftsvorfälle auf den zutreffenden Konten verbucht werden.

5.1 Grundsätze ordnungsgemäßer Buchführung und Bilanzierung (GoB)

```
                         Grundsatz der
                              ...
        ┌──────────────┬──────┴───────┬──────────────┐
        ▼              ▼              ▼              ▼
  Vollständigkeit  Wirklichkeit   Begründetheit   Richtigkeit
```

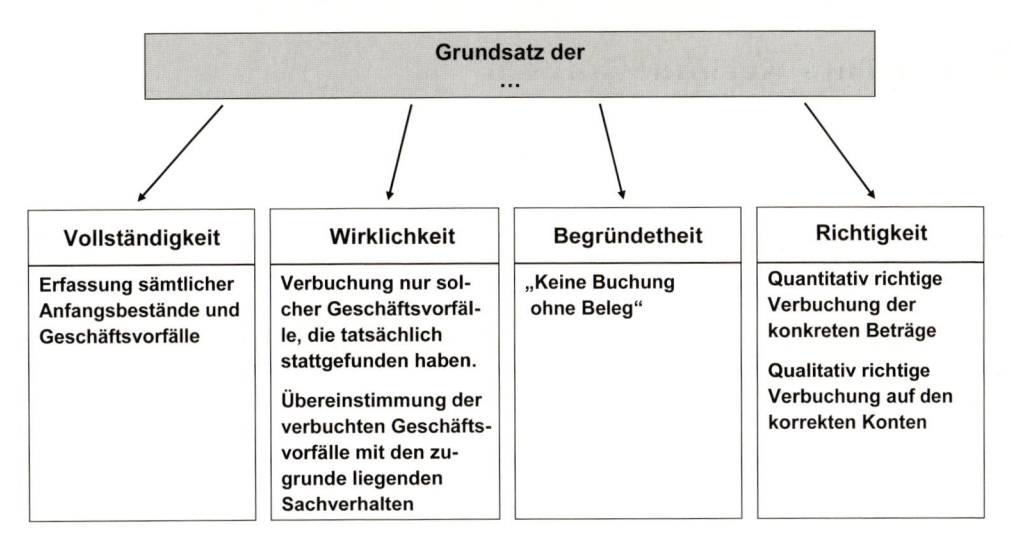

Vollständigkeit	Wirklichkeit	Begründetheit	Richtigkeit
Erfassung sämtlicher Anfangsbestände und Geschäftsvorfälle	Verbuchung nur solcher Geschäftsvorfälle, die tatsächlich stattgefunden haben. Übereinstimmung der verbuchten Geschäftsvorfälle mit den zugrunde liegenden Sachverhalten	„Keine Buchung ohne Beleg"	Quantitativ richtige Verbuchung der konkreten Beträge. Qualitativ richtige Verbuchung auf den korrekten Konten

Bild 5-1 Materielle Grundsätze ordnungsgemäßer Buchführung

Neben den materiellen sind die in **Bild 5-2** dargestellten formellen Grundsätze ordnungsgemäßer Buchführung zu beachten.

```
                  Grundsatz der
                       ...
        ┌──────────────┼──────────────┐
        ▼              ▼              ▼
     Klarheit      Sicherheit    zeitgerechten und
                                 geordneten Verbuchung
```

Klarheit	Sicherheit	zeitgerechten und geordneten Verbuchung
Herstellung von Verbindungen zwischen den von den Buchungen betroffenen Unterlagen (Konto, Gegenkonto, Beleg) Angabe des Buchungsdatums	Gewährleistung der Unverfälschbarkeit der Buchungen Änderungen ausschließlich durch Storno-Buchungen	Unverzügliche Erfassung der Geschäftsvorfälle entsprechend der zeitlichen Reihenfolge. Vielfältige Ordnungskriterien

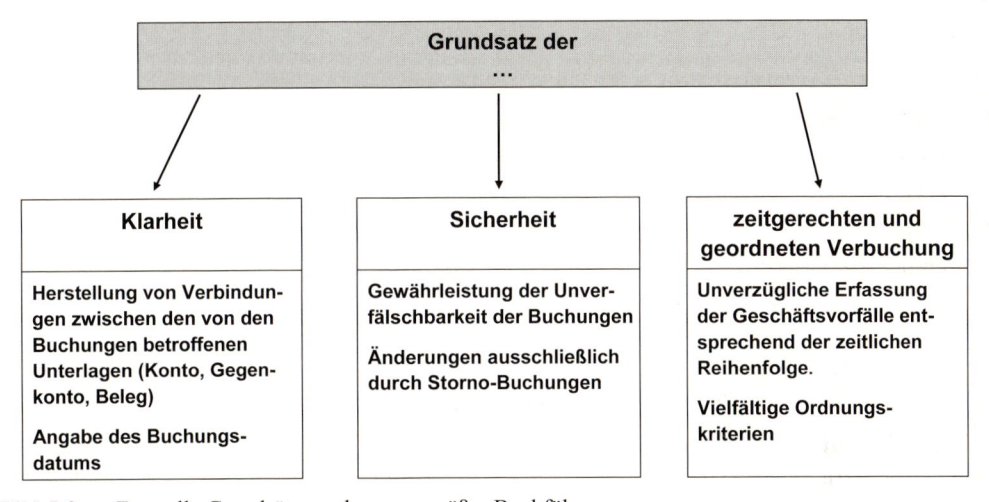

Bild 5-2 Formelle Grundsätze ordnungsgemäßer Buchführung

Der Grundsatz der Bilanzklarheit beinhaltet die Grundsätze der Richtigkeit und der Willkürfreiheit. Er kann dahin gehend interpretiert werden, dass eine Bilanz sämtliche Vermögenswerte enthalten muss und das diese wahrheitsgemäß und realitätsnah zu bewerten sind.[3]

Das Realisationsprinzip besagt, dass Aufwendungen und Erträge im Jahresabschluss erst dann Berücksichtigung finden dürfen, wenn sie auch tatsächlich realisiert bzw. angefallen sind.[4]

Das Imparitätsprinzip verbietet die Erfassung noch nicht realisierter aber bereits verursachter Gewinne (z. B. durch bereits eingeleitete aber noch nicht abgeschlossene Geschäfte) im Jahresabschluss. Verluste (negative Erfolgsbeiträge) aus bereits eingeleiteten Geschäften, die bereits vor dem Abschlussstichtag abzusehen und abschätzbar sind, jedoch erst nach dem Rechnungslegungstermin eintreten werden, müssen hingegen in den Jahresabschluss einfließen. In diesem Zusammenhang wird von dem Prinzip der Verlustantizipation gesprochen.[5]

Das Imparitätsprinzip wird durch die folgenden Prinzipien konkretisiert:
- Niederstwertprinzip,
- Höchstwertprinzip,
- Rückstellungsprinzip.

Das Niederstwertprinzip besagt, dass von zwei möglichen Wertansätzen (z. B. Anschaffungskosten oder Herstellungskosten einerseits) und dem Börsen- oder Marktwert andererseits, jeweils der niedrigere angesetzt werden muss (strenges Niederstwertprinzip) oder angesetzt werden darf (gemildertes Niederstwertprinzip). Damit wird eine Aufwandantizipation verlangt bzw. ermöglicht. Dieses Prinzip gilt für die Aktivseite der Bilanz (Umlauf- und Anlagevermögen).

Das Höchstwertprinzip findet auf die Passivseite der Bilanz Anwendung. Es besagt, dass für nicht langfristige Verbindlichkeiten der Unternehmung, der höhere Wert (z. B. Börsenkurs) angesetzt werden muss (strenges Höchstwertprinzip). Für langfristige Verbindlichkeiten gilt dies nur, wenn beispielsweise eine Kurssteigerung voraussichtlich von Dauer sein wird (gemildertes Höchstwertprinzip).

Im Rahmen des Rückstellungsprinzips ist die Bildung von Rückstellungen für drohende Verluste aus schwebenden Geschäften vorgeschrieben

Der Grundsatz der Stetigkeit zielt auf die Vergleichbarkeit von Jahresabschlüssen ab. Er besagt u. a., dass die eingesetzten Abschlussgrundsätze und -methoden von Geschäftsjahr zu Geschäftsjahr, soweit möglich und sinnvoll unverändert bleiben sollen (Grundsatz der Bilanzkontinuität).[6]

Der Grundsatz der Vorsicht verlangt, dass im Fall von bestehenden Spielräumen bei der Erstellung des Jahresabschlusses, die pessimistischen Zukunftserwartungen eine stärkere Berücksichtigung finden sollen, als optimistische Prognosen. Daraus resultiert eine eher pessimistische Bewertung bei Unsicherheit.[7] Es soll vermieden werden, dass sich die Unternehmung „reicher rechnet", als sie in Wirklichkeit ist.

5.2 Rechnungslegung (externes Rechnungswesen)

Adressaten des externen Rechnungswesens sind Anteilseigner, Kreditgeber, Kunden, der Fiskus, die Unternehmungsleitung, Lieferanten, Arbeitnehmer und die Öffentlichkeit.[8]

Der Begriff der Rechnungslegung (in weiterem Sinne) kennzeichnet die Pflichten für Personen, die über eine mit Einnahmen und Ausgaben verbundene Organisation Rechenschaft abzulegen haben (vgl. § 259 BGB). Die Rechnungslegung erfolgt mittels einer geordneten Zusammenstellung der Einnahmen und Ausgaben unter der Beifügung der entsprechenden Belege.

Rechnungslegung (im engeren Sinn) bezeichnet die Rechenschaftslegung mittels des aus der Bilanz, der Gewinn- und Verlustrechung (GuV), dem Anhang (für Kapitalgesellschaften und Konzerne gem. §§ 284-288 bzw. §§ 313 f.) und dem Lagebericht (für Kapitalgesellschaften und Konzerne gem. §§ 289 bzw. 315 HGB) bestehenden Jahresabschlusses (vgl. § 242 Abs. 3 HGB).

Die Rechnungslegung von Unternehmungen und Konzernen, die bestimmte Größenmerkmale erfüllen, regelt das sog. Publizitätsgesetz.

5.3 Der Jahresabschluss und seine Bestandteile

Der Jahresabschluss besteht im Abschluss aller Konten am Ende eines Geschäftsjahres. Handelsrechtlich bilden die Bilanz und die Erfolgsrechnung (Gewinn- und Verlustrechnung (GuV)) den Jahresabschluss. Bei Kapitalgesellschaften wird er um den Anhang und den Lagebericht ergänzt **(Bild 5-3)**.

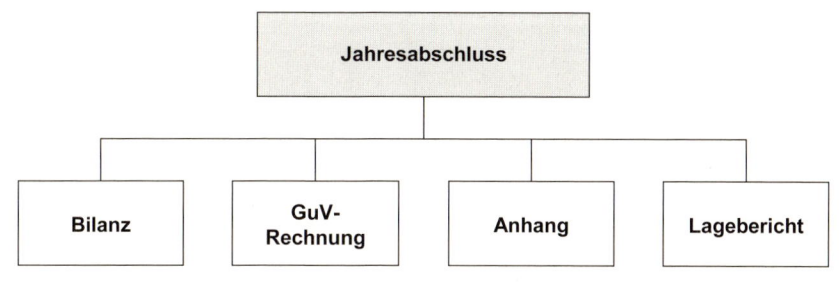

Bild 5-3 Bestandteile des Jahresabschlusses

Der Jahresabschluss soll es Unternehmensbeteiligten (z. B. Aktionären, Mitarbeitern Lieferanten, Kunden und den Fiskus), die nicht der Geschäftsführung angehören, ermöglichen, die für ihre Entscheidungen benötigten Informationen über die wirtschaftliche Entwicklung (Gegenwart und Zukunft) der Unternehmung zu erlangen (Informationsfunktion).

Neben der Informationsversorgung übernehmen Jahresabschlüsse die Funktion der Bemessungsgrundlage für die Gewinnverwendung (für Dividendenzahlungen) (Zahlungsbemessungsfunktion).

Der Jahresabschluss hat zudem die Aufgabe, das Unternehmungsgeschehen zu dokumentieren (Dokumentationsfunktion), um bei Rechtsstreitigkeiten oder im Insolvenzfall als Beweismittel herangezogen werden zu können.

5.3.1 Bilanz

Die Bilanz ist eine Gegenüberstellung von Vermögen und Kapital eines Unternehmens zum sog. Bilanzstichtag, dem letzten Tag des Geschäftsjahres (vgl. Bähr/Fischer-Winkelmann/List (2006), S. 23 ff., Schierenbeck/Wöhle (2008), S. 702ff.). Die Informationen der Bilanz beziehen sich damit auf die Vermögens-, Finanz- und Ertragslage (§ 264 Abs. 2 HGB).

Das Vermögen stellt die Aktiva der Bilanz (linke Seite bei einer Bilanz in Kontenform) dar. Dabei handelt es sich um die Gesamtheit aller eingesetzten Vermögensgegenstände (z. B. Immobilien, Maschinen, Wertpapiere) und Geldmittel. Das Kapital (rechte Seite bei einer Bilanz in Kontenform), bildet als Summe aller Verpflichtungen gegenüber Beteiligten und Gläubigern die Passiva der Unternehmung. Hierzu zählen beispielsweise das Eigenkapital und Rückstellungen.

Beide Seiten der Bilanz sind Ausdruck für ein und dieselbe Wertgesamtheit, der in der Unternehmung vorhandenen Mittel, wobei die Passiva die Herkunft der finanziellen Mittel (Eigen- und Fremdkapital) und die Aktiva die Verwendung (Anlage- und Umlaufvermögen) anzeigt. Dieser Sachverhalt wird in **Bild 5-4** dargestellt.

Bilanz zum 31.12.2009

Aktiva	Passiva
Vermögen ...	**Kapital ...**
Anlagevermögen Sachanlagen Finanzanlagen	**Eigenkapital**
Umlaufvermögen Warenvorräte Forderungen Zahlungsmittel	**Fremdkapital** Verbindlichkeiten gegenüber Banken Verbindlichkeiten gegenüber Lieferanten
Bilanzsumme	Bilanzsumme

Bild 5-4   Bilanzaufbau

Die Differenz zwischen den Aktiva (dem Bilanzvermögen) und den Verbindlichkeiten (z. B. gegenüber Aktionären, Banken, Lieferanten und Kunden) wird als Reinvermögen bezeichnet.

Bilanzen lassen sich nach verschiedenen Kriterien gruppieren:

- Ordentliche Bilanz: Erstellung in regelmäßigen Abständen (i. d. R. jährlich). Bspw. Handelsbilanz, Steuerbilanz;
- Außerordentliche Bilanz: Einmalige oder unregelmäßige Erstellung, ausgelöst durch rechtliche oder wirtschaftliche Anlässe. Bspw. Gründungs-, Kapitalerhöhungs-, Sanierungs-, Umwandlungs-, Fusions-, Liquidations- oder Kreditprüfungsbilanz;
- Einzelbilanz: Erstellung für ein Unternehmen;
- Konzernbilanz (auch konsolidierte Bilanz): Erstellung für alle im Konzern zusammengefasste Unternehmen;
- Interne Bilanz: Interne (unveröffentlichte) Entscheidungsgrundlage für die Unternehmensführung;
- Externe Bilanz: Die Bilanzadressaten sind i. d. R. vom Gesetzgeber bestimmt, z. B. Gläubiger, Anteilseigner, gewinnbeteiligte Arbeitnehmer, Finanzbehörden, potenzielle Anleger, mögliche Kreditgeber, staatliche Institutionen und Wirtschaftspresse.[9]

Darüber hinaus sind die Handels- und die Steuerbilanz zu unterscheiden. Da sie regelmäßig bedeutsam sind, werden sie nachfolgend in eigenständigen Kapiteln vorgestellt. Die laufenden Bilanzen lassen sich zudem als Monats-, Quartals-, Halbjahres- oder Jahresbilanzen aufstellen.[10]

5.3.2 Handelsbilanz

Die Handelsbilanz wird nach den handelsrechtlichen Bestimmungen der §§ 238 – 289 HGB erstellt (vgl. Schildbach (2008), S. 116ff.). Der Zweck der Handelsbilanz besteht in der Ermittlung des Unternehmens- bzw. Konzerngewinns unter besonderer Berücksichtigung des Gläubigerschutzes. Die Aufgaben der Handelsbilanz sind die Rechenschaftslegung (gegenüber Gläubigern, Gesellschaftern, Arbeitnehmern und der Öffentlichkeit), die Dokumentation der Vermögens- und Ertragslage sowie die rechnerischen Fundierung unternehmungspolitischer Entscheidungen.[11]

Den Aufbau der Handelsbilanz nach § 266 HGB visualisiert **Bild 5-5**.

Handelsbilanz zum 31.12.2009

Aktiva	Passiva

A. **Anlagevermögen**
  I. Immaterielle Vermögensgegenstände
  II. Sachanlagen
  III. Finanzanlagen
B. **Umlaufvermögen**
  I. Vorräte
  II. Forderungen und sonstige Vermögensgegenstände
  III. Wertpapiere
  IV. Kassenbestand, Bundesbankguthaben, Guthaben bei Kreditinstituten und Schecks
C. **Rechnungsabgrenzungsposten**
	A. **Eigenkapital**
	  I. Gezeichnetes Kapital
	  II. Kapitalrücklagen
	  III. Gewinnrücklagen
	  IV. Gewinn-/Verlustvortrag
	  V. Jahresüberschuss/ Jahresfeldbetrag
	B. **Rückstellungen**
	C. **Verbindlichkeiten**
	D. **Rechnungsabgrenzungsposten**

Bilanzsumme	Bilanzsumme

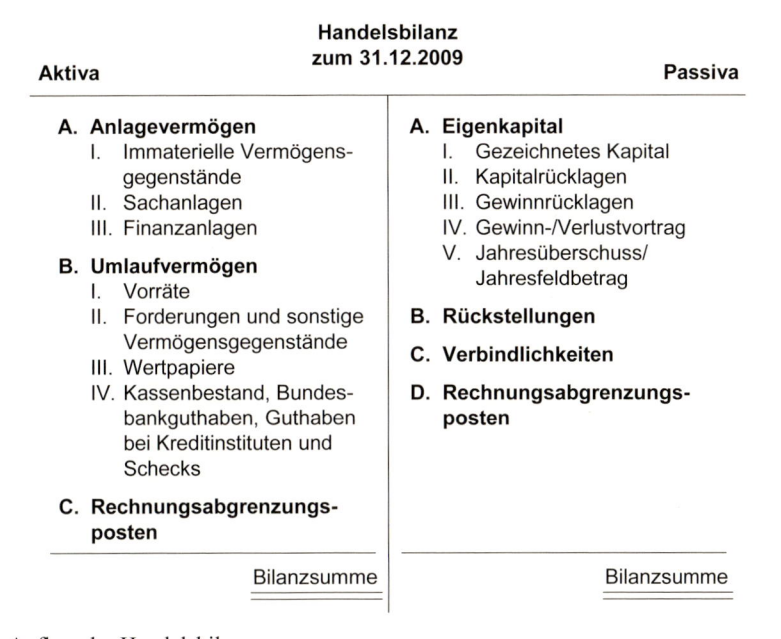

Bild 5-5   Aufbau der Handelsbilanz

Die Vermögenspositionen sind auf der Aktivseite nach ihrer Liquidationsmöglichkeit geordnet: die „flüssigste" Position steht unter: Bank- und Kassenguthaben. Auf der Passivseite werden die Verbindlichkeiten nach ihrer Fälligkeit geordnet, was ähnlich der Aktivseite ist. Das am schnellsten Liquidität erfordernde Kapital sind die kurzfristigen Verbindlichkeiten, die unten stehen.

Die dargestellte Grundstruktur ist die Mindestgliederung der von sog. kleinen Kapitalgesellschaften aufzustellenden Bilanz. Sie wird hier zur Darstellung gewählt, weil es die zumeist verwendete Struktur ist und sie das Prinzip am besten erklären lässt. Mittelgroße und große Kapitalgesellschaften haben die in § 266 Abs. 2 HGB aufgeführten Erweiterungen vorzunehmen. Im Folgenden werden wesentliche Positionen erläutert.

Das Anlagevermögen besteht gem. § 247 Abs. 2 HGB nur aus den Gegenständen, die, dauernd dem Geschäftsbetrieb der Unternehmung zur Verfügung stehen. Zu den immateriellen Vermögensgegenständen gehören Konzessionen, gewerbliche Schutzrechte (etwa Patente, Markenrechte, Erfindungen) und Lizenzen, der Geschäfts- und Firmenwert (auch als Goodwill bezeichnet) und geleistete Anzahlungen. Grundstücke, technische Anlagen und Maschinen, die Betriebs- und Geschäftsausstattung stellen die Sachanlagen des Unternehmens dar. Finanzanlagen bestehen aus Anteilen und Ausleihungen an verbundene Unternehmungen, Beteiligungen und Wertpapieren des Anlagevermögens (insgesamt langfristige Finanzanlagen).[12]

Umlaufvermögen sind die nicht dauerhaft dem Geschäftsbetrieb zur Verfügung stehenden Vermögensgegenstände:

- Vorräte wie Roh-, Hilfs- und Betriebsstoffe, unfertige und fertige Erzeugnisse und Waren,
- Forderungen aus Lieferungen und Leistungen, gegen verbundene Unternehmungen, gegen Unternehmungen, mit denen ein Beteiligungsverhältnis besteht sowie sonstige Vermögensgegenstände,
- Wertpapiere wie Anteile an verbundenen Unternehmungen, eigene Anteile sowie sonstige Wertpapiere,
- Schecks, Kassenbestand, Bundesbankguthaben sowie Guthaben bei Kreditinstituten.[13]

Rechnungsabgrenzungsposten sind gem. § 250 HGB auf der Aktivseite Ausgaben vor dem Abschlussstichtag auszuweisen, wenn sie ein Aufwand für eine bestimmte Zeit nach dem Bilanzstichtag sind. Es handelt sich um aktivische Rechnungsabgrenzungsposten, die mit einer Leistungsforderung der Unternehmung in der Zeit nach dem Abschlussstichtag verbunden sind, z. B. vorgenommene Mietvorauszahlungen.

An erste Stelle auf der Passivseite der Bilanz steht das Eigenkapital. Für Kapitalgesellschaften sieht das Handelsrecht (§ 266 HGB) grundsätzlich eine Unterteilung in fünf Unterpositionen vor:

- Gezeichnete Kapital,
- Kapitalrücklagen,
- Gewinnrücklagen:
  - Gesetzliche Rücklagen,
  - Rücklagen für eigene Anteile,
  - Satzungsgemäße Rücklagen und
  - Andere Gewinnrücklagen,
- Gewinn- oder Verlustvortrag,
- Jahresüberschuss.[14]

Das gezeichnete Kapital entspricht dem Betrag, auf den die Haftung der Unternehmung für ihre Verbindlichkeiten beschränkt ist. Bei der GmbH entspricht dieser feste Nennbetrag dem Stammkapital, bei der AG dem Grundkapital.

Kapitalrücklagen sind alle über den Nennbetrag hinausgehenden, von außerhalb der Unternehmung zugeführten Einlagen. Hierzu zählen beispielsweise sog. Agios. Als Agio wird der Aufgabenaufschlag bezeichnet, der über den Nennbetrag eines Anteilscheines hinaus vom Käufer bezahlt wird und dem Unternehmen damit zufließt.

Gewinnrücklagen bilden Beträge, die aus dem Unternehmungsergebnis des bilanzierten Geschäftsjahres oder aus früheren Geschäftsjahren erwirtschaftet wurden. Zweck ist die Förderung der Selbstfinanzierung der Unternehmung. Es gibt gesetzliche Rücklagen (u. a. festgelegt für die AG), satzungsgemäße Rücklagen und andere Gewinnrücklagen.

Für den Fall, dass eine Unternehmung eigene Anteile erwirbt, sind Rücklagen für eigene Anteile zu bilden. Diese Rücklagen vermindern den Jahresüberschuss oder sie werden aus frei

5.3 Der Jahresabschluss und seine Bestandteile

verwendbaren Gewinnrücklagen gebildet. Sie verhindern eine Gewinnausschüttung, solange die Anteile von der Unternehmung selbst gehalten werden.

Auf Beschluss der Gesellschafterversammlung kann ein Gewinn- oder Verlustvortrag gebildet werden, der zur Folge hat, dass ein Teil des Gewinns bzw. Verlustes des Geschäftsjahres in das Folgejahr übertragen wird.

Mit dem Saldo zwischen Erträgen und Aufwendungen wird in der Gewinn- und Verlustrechnung (GuV) der Jahresüberschuss bzw. -fehlbetrag ermittelt. Es handelt sich hierbei um eine Gewinngröße nach Steuern, die das Eigenkapital des Unternehmens erhöht bzw. vermindert.

Dem Eigenkapital folgt das Fremdkapital auf der Passivseite der Bilanz, wozu Rückstellungen und Verbindlichkeiten gehören.

Rückstellungen bilden ungewisse Verpflichtungen aus Rechtsgeschäften mit Dritten und Aufwendungen, die der bilanzierten Periode zuzurechnen sind, aber erst nach dem Abschlussstichtag zur Auszahlung kommen. Als Beispiele können Rückstellungen für Instandhaltung, Pensions- und Steuerrückstellungen oder zur Abwendung drohender Verluste aus schwebenden Geschäften angeführt werden. Gebildete Rückstellung dürfen nur dann aufgelöst werden, wenn der für ihre Bildung maßgebliche Grund weggefallen ist. Steuerrückstellungen etwa werden aufgelöst, wenn die tatsächliche Steuerzahlung erfolgt im kommenden Geschäftsjahr erfolgt ist.[15]

Verbindlichkeiten, die nicht ungewiss sind, bilden Schulden des Unternehmens, die der Höhe und dem Grund nach eindeutig bekannt sind:

- Anleihen,
- Verbindlichkeiten gegenüber Kreditinstituten,
- Erhaltene Anzahlungen auf Bestellungen,
- Verbindlichkeiten aus Lieferungen und Leistungen, gegenüber verbundenen Unternehmungen, gegenüber Unternehmungen, mit denen ein Beteiligungsverhältnis besteht und sonstige Verbindlichkeiten (z. B. Steuern).[16]

Die letzte Position ist der passivische Rechnungsabgrenzungsposten. Dies sind Einnahmen vor dem Abschlussstichtag, die einen Ertrag für eine bestimmte Periode nach dem Stichtag darstellen, z. B. erhaltene Mietvorauszahlungen.

Die aktivischen und die passivischen Rechnungsabgrenzungsposten dienen der Abstimmung zwischen der Bilanz und der GuV und damit zur Ermittlung eines periodengerechten Jahreserfolges.

5.3.3 Steuerbilanz

Neben der Handelsbilanz ist die Steuerbilanz die einzig gesetzlich reglementierte Bilanzart. Obwohl sich zwischen der Ertragssteuerbilanz (mit dem Zweck der Gewinnung einer Vermögensübersicht zur Gewinnbesteuerung) und der Vermögenssteuerbilanz (mit dem Ziel der Gewinnung einer Grundlage zur Erhebung der Vermögensbesteuerung) unterscheiden lässt, wird in der Praxis der Begriff der Steuerbilanz ausschließlich für die Ertragssteuerbilanz verwendet.

Es gilt ein Prinzip der Maßgeblichkeit der Handelsbilanz für die Steuerbilanz (§ 5 Abs. 1 Satz 1 EStG.[17]

Ziel der Erstellung der Steuerbilanz ist es, die Ermittlung des zu versteuernden Periodengewinns der Unternehmung durch den Vergleich des Reinvermögens, korrigiert um Einlagen und Entnahmen (vgl. §§ 4 – 7 EStG) vorzunehmen.

Die Ableitung der Steuerbilanz einer Unternehmung aus ihrer Handelsbilanz geschieht durch Korrekturen nach den Grundsätzen des Steuerrechts. Dabei bleibt der grundsätzliche Aufbau der Handelsbilanz nahezu unverändert. Steuerrechtlich bedingte Korrekturen werden durch Zusätze und Anmerkungen vorgenommen. So wird in der Handelsbilanz beispielsweise das Abgeld (Disagio oder Damnum) bei der Aufnahme eines Investitionskredites sofort als Betriebsaufwand verrechnet. In der Steuerbilanz muss dieses Abgeld aktiviert und, verteilt auf die Laufzeit des Kredites, abgeschrieben werden.

Adressat der Steuerbilanz ist das zuständige Finanzamt. Aus diesem Grund stellen die Unternehmen, die ihren Jahresabschluss nicht publizieren müssen, in der Regel nur eine Bilanz (die Einheitsbilanz) auf, die Handels- und Steuerbilanz zugleich ist. Wegen unterschiedlicher Möglichkeiten der Wertansätze stellen Kapitalgesellschaften allerdings i. d. R. eine Handels- und eine Steuerbilanz auf.

5.3.4 Gewinn- und Verlustrechung

Gem. § 242 Abs. 3 HGB bildet die Gewinn- und Verlustrechung (GuV), gemeinsam mit der Bilanz den Jahresabschluss der Einzelkaufleute und Personengesellschaften und gem. § 264 Abs. 1 HGB zusammen mit der Bilanz und dem Anhang den Jahresabschluss der Kapitalgesellschaften.

Im Gegensatz zur Bilanz stellt die GuV eine Zeitraumrechnung dar, in der es ausschließlich Erfolgsgrößen gibt. Alle Erträge und Aufwendungen des Unternehmenswerden für das Geschäftsjahr, i. d. R. das Kalenderjahr, zusammengefasst und detailliert aufgeführt. Der Saldo zwischen Aufwendungen und Erträgen stellt den Jahresüberschuss bzw. den Jahresfehlbetrag dar.[18]

§ 275 HGB legt das Gliederungsschema der GuV fest. Diese kann sowohl in Kontenform als auch in Staffelform dargestellt werden, wobei für Kapitalgesellschaften die Staffelform vorgeschrieben ist.

Kapitalgesellschaften können ihre GuV gem. § 275 HGB wahlweise nach dem Gesamtkostenverfahren oder nach dem Umsatzkostenverfahren erstellen.

Im Rahmen des Gesamtkostenverfahrens werden alle in einer Abrechungsperiode angefallenen Aufwendungen und Erträge den Umsatzerlösen, den Bestandsveränderungen bei Erzeugnissen sowie den anderen aktiven Eigenleistungen gegenüber gestellt. Der Ertrag entspricht der Gesamtleistung der Berichtsperiode (Umsatzerlöse – Bestandsabnahme + Bestandserhöhung).

Ein Beispiel für eine GuV in Kontenform, erstellt nach dem Gesamtkostenverfahren, zeigt **Bild 5-6**.

5.3 Der Jahresabschluss und seine Bestandteile

Gewinn- und Verlustrechnung
01.01.2009 – 31.12.2009
(alle Werte in €)

Aufwand			Ertrag		
Betriebsaufwand			**Betriebsleistung**		
1. Löhne und Gehälter	60.000		1. Umsatzerlöse	400.000	
2. Materialverbrauch	140.000		2. Endbestand an Halb- und Fertigerzeugnissen	40.000	440.000
3. Abschreibungen	20.000		3. Anfangsbestand an Halb- und Fertigerzeugnissen	- 80.000	360.000
4. Zinsen	10.000				
5. Sonstige Aufwendungen	50.000	280.000			
Gewinn		80.000			
		360.000			360.000

Bild 5-6   GuV in Kontenform nach dem Gesamtkostenverfahren

Im Umsatzkostenverfahren werden nur die zur Erwirtschaftung der Umsatzerlöse anfallenden Aufwendungen ausgewiesen. Vor diesem Hintergrund werden die Aufwendungen an das Mengengerüst der Umsätze angepasst. Die Aufwendungen entsprechen in diesem Zusammenhang dem Umsatzaufwand (Produktionsaufwand + Bestandsabnahme – Bestandserhöhung). Der Ertrag ist der Umsatzertrag der Berichtsperiode.[19]

Bild 5-7 zeigt eine GuV nach dem Umsatzkostenverfahren.

Gewinn- und Verlustrechnung
01.01.2009 – 31.12.2009
(alle Werte in €)

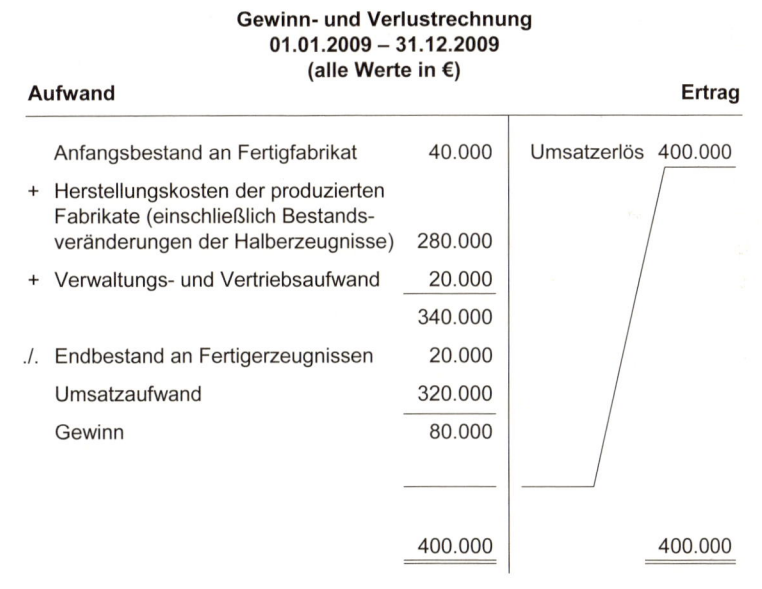

Aufwand		Ertrag	
Anfangsbestand an Fertigfabrikat	40.000	Umsatzerlös	400.000
+ Herstellungskosten der produzierten Fabrikate (einschließlich Bestandsveränderungen der Halberzeugnisse)	280.000		
+ Verwaltungs- und Vertriebsaufwand	20.000		
	340.000		
./. Endbestand an Fertigerzeugnissen	20.000		
Umsatzaufwand	320.000		
Gewinn	80.000		
	400.000		400.000

Bild 5-7   GuV in Kontenform nach dem Umsatzkostenverfahren

Das Periodenergebnis, ermittelt nach dem Gesamtkostenverfahren, stimmt mit dem nach dem Umsatzkostenverfahren ermittelten überein.[20]

Das Gliederungsschema der GuV nach dem Gesamtkostenverfahren enthält die folgenden Erfolgsgrößen, die die Ermittlung entsprechender Zwischenergebnisse im Format der Staffelform ermöglichen:

Die Gliederung einer GuV in Staffelform, aufgestellt nach dem Gesamtkostenverfahren (gem. § 275 Abs. 2 HGB) zeigt **Bild 5-8**.

1.	Umsatzerlös
2.	+ Erhöhung oder Verminderung des Bestandes an fertigen und unfertigen Erzeugnissen
3.	+ Aktivierte Eigenleistungen
4.	**Gesamtleistung**
5.	+ Sonstige betriebliche Erträge
6.	- Materialaufwand
7.	- Personalaufwand
8.	- Abschreibungen auf immaterielle Vermögensgegenstände und Sachanlagen
9.	- Sonstige betriebliche Aufwendungen
10.	**Betriebsergebnis**
11.	Erträge aus Beteilungen, Wertpapieren
12.	+ Sonstige Zinsen und ähnliche Erträge
13.	+ Abschreibungen auf Finanzanlagen und auf Wertpapiere des Umlaufvermögen
14.	+ Zinsen und ähnliche Aufwendungen
15.	**Finanzergebnis**
16.	**Ergebnis der gewöhnlichen Geschäftstätigkeit**
17.	Außerordentliche Erträge
18.	- Außerordentliche Aufwendungen
19.	**Außerordentliches Ergebnis**
20.	- Steuern vom Einkommen und vom Ertrag
21.	- Sonstige Steuern
22.	**Jahresüberschuss**
23.	- Einstellungen in die Gewinnrücklagen
24.	**Bilanzgewinn**

Bild 5-8 GuV in Staffelform nach dem Gesamtkostenverfahren

Nach dem Gesamtkostenverfahren wird der Erfolgsnachweis aufgespalten, wobei das Betriebsergebnis und das Finanzergebnis i. d. R. zum Ergebnis der gewöhnlichen Geschäftstätigkeit zusammengefasst werden.

Die Gliederung einer GuV in Staffelform, aufgestellt nach dem Umsatzkostenverfahren (gem. § 275 Abs. 3 HGB) zeigt **Bild 5-9**.

Da die Aussagefähigkeit des Umsatzkostenverfahrens für eine marktorientierte Unternehmungsleitung größer als bei dem Gesamtkostenverfahren ist, wird dem erstgenannten Verfahren meist der Vorzug gewährt.

5.3 Der Jahresabschluss und seine Bestandteile

1.	Umsatzerlöse
2.	- Herstellungskosten der zur Erzielung der Umsatzerlöse erbrachten Leistungen
3.	**Bruttoergebnis vom Umsatz**
4.	- Vertriebskosten
5.	- Allgemeine Verwaltungskosten
6.	- Sonstige betriebliche Erträge
7.	- Sonstige betriebliche Aufwendungen
8.	**Betriebsergebnis**
9.	Erträge aus Beteiligungen, Wertpapieren
10.	+ Sonstige Zinsen und ähnliche Erträge
11.	+ Abschreibungen auf Finanzanlagen
12.	+ Zinsen und ähnliche Aufwendungen
13.	**Finanzergebnis**
14.	**Ergebnis der gewöhnlichen Geschäftstätigkeit**
15.	Außerordentliche Erträge
16.	- Außerordentliche Aufwendungen
17.	**Außerordentliches Ergebnis**
18.	- Steuer vom Einkommen und vom Ertrag,
19.	- Sonstige Steuern,
20.	**Jahresüberschuss**
21.	- Einstellung in die Gewinnrücklagen
22.	**Bilanzgewinn**

Bild 5-9 GuV in Staffelform nach dem Umsatzkostenverfahren

Beispiel (Teil 1)

In der Eröffnungsbilanz (**Bild 5-10**) sehen Sie drei Aktivpositionen (Maschine, Rohstoffe, Bank) mit jeweils 100 € Anfangsbestand und zwei Passivpositionen (Eigenkapital, Bankdarlehen) mit jeweils 150 € Anfangsbestand sowie die sich daraus ergebende Bilanzsumme in Höhe von 300 €.

Einige Geschäftsvorfälle führen zu Bewegungen auf den entsprechenden Konten.

1. Der Kauf einer Maschine in Höhe von 50 € führt zur Zunahme auf dem Konto Maschine. Da die Maschine auf Kredit gekauft wird, nimmt auch das Konto Bankdarlehen um 50 € zu.
2. Der Verbrauch von Rohstoffen in Höhe von 50 € führt zur Abnahme auf dem Konto Rohstoff und zur Erhöhung des Kontos Materialaufwand.
3. Der Verkauf von Fertigerzeugnissen in Höhe von 100 € führt zu Umsatzerlösen auf dem entsprechenden Konto. Da die Fertigerzeugnisse auf Ziel verkauft werden, erhöht sich das Konto Forderung um 100 €.
4. Der Kunde bezahlt die Rechnung, womit sich das Konto Bank um 100 € erhöht. Da damit die Forderung beglichen ist, reduziert sich das Konto Forderung entsprechend.
5. Wird unterstellt, dass die Nutzungsdauer der Maschinen 5 Jahre beträgt, ist zum Geschäftsjahresende die Abschreibung für die Abnutzung vorzunehmen. Der Bestand auf dem Konto Maschine beträgt 150 €. Bei einer fünfjährigen gleichmäßigen Abnutzung bedeutet das einen jährlichen Werteverzehr von 30 €. Dieser Werteverzehr reduziert den (Buch-)Wert auf dem Konto Maschine um 30 € und wird auf dem entsprechenden Konto Abschreibung mit 30 € gebucht.

	Bilanz 01.01.2009		
Maschine	100	Eigenkapital	150
Rohstoffe	100	Bankdarlehen	150
Bank	100		
	300		300

1. Kauf einer Maschine über Bankkredit	50
2. Verbrauch von Rohstoffen in der Fertigung	50
3. Verkauf der Fertigerzeugnisse auf Ziel	100
4. Zahlung durch den Kunden	
5. Nutzungsdauer der Maschine 5 Jahre	

	Rohstoff		
AB	100	(2)	50
		EB	50
	100		100

	Bank		
AB	100	EB	200
(4)	100		
	200		200

	Maschine		
Maschine	100	Eigenkapital	30
(1)	50	Bankdarlehen	120
	150		150

	Forderungen		
AB	0	(4)	100
(3)	100	EB	0
	100		100

	Eigenkapital		
EB	170	AB	150
		Gewinn	20
	170		170

	Bankdarlehen		
EB	200	AB	150
		Gewinn	50
	200		200

Bild 5-10   Beispiellösung: Buchungen auf Konten

Beispiel (Teil 2)

Die Aufwand- und Ertragskonten (Materialaufwand, Abschreibung, Umsatzerlöse) werden über das Konto Gewinn- und Verlustrechnung (GuV) abgeschlossen **(Bild 5-11)**. Dort ergibt sich ein Saldo (Gewinn) von 20 €. Da dieser Eigenkapital des Unternehmens darstellt, wird er auf das Konto Eigenkapital gebucht.

Die (Bestands-)Konten Maschine, Rohstoffe, Bank, Eigenkapital, Bankdarlehen werden über die Schlussbilanz zum 31.12. abgeschlossen.

Zur Erläuterung der Liquiditätsentwicklung dient die Kapitalflussrechnung. Hieraus können Sie entnehmen, dass der Anfangsbestand an liquiden Mittel (in diesem Beispiel das Konto Bank mit 100 €) um die Kundenzahlung von 100 € erhöht wurde. Der Endbestand an liquiden Mitteln (Konto Bank) muss insofern 200 € betragen.

Zur Erhöhung der Aussagekraft der GuV werden i. d. R. die Material- und Personalkosten zusätzlich im Anhang angegeben. Abschreibungen auf immaterielle Vermögensgegenstände des Anlagevermögens und auf Sachanlagen können dem Anlagespiegel entnommen werden. Der Anlagespiegel ist Bestandteil des Anhangs von Bilanzen von Kapitalgesellschaften. Er vermittelt einen Überblick über die Wertentwicklung der einzelnen Bilanzpositionen des Anlagevermögens.

5.3 Der Jahresabschluss und seine Bestandteile

Umsatzerlöse			
GuV	100	(3)	150

Materialaufwand			
GuV	50	(3)	50

Abschreibung			
(5)	30	GuV	30

GuV 01.01-31.12.2009

Materialaufwand	50	Umsatzerlöse	100
Abschreibung	30		
Gewinn	20		

Kapitalberechnung 01.01.–31.12.2009	
AB liquide Mittel	100
Kundenzahlung	100
EB liquide Mittel	200

Bilanz 31.12.2009

Maschine	120	Eigenkapital	170
Rohstoffe	50	Bankdarlehen	200
Bank	200		
	370		370

Legende:
AB   Anfangsbestand
EB   Endbestand
GuV Gewinn- und Verlustrechnung

Bild 5-11   Beispiellösung: Abschluss Bilanz, GuV, KFR

5.3.5 Anhang

Unterschiedliche Vorschriften bezüglich der Pflicht zur Erstellung von Anhang und Lagebericht orientieren sich an der Größe des Unternehmens. Die Einteilung in kleine, mittelgroße und große Kapitalgesellschaften werden in § 267 HGB und die Pflicht zur Offenlegung ist in § 325 HGB geregelt **(Bild 5-12)**.

Einzelkaufleute und Personengesellschaften sind publizitäts- und prüfungspflichtig, wenn sie gem. § 1 PublG an drei aufeinander folgenden Abschlussstichtagen mindestens zwei der drei folgenden Kriterien erfüllen:

- Bilanzsumme ≥ 60 Mio. €
- Umsatz ≥ 130 Mio. €
- Arbeitnehmer ≥ 5.000

Grundsätzlich sind alle Kapitalgesellschaften zur Erstellung von Anhang und Lagebericht als Ergänzung der Bilanz und der GuV verpflichtet (vgl. § 264 Abs. 1 Satz 1 HGB), denn die Zahlen der Bilanz und der GuV sind wenig aussagefähig zur Beurteilung der wirtschaftlichen Lage.

Der Anhang dient der Information und der Erläuterung und ist wahrheitsgemäß, klar und übersichtlich zu erstellen und auf wesentliche Sachverhalte zu beschränken.[21] Die Vorschriften über den Inhalt des Anhangs sind in den §§ 284, 285, 286 und 288 HGB geregelt. Für kleine und mittelgroße Kapitalgesellschaften gibt es größenabhängige Erleichterungen.

Der Anhang enthält etwa Erläuterungen zur Bilanz und zur GuV, allgemeine Angaben zu den angewandten Bilanzierungs- und Bewertungsmethoden und Angaben zur Umrechnung von Fremdwährungspositionen.

Die Zusatzinformationen helfen die Zahlen des Jahresabschlusses zu analysieren und die Jahresabschlüsse unterschiedlicher Unternehmen miteinander zu vergleichen.

Kleine Kapitalgesellschaften	Mittelgroße Kapitalgesellschaften	Große Kapitalgesellschaften
Nicht prüfungspflichtig	Prüfungspflichtig	Prüfungspflichtig

Mindestens 2 der folgenden 3 Größenmerkmale müssen an zwei aufeinander folgenden Geschäftsjahren über- oder unterschritten werden:

Bilanzsumme < 3.438.000 €	Bilanzsumme < 13.750.000 €	Bilanzsumme > 13.750.000 €
Umsatz < 6.875.000 €	Umsatz < 27.500.000 €	Umsatz > 27.500.000 €
Jahres Ø < 50 **Arbeitnehmer**	Jahres Ø < 250 **Arbeitnehmer**	Jahres Ø > 250 **Arbeitnehmer**

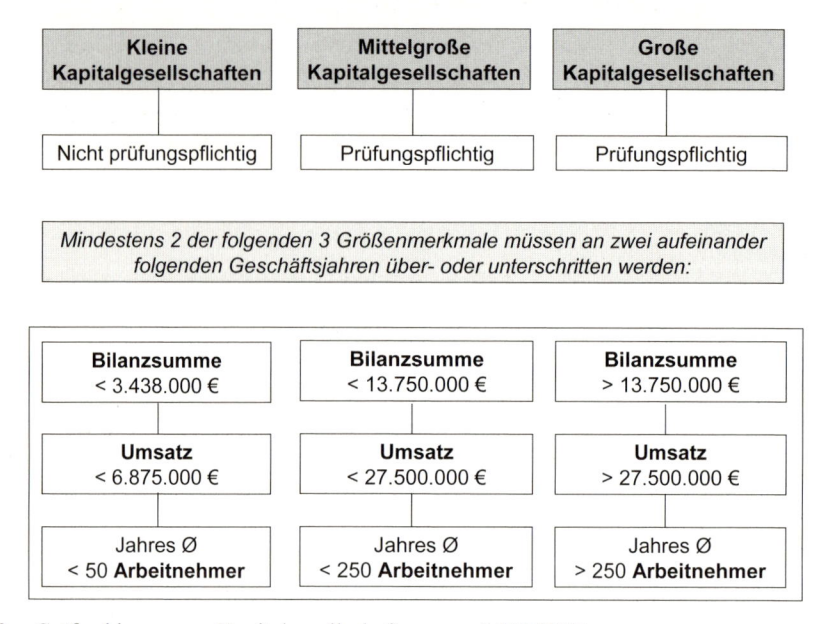

Bild 5-12   Größenklassen von Kapitalgesellschaften gem. § 267 HGB

5.3.6 Lagebericht

Der Lagebericht ist ein eigenständiger Bestandteil der Rechnungslegung, jedoch nicht Element des Jahresabschlusses. Neben Genossenschaften und unter das Publizitätsgesetz (PublG) fallende Unternehmungen und Vereinen sind mittelgroße und große Kapitalgesellschaften verpflichtet, einen Lagebericht zu erstellen und dem Geschäftsbericht beizufügen. Kleine Kapitalgesellschaften sind nicht zur Erstellung eines Lageberichts verpflichtet (vgl. § 264 Abs. 1 Satz 3 HGB). Inhalt des Lageberichts ist nach § 289 HGB:

- Wirtschaftsbericht zur Darstellung des Geschäftsverlaufs und der Lage der Unternehmung.
- Nachtragsbericht mit Informationen über positive sowie negative Sachverhalte von besonderer Bedeutung, die zwischen dem Bilanzstichtag und dem Tag der Bilanzerstellung eingetreten sind.
- Prognosebericht mit Informationen und Prognosen der zukünftigen Entwicklung des Unternehmens.
- Forschungsbericht mit Angaben zur Höhe der Forschungs- und Entwicklungsaufwendungen
- Zweigniederlassungsbericht mit Informationen über Niederlassungen, um einen Einblick in den Stand und die Entwicklung der Marktpräsenz des Unternehmens zu geben.

Der Lagebericht ist wahrheitsgemäß, klar und übersichtlich zu erstellen und auf wesentliche Bestandteile zu beschränken. Insbesondere Risiken der zukünftigen Entwicklung der Unternehmung und ihrer Märkte sollen umfassend und realistisch dargestellt und erläutert werden.[22]

5.4 Internationale Konzernrechnungslegung

Ein Konzern besteht in der Verbindung zweier oder mehrerer rechtlich selbstständiger Unternehmen zu einer wirtschaftlichen Einheit. Zur Beurteilung der Vermögens-, Finanz- und Ertragslage des Konzerns reicht es nicht aus, die Jahresabschlüsse der einzelnen Konzernunternehmungen zu analysieren. Es ist erforderlich, einen Konzernabschluss mit den Inhalten von **Bild 5-13** zu erstellen.

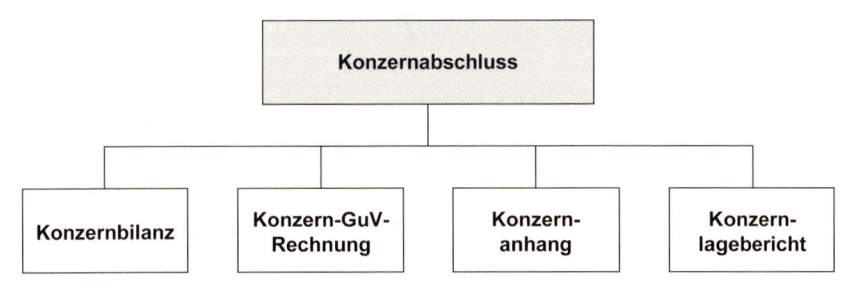

Bild 5-13   Bestandteile des Konzernabschlusses

Für börsennotierte Mutterunternehmen ist der Konzernabschluss um eine Kapitalflussrechnung, einen Eigenkapitalspiegel und eine Segmentberichterstattung zu ergänzen.[23]

Der Konzernabschluss ersetzt nicht die Einzelabschlüsse der Konzernunternehmen, sondern soll als zusätzliches Instrument einen Eindruck über die wirtschaftliche Einheit des Konzerns vermitteln. Somit übernimmt der Konzernabschluss (lediglich) Informationsfunktion und dient nicht als Grundlage für die Gewinnverwendung und Besteuerung.[24]

Der Konzernabschluss wird aus den Einzelabschlüssen der Konzernunternehmen zusammengesetzt – mittels der Konsolidierung und nicht mittels bloßer Addition der Bilanzposten der jeweiligen Einzelbilanzen. Konsolidierung bedeutet Aufrechnung bzw. die Bereinigung des Konzernabschlusses um konzerninterner Beziehungen.

Das Prinzip der Konzernrechnungslegung folgt der Fiktion der rechtlichen Einheit eines Konzerns (Einheitstheorie). Die rechtlich selbstständigen Konzernunternehmen werden als wirtschaftlich unselbstständige Abteilungen behandelt. Die Abschlussposten sämtlicher Konzernunternehmen aus den Bilanzen sowie den GuV werden zusammengefasst.

Die Konzernunternehmen sind zu einer einheitlichen Bilanzierung, Bewertung Ausweisung in ihren Einzelabschlüssen verpflichtet. Der Addition der Posten der Handelsbilanzen der Konzernunternehmen schließt sich die rechnerische Bereinigung (Konsolidierung) an.[25]

Dazu zählen die:

- Kapitalkonsolidierung
  Aufrechnung der Beteiligungen der Konzernmutterunternehmung gegen die entsprechenden Anteile des Kapitals der Konzerntochterunternehmungen

- Schuldenkonsolidierung
  Aufrechnung von Forderungen und Verbindlichkeiten zwischen den Konzernunternehmungen
- Zwischenergebniseliminierung
  Eliminierung von Gewinnen und Verlusten aus Lieferungen und Leistungen zwischen den Konzernunternehmungen
- Aufwands- und Ertragskonsolidierung
  Aufrechnung von Aufwendungen und Erträgen aus Lieferungen und Leistungen zwischen den Konzernunternehmungen

Gem. § 294 HGB (Einbeziehungspflicht) sind in den Konzernabschluss die Mutterunternehmung und alle Tochterunternehmungen ohne Rücksicht auf deren Sitz einzubeziehen (Weltabschlussprinzip).

Im Rahmen der internationalen Konzernrechnungslegung wird unterschieden zwischen

- Rechnungslegung nach HGB,
- Rechnungslegung nach *International Financial Reporting Standards* (**IFRS**) und
- Rechnungslegung nach *United States Generally Accepted Accounting Principles* (**US-GAAP**).

Worin unterscheiden sich die Rechnungslegungsgrundsätze im Wesentlichen?[26]

Die internationalen Bewertungsansätze unterscheiden sich zum Teil deutlich von denen des HGB. So kommt bzgl. der Definition der Anschaffungs- und Herstellungskosten der § 255 Abs. 1 und 2 HGB zur Anwendung. Anschaffungskosten entstehen in erster Linie beim Erwerb von Vermögensgegenständen. Dazu gehören auch Nebenkosten und nachträgliche Anschaffungskosten. Herstellungskosten sind die Aufwendungen, die durch den Verbrauch von Gütern und die Inanspruchnahme von Diensten für die Herstellung von Vermögensgegenständen entstehen.

Nach HGB ist die Gewinnrealisierung bei Fertigungsaufträgen vor der Abnahme nicht zulässig *(Completed contract method)*. Eine Ausnahme bildet die Gewinnrealisierung vor Abschluss eines Projektes *(Percentage of completion method)*. Die Umrechnung von Fremdwährungspositionen hat unter Berücksichtigung des Anschaffungskosten- und des Realisationsprinzips zu erfolgen.

Es gilt national:

- dass im HGB die Regeln der Rechnungslegung durch den Gesetzgeber vorgegeben sind *(Code law)*,
- dass im HGB die Fremdkapitalgeber, die Fremdkapitalfinanzierung bzw. der Gläubigerschutz im Vordergrund steht,
- dass das HGB relativ viele Wahlrechte in Bezug auf die Anwendung einzelner Bilanzierungsverfahren bietet.

Insbesondere international tätige Unternehmungen, die an den Börsen der Welt notiert sind, müssen ihren Konzernabschluss nach international anerkannten Rechnungslegungsstandards aufstellen. Mit dem § 292a HGB des Gesetzes zur Verbesserung der Wettbewerbsfähigkeit deutscher Konzerne an den Kapitalmärkten (Kapitalaufnahmeerleichterungsgesetz (KApAEG) vom 23.04.1998 wird börsennotierten deutschen Unternehmungen diese Möglichkeit gegeben. Ein Konzernabschluss nach HGB erübrigt sich damit.

5.4 Internationale Konzernrechnungslegung

- Die IFRS setzen sich aus einer Vielzahl von Einzelempfehlungen zusammen, die keine Rechtskraft besitzen. Diese Empfehlungen wurden und werden von einer berufsständischen Organisation – dem *International Accounting Standards Board* (**IASB**) – entwickelt. Es handelt sich bei diesen Empfehlungen um ein sog. *Soft law* (nicht rechtsverbindliche Leitlinien).[27]

Bestandteile des Konzernabschlusses nach IFRS sind:

(1) Bilanz,
(2) GuV-Rechnung,
(3) Erläuterungen,
(4) Kapitalflussrechnung,
(5) Ergänzungsrechnungen und
(6) ggf. Segmentberichterstattung.

Zweck der Rechnungslegung ist es, entscheidungsrelevante Informationen für Investoren bereitzustellen. Hier stehen die Investorenbedürfnisse vor dem Gläubigerschutz nach HGB. Ein Konzernabschluss nach IFRS ist grundsätzlich ohne jegliche steuerliche Einflüsse.

Der Rechnungslegungsgrundsatz des *True and fair view* gilt im Gegensatz zu Abschlüssen nach HGB nicht als Generalnorm. Das Vorsichtsprinzip hat einen geringen Stellenwert. Das Realisationsprinzip wird durch den Grundsatz der periodengerechten Gewinnermittlung überlagert. Die Bewertung von bestimmten Vermögensgegenständen über ihren Anschaffungskosten ist teilweise zulässig.

Im Rahmen der Bilanzierung gilt ein Aktivierungsverbot für Forschungskosten, wohingegen Entwicklungskosten unter bestimmten Voraussetzungen aktiviert werden dürfen. Im Rahmen der Gewinnrealisierung bei Fertigungsaufträgen stellt die anteilige Gewinnrealisierung vor Abschluss des Projektes *(Percentage of completion method)* den Grundsatz dar: Realisierbarkeit des Umsatzes als Basis der Abbildung in der Rechnungslegung.[28]

Die Rechnungslegungsstandards nach **US-GAAP** finden sich nicht als Regelungen in den Einzelstaatengesetzen der USA. Sie werden im Auftrag der *Securities Exchange Commission* (**SEC**) vom *Financial Accounting Standards Board* (**FASB**) entwickelt. Bei den Rechnungslegungsstandards bzw. -grundsätzen handelt es sich um ein sog. *Case law* (Fallrecht, Fallbezogenheit). Bestandteile von Geschäftsberichten nach US-GAAP sind:

- Bilanz,
- GuV-Rechnung,
- Erläuterungen,
- Kapitalflussrechnung,
- Ergänzungsrechnungen,
- Entwicklung des Eigenkapitals.

Der Zweck von US-GAAP Abschlüssen ist die Bereitstellung entscheidungsrelevanter Informationen für (potenzielle) Investoren: Investorenbedürfnisse stehen im Vordergrund. Der US-GAAP Abschluss hat keine steuerlichen Einflüsse.

Bei den Rechnungslegungsgrundsätzen gilt die *fair presentation* als übergeordneter Grundsatz. Danach hat der Jahresabschluss die tatsächlichen und wahrheitsgemäßen wirtschaftlichen Verhältnisse des Unternehmens darstellen. Dieser Grundsatz überlagert das Vorsichtsprinzip.

Zusammengefasst: das HGB orientiert sich Realisationsprinzip während sich die internationale Rechnungslegung an der Realisierbarkeit orientiert.

5.5 Bewertungsgrundsätze und Bilanzpolitik

Die Bewertungsgrundsätze nach HGB lassen sich aus dem Vorsichtsprinzip ableiten, womit bei der Bewertung die sich in der Zukunft abzeichnenden Risiken zu berücksichtigen sind. Bezogen auf die Bilanzierung bedeutet dieses Prinzip, dass Vermögensteile im Zweifelsfall eher zu niedrig als zu hoch und Schulden im Zweifelsfall eher zu hoch als zu niedrig anzusetzen sind. Das Vorsichtsprinzip findet seine Anwendung in folgenden Bewertungsgrundsätzen:

- Realisationsprinzip,
- Niederstwertprinzip,
- Höchstwertprinzip,
- Imparitätsprinzip,
- Prinzip des Zusammenhangs.

Nach dem Realisationsprinzip sind die Gewinne und Verluste erst dann auszuweisen, wenn sie durch einen Umsatzprozess realisiert wurden.

Das Niederstwertprinzip gilt etwa für Forderungen gegenüber Dritten und für Vermögensgegenstände. Damit wird geregelt, dass von zwei möglichen Wertansätzen (z. B. Anschaffungs-/ Herstellungskosten einerseits und dem Marktpreis oder Börsenwert andererseits) der jeweils niedrigere Wert angesetzt werden muss (strenges Niederstwertprinzip) oder angesetzt werden darf (gemildertes Niederstwertprinzip).

Dies verhält sich umgekehrt bei Verbindlichkeiten (Schulden): hier gilt das Höchstwertprinzip. Von zwei möglichen Wertansätzen ist der jeweils höhere Wert anzusetzen (strenges Höchstwertprinzip) bzw. kann dieser Wert angesetzt werden (gemildertes Höchstwertprinzip).

Eine Zusammenfassung der drei genannten Grundsätze erfolgt im Imparitätsprinzip. Da das Realisationsprinzip eine Ertragsantizipation untersagt, vollzieht sich die Bewertung erwarteter Gewinne und Verluste ungleichmäßig. Noch nicht realisierte Gewinne dürfen nicht ausgewiesen werden, noch nicht realisierte Verluste müssen bzw. dürfen ausgewiesen werden.

Das Prinzip des Wertzusammenhangs besagt, dass Wertsteigerungen im Rahmen der Bilanzierung den Bilanzansatz der Vorperiode nicht (strenger Ansatz) oder aber nur bis zur Höhe der Anschaffungs-/Herstellungskosten überschreiten darf (gemilderter Ansatz).

Für die Bewertung des Anlagevermögens (erster Posten der Bilanzaktiva) gilt das gemilderte Niederstwertprinzip. Für die Wirtschaftsgüter, die nur über einen begrenzten Zeitraum genutzt werden, gelten u. a. folgende Grundsätze:

- Bewertung zum Zeitpunkt der Anschaffung bzw. Herstellung, zu den Anschaffungs- bzw. Herstellungskosten,
- Minderung der Anschaffungs- bzw. Herstellungskosten zum Jahresabschlussstichtag um die planmäßigen Abschreibungen,
- außerplanmäßige Abschreibungen sind zulässig (vgl. § 253 Abs. 2 Satz 3),
- außerplanmäßige Abschreibungen sind vorgeschrieben, wenn eine Wertminderung zum Stichtag voraussichtlich von Dauer ist,
- Zuschreibungen können vorgenommen werden, wobei als Höchstwert die Differenz zwischen den ursprünglichen Anschaffungs- bzw. Herstellungskosten und den planmäßigen Abschreibungen gilt.

5.5 Bewertungsgrundsätze und Bilanzpolitik

Bei der Bewertung des Umlaufvermögens gilt das strenge Niederstwertprinzip, womit die Bewertungsobergrenze die jeweiligen Anschaffungs- bzw. Herstellungskosten sind. Es wird zwischen Vorräten, Forderungen und Wertpapieren unterschieden.

Wenn nicht ein niedrigerer Wertansatz geboten ist (vgl. § 253 Abs. 3 HGB und § 6 Abs. 1 Nr. 2 Satz 2 EStG), muss die Vorratsbewertung mit Anschaffungs- bzw. Herstellungskosten vorgenommen werden. Dies gilt nicht, wenn der Marktpreis bzw. der Börsenwert der Vorräte zum Jahresabschlussstichtag unter den Anschaffungs- bzw. Herstellungskosten liegt. In diesem Fall ist der niedrigere Wert anzusetzen (vgl. § 253 Abs. 3 Satz 1).

Im Rahmen der Bewertung von Vorräten sind folgende Vereinfachungsverfahren zulässig:
- Durchschnittsbewertung,
- Gruppenbewertung,
- Festbewertung,
- Verbrauchsfolgeverfahren wie Lifo (Last in first out), Fifo (First in first out),
- retrograde Bewertung (vgl. §§ 256 und 240 Abs. 3 und 4 HGB).

Die Bewertung von Forderungen erfolgt zum Nennwert bzw. zum Rechnungsbetrag (vgl. § 253 Abs. 1 HGB). Ist der Wert der Forderungen zum Abschlussstichtag niedriger als der Nennwert, sind die Forderungen auf diesen niedrigeren Wert abzuschreiben (vgl. § 253 Abs. 3 Satz 2 HGB). Forderungen aus Lieferungen und Leistungen werden in normale Forderungen, zweifelhafte Forderungen und uneinbringliche Forderungen unterteilt.

Abschreibungen von Forderungen auf den niedrigeren Teilwert werden als Wertberichtigungen bezeichnet und lassen sich in Einzel- und Pauschalwertberichtigungen differenzieren.

Für Forderungen gilt grundsätzlich die Einzelwertberichtigung. Um einen unangemessenen Arbeitsaufwand zu vermeiden, gestattet der Gesetzgeber für Forderungen die Pauschalwertberichtigung. Die Höhe der zulässigen Pauschalwertberichtigung orientiert sich an der Höhe der durchschnittlichen Forderungsausfälle der letzten Jahre. Die Finanzbehörden akzeptieren i. d. R. Pauschalwertberichtigungen in der Höhe von 2 % bis 3 % der am Abschlussstichtag ausstehenden Forderungen. Zweifelhafte Forderungen müssen immer einzeln bewertet werden. Diese Forderungen sind unter Berücksichtigung des Ausfallrisikos, der Mahnkosten, ihrer Unverzinslichkeit sowie der Skonto- und Rabattabzüge mit einem niedrigeren Teilwert anzusetzen. Uneinbringliche Forderungen dürfen in der Bilanz nicht ausgewiesen werden, da ihr Teilwert gleich Null ist. Diese Forderungen sind zu 100 % abzuschreiben und die auf den entsprechenden Betrag entrichtete Umsatzsteuer wird zurückerstattet (vgl. § 17 Abs. 2 UStG).

Die Bewertung von Wertpapieren erfolgt zu den jeweiligen Anschaffungskosten. Neben der Einzelbewertung gestattet der Gesetzgeber auch eine Durchschnittsbewertung. Liegen die Anschaffungskosten über dem aktuellen Börsenkurs, muss der niedrigere Börsenkurs angesetzt werden.

Bei der Bewertung der Bilanzpassiva wird zwischen dem Eigenkapital, den Rückstellungen und den Verbindlichkeiten unterschieden.

Die Bewertung des Eigenkapitals erfolgt zu seinem tatsächlichen Wert am Jahresabschlussstichtag.

Bei der Bewertung von Rückstellungen gilt, dass diese so zu bemessen sind, dass nur die zu erwartenden Risiken abgedeckt werden. Für die Bildung von Pensionsrückstellungen kommen exakte Berechnungsverfahren zur Anwendung.. Neben den Einzelrückstellungen (z. B. Prozesskostenrückstellung) sind auch Pauschalrückstellungen (z. B. für Garantieleistungen) zulässig.

Die Bewertung von Verbindlichkeiten erfolgt zu ihren Rückzahlungsbeträgen am Jahresabschlussstichtag (vgl. § 253 Abs. 1 Satz 2 HGB, Abschnitt 37 Abs. 1 EStR und § 6 Abs. 1 Nr. 2 EStG). Der Nennwert der Verbindlichkeiten entspricht grundsätzlich dem Rückzahlungsbetrag und stellt somit ihre Anschaffungskosten dar.

Die Anwendung von Bewertungsverfahren und Grundsätzen ist, wie dargestellt, in Rechte und Pflichten differenzierbar. Daraus resultiert die Bilanzpolitik eines Unternehmens.

Bilanzpolitik ist die bewusste (formale und materielle) Gestaltung der Abschlüsse und Berichte mit der Absicht, vorhandene Gestaltungsspielräume zu nutzen. Bilanzpolitik wird über eine bewusste und rechtlich zulässige Beeinflussung einzelner Positionen des Jahresabschlusses bzw. des Geschäftsberichtes betrieben. Dies geschieht mit den Zielen der Steuerung der Gewinnausschüttung, der Gestaltung der Bilanzstruktur und der Reduzierung der Steuerlast, unter Berücksichtigung der Ausgewogenheit der Informationen und der Erfüllung der Publizitätsverpflichtungen der Unternehmung.[29]

Bilanzpolitische Maßnahmen beziehen sich in erste Linie auf Bilanzierungs-, Bewertungs- und Ausweiswahlrechte sowie auf Möglichkeiten der Sachverhaltsgestaltung vor dem Abschlussstichtag. Unterziele einer unternehmensindividuellen Bilanzpolitik bestehen in der Beeinflussung der Jahresabschlussadressaten hinsichtlich ihres Verhaltens und ihrer Ansichten gegenüber der Unternehmung und in der Beeinflussung von Zahlungsströmen. Der systematische Einsatz der bilanzpolitischen Instrumente zielt auf die Erhaltung der Substanz der Unternehmung. Dies geschieht auch über das Sparen von Steuern.

Die Unterscheidung zwischen formeller und materieller Bilanzpolitik verdeutlicht **Bild 5-14**.

Arten der Bilanzpolitik

Formelle Bilanzpolitik

Form der Darstellung der Vermögens-, Finanz- und Ertragslage der Unternehmung
- Struktur
- Gliederung
- Ausweise

Materielle Bilanzpolitik

Bewertungsmöglichkeiten
Steuerung der Höhe des auszuweisenden Jahresergebnisses
- Gewinnausweisung
- Abschreibungen
- Rückstellungen

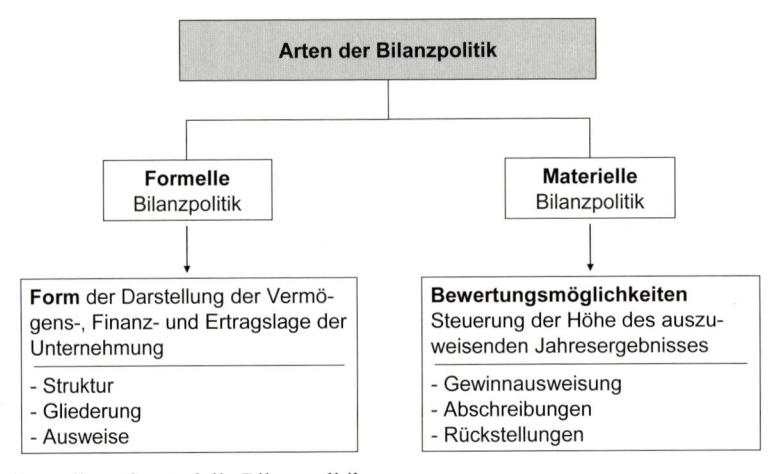

Bild 5-14 Formelle und materielle Bilanzpolitik

Zur Nutzung der vom Gesetzgeber eingeräumten Gestaltungsspielräume können verschiedene Instrumente der Bilanzpolitik genutzt werden. Sie lassen sich in Bilanzierungswahlrechte, Bewertungswahlrechte und sonstige Instrumente der Bilanzpolitik unterteilen.

5.5 Bewertungsgrundsätze und Bilanzpolitik

Die Bilanzierungswahlrechte lassen sich wiederum in Ansatzwahlrechte und Ausweiswahlrechte differenzieren. Bei den Ansatzwahlrechten geht es um Optionen, die die Bilanzierung im Grunde betreffen. Im Rahmen der Ausübung von Ansatzwahlrechten liegt es im Ermessen des bilanzierenden Unternehmens, ob sie einen bestimmten Aktivposten oder einen Passivposten bilanziert oder nicht. Ausweiswahlrechte beinhalten Optionen für die formelle Gestaltung von Jahresabschlüssen und Lageberichten insbesondere bzgl. des Umfangs und des ‚Ortes' von Angaben. So besteht gem. § 265 Abs. 5 HGB die Möglichkeit der Erweiterung der Gliederung durch das Hinzufügen weiterer Posten und gem. § 265 Abs. 7 HGB die Möglichkeit der Zusammenfassung der Gliederung bei einer entsprechenden Erweiterung des Anhangs. Bzgl. der GuV-Rechnung besteht ein Wahlrecht zwischen dem Umsatzkosten- und dem Gesamtkostenverfahren (§ 275 Abs. 1 HGB). Für kleine Kapitalgesellschaften räumt der Gesetzgeber die Möglichkeit einer verkürzten Bilanz ein (§ 266 Abs. 1 Satz 3 HGB). Auch die Zusammenfassung mehrerer Posten der GuV-Rechnung unter der Bezeichnung ‚Rohergebnis' ist für kleine und mittelgroße Kapitalgesellschaften zulässig (§ 276 HGB).

Bewertungswahlrechte stellen alternative Möglichkeiten bei der Vorgehensweise zur Ermittlung von Wertansätzen (Methodenwahlrechte) sowie Wahlrechte hinsichtlich der Höhe von Wertansätzen (Wertansatzwahlrechte) dar.

Im Rahmen der Wertansatzwahlrechte besteht beispielsweise die Möglichkeit, Vermögensgegenstände des Anlagevermögens und des Umlaufvermögens mit einem niedrigeren Wert, der auf einer nur steuerlichen Abschreibung beruht, anzusetzen (§ 254 HGB). Die konkrete Höhe einzelner Wertansätze wird auch durch die Wahl alternativer Methoden bei der Ermittlung von Wertansätzen (Methodenwahlrechte) bestimmt. So bestehen unterschiedliche Methoden zur Vornahme planmäßiger Abschreibungen (§ 253 Abs. 2 HGB), zur Ermittlung der handelsrechtlichen Herstellungskosten, insbesondere Wahlrechte hinsichtlich der Einbeziehung bestimmter Kostenarten (§ 255 Abs. 2 und 3 HGB) und alternative Schätzgrundlagen zur Ermittlung von Rückstellungen.

Außerhalb des Gestaltungsspielraums bei der Rechnungslegung können auch betriebliche Maßnahmen als bilanzpolitische Instrumente eingesetzt werden. Zu diesen Maßnahmen der sog. Sachverhaltsgestaltung zählen u. a. die Wahl der Rechtsform, die Vorverlegung oder der Aufschub von Investitionen aus bilanzpolitischen Gründen, der Verkauf von Gegenständen des Anlagevermögens und gleichzeitiges Leasing derselben oder gleicher Gegenstände (‚Sale and Lease back'), die Festlegung von Konzernverrechnungspreisen zur Steuerung des Gewinns innerhalb des Konzernverbundes.

Die Bilanzanalyse stellt das Gegenteil der Bilanzpolitik dar. Sie versucht mit Kennzahlen die Unternehmung aufgrund der Bilanzkennzahlen zu analysieren. Häufig wird dafür auch der Begriff der Jahresabschlussanalyse verwendet. Hierzu können Kennzahlen gebildet werden, wie sie im Kapitel „Investition und Finanzierung" angeführt sind.[30]

Quellenhinweise (Kap. 5)

Literaturverzeichnis zu Kap. 5

Bähr, G.; Fischer-Winkelmann, W.F.; List, S.: Buchführung und Jahresabschluss, 9. Aufl. Wiesbaden: Gabler, 2006

Baetge, J.; Kirsch, H.-J.; Thiele, S.: Bilanzen, 9. Aufl. Düsseldorf: IDW, 2007

Ballwieser, W.: IFRS-Rechnungslegung. München: Vahlen, 2006

Engelhardt, W. H.; Raffée, H.; Wischermann, B.: Grundzüge der doppelten Buchhaltung, 7. Aufl. Wiesbaden: Gabler, 2006

Gräfer, H.; Scheld, G.A. (2007): Grundzüge der Konzernrechnungslegung, 10. Aufl., Berlin (Erich Schmidt)

Küting, K.; Weber, C.-P.: Die Bilanzanalyse, 8. Aufl. Stuttgart: Schäffer-Poeschel, 2006

Küting, K.; Weber, C.-P.: Der Konzernabschluss, 11. Aufl. Stuttgart: Schäffer-Poeschel, 2008

Meyer, C.: Bilanzierung nach Handels- und Steuerrecht, 19. Aufl. Herne/Berlin: nwb, 2008

Pellens, B.; Fülbier, R. U.; Gassen, J.; Sellhorn, T.: Internationale Rechnungslegung, 7. Aufl. Stuttgart: Schäffer-Poeschel, 2008

Schierenbeck, H./Wöhle, C. B.: Grundzüge der Betriebswirtschaftslehre, 17. Aufl. München: Oldenbourg, 2008

Schildbach, T.: Der handelrechtliche Jahresabschluss, 8. Aufl. Herne/Berlin: nwb, 2008

Schmolke, S.; Deitermann, M.: Industrielles Rechnungswesen IKR, 34. Aufl. Darmstadt: Winklers, 2006

Wagenhofer, A.; Ewert, R.: Externe Unternehmensrechnung, 2. Aufl. Berlin u. a.: Springer, 2007

Weber, J.; Weißenberger, B. E.: Einführung in das Rechnungswesen, 7. Aufl. Stuttgart: Schäffer-Poeschel, 2006

Wöhe, G.; Döring, U.: Einführung in die Allgemeine Betriebswirtschaftslehre, 23. Aufl. München: Vahlen, 2008

Anmerkungen zu Kap. 5

[1] vgl. Schierenbeck/Wöhle (2008), S. 628 ff.

[2] vgl. zur Buchung von Geschäftsvorfällen z. B. Engelhardt/Raffée/Wischermann (2006), S. 37 ff.; Schmolke/Deitermann (2006), S. 24 ff.

[3] vgl. Schierenbeck/Wöhle (2008), S. 630 f.

[4] vgl. hierzu und zu folgenden Bewertungsprinzipien Bähr/Fischer-Winkelmann/List (2006), S. 309 ff., Wöhe/Döding (2008), S. 730 ff.

[5] vgl. Wöhe/Döring (2008), S. 745 ff.

[6] vgl. Schierenbeck/Wöhle (2008), S. 632 f.

[7] vgl. Wöhe/Döring (2008), S. 734 f.

[8] vgl. Wagenhofer/Ewert (2007), S. 4 f.

[9] vgl. zur Jahresbilanz Meyer (2008), S. 43 ff.

[10] vgl. Schierenbeck/Wöhle (2008), S. 609 ff., Wöhe/Döding (2008), S. 706 ff.

[11] vgl. zur Handelsbilanz Meyer (2008), S. 46 ff., Schildbach (2008), S. 148 ff.

[12] vgl. Bähr/Fischer-Winkelmann/List (2006), S. 233 ff., Baetge/Kirsch/Thiele (2007), S. 293 ff., Meyer (2008), S. 79 ff., Weber/Weißenberger (2006), S. 79 ff.

[13] vgl. Baetge/Kirsch/Thiele (2007), S. 361 ff., Bähr/Fischer-Winkelmann/List (2006), S. 239 ff., Meyer (2008), S. 79 ff., Weber/Weißenberger (2006), S. 119 ff.

14 vgl. Baetge/Kirsch/Thiele (2007), S. 469 ff., Bähr/Fischer-Winkelmann/List (2006), S. 245 ff., Weber/Weißenberger (2006), S. 147 ff.
15 vgl. Baetge/Kirsch/Thiele (2007), S. 415 ff.
16 vgl. Baetge/Kirsch/Thiele (2007), S. 391 ff.
17 vgl. Bähr/Fischer-Winkelmann/List (2006), S. 204 ff., Meyer (2008), S. 13 f., Schildbach (2008), S. 99 ff.
18 vgl. Schildbach (2008), S. 234 ff., Wöhe/Döring (2008), S. 795 ff., Weber/Wießenbach (2006), S. 197 ff.
19 vgl. Weber/Weißenberger (2006), S. 209 ff.
20 vgl. Weber/Weißenberger (2006), S. 205 ff.
21 Vgl. Bähr/Fischer-Winkelmann/List (2006), S. 425 ff., Meyer (2008), S. 155 ff., Schildbach (2008), S. 267 ff., Weber/Weißenberger 2006), S. 230 ff.
22 vgl. Bähr/Fischer-Winkelmann/List (2006), S. 441 ff., Meyer (2008), S. 165 f., Schildbach (2008), S. 291 ff., Weber/Weißenberger 2006), S. 236 f.
23 vgl. Gräfer/Scheld (2007), S. 383 ff., Küting/Weber (2008), S. 577 ff., Schierenbeck/Wöhle (2008), S. 715)
24 vgl. Weber/Weißenberger (2006), S. 301 ff.
25 vgl. Gräfer/Scheld /2007), 119 ff., Meyer (2008), S. 183 ff., Schierenbeck/Wöhle (2008), S. 719 ff.
26 Zum Vergleich der drei Prinzipien vgl. z. B. Meyer (2008), S. 259 ff., Pellens/Fülbier/ Gassen/Sellhorn (2008), S. 55 ff.
27 vgl. z. B. Ballwieser (2006), S. 7 ff.
28 vgl. Pellens/Fülbier/Gassen/Sellhorn (2008), S. 389 ff.
29 vgl. Küting/Weber (2006), S. 31 ff., Schierenbeck/Wöhle (2008), S. 740 ff.
30 vgl. zur Bilanzanalyse z. B. Küting/Weber (2006), S. 1 ff., Schierenbeck/Wöhle (2008), S. 761 ff.

6 Globale Produktion und Beschaffung

In diesem Kapitel wird zunächst das derzeit leistungsfähigste System der industriellen Produktion und die Produktionsplanung vorgestellt, um dann auf die durch die Globalisierung eröffneten Möglichkeiten der vernetzten internationalen Produktion einzugehen.

6.1 Industrielle Produktionssysteme

Die Veröffentlichung einer Studie des *Massachusetts Institute of Technology* (MIT) im Jahr 1990 löste unter dem Motto „*lean production*" (schlanke Produktion)[*] weltweit einen tiefgreifenden Wandel der Produktionssysteme in Industrieunternehmen aus. Für die Automobilindustrie, in der die Ergebnisse der Studie zuerst umgesetzt wurden, wird in diesem Zusammenhang auch von der „zweiten Revolution" gesprochen (die erste war die Einführung der Fließbandfertigung durch Henry Ford). In der MIT-Studie war die Automobilindustrie in Japan, Nordamerika und Europa untersucht worden. Es zeigte sich, dass das bei Toyota vorgefundene Produktionssystem denen aller übrigen Automobilhersteller in vielen Kriterien wie z. B. Produktivität, Qualität und Flexibilität deutlich überlegen war.[1]

Inzwischen haben fast alle Industrieunternehmen Konzeptelemente des Toyota-Produktionssystems übernommen. Viele haben das komplette System mit geringfügigen Modifikationen eingeführt. Diese Systeme sind häufig unter der Bezeichnung „Bingo-Produktionssystem" oder „Bingo-Weg" anzutreffen („Bingo" steht dabei für den Namen des jeweiligen Unternehmens). Nachfolgend wird das Toyota-Produktionssystem beschrieben.

6.1.1 Kernelemente des Toyota-Produktionssystems

Die beiden Kernelemente des Systems sind Just-in-Time und Jidoka (siehe **Bild 6-1**).[2]

Just-in-Time bedeutet bedarfssynchrone Lieferung und Produktion. Im Gegensatz dazu steht der – in manchen Fällen auch bei Anwendung des Toyota-Produktionssystems unvermeidliche – Ausgleich unterschiedlicher Geschwindigkeiten zu- und abströmender Materialflüsse durch Lagerung.

Just-in-Time-Lieferungen gelangen direkt, also ohne Zwischenlagerung, an den Ort des Bedarfs, z. B. einen Montagearbeitsplatz. Wenn unterschiedliche Teile geliefert werden, z. B. vom Lieferanten bereits in der Wagenfarbe lackierte Außenspiegel für Automobile, so müssen diese in der Montagereihenfolge angeliefert werden (*Just-in-Sequence*). In der Automobilindustrie wird die erforderliche Reihenfolge erst wenige Stunden vor Montagebeginn festgelegt und den Lieferanten mitgeteilt, die daher entweder ihre Fertigung bzw. Vormontage in unmittelbarer Nähe des Montagestandorts des Automobilherstellers ansiedeln oder dort eine abrufgemäße Sequenzierung der von ihnen zu liefernden Teile vornehmen müssen. Bei Just-in-Time-Lieferungen bleibt keine Zeit, vor der Verwendung angelieferter Teile Wareneingangs-

---

[*] Neben den Originalquellen (vgl. Toyota (2009) sowie die Veröffentlichungen der Entwickler des Systems, insb. Ohno (2009) und Shingo (1993)) gibt es inzwischen eine große Menge an Sekundärliteratur.

6.1 Industrielle Produktionssysteme

kontrollen durchzuführen. Der Lieferant muss daher über ein Qualitätsmanagementsystem verfügen, das die Lieferung fehlerhafter Teile ausschließt.

```
              Toyota-
          Produktionssystem
    ┌─────────────────┬──────────────┐
    │  Just-in Time   │    Jidoka    │
    ├─────────────────┴──────────────┤
    │   Vermeidung von Verschwendung │
    └────────────────────────────────┘
```

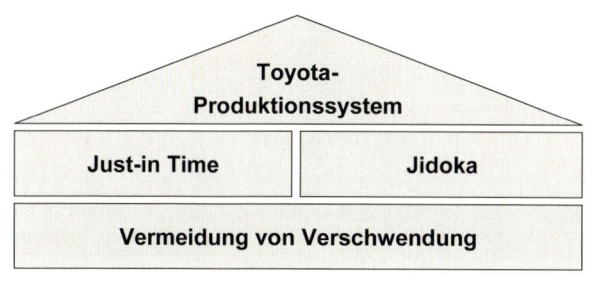

Bild 6-1   Toyota-Produktionssystem

Just-in-Time-Produktion bedeutet, dass ein Arbeitsgang durch den Bedarf der nachgelagerten Arbeitsstation bzw. des Kunden angestoßen wird. Man spricht in diesem Fall auch vom Pull-Prinzip der Fertigungssteuerung, weil die Werkstücke bildlich gesprochen durch die Produktion gezogen werden, denn der Anstoß zur Fertigung geht vom Kunden aus und wandert durch den gesamten Betrieb bis zum ersten durchzuführenden Arbeitsgang und von dort zum Lieferanten. Voraussetzung dafür, dass keine Wartezeiten entstehen, ist ein kontinuierlicher Bedarf am Ende der Wertschöpfungskette und damit eine geglättete Produktion. Im Idealfall ergibt sich ein *one-piece-flow* (Einzelstückfluss), also ein fließender Durchlauf jedes einzelnen Werkstücks, das nach Abschluss eines Arbeitsgangs ohne Wartezeiten an der jeweils folgenden Station bearbeitet wird.[3]

Ein Hilfsmittel für die Fertigungssteuerung nach dem Pull-Prinzip ist der *Kanban* (japanisch für Zettel). Darunter ist ein – heute vielfach nicht mehr in Papier- sondern in elektronischer Form existierender – Informationsträger zu verstehen, mit dem der Bedarf für eine bestimmte Anzahl (Losgröße) eines bestimmten Teils vom Bedarfsort (Senke) an die vorgelagerte Arbeitsstation (Quelle) übermittelt wird. Als Kanban kann auch der Transportbehälter dienen, wenn die vorgelagerte Arbeitsstation anhand des Behälters erkennen kann, welche Teileart in welcher Menge benötigt wird.[4]

Just-in-Time-Produktion erfordert kurze Rüstzeiten, damit wirtschaftlich in kleinen Losgrößen produziert und die Zeit von der Bedarfsmeldung bis zur Teilelieferung kurz gehalten werden kann. Das in diesem Zusammenhang verfolgte Ziel wird mit der Abkürzung SMED (für *single minute exchange of die*, Werkzeugwechsel im einstelligen Minutenbereich) bezeichnet. Zur Erreichung dieses Ziels müssen die Anlagen entsprechend umrüstfreundlich konstruiert sein und ein möglichst großer Teil des Rüstvorgangs muss in die Vorbereitungsphase verlegt, also bei noch (an dem vorigen Los) arbeitender Maschine durchgeführt werden.[5]

Jidoka bedeutet „intelligente Automatisierung" und wird im Deutschen zum Teil auch als „Autonomation" bezeichnet. Gemeint ist damit, dass Maschinen selbsttätig anhalten, wenn ein defektes Teil produziert worden ist. Zu diesem Ansatz gehören auch Anzeigen, anhand derer von den Mitarbeitern schon von weitem erkennbar ist, wenn eine Maschine gestoppt wurde.[6]

6.1.2 Vermeidung von Verschwendung

Neben diesen beiden Kernelementen ist die Vermeidung von Verschwendung ein weiteres zentrales Merkmal des Toyota-Produktionssystems. Sieben Arten der Verschwendung werden unterschieden (siehe **Bild 6-2**):

- Überproduktion: Es wird mehr an Teilen, Baugruppen und Fertigprodukten hergestellt, als zur Zeit benötigt wird, z. B. wegen schlechter Planung oder um Reserven für Störfälle zu haben.
- Lagerbestände: Als Folge der Überproduktion oder wegen mangelnder Synchronisation aufeinander folgender Arbeitsgänge entstehen Bestände an Material, in der Produktion befindlichen oder gar zwischengelagerten Werkstücken und Endprodukten, die Kapital- und Raumkosten verursachen.

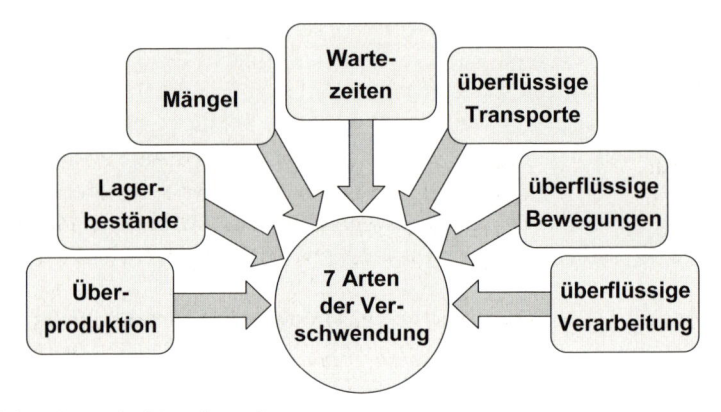

Bild 6-2   Sieben Arten der Verschwendung

- Mängel: Fehler im Fertigungsprozess oder am bezogenen Material führen zu Nacharbeit und Ausschuss. Dadurch entstehen Störungen im Prozess und unnötige Kosten.
- Wartezeiten: Aufgrund fehlenden Materials, Abwesenheit des Mitarbeiters, Störungen der Maschine oder schlechter Abstimmung des Prozesses können der Mitarbeiter oder die Maschine noch nicht mit dem nächsten Prozessschritt beginnen. Wartezeiten verursachen Leerkosten, weil Mensch und Maschine während der Wartezeit Kosten (insb. Lohn, Abschreibungen, Zinsen, Raumkosten) verursachen, aber keine Wertschöpfung erbringen.
- überflüssige Transporte: Innerbetriebliche Transporte sind fast ausnahmelos überflüssig, weil sie nicht zur Wertschöpfung beitragen und müssen daher minimiert werden.
- überflüssige Bewegungen: Hier geht es vor allem um Bewegungen, die der Mitarbeiter ausführen muss, z. B. um Werkstücke oder Werkzeuge für den nächsten Prozessschritt zu platzieren. Greif- und Laufentfernungen sollten so kurz wie möglich gehalten werden. Ähnliches gilt für maschinelle Verfahrwege von Werkzeugen und Werkstücken.
- überflüssige Verarbeitung: Nicht wertschöpfende Prozessschritte sollten möglichst eliminiert werden: Dazu gehören z. B. die vorläufige Fixierung eines Teils, das dann erst in einem späteren Arbeitsgang endgültig befestigt wird, oder eine unnötige Qualitätsprüfung, die sich auf ein in der Konstruktionszeichnung angegebenes Maß bezieht, das aber nicht geprüft zu werden braucht, weil es unkritisch ist.[7]

6.1.3 Kontinuierliche Verbesserung

Das wichtigste Instrument zur Vermeidung von Verschwendung ist der kontinuierliche Verbesserungsprozess (KVP), im Japanischen auch als *kaizen* bezeichnet. Damit ist die ständige Verbesserung aller Abläufe im Betrieb gemeint. Dazu werden die im Kapitel „Qualitäts- und Umweltmanagement" beschriebenen Qualitätsmanagementinstrumente eingesetzt. Neben dem Instrumenteneinsatz ist es für den Erfolg des kontinuierlichen Verbesserungsprozesses entscheidend, die Einstellungen der Mitarbeiter und des Managements dahingehend zu beeinflussen, dass sie nicht nur kurzfristige Problemlösungen, sondern nachhaltige Verbesserungen anstreben.[8] Der entsprechende Ansatz des Total Quality Management (TQM) wird im selben Kapitel dieses Buches erläutert.

Aus den Kernelementen des Toyota-Produktionssystems, „Just-in-Time" und „Jidoka", sowie dem Ansatz zur Vermeidung von Verschwendung lassen sich 14 Managementprinzipien ableiten, die wiederum in vier Kategorien gegliedert werden können:

Kategorie I: Langfristige Philosophie

(1) Machen Sie eine langfristige Philosophie zur Grundlage Ihrer Managemententscheidungen, selbst wenn dies zu Lasten kurzfristiger Gewinnziele geht.

Kategorie II: Der richtige Prozess führt zu den richtigen Ergebnissen

(2) Sorgen Sie für kontinuierlich fließende Prozesse, um Probleme ans Licht zu bringen.
(3) Verwenden Sie Pull-Systeme, um Überproduktion zu vermeiden.
(4) Sorgen Sie für eine ausgeglichene Produktionsauslastung.
(5) Schaffen Sie eine Kultur, die auf Anhieb Qualität erzeugt, statt einer Kultur der ewigen Nachbesserung.
(6) Standardisierte Arbeitsschritte sind die Grundlage für kontinuierliche Verbesserung und die Übertragung von Verantwortung auf die Mitarbeiter.
(7) Nutzen Sie visuelle Kontrollen, damit keine Probleme verborgen bleiben.
(8) Setzen Sie nur zuverlässige, gründlich getestete Technologien ein, die den Menschen und Prozessen dienen.

Kategorie III: Generieren Sie Mehrwert für Ihre Organisation, indem Sie Ihre Mitarbeiter und Geschäftspartner entwickeln

(9) Entwickeln Sie Führungskräfte, die alle Arbeitsabläufe genau kennen und verstehen, die die Unternehmensphilosophie vorleben und sie anderen vermitteln.
(10) Entwickeln Sie herausragende Mitarbeiter und Teams, die der Unternehmensphilosophie folgen.
(11) Respektieren Sie Ihr ausgedehntes Netz an Geschäftspartnern und Zulieferern, indem Sie sie fordern und dabei unterstützen, sich zu verbessern.

Kategorie IV: Die kontinuierliche Lösung der Problemursachen ist der Motor für organisationsweite Lernprozesse

(12) Machen Sie sich selbst ein Bild von der Situation, um sie umfassend zu verstehen.
(13) Treffen Sie Entscheidungen mit Bedacht und nach dem Konsensprinzip. Wägen Sie alle Alternativen sorgfältig ab, aber setzen Sie die getroffene Entscheidung zügig um.
(14) Werden Sie durch unermüdliche Reflexion und kontinuierliche Verbesserung zu einer wahrhaft lernenden Organisation.[9]

6.2 Produktionsplanung

„Je genauer der Mensch plant, desto wirkungsvoller trifft ihn der Zufall."

Friedrich Dürrenmatt

Gegenstände der Produktionsplanung sind das Produktionsprogramm und der Produktionsablauf.

Produktionsprogrammplanung

Die Produktionsprogrammplanung beantwortet die Frage, was produziert werden soll, und zwar sowohl aus langfristiger als auch aus kurzfristiger Perspektive.

Bei der langfristigen Planung geht es zunächst um die Struktur des Produktionsprogrammes: Es ist zu entscheiden, welche Produktarten gefertigt werden sollen. Im nächsten Planungsschritt müssen dann die zur Fertigung der ausgewählten Produktarten einzusetzenden Produktionsverfahren bestimmt werden. Zu diesem Planungsschritt gehört auch die Festlegung der Fertigungstiefe, also die Antwort auf die Frage, welche Teile und Baugruppen selbst gefertigt und welche von Lieferanten bezogen werden sollen. Aus den gewählten Produktionsverfahren und dem Mengengerüst wird schließlich der Bedarf an Betriebsmitteln und Mitarbeitern abgeleitet.[10]

Was Gegenstand der kurzfristigen Produktionsprogrammplanung ist, hängt davon ab, ob das Unternehmen auftragsbezogen oder für den anonymen Markt fertigt. Im ersten Fall ist zum Zeitpunkt der Fertigung schon bekannt, welcher Kunde das Produkt abnehmen wird. Im Rahmen der Programmplanung ist hier zu entscheiden, ob der Auftrag angenommen werden soll. Das Entscheidungskriterium dafür ist allgemein der Deckungsbeitrag: Nur Aufträge mit positivem Deckungsbeitrag werden angenommen. Wenn aus Kapazitätsgründen nicht alle Aufträge angenommen werden können, sind die mit den höchsten Deckungsbeiträgen pro Kapazitätseinheit (z. B. Maschinenstunde) auszuwählen. In Sonderfällen kommt auch die Annahme von Aufträgen mit negativen Deckungsbeiträgen in Frage, z. B. wenn ein neuer Kunde gewonnen werden soll, von dem man weitere Aufträge, dann mit positiven Deckungsbeiträgen, erwartet.[11]

Im Fall der Fertigung für den anonymen Markt wird der Kunde aus dem Fertigerzeugnislager beliefert. Im Rahmen der Produktionsprogrammplanung ist zu entscheiden, welche Mengen je Produktart gefertigt werden sollen. Grundlage dafür sind die Bestände im Fertigerzeugnislager und die Absatzprognosen.[12]

Produktionsablaufplanung

Die Produktionsablaufplanung beantwortet die Frage, wie und wann das kurzfristig geplante Produktionsprogramm gefertigt werden soll. Dazu gehören bei Werkstattfertigung folgende Planungsschritte:

- Losgrößenplanung
- Durchlaufterminierung
- Kapazitätsabgleich
- Maschinenbelegungsplanung.

6.2 Produktionsplanung

Die Losgröße ist die Stückzahl an Produkten einer Art, die in einem Durchlauf, also ohne zwischenzeitliche Umrüstung der Produktionsanlagen, gefertigt werden. Bei ihrer Festlegung steckt der Planer in einem Dilemma, weil zwar einerseits die Kosten des Loswechsels (insb. der Umrüstung der Produktionsanlagen) auf die gesamte Periode (z. B. ein Jahr) bezogen umso geringer sind, je weniger Loswechsel stattfinden, was für hohe Losgrößen spricht. Andererseits führen große Lose bei Annahme konstanter Absatzgeschwindigkeit zu hohen Lagerbeständen, weil das einzelne Produkt im Durchschnitt länger im Fertigerzeugnislager liegt, bis es verkauft worden ist. Es ist daher die optimale Losgröße zu suchen, bei der die Summe aus (perioden- oder stückbezogenen) losfixen (insb. Rüstkosten) und losgrößenproportionalen Kosten (ins. lagerkosten) ein Minimum annimmt (siehe **Bild 6-3**).

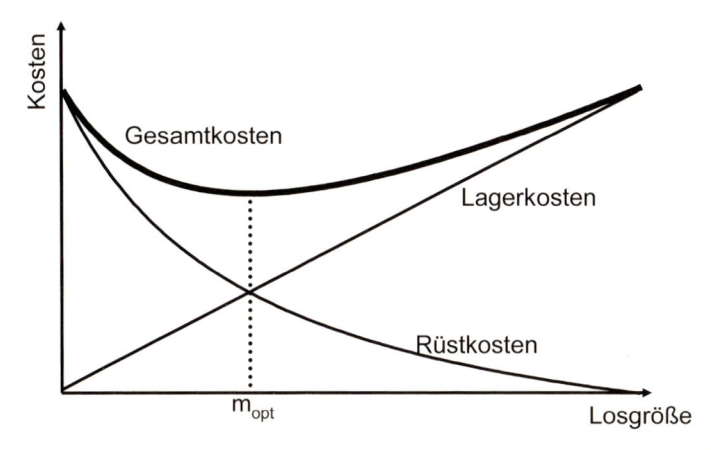

Bild 6-3   Optimale Losgröße

Sie kann mit folgender Formel berechnet werden:

$$m_{opt} = \sqrt{\frac{2 \cdot B \cdot k_R}{q}} \qquad (6.1)$$

mit: m_{opt} optimale Losgröße
         B Periodenbedarf
         k_R Kosten pro Loswechsel
         q Lagerkosten pro Stück und Periode

Diese rechnerische Losgrößenoptimierung hat wenig praktische Bedeutung, weil sie an Voraussetzungen geknüpft ist, die in der Praxis nicht erfüllt sind. Dies sind insbesondere eine konstante Absatzgeschwindigkeit und eine unendliche Produktionsgeschwindigkeit. Es gibt jedoch Erweiterungen des Optimierungsmodells, die diese Voraussetzungen nicht erfordern. Ein weiteres Anwendungsproblem ist die Unsicherheit der Prognose des Periodenbedarfs. So gibt es für einen Automobilzulieferer das Risiko einer vom Automobilhersteller durchgeführten Konstruktionsänderung, die dazu führt, dass noch im Lager liegende Teile alter Spezifikation nachgearbeitet oder gar verschrottet werden müssen. Zudem fordern viele Absatzmärkte zunehmend kundenspezifische Varianten, die nur noch bedingt gemeinsam in einem Los gefertigt werden können.[13]

Die Durchlaufterminierung hat die Festlegung von Start- und Endterminen je Arbeitsgang zum Gegenstand. Ähnlich wie bei der Projektterminplanung können die Arbeitsgänge vorwärts, also ausgehend vom Starttermin, oder rückwärts, also ausgehend vom gewünschten bzw. dem Kunden zugesagten Lieferzeitpunkt terminiert werden. Eine Planungsunsicherheit ergibt sich aus dem Umstand, dass Durchlaufzeiten zu planen sind, die neben den im Zuge der Arbeitsplanung relativ genau zu ermittelnden Bearbeitungszeiten auch Kontroll-, Rüst-, Transport- und Wartezeiten beinhalten. In die Durchlaufterminierung muss je Arbeitsgang die Zeit eingehen, die zwischen dem Abschluss des vorigen und dem des betrachteten Arbeitsgangs liegt. Vor allem die Wartezeit schwankt sehr stark, weil sie von der Belastung der Kapazitäten der einzelnen Maschinengruppen und damit vom jeweiligen Produktionsprogramm abhängt. Aus Gründen der Komplexitätsreduktion werden bei der Durchlaufterminierung im Allgemeinen die Kapazitäten der Maschinengruppen nicht beachtet. Daher ist im nächsten Schritt der Produktionsablaufplanung ein Kapazitätsabgleich erforderlich.[14]

Der Kapazitätsabgleich dient dazu, Über- und Unterauslastungen der einzelnen Maschinengruppen zu reduzieren. Dass die üblicherweise in Fertigungsminuten ausgedrückte Belastung einer Maschinengruppe in einer Planungszeiteinheit – dies ist in der Regel der Betriebskalendertag, in einigen Fällen auch die Betriebskalenderwoche – nicht ihrer Kapazität entspricht, liegt daran, das diese bei der Durchlaufterminierung üblicherweise nicht berücksichtigt wird. Grundsätzlich kann zum Kapazitätsabgleich entweder die Kapazität oder die Belastung angepasst werden.[15]

Die wichtigsten Maßnahmen zum Kapazitätsabgleich sind:

- Kapazitätsanpassung:
  – Kapazitätserhöhung (Überstunden, Zusatzschichten, Personalverlagerung, Personaleinstellung, Investitionen),
  – Kapazitätsverminderung (Kurzarbeit, Schichtabbau, Personalverlagerung, Personalabbau, Stilllegungen).
- Belastungsanpassung:
  – Belastungserhöhung (Terminverlagerung, Ausweichen, Zusatzaufträge, Instandhaltung),
  – Belastungsverminderung (Terminverlagerung, Ausweichen, Fremdvergabe).[16]

Bei der Maschinenbelegungsplanung wird festgelegt, auf welchen Maschinen die einzelnen Arbeitsgänge ausgeführt werden, sofern es hier überhaupt Alternativen, wie mehrere funktionsgleiche Maschinen, gibt. Für jede einzelne Maschine muss dann die Reihenfolge bestimmt werden, in der die ihr zugeordneten Aufträge bearbeitet werden sollen.[17]

Bei Fließbandfertigung stellen sich die vorstehend genannten, bei der Werkstattfertigung über die beschriebenen Schritte der Produktionsablaufplanung zu lösenden Probleme nicht. Stattdessen ist hier über den Fließbandabgleich der Produktionsablauf langfristig zu planen. Dabei werden die Taktzeit und die Anzahl der Arbeitsstationen festgelegt.[18]

6.3 Charakteristika der Globalisierung

Der Begriff Globalisierung benennt den fortlaufenden Prozess der Internationalisierung von Absatz- und Beschaffungsmärkten und des Zusammenwachsen der Weltwirtschaft.[19] Fernhandel ist aber kein neuzeitliches Phänomen, sondern bereits zu prähistorischen Zeiten belegt. Alte historische Handelsverbindungen waren:

- die Seidenstraße (Verbindung Asiens mit der Levante),
- die Hanse (Ostseehandel),
- die Levante (Handel im östlichen Mittelmeerraum und dem Orient),
- „Carrera da India" (Portugiesische Seeroute nach Indien ums Kap der Guten Hoffnung),
- die Handelsgesellschaften europäischer Seemächte:
  - „The British East-India Company" (GB),
  - „De Vereenigde Oostindische Compagnie" (NL),
  - „Compagnie des Isles de l'Amérique" (F).[20]

Wenig bekannt ist außerdem, dass es bereits vor dem Ersten Weltkrieg eine erste Welle der Globalisierung gab. Die frühen Industrienationen England, USA und Deutschland hatten zweistellige Exportquoten, die bis in die 1970er Jahre nicht wieder reicht wurden. Der Handel wurde begünstigt durch den Goldstandard der wichtigsten Währungen, deren Wechselkurse über Jahrzehnte unverändert blieben.[21]

Die Schrecken der Weltkriege ließen die Nationen nach 1945 wieder engere Kooperationen anstreben. Mithilfe des Marshallplans wurde Westeuropa gestärkt. Durch die GATT-Abkommen *(General Agreement on Tariffs and Trade)* wurden Handelshemmnisse zwischen den Mitgliedsstaaten schrittweise abgebaut. Die 1995 gegründete Nachfolgeorganisation WTO *(World Trade Organisation)* repräsentiert 130 Mitglieder und mehr als 90 % des Welthandels.[22]

Staaten aus verschiedenen Weltregionen haben sich zusammengeschlossen:

- Die EU ist eine Wirtschaftsunion mit gemeinsamem Märkt für Güter, Dienstleistungen, Kapital und Menschen. Mit dem Euro wurde seit dem 01.01.2002 eine Gemeinschaftswährung geschaffen.
- Die Freihandelszone NAFTA *(North American Free Trade Agreement)* verbindet die USA, Kanada und Mexiko.
- Die ASEAN-Staaten Brunei, Malaysia, die Philippinen, Indonesien, Thailand und Vietnam bilden seit 1967 eine Freihandelszone und streben eine Zollunion an.
- Auch die MERCOSUR-Staaten *(Mercado Común en el America del Sur)* Argentinien, Brasilien, Paraguay, Uruguay und Chile streben eine Zollunion an.[23]

Ca. 30 % des Welthandelsvolumens wird statistisch durch den internen Handel zwischen Geschäftseinheiten multinationaler Unternehmen erzeugt, beeinflusst also die internationalen Märkte nicht. Die Anzahl international tätiger Unternehmen beträgt rund 37.000 mit 170.000 Tochtergesellschaften. Diese Firmen tätigen jährlich ausländische Direktinvestitionen im Wert von mehreren Billionen Dollar in einer Größenordnung, die etwa der Hälfte des jährlichen Handelsvolumens entspricht. Rund ein Drittel der Gesamtsumme wird durch echte „Multis", d. h. die größten multinationalen Unternehmen, investiert.[24]

Globalisierung kann auf verschiedenen Ebenen beschrieben und gemessen werden, nämlich für ganze Volkswirtschaften, bestimmte Branchen und einzelne Unternehmen. Im Folgenden werden messbaren Kennzeichen der Globalisierung auf volkswirtschaftlicher und Unternehmensebene dargestellt.

6.3.1 Volkswirtschaftliche Merkmale der Globalisierung

Globalisierung bewirkt für Volkswirtschaften folgende Haupttrends:

- wachsender internationaler Austausch und Marktteilnahme (Güter, Kapital, Personal, Technik),
- verstärkte Mobilität weltweiter Produktionsfaktoren *(global sourcing)*,
- sich angleichende Kulturen und ein gleichförmigeres Konsumentenverhalten (weltweite Standards),
- engere Zusammenarbeit von Volkswirtschaften, geringerer Einfluss staatlicher Stellen.

Gewinner dieser Prozesse sind:

- aufstrebende Volkswirtschaften, die Wachstumschancen durch Know-how- und Technologietransfer erhalten, z. B. China, Indien, Mexiko, Vietnam, Uganda (jährliches BIP-Wachstum größer als 5 % seit den 1990er Jahren); allerdings profitieren häufig nicht alle Volksschichten gleichermaßen vom Wachstum, sondern vornehmlich die ohnehin Besitzenden;
- Exportnationen beispielsweise der EU, die Kapital in die Wachstumsmärkte transferieren.

Zu Verlierern werden:

- Drittweltländer, die dem wirtschaftlichen Druck nicht gewachsen sind, insbesondere wenn sie große soziale Probleme haben,
- volkswirtschaftliche Sektoren in Hochlohnländern, die auf einfach nachzuahmenden Techniken beruhen.*

Regierungen verlieren mehr und mehr an Einfluss auf multinationale Unternehmen. Sie können sich in einer komplexeren Welt nur mehr auf gemeinsame Rahmenbedingungen verständigen; die Konkurrenz erfolgt zudem nicht mehr auf nationaler, sondern auf (groß-)regionaler Ebene.

Volkswirtschaftliche Kennzahlen der Globalisierung

Durch Kennzahlen wird der Grad bzw. die Geschwindigkeit der Globalisierung ausgedrückt. Indikatoren des Grades der Globalisierung sind beispielsweise:

- Export- und Importquote (Export bzw. Import durch Bruttoinlandsprodukt BIP),
- Anteil der ausländischen Direktinvestitionen (FDI) an den Gesamtinvestitionen,
- Auslandsanteil am Eigenkapital nationaler Gesellschaften,
- Anteil ausländischer Arbeitnehmer an den Gesamtarbeitskräften.

Die Dynamik des Globalisierungsprozesses wird beschrieben durch:

- Wachstum der Exporte gegenüber dem Binnenhandel oder dem BIP,
- Entwicklung der ausländischen Direktinvestitionen,
- Entwicklung internationaler zu nationalen Kapitaltransaktionen,
- Entwicklung ausländischer Beschäftigter zu im Inland tätigen.[25]

---

* Die Synopse beruht auf Meier/Roehr (2004), S. 36-37; Abele et al. (2006), Sp. 380-381; Perkins, J. (2007), S. 25.

In einigen Drittweltländern gehört 1 % der Bevölkerung zwischen 70 und 90 % des Landeseigentums und der Immobilien. Auch in hochentwickelten Ländern hat sich die soziale Schere mehr und mehr geöffnet. Wer wirklich vom Wachstum profitiert, muss also individuell betrachtet werden. Nicht immer sickert etwas zu den wirklich Armen durch.

6.3 Charakteristika der Globalisierung

Einige Schlüsseldaten sind in **Tabelle 6-1** zusammengestellt. Besonders auffällig ist, dass der tägliche Kapitalumschlag auf den Weltmärkten ca. 15-mal so hoch wie der Wert der insgesamt erzeugten Güter. Es wird ebenfalls deutlich, dass die Wachstumsraten des internationalen Handels diejenigen einzelner Volkswirtschaften um ein Vielfaches übertroffen haben.

Tabelle 6-1   Kennzahlen der Globalisierung[26]

Statische Kennzahlen		
• Täglicher Umsatz auf den weltweiten Kapitalmärkten	~ 1.200 Milliarden US-$	*
• Tägliche weltweite Produktion	~ 80 Milliarden US-$	*
• Durchschnittliche Export-/Importquote	~ 20 %	**
Dynamische Kennzahlen		
• Wachstum des Welthandels (Exporte)	~ 7 %	***
• Wachstumsrate ausländischer Direktinvestitionen (FDI)	> 10 %	***
• Wachstumsrate internationaler Zahlungsströme	> 13 %	***
Zum Vergleich:		
• Durchschnittliches Wachstum des BIP	~ 2,3 %	****

Erhellend ist auch ein Vergleich der führenden Exportländer **(Bild 6-4)**. So zeigt sich, dass Deutschland zwar im Jahre 2006 in absoluten Werten der in der deutschen Presse vielfach gefeierte Exportweltmeister vor den USA und China war (linke Balken).

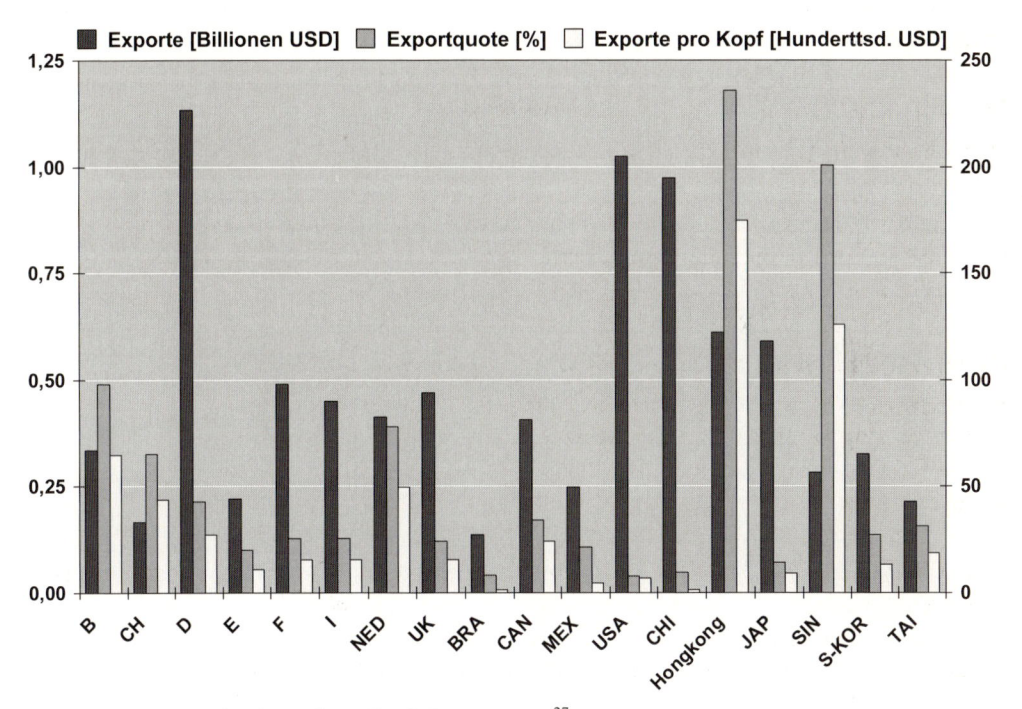

Bild 6-4   Exporte absolut und pro Kopf, Exportquoten[27]

In einer Pro-Kopf-Betrachtung (rechte Balken) ergibt sich jedoch ein völlig anderes Bild: Etliche Nationen, darunter auch einige europäische, haben weitaus höhere Exportvolumina zu verzeichnen als die großen drei, sind also eigentlich stärker weltwirtschaftlich verflochten bzw. abhängig. Dies zeigt sich auch in den Exportquoten (mittlere Balken), die in etwa mit den Pro-Kopf-Werten korrelieren.

6.3.2 Unternehmensmerkmale der Globalisierung

Unternehmen können an die ganze Welt verkaufen, und sie können sich aus den Ressourcen der ganzen Welt bedienen. Das bedeutet, sie können

- ihre Wertschöpfungskette global aufteilen,
- ihre Kernkompetenzen weltweit nutzen *(global sourcing)*,
- die Kernkompetenzen weltweiter Partner nutzen *(global outsourcing)*.

Die Firmen haben einen enormen Kapitalbedarf, um ihren weltweiten Aufgaben gerecht werden zu können. Daher konzentrieren sie sich nur noch auf die Kernaufgaben (-kompetenzen) und arbeiten mit anderen Firmen auf vielerlei Art zusammen. Die Firmen werden also trotz der immer umfassenderen regionalen Aktivitäten immer schlanker (sog. globale Paradoxie). Es gibt neuartige Formen der Kooperation wie Netzwerke und virtuelle Unternehmen. Dem Trend zur Verschlankung entgegen laufen strategische Allianzen und vor allem Firmenfusionen.

Durch die Globalisierung gewinnen:

- Kapitaleigner, Investoren, qualifizierte Arbeitnehmer (Spezialisten),
- Konsumenten durch den ausgelösten Preiswettkampf.

Globalisierungsverlierer sind:

- wenig flexible Unternehmen und Investoren,
- gering qualifizierte Arbeitnehmer.[28]

Da die Außengrenzen der Unternehmungen sich ständig verändern, werden Prozesse wichtiger als feste Strukturen. Internationale Projektteams erhalten daher größere Handlungsspielräume.

Um die sich aus der Globalisierung ergebenden Chancen für Unternehmen zu verstehen, ist ein Blick auf die riesigen neuen potenziellen Absatzmärkte hilfreich **(Tabelle 6-2)**.

Tabelle 6-2 Schwellenmärkte im Vergleich zu den USA im Jahr 1999[29]

Marktvolumen p. a.		China	Indien	Brasilien	USA
TV-Geräte	(Mio.)	13,6	5,2	7,8	23,0
Waschmittel	(kg/Person)	2,5	2,7	7,3	14,4
	(Mio. t)	3,5	2,3	1,1	3,9
Shampoo	(Mill. USD)	1,0	0,8	1,0	1,5
Arzneimittel	(Mill. USD)	5,0	2,8	8,0	60,6
Kraftfahrzeuge	(Mio.)	1,6	0,7	2,1	15,5
Energiverbrauch	(MWh)	236.542	81.736	59.950	810.964

Die Daten belegen, dass schon 1999, erst recht also heute, die oft unterschätzten Konsumgütermärkte von Schwellenländern im Volumen durchaus mit denen führender Industrienationen vergleichbar sind.

6.4 Internationalisierung

Tätigkeiten auf internationalen Absatz- und Beschaffungsmärkten gehören heute zum Alltag nicht nur von Großunternehmen. Auch Mittelständler müssen sich den geänderten weltweiten Rahmenbedingungen stellen und sich bietende Chancen beherzt nutzen. Die angewandten Methoden des Unternehmensmanagements werden heute gleichermaßen auch von Organisationen aus dem Non-profit-Sektor angewandt (UN-, Entwicklungshilfeorganisationen); auch über-nationale Einsatzgruppen (Militär, Infrastruktur, Polizei) bedienen sich teilweise der in der Privatwirtschaft entwickelten Managementmethoden.

Zu den die internationale Tätigkeit dieser Gruppen beschreibenden Determinanten zählen

- strukturelle Merkmale:
    - geschäftliche Aktivitäten in mehreren Ländern,
    - internationale Streuung des Eigentums,
    - internationales Top-Management,
    - Organisationsstruktur;
- Leistungsmerkmale,
    - Gewinn, Umsatz, Vermögenswerte,
    - Mitarbeiterauswahl;
- verhaltenspsychologische Merkmale einzelner Mitarbeiter (insb. Top-Management),
- erreichte Stufe im Globalisierungsprozess.[30]

In diesem Abschnitt soll zunächst kurz besprochen werden, warum Globalisierung überhaupt stattfindet, d. h. welche Vorteile einzelne Akteure, insb. Unternehmen, davon haben. Es folgt eine Beschreibung möglicher Wege eines Unternehmens in die internationale Tätigkeit *(„going international")* und des dauerhaften Verbleibs in derselben *(„being international")*.

6.4.1 Theorien der Globalisierung

Bereits der große Nationalökonom *Adam Smith* erkannte, dass es für Privatleute wie Unternehmen wie ganze Staaten vorteilhaft sei, sich zu spezialisieren und dann Güter auszutauschen. Davis Ricardo entwickelte daraus das Prinzip des komparativen Konkurrenzvorteils. Es besagt, dass Spezialisierung und Handel zu Vorteilen für alle Beteiligten führen, sogar für die, die absolut betrachtet nichts besser können als ihre Handelspartner.[31]

> Der komparative Konkurrenzvorteil lässt sich an einem einfachen Beispiel verdeutlichen. Nehmen wir an, ein deutscher Fußballnationalspieler könnte seinen Rasen in einer Stunde mähen. In dieser Stunde könnte er aber auch einen Werbeauftritt für 50.000 € absolvieren. Sein nicht ganz so trainierter Schulfreund schafft den Rasen in zwei Stunden. Er ist normalerweise in einem Zeitarbeitsunternehmen für 8 € je Stunde tätig.
>
> Obwohl der Nationalspieler den Rasen besser mähen kann als sein Freund, sollte er das nicht selbst tun. Es entgingen ihm sonst die 50.000 € abzüglich des Geldes für den Schulfreund als sog. Opportunitätskosten. Der Freund müsste mehr als 2 x 8 € = 16 € erhalten, damit sich der Job für ihn lohnt.

Darüber hinaus bewirkt Internationalisierung

- potenziell größere Absatzmärkte, dadurch größere Stückzahlen und geringere Stückkosten,
- den möglichen Zugriff auf weltweite natürliche Ressourcen (Rohstoffe) und Know-how (z. B. indische Programmierer).

Einen analytischen Ansatz für die Durchführung einer ausländischen Direktinvestition durch ein Unternehmen bietet der eklektische Ansatz nach *Dunning* (OLI-Ansatz). Danach wird eine internationale Aktivität eines Unternehmens immer dann eingeleitet, wenn drei Bedingungen erfüllt werden **(Bild 6-5)**:

- eigentumsspezifische Vorteile des Unternehmens *(O = ownership)*,
- Standortvorteile einzelner Länder *(L = location)* sowie
- Vorteile durch das „Selbermachen", statt mit anderen Unternehmen zu kooperieren *(I = internalization)*.

Ein Beispiel mag das veranschaulichen. Ein mittelständischer Automobilzulieferer ist Entwicklungspartner seines Kunden, eines führenden Automobilherstellers. Der Kunde plant ein neues Werk in China und wünscht sich, dass sein Zulieferer ebenfalls am Standort investiert, um die notwendige Just-in-jime-Belieferung zu ermöglichen. Sind die Bedingungen dafür gegeben?

O: Da das Unternehmen Entwicklungspartner ist, hat es gegenüber anderen klare Know-how-Vorteile. → Der eigentumsspezifische Vorteil ist vorhanden.

L: Nur am neuen Standort ist die gewünschte Just-in-time-Lieferung machbar.
→ Der Standortvorteil ist gegeben.

I: Das Unternehmen müsste einen Know-how-Abfluss befürchten, würde es mit chinesischen Partnern kooperieren. → Der Internalisierungsvorteil ist gegeben.

Bild 6-5 Das eklektische Paradigma nach *Dunning*[32]

Kritiker am bis heute häufig genutzten eklektischen Ansatz bemerkten, dass gerade im Bereich der Internationalisierung Entscheidungen oft nicht streng rational getroffen würden, wie das von *Dunning* unterstellt wird, sondern dass individuelle Vorlieben und Einschätzungen von

Managern einen großen Einfluss haben. Verhaltenspsychologische Ansätze versuchen den Gründen solcher Entscheidungen nachzuspüren. Gründe sind beispielsweise:
- persönliche Ziele von Managern,
- Portfolio-Erwägungen,
- persönliche Einschätzungen von Chancen und Risiken.

6.4.2 „Going international"

International tätig zu werden *("going international")* kann Unternehmen eine Vielzahl von sehr unterschiedlichen Vorteilen bringen. Zu den Hauptbeweggründen für einen Gang ins Ausland zählen:
- Marktmotivation:
  - Wachstum trotz gesättigter Heimatmärkte (z. B. China als Absatzmarkt),
  - Zugang zu schneller wachsenden und profitableren Märkten (z. B. USA, Asien);
  - Zugang zu geschützten Märkten (z. B. Umgehung hoher Importsteuer auf Reifen in Russland),
  - dem Großkunden folgen (z. B. beispielsweise als Automobilzulieferer);
- Kostenmotivation:
  - günstiger Zugang zu Rohstoffen (z. B. zu Kraftwerke nahe Kohlevorkommen),
  - Zugang zu günstigen Arbeitskräften (z. B. Fertigung in Osteuropa);
- andere Gründe
  - Know-how-Gewinnung (z. B. Pharmaforschung in der Nähe führender US-Kliniken),
  - hohe Verfügbarkeit von Arbeitskräften (z. B. IT-Verlagerung nach Indien),
  - Unabhängigkeit von Währungsschwankungen (z. B. Fertigung im Dollarraum),
  - Unabhängigkeit von lokalen wirtschaftlichen Entwicklungen (z. B. weltweiter Verkauf),
  - Risikostreuung durch internationale Balance (z. B. Fertigung an mehreren Standorten),
  - logistische Aspekte (z. B. Aufbau eines Produktionsnetzwerkes).

Vorgehensweisen der internationalen Expansion

Um international zu expandieren, gibt es einerseits die Option eines simultanen Eintritts in möglichst viele Märkte (Sprinkler-Strategie), andererseits die des vorsichtigen Herantastens bzw. sukzessiven Vorgehens (Wasserfall-Strategie).

Die Sprinkler-Strategie erfordert einen massiven Einsatz von Mitteln und ist daher sehr risikoreich. Sie sollte nur dann eingesetzt werden, wenn der Lebenszyklus des Produkts sehr kurz ist (beispielsweise neues Pkw-Modell), Größenvorteile aus einer Massenfertigung erwartet werden können oder Vorsprungsgewinne bei einer echten Innovation winken (vgl. dazu Kap. 2.3.1). Die Sprinkler-Strategie ist besonders geeignet für Firmen, die ihre Waren zentral produzieren und exportieren.

Die Wasserfall-Strategie eignet sich bei begrenztem Budget und ist mit geringeren Risiken verbunden. Mehrere Maßnahmen werden länder- bzw. regionsspezifisch geplant und nach und nach umgesetzt. Gerade wenn es sich um größere Vorhaben verbunden mit erforderlichen Direktinvestitionen handelt, kommt die Wasserfall-Strategie zum Einsatz, also beispielsweise beim Aufbau weltweiter Produktionsstätten im Maschinenbau.[33]

Erschließung internationaler Absatzmärkte

Auch was die Erschließung von Märkten betrifft, gibt es unterschiedliche Abstufungen des Risikos bzw. Mitteleinsatzes. Unternehmen müssen sich zunächst entscheiden, ob sie sich als erste in neue Märkte vorwagen (Pionierstrategie) oder erst einmal andere vorschicken (Verfolgerstrategie). Aber auch für die Umsetzung selbst gibt es eine breite Palette an Möglichkeiten, wie **Bild 6-6** zeigt.

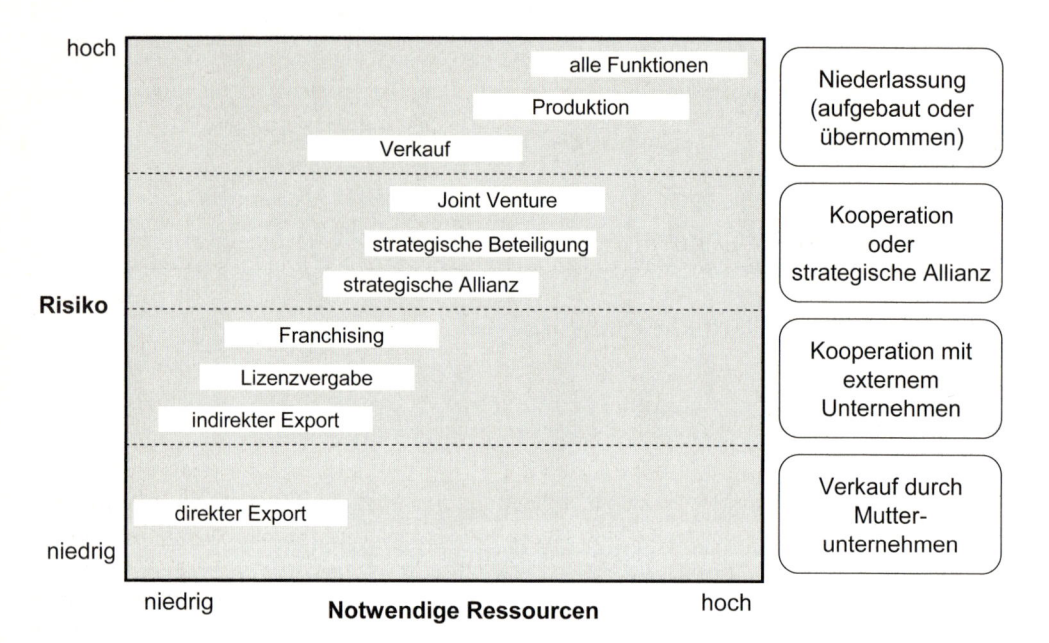

Bild 6-6 Formen des internationalen Markteintritts[34]

Grundsätzlich ist davon auszugehen, dass mit höherem Risiko auch die Gewinnchancen des Unternehmens steigen. So hat man als Franchisegeber zwar nur sehr geringe Risiken zu tragen, überlässt aber einen Großteil der möglichen Gewinne auch den Franchisenehmern. Bei strategischen Kooperationen werden zwar die Risiken, aber auch die Chancen aufgeteilt. Erst die eigene Aktivität eröffnet die vollen Marktchancen.

Die Alternativen des Markteintritts sind aber jeweils keine parallelen Möglichkeiten, sondern können auch nach und nach beschritten werden **(Bild 6-7)**. Sind erste Marktkenntnisse vorhanden, kann der der Einsatz erhöht werden, weil Risiken besser berechenbar sind. So ergeben sich typische Pfade der Internationalisierung, an deren Ende jeweils eine Niederlassung steht, die entweder verkauft oder zusätzlich vor Ort produziert.

6.4 Internationalisierung

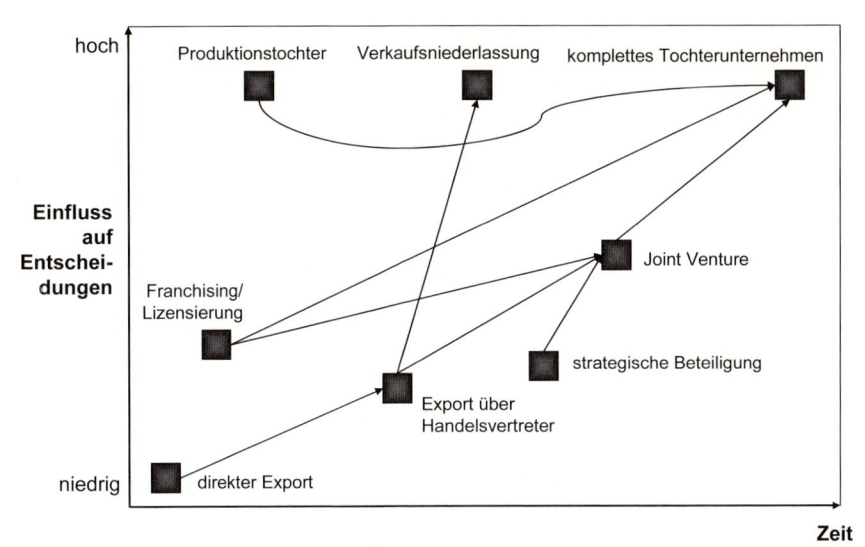

Bild 6-7 Pfade in die Internationalisierung[35]

6.4.3 „Being international"

Um dauerhaft international tätig zu sein, bedarf es der Abstimmung der länderspezifischen Aktivitäten eines Unternehmens. Von besonderem Interesse ist die Frage, ob die Länder individuell behandelt werden oder ob einheitliche weltweite Standards gelten sollen. Diese Frage kann sich für ganz unterschiedliche Bereiche stellen, sei es für die angebotenen Produkte, Werbemaßnahmen, aber auch für die Führung von Mitarbeitern. Es gibt auch keine einheitliche Antwort, welches Vorgehen das jeweils angemessene ist, außer der Aussage, dass man aus Kostengründen so viel Standardisierung wie möglich durchsetzen sollte, aber, um den Erfolg im Markt nicht zu gefährden, doch so viel Individualität wie nötig zulassen muss.

Perlmutter unterscheidet vier unterschiedliche Herangehensweisen:

- Die ethnozentrische Strategie geht von der Überlegenheit einheimischer Managementtechniken aus. Die Annahme ist: „Das funktioniert zu Hause, also auch in Deinem Land!"

> Automobilhersteller setzen weltweit einheitliche Standards bei der Automobilherstellung durch, die möglichst ungeschmälert durchgesetzt werden. Das gilt gleichermaßen für amerikanische, deutsche und japanische Hersteller.

- Die polyzentrische Strategie geht von der Annahme aus, dass die Rahmenbedingungen in der Regel zu komplex und unterschiedlich für eine Standardisierung sind. Es gilt also: „Sprich römisch, wenn Du in Rom bist!" oder auch *„All business is local."*

> Der internationale Zeitschriftenmarkt funktioniert zwar nach ähnlichen Gesetzen, aber dennoch sind einzelne Zeitschriften nicht einfach übersetzbar. Das Druck- und Verlagshaus Gruner + Jahr betreibt ganz unterschiedliche Aktivitäten in Deutschland, Frankreich, Polen und vielen anderen Ländern.

- Die regionale Strategie geht von großen Gemeinsamkeiten bzw. ähnlichen Rahmenbedingungen in bestimmten Regionen aus und versucht dort ein einheitliches Management durchzusetzen, also beispielsweise in der EU, NAFTA, Osteuropa.

> Deutsche Maschinenbauer versuchen häufig von einem zentralen Standort aus, beispielsweise in Singapur, die Ländermärkte Südostasiens zu erschließen.

- Die **geozentrische Strategie** geht von der Annahme aus, dass globale Standards lokal angepasst werden müssen. Es gilt das Motto *„Think globally – act locally!"* Die Niederlassungen begreifen sich als Teile eines größeren Ganzen, versuchen dabei aber, ihrer lokalen Verantwortung gerecht zu werden.[36]

> Aussehen und technische Ausstattung von Pkws wird länderspezifisch variiert. Prägnantestes Beispiel dafür sind Rechtslenkerfahrzeuge.

Fehler bei der Herangehensweise können sich bitter rächen, was unter anderem die Probleme der amerikanischen Automobilindustrie gezeigt haben.

> **Fehler des Unternehmens GM**
> Vom langjährigen Konsumentenverhalten in Amerika geprägt, setzte General Motors auf starke Motorisierung und große Stückzahlen, vernachlässigte darüber aber die technische Weiterentwicklung im Mutterland.
> Die als qualitativ hochwertig eingeführte Marke Opel musste bei sehr billigen Lieferanten einkaufen, die teilweise minderwertige Qualität lieferten, welche das Markenimage gefährdete.
> Außerdem gelang es in Europa nicht, die Marken Vauxhall, Saab und Opel zu einer vernünftigen regionalen Strategie zu bündeln.

6.5 Unternehmensnetzwerke

Die Chancen ausländischer Absatz- und Beschaffungsmärkte werden von der deutschen Industrie in großem Maße genutzt **(Bild 6-8)**. Mehr als die Hälfte des Umsatzes führender Industriebranchen wurde bereits im Ausland erzielt. Auch viele Bereiche der Herstellung sind bereits ins Ausland verlagert worden, und zweistellige Anteile der Forschung und Entwicklung werden dort erbracht. Das gilt besonders im Elektronikbereich, in dem gutes Viertel der Entwicklung im Ausland getätigt wurde.

Anteile im Jahr 2002 [%]	Maschinenbau	Automobilindustrie	Elektroindustrie
Umsatz	55	50	61
Produktion (Beschäftigte)	17	46	31
F&E	13	21	28

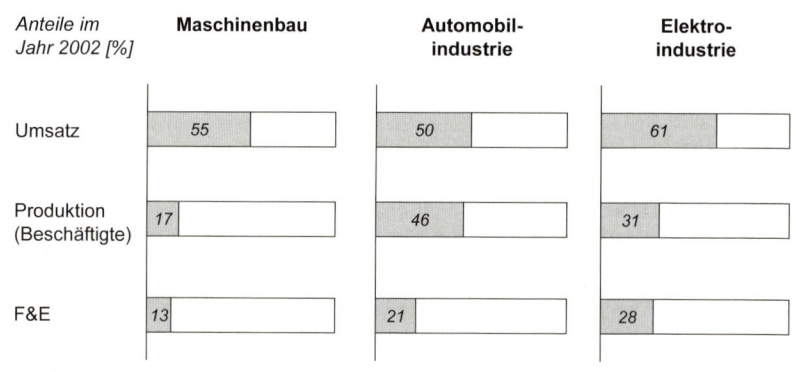

Bild 6-8 Auslandsanteile an der Wertschöpfung deutscher Industriebranchen[37]

6.5 Unternehmensnetzwerke

Mit jeder Auslandsaktivität sind Veränderungen der Wertschöpfungskette verbunden, die sich auf die Gesamtkosten auswirken. Es sind erhebliche Distanzen und Grenzen sowie Mentalitäts- und Sprachunterschiede zu überwinden. Je nach Komplexität des Produkts entstehen Produktionsnetzwerke, die weltumspannend sein können.

6.5.1 Strukturen internationaler Produktionsnetzwerke

Ziele und Zielkonflikte

Produktion ist aus betriebswirtschaftlicher Sicht ein reiner Kostenfaktor. Der Aufbau der Produktionsnetzwerke erfolgt daher in der Regel unter der Maßgabe möglichst geringer Produktionskosten. Verlagerungen in Niedrigkostenstandorte bedingen allerdings zusätzliche Transporte, die ein Kostenfaktor sind, aber vor allem Zeit kosten – Zeit, die im Zeichen kürzerer Produktlebenszyklen immer weniger vorhanden ist. Es ergibt sich also ein Zielkonflikt zwischen Kosten und Lieferzeit **(Bild 6-9** oben).

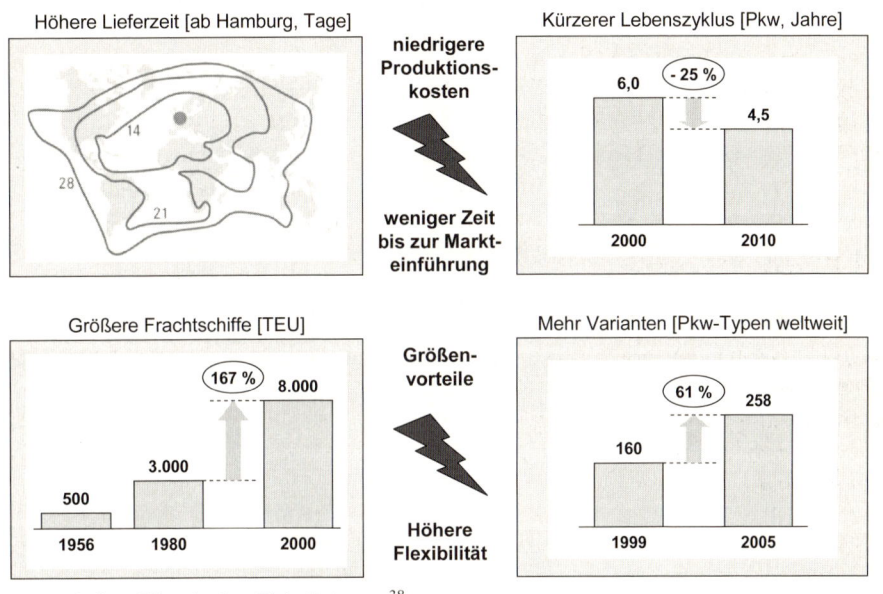

Bild 6-9 Zielkonflikte in der Globalisierung[38]

Ein zweiter Zielkonflikt wurde bereits im vorigen Abschnitt thematisiert. Globale Absatzmärkte bieten die Chance großer Stückzahlen und damit erheblicher Größenvorteile bei Massenproduktion. Derartige Größenvorteile können dank immer größerer Frachtvolumina auf Schiffen auch in der Logistik erzielt werden **(Bild 6-9** unten). Der Massenfertigung entgegen läuft allerdings ein Trend zur Marktsegmentierung (Beispiel Pkw-Varianten), letztlich sogar zur Individualisierung der Produkte. Außerdem bedingen Massentransporte häufig auch eine Zwischenlagerung der Erzeugnisse. Aus betriebswirtschaftlicher Sicht sind diese gebundenes Kapital, welches besser andernorts arbeiten sollte. Lagerhaltung senkt die Umschlagshäufigkeit des Kapitals und sich negativ auf die Kapitalrendite aus.

Ein dritter Zielkonflikt wurde bereits im vorigen Abschnitt angesprochen, nämlich der zwischen weltweiter Standardisierung und länderspezifischer Anpassung.

Strukturen der globalen Produktion

Berücksichtigt man all diese Faktoren, so müssen diese markt- und produktspezifisch ausbalanciert werden, um ein firmenindividuelles Optimum zu erreichen. Es können sich höchst unterschiedliche Lösungen für die Aufteilung der weltweiten Produktion ergeben **(Bild 6-10)**.

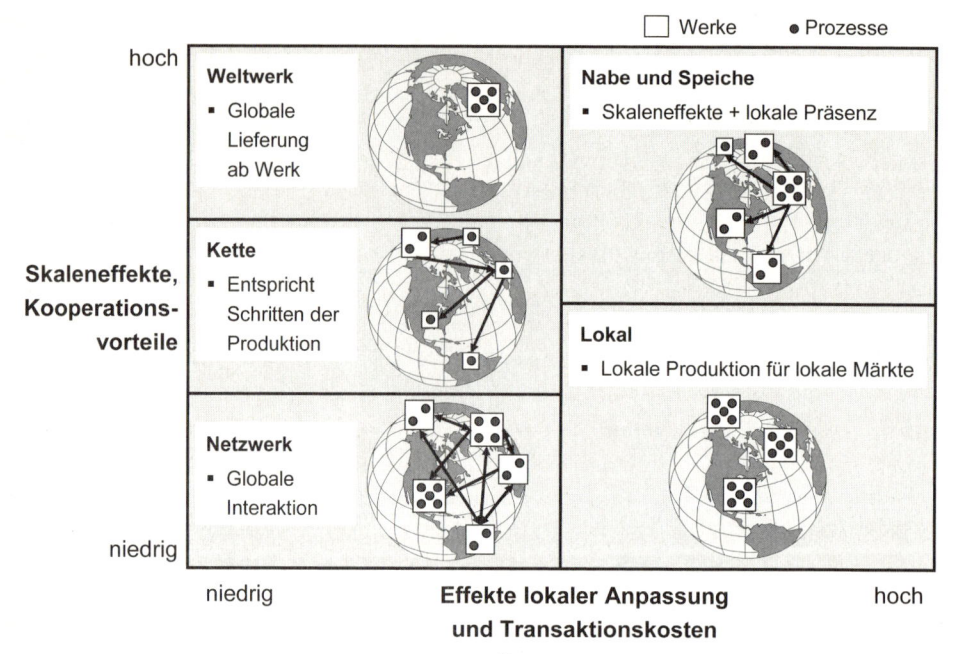

Bild 6-10 Strukturen globaler Produktionsnetzwerke[39]

Stehen Produktionskosten im Vordergrund, Logistikkosten sind nicht hoch und die Güter weder schnelllebig noch stark individualisiert, so kann die Antwort auf die Marktherausforderungen ein zentrales Werk sein, welches die ganze Welt versorgt.

> Legosteine können weltweit nahezu unverändert verkauft werden. Die Firma LEGO stellte die Steine für die Welt früher nur in Dänemark her. Mittlerweile wurden zusätzlich Niedrigkostenstandorte in Tschechien, Ungarn und Mexiko aufgebaut.[40]

Sind dagegen die Produkte sehr individuell und müssen schnell ausgeliefert werden, so zählt die Marktnähe mehr als die Kosten.

> Zeitungsdruckereien und auch die Redaktionen sollten in unmittelbarer Nähe der Zielmärkte sein.

In der industriellen Produktion komplexer Güter werden mehr und mehr die Vorteile einzelner Länder ausgereizt, in die Teile der Wertschöpfung verlagert werden. Die entstehenden Strukturen folgen gelegentlich konsequent der Wertschöpfungskette (Kette), sind aber häufig auch äußerst komplex, um wirklich alle Kostensenkungspotenziale zu nutzen (Netzwerk).

Eine Mischform, bei der man Skaleneffekte einer zentralen Fertigung mit lokaler Präsenz vereinigt, ist die Nabe-Speiche-Struktur *(hub and spoke)*. Manchmal wird die Endmontage primär ins Zielland verlagert, um Importzölle zu vermeiden.

> CKD-Werke *(completely knocked down)*, also Montagewerke der Automobilindustrie, sind Teile eines Hub-and-spoke-Konzepts. Sie dienen der lokalen Verankerung im Bewusstsein des Abnehmerlandes, aber vor allem auch der geringeren Lagerhaltung und der Vermeidung von Zoll- und Logistikkosten.

Festsetzung von Transferpreisen

Internationale Produktion erfolgt länderübergreifend und damit grenzüberschreitend. Zwar sind vielerorts Zollgrenzen abgeschafft worden; gleichwohl gibt es noch genug davon, und sie sind ein erheblicher Kostenfaktor. Werden solche Grenzen überschritten, muss auch innerhalb eines Unternehmens ein Geldtransfer zwischen Gesellschaften erfolgen. Diese Verrechnung erfolgt zu sog. Transferpreisen. Sie erfüllen drei Hauptfunktionen:

- Festlegung des Warenwerts für Zollzwecke (hohe Werte führen zu hohem Zoll, manchmal aber auch Nutzung von Exportsubventionen),
- Gewinntransfer zwischen Ländern, insbesondere nutzbar für immaterielle Güter (Patente, Lizenzen), Verschiebung erfolgt in Länder mit niedrigen Gewinnsteuern,
- Koordination der Geschäftseinheiten eines Großunternehmens, Ressourcenallokation.

Die zwei wesentlichen Möglichkeiten der Festsetzung von Transferpreisen sind:

- Cost-plus-Methode: Den verrechneten Kosten wird ein Gewinnzuschlag in fixierter Höhe aufgeschlagen.
- Price-less-Methode: Den verrechneten Marktpreisen wird ggf. ein standardisierter Firmenbonus abgezogen.

Bei kostenbasierter Verrechnung können sowohl Voll- wie auch Teilkosten zur Anwendung kommen. Bei Verwendung von Preisen können aktuelle Preise auf dem freien Markt wie auch firmenintern ausgehandelte Preise zur Anwendung kommen. Außerdem gibt es Mischformen wie das *dual pricing*, bei dem die verkaufende Gesellschaft Vollkosten verrechnet, die einkaufende aber den Marktpreis in Rechnung gestellt bekommt, so dass sich jeweils ein steuerlich günstiger Wert für die Gesellschaft ergibt.

Kostenbasierte Verrechnung hat den Vorteil der Einfachheit, setzt aber wenig Anreize zur weiteren Kostenreduktion. Preisbasiertes Vorgehen setzt dagegen einen vorhandenen Markt voraus und orientiert die Gesellschaften an diesem. Mit dem *dual pricing* wird eine konfliktvermeidende Mischung beider Ansätze angestrebt.[41]

6.5.2 Supply Chain Management

Unter Supply Chain Management (SCM) wird die weltweite prozessorientierte Strukturierung, Entwicklung und Steuerung aller geschäftlichen Aktivitäten vom Einkauf der Rohstoffe bis zum Verkauf einschließlich aller logistischen Prozesse verstanden. SCM umfasst das eigene und beteiligte fremde Unternehmen. Es geht darum, alle wertschöpfenden Aktivitäten integriert zu betrachten, also auch die der Lieferanten und Kunden.

SCM beschäftigt sich vornehmlich mit der logistischen Struktur, dem Datenaustausch und werksübergreifender Produktionsplanung. Globalisierung ist gerade durch die Weiterentwicklung dieser drei Elemente erst möglich geworden. Technische und organisatorische Fortschritte haben im Logistikbereich über nahezu zwei Jahrhunderte für kontinuierlich sinkende Transportkosten gesorgt **(Bild 6-11)**.

Die Unternehmensleistung soll gesteigert werden durch:
- verbesserte Dienstleistungen,
- bessere Kapazitätsauslastung
- verkürzte Entwicklungszeit,
- niedrigere Lagerhaltung (höhere Umschlagsrate).

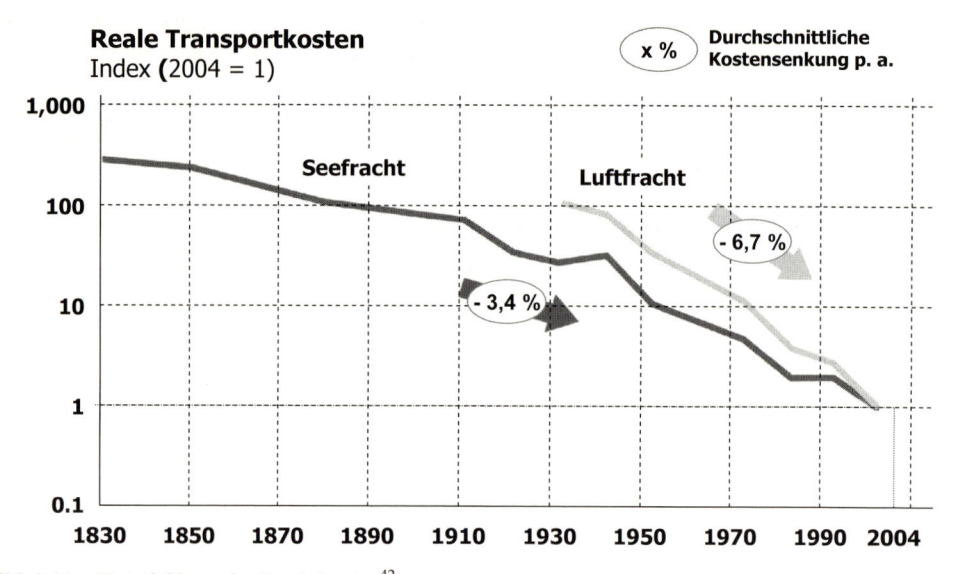

Bild 6-11 Entwicklung der Frachtkosten[42]

SCM basiert auf einem parallelen Informationsfluss anstelle sequenzieller Bearbeitung und arbeitet damit analog zum Simultaneous Engineering.[43]

Unter dem Begriff Supply Chain Management werden somit folgende Aktivitäten gebündelt:
- Einkauf (Marktforschung, Lieferantenauswahl und -bewertung, Bedarfsermittlung),
- Strukturierung der Geschäftsprozesse (QM, Workflow-Verbesserung, Schnittstellengestaltung mithilfe der IT, Kapazitätsplanung und -steuerung),
- Produktionsplanung und -steuerung,
- Logistik (Transport, Lagerhaltung, Kooperation mit Dienstleistern),
- Marketing und Vertrieb (Marktforschung, Vertriebskanalauswahl, Gestaltung der IT-basierten Kommunikation mit Geschäftspartnern, Vertriebssteuerung einschließlich Statistik).[44]

Der logistische Aspekt wird stets in Verbindung mit dem konsequenten Einsatz softwarebasierter Systeme gesehen. Dazu gehören die Schlagworte LES *(logistics execution systems)* für die Güterverteilung, TMS *(transport management system,* für Transporte and und WMS *(warehouse management system)* für die Lagerhaltung.[45]

6.6 Standortanalyse

Nachdem nun die Grundzüge der Internationalisierung aufgezeigt wurden, wird in diesem Abschnitt auf die Vorgehensweise und zu berücksichtigende Kriterien bei der weltweiten Auswahl eines neuen Produktionsstandorts eingegangen. Diese Auswahl kann entweder nur unter Kostengesichtspunkten erfolgen, falls in bestehende Vertriebsstrukturen nicht eingegriffen werden soll, oder zusätzlich Absatzmarktbetrachtungen enthalten.

Bei einer solchen Investition handelt es sich in der Regel um eine ausländische Direktinvestition *(FDI = foreign direct investment)*. Das bedeutet, Kapital wird eingesetzt, um unternehmerisch tätig zu werden, nicht ausschließlich als Geldanlage. In offiziellen Statistiken nimmt man eine unternehmerische Tätigkeit ab einer Beteiligung von 10 % an. Direktinvestitionen können als sog. Greenfield-Investition getätigt werden, d. h. einen völligen Neuaufbau beinhalten. Es kann sich aber auch um Aufkäufe, Fusionen und Beteiligungen handeln.*

6.6.1 Vorgehensweisen zur Standortanalyse

Zu den möglichen Hauptgründen für den Aufbau eines neuen Standorts gehören niedrige Produktionskosten, die Erschließung neuer Märkte und möglicherweise auch die Erschließung günstiger Ressourcen. All diese Motivationen für eine Direktinvestition können auf unterschiedliche Art bewertet werden. Zu den wesentlichen Modellen der Standortbewertung gehören:

- Nutzwertanalyse (einstufig), z. B. der Risikoindex von Peren/Clement,
- zwei- oder mehrstufige Modelle, in denen die Länder- und lokale Analyse getrennt durchgeführt werden, z. B. die McKinsey/PTW-Methode,
- Methoden der dynamischen Investitionsrechnung einschließlich Sensitivitätsanalyse zur Ermittlung von Kennwerten (Interner Zinsfuß, Netto-Barwert).

Die Methoden können auch in Kombination angewendet werden, um eine umfassende und sichere Beurteilung zu erhalten.

Im Folgenden werden kurz die ein- und mehrstufigen Modelle dargestellt, um danach näher auf einzelne Analysekriterien einzugehen, die zu betrachtenden Kosten einzugrenzen und abschließend einen Ansatz zur ganzheitlichen Betrachtung der Standortanalyse vorzustellen.

Nutzwertanalyse (Peren/Clement-Index)

Die Nutzwert-Analyse wird am Beispiel des von *Peren* und *Clement* vorgestellten Index zur Standortanalyse erläutert. Der Peren/Clement-Index enthält 18 beeinflussende Faktoren, die in drei Analysebereiche eingeteilt werden **(Tabelle 6-3)**, nämlich:

- Faktoren, die politische und wirtschaftliche Rahmenbedingungen kennzeichnen,
- Faktoren, die Kosten und Produktivität kennzeichnen,

---

* Deutsche Direktinvestitionen werden statistisch von der Deutschen Bundesbank erfasst. Diese spricht von Direktinvestitionen (im Gegensatz zu Portfolio-Investitionen), wenn mindestens 25 % des Stammkapitals oder der Stimmrechte überschritten wird. Kredite und Darlehen, die diesen Gesellschaften gewährt werden, zählen auch zur Direktinvestition. Nur internationale Unternehmen mit einer Bilanzsumme von mindestens 250.000 € werden erfasst.

Quelle: nach Meier/Roehr (2004), S. 46-47

- Faktoren, die Marketing und Vertrieb beeinflussen.

Der Index ist ein System zur Punktbewertung, bei dem insgesamt maximal 120 Punkte vergeben werden. Die Einzelfaktoren werden von 0 (extrem nachteilig) bis 3 (extrem vorteilhaft) bewertet. Sie erhalten eine Gewichtung zwischen 1,5 (wichtig) und 3,0 (extrem wichtig). Die Punktvergabe sollte selbstverständlich nur durch Experten erfolgen. Bei Teamwertung kann der Mittelwert eingesetzt werden.

Es gibt folgende Risikoklassen des Ergebnisses (Nutzwerts):

- ≥ 90 Punkte: keine vorhersehbares Risiko
- 80 ... 90 Punkte: niedriges Risiko
- 70 ... 79 Punkte: moderates Risiko, Behinderung der Arbeit, Risikoabschätzung empfohlen
- 60 ... 69 Punkte: relativ hohes Risiko, schlechtes Investitionsklima, Risikoabschätzung zwingend erforderlich
- < 60 Punkte: Standort ungeeignet für eine Direktinvestition[46]

Tabelle 6-3   Beispiel für eine Nutzwertanalyse (Peren-Clement-Index)

Faktor	Score 0.0 ... 3.0	Faktor	Ergebnis
1. Politische/soziale Stabilität		2.0	
2. Staatlicher Einfluss auf Firmenentscheidungen, Bürokratie		2.0	
3. Wirtschaftspolitik (d. h. Inflation, Arbeitslosigkeit, Wachstum)		2.0	
4. Investitionsanreize (z. B. Steuervorteile, Direktincentives)		1.5	
5. Durchsetzbarkeit von Verträgen (z. B. Gewinntransfer)		3.0	
6. Schutz geistigen Eigentums (Technologien, Know-how)		2.5	
I. Zwischensumme (politischer und wirtschaftlicher Rahmen)	--	--	
7. Juristische Beschränkungen (z. B. Verbote, Umweltgesetzgebung)		2.5	
8. Lokale Kapitalkosten, möglicher Kapitaltransfer		2.0	
9. Verfügbarkeit und Kosten von Immobilien (Land, Gebäude)		1.5	
10. Arbeitskosten, -verfügbarkeit (Qualifikation, Stundensatz, Mobilität)		3.0	
11. Verfügbarkeit und Kosten von Maschinen, Rohmaterialien, Energie		2.0	
12. Importhindernisse (Zölle etc.)		2.0	
13. Verfügbarkeit und Kosten von Infrastruktur, staatl. Dienstleistungen		2.0	
II. Zwischensumme (Kosten und Produktivität)	--	--	
14. Marktgröße, -dynamik (z. B. Einwohnerzahl, Nachfrage, Kaufkraft)		3.0	
15. Wettbewerb (Anzahl der Wettbewerber, Intensität)		2.5	
16. Zuverlässigkeit und Qualität der lokalen Partner (z. B. Lieferanten)		2.0	
17. Durchführung und Qualität des Marketings (inkl. Verkauf, PR)		2.0	
18. Exporthindernisse (Zölle etc.)		2.5	
III. Zwischensumme (Markt)	--	--	
Summe I. – III. (max. 120)			

Kritisch bleibt anzumerken, dass die Gewichtung der Kriterien des Peren/Clement-Index nicht an die tatsächlichen Bedürfnisse der investierenden Unternehmung angepasst werden kann. Auch sind einige Kriterien möglicherweise überhaupt nicht relevant, beispielsweise Marktgrößen für ein produzierendes Werk, für welches im lokalen Markt kein Absatz geplant ist. Der

6.6 Standortanalyse

Index ist aber ein gutes Muster für eine eigenständig erstellte Nutzwertanalyse, also solch eine mit selbst definiertem Bewertungsschema.

Ein generelles Problem bei der ausschließlichen Verwendung eines berechneten Nutzwerts als Entscheidungskriterium ist, dass einzelne die Investition unmöglich machende Kriterien („Killer-Kriterien") sich möglicherweise kaum auf den Nutzwert auswirken. Das kann zur systematischen Falschauswahl führen.

Zweistufiges Vorgehen der Analyse

Ein sehr gründliches Vorgehen der Standortanalyse wird vom Beraterverbund TRW/McKinsey angewandt **(Bild 6-12)**. Dem konkreten Standortvergleich ist ein Ländervergleich vorgeschaltet. Während der Ländervergleich auf der Basis von Sekundärdaten erfolgen kann, erfolgt die Endauswahl auf der Basis vor Ort überprüfter und verhandelter Konditionen.

Ländervergleich		Lokaler Standortvergleich		
Globale Vorauswahl Länder, Produkte, Prozesse	Länderauswahl, Prozessdefinition	Lokale Vorauswahl	Lokale Short list	Endauswahl
Ausschlusskriterien	Integrierte Investitionsrechnung	Machbarkeitsstudien	Detailplanung, TLC, IRR	Ausverhandelte Konditionen
• Politische Stabilität • Zugang • Erreichbarkeit • Erfüllung von Minimalanforderungen (Märkte, Kosten)	• Faktorkosten (Stundensätze etc.) • Marktpotenzial • Logistikkosten • Steuern, Subventionen • Verfügbare Arbeitskräfte, Know-how	• Lokale Arbeitskraftkosten, -verfügbarkeit, -qualifikation • Geographie, Erreichbarkeit	• Lokale Arbeitskraftkosten, -verfügbarkeit, -qualifikation • Immobilienpreise • Investitionsanreize	• Detailvergleich aller harten und weichen Faktoren

Bild 6-12 Zweistufiges Vorgehen mit Teilschritten zur Standortanalyse[47]

In der Länderanalyse werden im ersten Schritt grundsätzlich geeignete Länder ausgewählt, also solche, die die gesetzten Minimalanforderungen an Stabilität, Marktgröße, Kostenniveau, geografischer Erreichbarkeit und physischer wie wirtschaftlicher Zugänglichkeit erfüllen.

Im zweiten Schritt werden entsprechend den verfügbaren Faktoren (insb. Arbeitskräfte und Wissen) sowie den damit verbundenen Kosten die Prozesse des Unternehmens definiert. So hängt der verwendete Automatisierungsgrad vom Lohnniveau und verfügbaren Know-how ab. Unter Berücksichtigung der staatlichen Rahmenbedingungen (Steuern, Subventionen) können erste grobe Investitionsrechnungen durchgeführt werden, auf deren Basis eine Länderauswahl erfolgt.

Nun werden in den geeigneten Ländern konkrete Standorte gesucht, denn *„all business is local!"*. Die Lohnunterschiede innerhalb eines Landes können ganz erheblich sein, auch das Arbeitskräftepotenzial, schließlich die logistische Eignung aufgrund der Landesgeographie. Durch Vor-Ort-Recherchen wird aus einer langen Liste eine immer kürzere immer besser geeigneter Standorte. Immobilienpreise und regionale Investitionsanreize, beispielsweise Steuerbefreiungen in Freihandelszonen, gehen in die Überlegungen ein.

Schließlich erfolgt eine Entscheidung durch einen Detailvergleich aller analysierten harten und weichen Faktoren, wie sie im folgenden Abschnitt vorgestellt werden. Dazu können Nutzwertanalysen eingesetzt und Verfahren der dynamischen Investitionsrechnung eingesetzt werden (siehe Abschnitt 6.6.4).

Die Tiefe der Untersuchung hängt neben der Unternehmensgröße auch vom Grad der Komplexität der Produktion und ihrer Vernetzung mit anderen Unternehmensbereichen ab. Je komplexer und vernetzter die Produktion, desto höher wird im Allgemeinen der Analyseaufwand.[48]

6.6.2 Harte und weiche Standortfaktoren

Standortfaktoren spiegeln die Eigenschaften eines Standorts wider. Sie bestimmen damit seine Eignung für die Herstellung eines bestimmten Produktes. Von Standortfaktoren unterschieden werden Prozessfaktoren, welche sich auf die Produktionsschritte eines Produkts beziehen und die notwendigen Eingangsgrößen der Produktion (z. B. Material, Arbeit, Energie) festlegen. Unter Umständen besteht eine wechselseitige Abhängigkeit von Standort- und Prozessfaktoren. Beispielsweise können niedrige Arbeitskosten (Standortfaktor) dafür sprechen, einen geringen Automatisierungsgrad (Prozessfaktor) der Produktion zu wählen als am Hochlohnstandort.

Es wird zwischen harten und weichen Standortfaktoren unterschieden **(Bild 6-13)**:

- Harte Faktoren sind messbar und von unmittelbarer betrieblicher Relevanz.
- Weiche Faktoren sind schwierig messbar und nicht unmittelbarer betrieblich relevant.

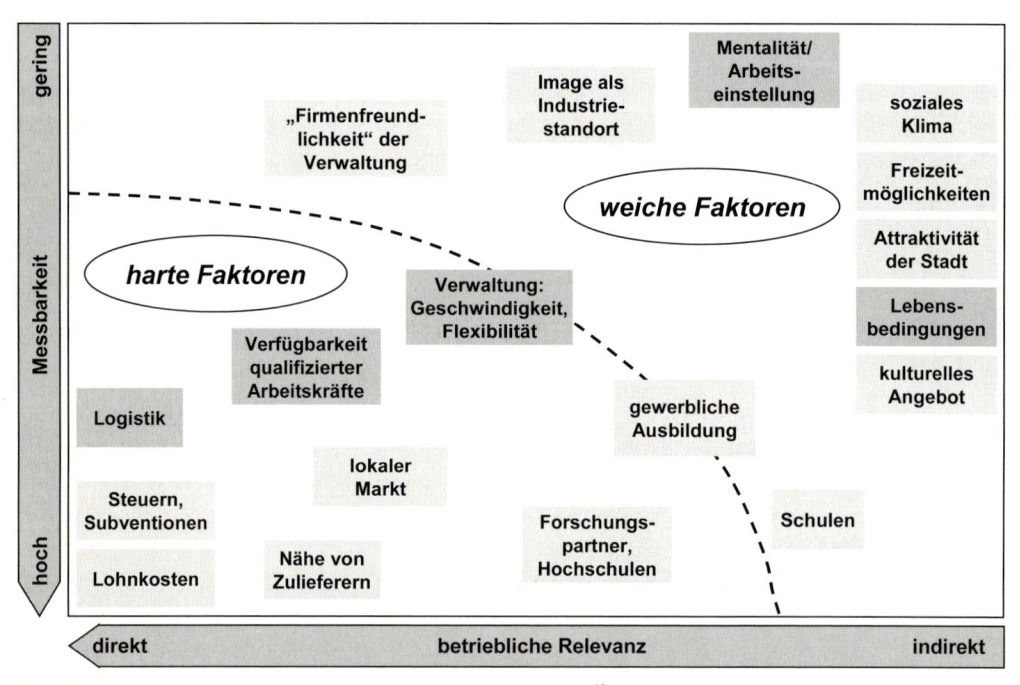

Bild 6-13 Abgrenzung harter und weicher Standortfaktoren[49]

6.6 Standortanalyse

Bedeutung der Standortfaktoren für die Investition

Harte Standortfaktoren wie Lohnkosten und Steuersätze bestimmen das wirtschaftliche Potential einer Investition. Aber auch weiche Standortfaktoren sind keinesfalls bedeutungslos, denn sie sind oftmals entscheidend für den tatsächlichen Erfolg einer Investition. Beispielsweise dürfte sich ohne die weichen Faktoren einer guten Arbeitseinstellung oder auch einer hohen Rechtssicherheit kaum der gewünschte unternehmerische Erfolg einstellen. Und welche dringend erforderliche ausländische Fachkraft zieht gerne in eine völlig unattraktive Stadt, in der die Sonne der Kultur niedrig steht?

Zu den harten Faktoren zählen insbesondere:

- Faktorkosten (Stundensatz, lokaler Zinssatz, Einkaufskosten für Material, Energie etc.),
- Produktivität (Arbeitsproduktivität, Kapitalproduktivität),
- sonstige quantitative Faktoren (Transportkosten, potenzielle Restrukturierungs- und Schließungskosten, Marktentfernung).

Weiche Faktoren sind:

- Verfügbarkeit von Land und Gebäuden sowie Infrastruktur, Eigentumsrechte;
- Rechtssicherheit, Schutz geistigen Eigentums;
- individuelle Absprachen mit der Verwaltung.

Hoheitliche Einflussnahme

Steuern sind ein wichtiger Kostenfaktor auf regionaler und lokaler Ebene. Subventionen sind ökonomisch betrachtet negative Steuern und sorgen damit für eine Entlastung der Kostenseite.

Steuerbefreiungen und Subventionen können oftmals ausgehandelt werden. Es gibt eine Vielzahl von Formen staatlicher Unterstützung in direkter und indirekter Form. Zu den Investitionsanreizen gehören staatliche Ausbildungsförderung, Unterstützung der Forschung und Entwicklung, spezieller Kreditzinsen, niedrige Energiekosten, Schenkung von Land.

> Ein besonders eindrucksvolles Beispiel für staatliche Unterstützung gab der Freistaat Sachsen: AMD erhielt 545 Mio. € für die Errichtung der Produktionsstätte Fab. 36 in Dresden.[50] Damit wurde jeder der entstehenden ca. 1.000 Arbeitsplätze mit über 500.000 € subventioniert!

Zölle wurden zwar generell weltweit gesenkt, können aber immer noch lokale Entscheidungen stark beeinflussen.

> Westliche Reifenhersteller planen u. a. deshalb eine Produktion in Russland, weil die Importsteuern ca. 30 % des Warenwerts betragen.

Der Zugang zu Märkten kann auch quotiert werden. Import- und Exportquoten können sich auch auf die Zahl erlaubter Joint Ventures o. Ä. beziehen.

Häufig gibt es sog. *„Local-content"*-Anforderungen an die Produktion, d. h. ein gewisser Anteil der Wertschöpfung muss lokal erfolgen.

> 10 % der Produktionsanlagen eines Reifenwerkes im Iran müssen lokaler Herkunft sein. Da der Stand der Fertigungstechnik dort nicht westlichen Standards entspricht, werden technisch weniger anspruchsvolle Aufgaben wie die Herstellung von Halbzeugen, Fundamenten und Vorrichtungen möglichst lokal vergeben, um die Quote zu erfüllen.

Weitere Risikofaktoren

Wechselkurse, insbesondere der zwischen Euro- und Dollarraum, spielen eine bedeutende Rolle im internationalen Wirtschaftsgeschehen. International agierende Unternehmen müssen darauf achten, die Risiken aus Kursveränderungen zu begrenzen. Dies kann erfolgen durch:

- Kurssicherungsgeschäfte *(hedging)*,
- Kompensationsgeschäfte (*countertrade*, z. B. Einkauf und Verkauf im Dollarraum),
- strategische Verteilung der Produktionsstätten auf die Währungsräume.

Die Vermeidung von Wechselkursschwankungen und die damit verbundene Risikosenkung kann ein sehr bedeutendes Motiv bei der Standortwahl sein.

Plötzliche Gesetzesänderungen, bürokratische Hürden, z. B. aufwändige Genehmigungsprozeduren, aber auch Korruption, gehören zu den „weichen" Risiken einer Investition.

Das Bewusstsein für den Wert geistigen Eigentums ist weltweit höchst unterschiedlich ausgeprägt. Heute gilt das insbesondere für Raubkopien aus Fernost, z. B. Importe aus China und Thailand).[51]

> Was weniger bekannt ist: Deutschland war im frühen 19. Jh. Billiglohnland. Um aufzuholen, ließ der preußische Staat englische Maschinen zerlegen und in Einzelteilen nach Berlin schicken, wo sie im königlichen Gewerbeinstitut aufgestellt wurden, um von preußischen Maschinenfabriken kopiert zu werden.[52] Der deutsche Aufstieg ist also in etwa den gleichen Methoden zu verdanken, die heutige „Emporkömmlinge" verwenden, auf die gerne mit Fingern gezeigt wird.
> *„Made in Germany"* war ursprünglich eine Schutzformel, mit der britische staatliche Stellen die Interessen einheimischer Verbraucher schützen wollten. Aus der „Schundabwehr" wurde binnen kurzer Zeit das heute weltweit bekannte Gütesiegel.[53] Wie wohl *„Made in China"* in einigen Jahren gesehen wird?

6.6.3 Berechnung der Standortkosten

Die Standortkosten werden auf zwei Arten berechnet:

(1) *Total landed costs* (TLC) enthalten Material-, Fertigungs- und Logistikkosten.
(2) Vollkosten enthalten zusätzlich die Kosten des Umzugs, d. h. Investitions-, Anlauf- und Restrukturierungskosten.

Total landed costs (**TLC**) beschreiben den „eingeschwungenen" Endzustand des neuen Standorts. Dazu werden folgende Faktoren betrachtet:

- Material- und Fertigungskosten:
  – Faktorkosten (z. B. Löhne, Gehälter, Materialkosten),
  – Produktivität und Know-how;
- Markt und Logistik:
  – Marktentwicklung,
  – Logistik: Frachtkosten, Lagermengen, Lieferzeiten;
- Technologie:
  – alternative Produktionsprozesse,
  – Größenvorteile;
- Externe Faktoren:
  – Steuern, Subventionen, Zölle;
  – Währungsrisiken, sonstige Risiken.

Häufig werden in Firmen zur Entscheidungsfindung über eine geplante Produktionsverlagerung in Niedrigkostenstandorte ausschließlich die *Total landed costs* verglichen. Die Ergebnisse sind oft sehr ermutigend – die Praxis zeitigt aber selten entsprechende Resultate. Es kann sehr langwierig sein, die Produktivität eines neuen Standorts auf das Niveau des alten oder gar noch höher zu bringen. Eine ehrliche Analyse sollte daher die Vollkosten berücksichtigen.

Vollkosten enthalten zusätzlich zu den TLC

- Kapitalbedarf für Aufbau und Restrukturierung:
  - Investitionssumme (CapEx),
  - ***Start of production (SOP)***,
  - Restrukturierung.[54]

Das Investment *(CapEx = Capital Expenditures)* umfasst

- Sachanlagen (Land, Gebäude, Produktionsanlagen) und
- immaterielle Vermögensgegenstände (z. B. Know-how, Patente)

abzüglich eventueller Erlöse aus Verkäufen von Altanlagen.

Kosten des Hochlaufs der Produktion (SOP) betragen erfahrungsgemäß im Mittel 20–50 % der Investitionssumme. Sie enthalten:

- Ausbildungskosten für neue Mitarbeiter,
- Zusatzkosten für die parallele Aufrechterhaltung der Produktion und Lagerung am Altstandort, um die Lieferfähigkeit zu garantieren,
- Zusatzkosten für Auslandsentsendungen,
- direkte Mehrkosten, bis die angestrebte Produktivität erreicht ist (z. B. aufgrund höherer Ausschussraten und notwendiger zusätzlicher Qualitätssicherung).

Restrukturierungskosten umfassen

- Abfindungen für Mitarbeiter (ca. 75 % der gesamten Restrukturierungskosten),
- Kosten der Werksschließung (z. B. Abriss, Revitalisierung).[55]

> Für die über 2.000 Beschäftigten des Nokia-Werks in Bochum wurde ein Sozialplan in Höhe von 200 Mio. Euro ausgehandelt. Dieser dürfte die erwarteten Einsparungen am neuen Standort für ca. drei Jahre aufzehren. Investitions- und Hochlaufkosten sind dabei noch nicht berücksichtigt. Nokia wird also etliche Jahre brauchen, bis sich der Umzug nach Rumänien amortisiert hat.[56]

6.6.4 Gesamtbetrachtung im Standort-Portfolio

Eine vollständige Standortanalyse berücksichtigt möglichst alle Alternativen und Eventualitäten einer Entscheidung. Gelegentlich wird versucht, all dies in eine Kennzahl zu pressen – das erscheint aber unmöglich, da weiche Faktoren bereits definitionsgemäß nicht messbar sind. Weiche Faktoren sollten daher in eine Risikoabschätzung einmünden, die unabhängig von einer durch die harten Fakten determinierten dynamischen Investitionsrechnung durchgeführt wird. Die Risikoabschätzung kann mithilfe einer Nutzwertanalyse der weichen Faktoren erfolgen; Ausschlusskriterien führen darin zu einer Erfolgswahrscheinlichkeit von 0 %.

Die Ergebnisse beider Betrachtungen können zu einer Portfoliodarstellung der gewählten Investitionsstandorte zusammengefügt werden **(Bild 6-14)**, bei der die Erfolgswahrscheinlichkeit auf der Abszisse und das Erfolgspotenzial in Form der erzielbaren Verzinsung (*internal rate of return IRR, vgl. Kap. 8*) auf der Ordinate angetragen wird.

Ähnlich wie bei anderen Portfolios lassen sich vier Felder identifizieren, von denen jedoch nur eins, das rechts oben, eine erfolgreiche Investition verspricht. Nur Investitionen, die die interne Vorgabe **(hurdle rate)** einer Unternehmung an die Verzinsung einer Investition erfüllen, kommen überhaupt in Betracht. Diese sollten nun eine möglichst hohe Erfolgswahrscheinlichkeit aufweisen.

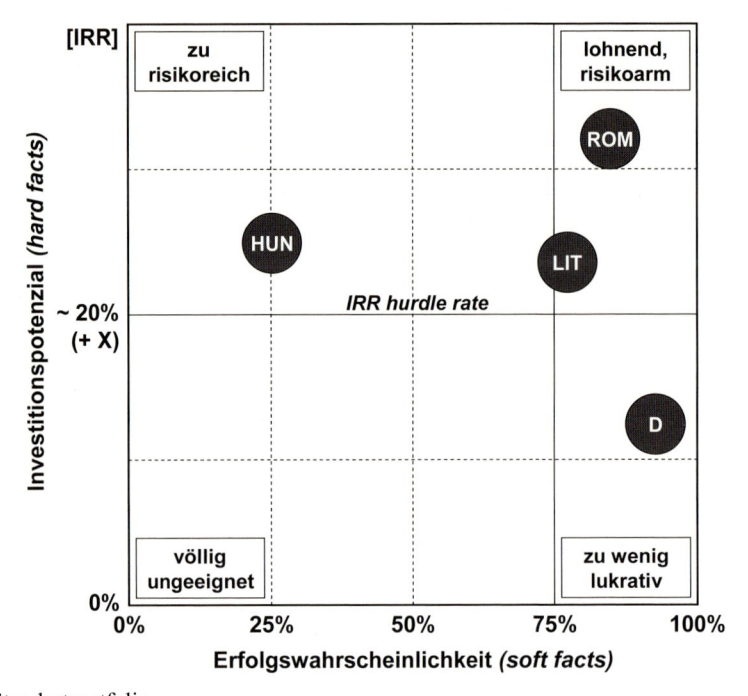

Bild 6-14 Standortportfolio

Im Beispiel **(Bild 6-14)**, welches in etwa der konkreten Situation des Automobilzulieferers Continental AG bei der Auswahl eines Reifenproduktionsstandorts im Jahre 1998 entspricht, erfüllen die drei osteuropäische Standorte in den Ländern Ungarn, Rumänien und Litauen die Verzinsungsvorgaben. Ein neuer deutscher Standort würde sie dagegen nicht erfüllen.

Da am ungarischen Standort nur wenige Arbeitskräfte verfügbar sind, erscheint der Erfolg der Investition dort äußerst zweifelhaft. Im Rennen bleiben ein rumänischer und ein litauischer Standort, wobei der rumänische die erste Wahl sein sollte, da er ein höheres wirtschaftliches Potenzial aufweist und, aufgrund einer besonderen regionalen Situation, eine hohe Verfügbarkeit technisch wie sprachlich versierter Arbeitskräfte besitzt, was den Investitionserfolg sehr wahrscheinlich macht.

Quellenhinweise (Kap. 6)

Literaturverzeichnis zu Kap. 6

Abele, E.; Kluge, J.; Näher, U. (Hrsg.): Handbuch Globale Produktion. München/Wien: Hanser, 2006

Blom, H.; Meier, H.: Interkulturelles Management. Herne/Berlin: nwb, 2002

Brunner, F.: Japanische Erfolgskonzepte. München/Wien: Hanser, 2008

Choi, F. D. S.: International accounting and finance handbook, 2. Aufl. New York: Wiley, 1997

Dickmann, E.; Dickmann, P.: Kanban – Element des Toyota Produktionssystems. In: Dickmann, P. (Hrsg.): Schlanker Materialfluss mit Lean Production, Kanban und Innovationen, 2. Aufl. S. 10-13. Berlin und Heidelberg: Springer, 2009

Dunning, John H.: Toward an Eclectic Theory of International Production – Some Empirical Tests. In: Journal of International Business Studies, Bd. 11, Nr. 1, S. 9–31 (1980)

Grabow, B.; Henckel, D.; Hollbach-Grömig, B.: Weiche Standortfaktoren. München: W. Kohlhammer, 1995

Gröbner, M.: Gemeinsamkeiten und Unterschiede von Just-in-time-, Just-in-sequence- und One-piece-flow-Fertigungskonzepten. In: Dickmann, P. (Hrsg.): Schlanker Materialfluss mit Lean Production, Kanban und Innovationen, 2. Aufl. S. 14-17. Berlin und Heidelberg: Springer, 2009

Homburg, Chr.; Krohmer, H.: Marketingmanagement. 2. Aufl. Wiesbaden: Gabler, 2006

LEGO (Hrsg.): Group Annual Report 08 (2008)

Liker, J. K.: Der Toyota-Weg. 14 Managementprinzipien des weltweit erfolgreichsten Automobilkonzerns. München: FinanzBuch, 2006

Meier, H.; Roehr, S. (Hrsg.): Einführung in das Internationale Management. Herne/Berlin: nwb, 2004

Neuhaus, R.: Produktionssysteme: Aufbau, Umsetzung, Missverständnisse. In: Institut für angewandte Arbeitswissenschaft (Hrsg.): Produktionssysteme. Aufbau, Umsetzung, betriebliche Lösungen. Köln: Bachem, 2008

Ohno, T.: Das Toyota-Produktionssystem. Frankfurt u. New York: Campus, 2009

Peren, F. W.; Clement, R.: Globale Standortanalyse. In: Harvard Business Manager 6/1998

Perkins, J.: Bekenntnisse eines Economic Hit Man. Paperback. München: Riemann, 2007

Pindyck, R. S.; Rubinfeld, D. L.: Mikroökonomie, 6. Aufl. München: Pearson, 2005

Przywara, R.: Von Maßen und Massen – Wie Werkzeugmaschinen die Industriegesellschaft formten. Hannover: PZH-Verlag, 2006

Schuh, G.; Schmidt, C.: Prozesse. In: Schuh, G. (Hrsg.): Produktionsplanung und -steuerung. Grundlagen, Gestaltung und Konzepte, 3. Aufl. S, 108-194. Berlin und Heidelberg: Springer, 2006

Shingo, S.: Das Erfolgsgeheimnis der Toyota-Produktion. Eine Studie über das Toyota-Produktionssystem – genannt die „Schlanke Produktion", 2. Aufl. Landsberg: VMI, 1993

Toyota: Toyota Production System, http://www.toyota.co.jp/en/vision/production_system, Zugriff 6.6.2009

Wiendahl, H.-P.: Betriebsorganisation für Ingenieure, 6. Aufl. München und Wien: Hanser, 2008

Wöhe, G.; Döring, U.: Einführung in die Allgemeine Betriebswirtschaftslehre, 23. Aufl. München: Vahlen, 2008

Womack, J.; Jones, D.; Roos, D.: The Machine that changed the World: The Story of Lean Production. New York: Harper Collins, 1990

Anmerkungen zu Kap. 6

1. vgl. Womack/Jones/Roos (1990), S. 84-103
2. vgl. Toyota (2009), S. 1
3. vgl. Gröbner 2009, S. 14-17
4. vgl. Dickmann/Dickmann 2009, S. 10-13
5. vgl. Brunner (2008), S. 90-92
6. vgl. Brunner (2008), S. 117-119
7. vgl. Neuhaus 2008, S. 18
8. vgl. Brunner 2008, S. 11-54
9. vgl. Liker 2006, S. 69-78
10. vgl. Wöhe/Döring (2008), S. 326 f.
11. vgl. Wöhe/Döring (2008), S. 328-332
12. vgl. Schuh/Schmidt (2006), S. 182-185
13. Zur Losgrößenplanung vgl. Wöhe/Döring (2008), S. 350-352
14. vgl. Wöhe/Döring (2008), S. 352-354; Wiendahl (2008), S. 319-322
15. Wiendahl (2008), S. 322-326
16. vgl. Toyota (2009), S. 1
17. vgl. Wöhe/Döring (2008), S. 356-359
18. vgl. Wöhe/Döring (2008), S. 359 f.
19. Definition nach Rürup/Ranscht, in: Abele et al. (2006), S. 374; Meyer/Roehr (2004), S. 45
20. vgl. Blom/Meier (2002), S. 1-2
21. vgl. Przywara (2006), S. 145
22. vgl. Meier/Roehr (2004), S. 37
23. ebda., S. 7 f.
24. Quelle: Vorlesungsskript Prof. D. Reineke (2008), Fachhochschule Ludwigshafen: MBA-IMC Module 1: Introduction into International Management Consulting, Part 2: Globalization and Internationalization Theory, S. 7
25. nach Rürup/Ranscht, in: Abele et al. (2006), S. 374; Meyer/Roehr (2004), S. 45
26. Quellen: *Meyer/Roehr (2004), S. 46, Werte wohl für 2003. **Abgeleitet aus Meyer/Roehr (2004), S. 4, 40, 46. ***Wachstum zwischen 1980 and 2000 gemäß Rürup/Ranscht, in: Abele et al. (2006), S. 374; Meyer/Roehr (2004), S. 45-46. ****Wachstum zwischen 1990 and 2000 gemäß Meyer/Roehr (2004), S. 40, Abb. 2.3.
27. Quellen: *Meyer/Roehr (2004), S. 46, Werte wohl für 2003. **Abgeleitet aus Meyer/Roehr (2004), S. 4, 40, 46. ***Wachstum zwischen 1980 and 2000 gemäß Rürup/Ranscht, in: Abele et al. (2006), S. 374; Meyer/Roehr (2004), S. 45-46. ****Wachstum zwischen 1990 and 2000 gemäß Meyer/Roehr (2004), S. 40, Abb. 2.3.
28. Darstellung nach Meier/Roehr (2004), S. 36; Abele et al. (2006), S. 381-382
29. Quelle: Harvard Business Manager 1/1999, S. 47
30. Quelle: Reineke (2008), a. a. O., S. 8
31. vgl. Mankiw/Taylor (2008), S. 53 ff.
32. nach Choi (1997), S. 113
33. vgl. Meier/Roehr (2004), S. 75
34. nach Meier/Roehr (2004), S. 18
35. nach Meier/Roehr (2004), S. 22
36. nach Meier/Roehr (2004), S. 23-24
37. Quellen: Statistisches Bundesamt, DIW; nach Abele et al. (2006), S. 352
38. nach Abele et al. (2006), S. 289; TEU = Twenty Foot Equivalent Unit (20"-Conainer)
39. McKinsey, nach Abele et al. (2006), S. 170
40. LEGO (2008) Group Annual Report 08, S. 8
41. nach McKinsey. In: Abele et al. (2006), S. 286
42. Quelle: Baldwin (1999), World Economic Outlook (may 1997), zitiert nach Abele et al. (2006), S. 12
43. nach Kuhn/Hellingrath (2002), zitiert nach Meier/Roehr (2004), S. 138
44. nach Meier/Roehr (2004), S. 138-139, Abele et al. (2006), S. 288
45. nach Meier/Roehr (2004), S. 140.
TMS = *transport management systems*
WMS = *warehouse management systems*
VMI = *vendor managed inventory*
46. Quelle: Zitiert nach Meier/Roehr (2004), S. 47 ff.
47. nach McKinsey/PTW, in: Abele et al. (2006), S. 42, 112
48. nach McKinsey/PTW, in: Abele et al. (2006), S. 105
49. nach Grabow et al. (1995), S. 63

[50] URL: http://www.ksd-ks.gmxhome.de/arb-markt/2004/subvention1-2004.htm (14.04.2009)
[51] nach Abele et al. (2006), S. 78 ff.
[52] vgl. Przywara (2006), S. 83
[53] ebda., S. 97
[54] Quelle: McKinsey, zitiert nach Abele et al. (2006), S. 179
[55] Source: after Abele et al. (2006), S. 94 ff.
[56] URL: http://www.focus.de/finanzen/news/nokia-werk-bochum-maximal-220-000-euro-abfindung_aid_269271.html (14.04.2009)

7 Vertrieb

Der Vertrieb sorgt dafür, dass Produkte und Dienstleistungen eines Herstellers zu den Kunden gelangen. Kunden sind entweder Unternehmen (B2B) oder private Endkunden (B2C), gelegentlich auch öffentliche Körperschaften (B2A). Die Vertriebspolitik bildet das vierte P im Marketing-Mix (siehe Kap. 2).

Vertriebspolitik wurde und wird häufig auch als Distributionspolitik bezeichnet, was wörtlich übersetzt „Verteilungspolitik" heißt. Dieser traditionelle Begriff passt überhaupt nicht zu einer gezielten und aktiven Kundenansprache und wird daher hier nicht benutzt.

Es gibt verschiedene Zuordnungen und mehrdeutige, z. T. synonyme Verwendung der Begriffe Vertrieb bzw. Verkauf in der Marketing-Wissenschaft. Hier wird eine genaue Definition verwendet:

- Verkauf (im engeren Sinne) beinhaltet (nur) die im Rahmen der Kundenbearbeitung auftretenden Verkaufsvorgänge.
- Vertrieb umfasst den Verkauf und zusätzlich die physische Distribution der Güter (Warenverteilungsfunktion).

Der Vertrieb umfasst alle Maßnahmen zur unmittelbaren Gewinnung von Aufträgen und zur Warenbereitstellung. Dies geschieht durch

- das Vertriebssystem, bestehend aus
  - Verkaufsform,
  - Vertriebsorganisation,
  - Vertriebssteuerung,
- die Vertriebspartnerpolitik (Vertriebskanal-, Absatzwegpolitik),
- den Verkauf (Gewinnung, Pflege und Bindung von Kunden).

Die gelegentlich zum Vertrieb gezählte Logistik ist in der Praxis meist nicht dem Vertrieb unterstellt, sondern den Produktionswerken. Sie wird daher an dieser Stelle nicht behandelt, sondern in Kap. 6 beschrieben.

Der Erfolg des Vertriebs hängt daneben in starkem Maße von den durch die Produkt- und Preispolitik geschaffenen Voraussetzungen ab. Um es plastisch auszudrücken: Auch eine „Verkaufskanone" wird nicht dauerhaft Sand in der Wüste verkaufen können. Die Kommunikationspolitik unterstützt den Vertrieb, insbesondere den Verkauf. Beides lässt sich nicht immer scharf trennen, denn viele Maßnahmen wie beispielsweise Produktpräsentationen haben sowohl kommunikations- wie vertriebspolitischen Charakter.

7.1 Vertriebsorganisation

Mit der Wahl der Absatzwege und der Organisationsform trifft ein Unternehmen eine sehr bedeutende Entscheidung für seinen Markterfolg. Der Vertrieb ist für die Kunden häufig das einzige sichtbare Zeichen eines Unternehmens. Neben der Qualität des Angebots ist daher die Qualität des Vertriebs das zweite Unterscheidungsmerkmal, welches über Kauf oder Nichtkauf entscheidet.

7.1 Vertriebsorganisation

Zwar sollte auch der Vertrieb möglichst kosteneffizient geführt werden *(sog. lean selling)*, darf aber auch nicht „kaputtgespart" werden, da sonst die Einsparungen übersteigende Umsatzeinbußen drohen. Mit der Wahl der Absatzkanäle wird zunächst eine strategische Entscheidung getroffen, die dann in Form einer geeigneten Organisation umgesetzt wird.

7.1.1 Absatzkanäle

Unternehmen steht grundsätzlich eine Vielzahl von Möglichkeiten offen, sich an die Kunden zu wenden **(Bild 7-1)**. Dieses kann geschehen, indem das Unternehmen selbst in Erscheinung tritt (direkter Vertrieb) oder indem die Gestaltung der Vertriebswege Fremdunternehmen überlassen wird (indirekter Vertrieb). Nur im indirekten Vertrieb übernehmen die Zwischenhändler ein Eigentum an der Ware.

Der direkte Vertrieb kann entweder durch eigene Verkaufsorgane (Innen-, Außendienst einschließlich Tochtergesellschaften) oder durch den sog. gebundenen Vertrieb abgewickelt werden. Darunter fallen beispielsweise:

- Handelsvertreter (§ 84 ff. HGB). Sie vermitteln selbständig kontinuierlich für ein Unternehmen Geschäfte oder schließen diese in dessen Namen ab. Ihre Vergütung wird individuell ausgehandelt und kann variable und fixe Bestandteile enthalten.
- Kommissionäre (§ 383 ff. HGB). Sie kaufen und verkaufen in eigenem Namen für die Rechnung des beauftragenden Unternehmens, erwerben also kein Eigentum an den Waren. Sie erhalten eine umsatzabhängige Vergütung (Kommission).
- Handelsmakler (§ 93 ff. HGB). Sie vermitteln fallweise zwischen zwei Vertragsparteien und haben die Interessen beider Partien zu berücksichtigen, von denen sie i. d. R. anteilig entlohnt werden.
- Vertragshändler mit Lieferantenbindung.
- Franchise-Systeme.[1]

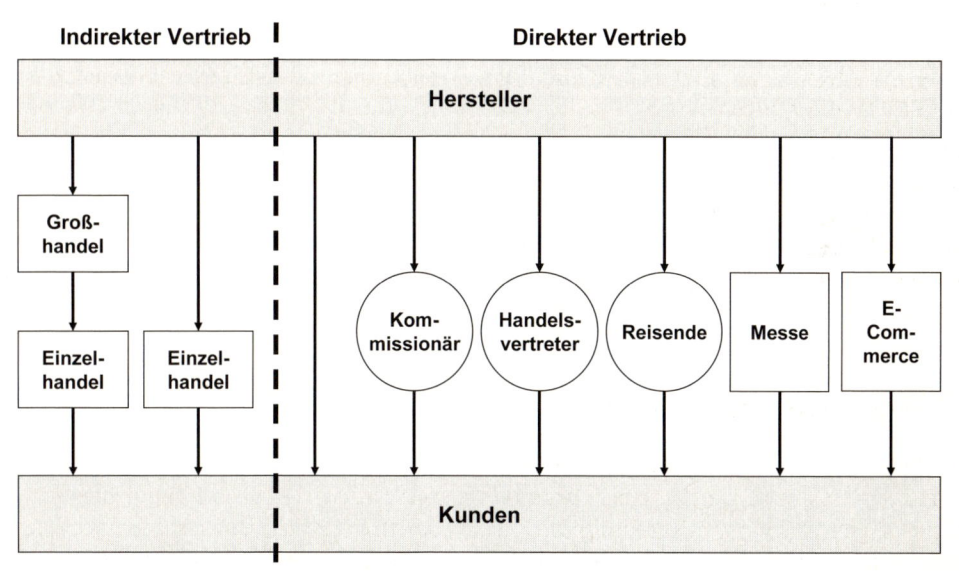

Bild 7-1 Übersicht über mögliche Absatzwege[2]

Die Wahl des Vertriebssystems wird von einer Reihe von Faktoren beeinflusst. Die Vorteile des indirekten Vertriebs liegen in seinen geringen unmittelbaren Kosten (Fixkosten); nachteilig ist die mangelnde Kontrolle über den Verkauf und damit auch über den Endpreis **(Bild 7-2)**. Letztlich wird ein Teil der Wertschöpfung in fremde Hände gegeben, was sich in geringerem Risiko, aber auch geringeren Gewinnchancen niederschlägt. Selbst ein Vertriebsnetz aufzubauen führt zwar möglicherweise zu höheren Erlösen, ist aber mit hohen Fixkosten und Investitionen verbunden.

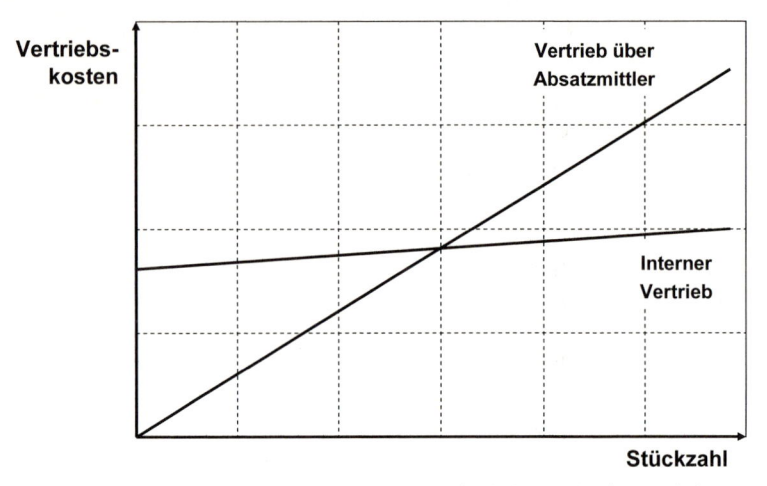

Bild 7-2 Schema der Kosten des Vertriebs mit eigenen Mitarbeiter und Absatzmittlern

Für die Wahl eines an die Bedürfnisse eines Unternehmens angepassten Vertriebssystems wesentlich sind zunächst die Produkte selbst und die Anzahl der Kunden. Je breiter und tiefer und je exklusiver das Verkaufsprogramm eines Herstellers ist, desto eher wird er versuchen, eigenständig zu agieren.

- Im Investitionsgüterbereich, gerade beim Verkauf teurer Anlagen und Maschinen, sind die Produkte in der Regel besonders erklärungsbedürftig und erfordern zusätzlich genau abgestimmte Kundendienstleistungen. Da die Anzahl der Kunden meist eher gering ist, dafür aber der Umsatz je Verkauf hoch, spricht vieles dafür, den Vertrieb eigenständig durchzuführen, um die Kontrolle über das Geschäft ausüben zu können.
- Muss dagegen, wie beispielsweise im Lebensmittelbereich, eine sehr große Menge an Kunden mit Gütern beliefert werden, die jeweils nur einen sehr geringen Wert haben, wäre der Aufbau eigener Vertriebskanäle mit großer Wahrscheinlichkeit unwirtschaftlich.

> Der Vertrieb von Automobilen wird häufig indirekt über ein zweistufiges System aus wenigen Großhändlern und vielen Einzelhändlern abgewickelt. Die Volkswagen AG deckt im deutschen Inlandsmarkt selbst die Großhandelsebene ab und führt ausgewählte Vertragshändler sehr eng. Auslandsmärkte werden dagegen über Generalimporteure (also Großhändler) beliefert, die die dortigen lokalen Händler auswählen.

Es gibt offenbar kein Patentrezept für eine ideale Gestaltung der Vertriebskanäle, sondern nur Entscheidungen auf der Basis der individuellen Situation einer Unternehmung (Kunden, Produkte, Größe, Kapitalkraft, Konkurrenzsituation).[3]

7.1 Vertriebsorganisation

Im Investitionsgüterbereich spielt der indirekte Vertrieb nur eine sehr geringe Rolle. Beispielsweise können einfache Werkzeugmaschinen und Baumaschinen über Baumärkte vertrieben werden. Ebenfalls über den Handel werden standardisierte Erzeugnisse wie Normteile (z. B. Schrauben), Werkzeuge o. Ä. vertrieben. Derartige Erzeugnisse können mittlerweile auch per E-Commerce abgesetzt werden. Messen bleiben im Industriegüterbereich wichtige Treffpunkte ganzer Industriezweige (vgl. Abschnitt 2.6.4). Wichtigster Absatzweg gerade bei erklärungsbedürftigen und komplexen Maschinen und Anlagen ist der Vertrieb über Reisende und/oder Handelsvertreter.[4] Kleinere Anbieter agieren möglicherweise nur aus ihrem Stammsitz heraus, während mittlere und größere Unternehmen sehr umfangreiche Vertriebsnetze aufbauen.

Bild 7-3 zeigt die Vertriebsstruktur eines mittelständischen Unternehmens mit ca. 900 Mitarbeitern, welches für seine drei Produktlinien ein komplexes Geflecht des direkten Vertriebs aufgebaut hat. Dieser wird international in starkem Maße durch gebundene Partner (Handelsvertretungen) abgewickelt. In den stärksten Ländermärkten auf fast allen Kontinenten wurden Tochtergesellschaften gegründet.

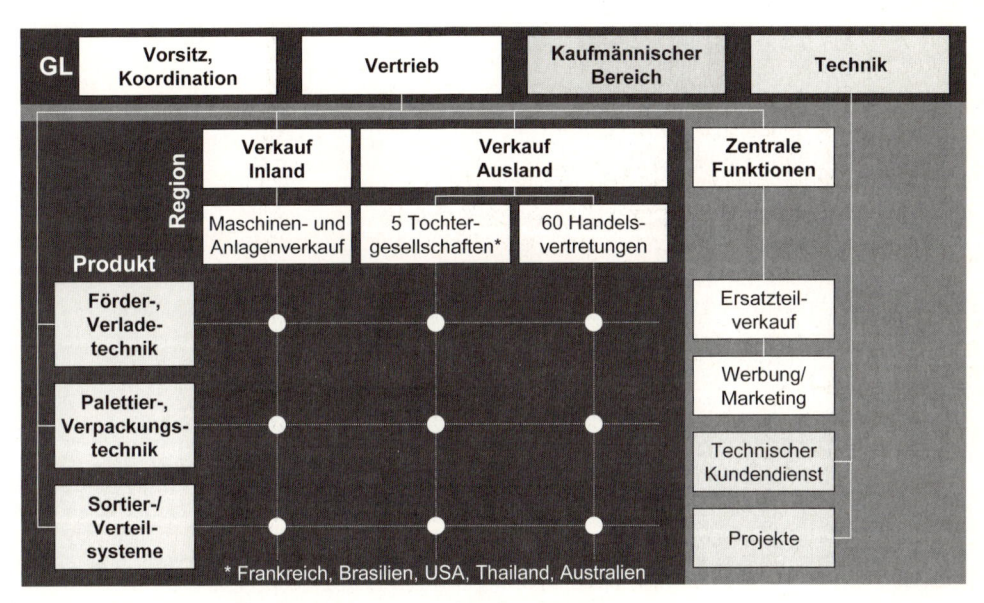

Bild 7-3 Vertriebsstruktur der Firma Beumer/Beckum (2002)

Bild 7-3 zeigt nicht nur mögliche Absatzkanäle, sondern gleichzeitig die Grundzüge der Organisationsstruktur des Vertriebs der Firma Beumer. Im Wesentlichen entspricht sie einer Matrix aus produktspezifischer und geographischer Zuordnung.

7.1.2 Organisationsformen

Die Vertriebsorganisation ist der festgelegte Rahmen für Strukturen und Abläufe im Vertrieb. Grundsätzliches zur Struktur- und Ablauforganisation eines Unternehmens wird in Kapitel 9 (Personal) erläutert. Hier wird auf vertriebstypische Organisationsformen eingegangen, mit denen Kundenorientierung und Kostenoptimierung des Vertriebs erzielt werden sollen. Vertriebliche Organisationseinheiten können nach folgenden Prinzipien aufgeteilt werden:

- Verrichtungsprinzip, d. h. Gliederung nach Tätigkeitsfeldern:
  – funktionale Organisation;
- Objektprinzip, d. h. Gliederung nach Regionen, Produkten, Kundengruppen o. Ä.:
  – gebietsorientierte Organisation,
  – produktorientierte Organisation,
  – kundenorientierte Organisation,
  – Matrixorganisation;
- Prozessprinzip, d. h. Gliederung nach kundenorientierten Prozessen.[5]

Funktionale Gliederung

Hier wird der Vertrieb aus der Innensicht des Unternehmens aufgeteilt in Spezialfunktionen einzelner Mitarbeiter, beispielsweise in Kalkulation, Angebotserstellung, Auftragsabwicklung, Außendienst etc. Die Mitarbeiter sind spezialisiert tätig und fühlen sich als Experten, haben aber keinen ganzheitlichen Blick auf den Kundenvorgang. Diesen besitzt nur die Vertriebsleitung, der sämtliche Funktionen unterstellt sind.

Die funktionale Gliederung in reiner Form ist heute nur noch bei kleineren Unternehmen anzutreffen, die eine sehr geringe Produkt- und Kundenvielfalt aufweisen.[6]

Gebietsorientierte Organisation

In einer rein gebietsorientierten Organisation verkauft ein bestimmter Verkäufer bzw. ein bestimmtes Team alle Produkte an alle Kunden einer Region. Damit wird eine intensive Marktbearbeitung ermöglicht, der Markt wird überschneidungsfrei bearbeitet, enge Kundenbeziehungen aufgebaut und – auch durch die Konkurrenz zwischen den Gebieten – eine relativ kostengünstige Marktbearbeitung ermöglicht.

Allerdings ist es bei einem breiten Produkt- und/oder Kundenspektrum schwierig, den unterschiedlichen Anforderungen gleichermaßen gewachsen zu sein. Routinetätigkeiten stehen im Vordergrund, Verkäufer bauen sich eigene kleine Reiche auf, worunter die Innovationskraft und Einheitlichkeit der Unternehmung leiden.

Verkäufer neigen möglicherweise dazu, sich auf für sie bequeme Produkte zu konzentrieren. Gerade bei komplexen und diversifizierten Produkten bietet sich daher eine rein regionale Gliederung nicht an.[7]

Produktorientierte Organisation

Hier verkauft ein Verkäufer nur bestimmte Produkte bzw. Produktlinien ungeachtet der regionalen Zuordnung. Bei sehr heterogenem und dazu komplexem Produktprogramm ist es sinnvoll, dass sich Verkäufer spezialisieren. Dies wirkt häufig motivierend, da sich die Verkäufer als Experten fühlen. Sinnvoll ist eine produktorientierte Organisation insbesondere dann, wenn das Unternehmen ohnehin divisionalisiert ist.

Als nachteilig wird der entstehende Mehraufwand an Reisekosten, gerade auch bei Kunden und Gebieten, die von mehreren Verkäufern bearbeitet werden, und der damit erhöhte Koordinationsaufwand gesehen.[8]

Kundenorientierte Verkaufsorganisation

Für die kundenorientierten Verkaufsorganisation werden Verkaufsabteilungen für bestimmte Kundengruppen, z. B. Kunden verschiedener Industriesektoren wie Metall-, Elektro-, Fahrzeug- chemische Industrie, gebildet. So können bestimmte Kundeneigenheiten und -bedürfnisse gezielt bedient werden; Marktveränderungen werden rasch bemerkt.

Nachteilig sind die relativ hohen Verkaufskosten durch parallele Tätigkeit. Geeignet ist die kundenorientierte Organisation nur, wenn sich die Kunden eindeutig segmentieren lassen.[9]

Matrixorganisation

Nur nach einem Kriterium strukturierte Vertriebsorganisationen haben den Vorteil eines klaren Aufbaus und eindeutiger Vorgesetztenbeziehungen. Mit den Anforderungen des Marktes sind sie in der Realität aber meist nur bedingt vereinbar, so dass kombinierte Formen der Objektorientierung, beispielsweise Gliederungen nach Produkt und Region und zusätzlich nach Funktionskriterien, gewählt werden. **Bild 7-3** illustriert eine entsprechende Organisation eines mittelständischen Unternehmens. Im Wesentlichen ist der Vertrieb matrixförmig (Produkt/Region) aufgebaut, wobei einzelne Funktionen wie Werbung und Ersatzteilservice als Stabstellen zuarbeiten. In der Matrix hat die operative Verantwortung die jeweilige Regionsleitung; die Produktverantwortlichen unterstützen bedarfsweise.

Mit der Matrix ist der Nachteil einer nicht eindeutigen Vorgesetztenbeziehung einzelner Mitarbeiter verbunden, die mehreren „Herren" dienen müssen. In der Praxis sollte hier eine vernünftige Regelung des „letzten Wortes" getroffen werden.[10]

Prozessorientierte Organisation

Das Prozessprinzip tritt neben die klassischen Organisationsformen. Mit einer prozessorientierten Organisation wird versucht, den Kunden so schnell wie möglich mit den notwendigen Informationen, Dokumenten und Produkten zu versorgen. Das bedeutet

- parallele Vorgangsbearbeitung im Team statt zeitraubender sequenzieller Abarbeitung,
- computergestützte Workflows,
- Abbau von Schnittstellen und Vorgängen ohne Wertschöpfung.[11]

Das Prozessprinzip stellt hohe Anforderungen an einzelne Mitarbeiter, die jeder die wesentlichen Bestandteile sämtliche Verkaufsvorgänge präsent haben müssen, um adäquat arbeiten zu können. Vorgesetztenbeziehungen sind nicht leicht zu realisieren. Insofern hat sich das Prozessprinzip als alleiniges System fast nirgends durchgesetzt; Prozesselemente werden aber mehr und mehr auch in den Vertrieb eingebaut, um schnelle Reaktionszeiten auf Anfragen zu gewährleisten.

Key Account Management

Key Account Management bedeutet die gezielte Ansprache von Großkunden mit überragenden Umsatzanteilen, für die eigene Mitarbeiter abgestellt werden. Üblich ist das beispielsweise bei Automobilzulieferern für bestimmte Fahrzeughersteller, aber auch bei Herstellern von Lebensmitteln für große Handelskonzerne. Bisweilen sind die Grenzen zu einer kundenorientierten Organisation fließend.[12]

Großkundenbetreuer werden parallel zur eigentlichen Vertriebsorganisation eingesetzt und sind zentrale Ansprechpartner für zukünftige Entwicklungen, Projekte, Kaufentscheidungen, aber auch im Tagesgeschäft, beispielsweise bei auftretenden Qualitätsmängeln.

7.2 Verkauf von Maschinen und Anlagen

Typische Charakteristika des Investitionsgütergeschäfts liegen in der hohen Komplexität der Güter (Maschinen und Anlagen), ihrer damit einhergehenden Erklärungsbedürftigkeit und der oftmals großen räumlichen Distanz zwischen Anbieter und Nachfrager begründet. Daraus resultiert ein großer Zeitbedarf für den Verkauf von Maschinen und Anlagen. Der Verkaufszyklus kann sich von Wochen bis zu mehreren Jahren erstrecken, beispielsweise für den Vertrieb von Kraftwerken.

> Ein deutsches Konsortium unter Beteiligung der Unternehmen Krupp Elastomertechnik und Continental AG wurde von dem iranischen Staatsunternehmen Kerman Tires 1998 gebeten, ein Lkw-Ganzstahlreifenwerk (Wert ca. 50 Mio. €) anzubieten. 1999 wurde eine gemeinsame Absichtserklärung *(Letter of Intent – LOI)* sowie ein Vertrag über Wissenstransfer *(Technical Assistence Contract – TAC)* unterzeichnet. Bis zur endgültigen Bestellung der Anlagen vergingen aus politischen und firmenpolitischen Gründen fünf weitere Jahre; die Auslieferung und Inbetriebnahme erfolgte schließlich bis 2006.

7.2.1 Beschaffungsphasen

Modellhaft kann der Ablauf eines solchen Geschäfts in typische Phasen aufgespalten werden, wobei diese aus der Sicht des Anbieters wie des Nachfragers beschrieben werden können. Im Folgenden werden drei praxisrelevante Ablaufmodelle erläutert.

Buygrid-Modell

Bereits 1967 stellten *Faris, Webster* und *Wind* ihr Beschaffungsphasenmodell vor, welches die in **Bild 7-4** aufgeführten Kaufphasen enthält. Alle Phasen werden vollständig normalerweise nur bei einem Neugeschäft durchlaufen. Wird das Produkt ähnlich (Modifikation) oder unverändert (Wiederholkauf) erneut eingekauft, kann auf vorherige Analysen und Erfahrungen zurückgegriffen werden. Die einleitenden Kaufphasen entfallen dementsprechend. Dies berücksichtigend, erweiterten *Webster* und *Wind* ihr ursprüngliches Modell zu einer nach Kaufarten differenzierenden Matrix.[13]

Das Modell von *Webster* und *Wind* weist einige zeitbezogene Charakteristika auf. So wird die technische Lösung offenbar stets vom einkaufenden Unternehmen entwickelt, was sich dann eine Bezugsquelle für die gefundene Lösung sucht. Eine partnerschaftliche Zusammenarbeit mit Lieferanten, an die sogar wesentliche Entwicklungskompetenzen verlagert werden, erschien um 1970 offenbar noch undenkbar.

Kaufphasen	Kaufarten		
	Neugeschäft	Modifikation	Wiederholkauf
1. Vorwegnahme oder Erkennen eines Problems (Bedürfnisses) und einer allgemeinen Lösungsmöglichkeit		--	--
2. Bestimmung der Eigenschaften und Mengen der benötigten Produkte		--	--
3. Beschreibung der Eigenschaften und Mengen der benötigten Produkte		--	--
4. Suche und Bewertung potenzieller Produktquellen		--	--
5. Einholen und Analyse von Angeboten		(--)	--
6. Bewertung der Angebote, Lieferantenauswahl		(--)	--
7. Auswahl eines Bestellverfahrens			
8. Leistungs-Feedback und Leistungsbewertung			

Bild 7-4 Das Buygrid-Modell nach *Webster/Wind*[14]

Beschaffungsphasenmodell nach *Backhaus*

Das in **Bild 7-5** vorgestellte Phasenkonzept nach *Backhaus* berücksichtigt die mögliche Zusammenarbeit mit Lieferanten bereits in der Phase vor der konkreten Anfrage. Wird beim Nachfrager ein Problem erkannt, so nimmt er eventuell schon Kontakt zu Lieferanten auf, von denen er Hilfe bei der Lösung erwarten könnte. Erste Konzepte werden ausgearbeitet und auf Machbarkeit geprüft.

1. **Voranfragenphase**
   - Problemerkennung beim Nachfrager
   - Erste (informell veranlasste) Aktivitäten bei potenziellen Lieferanten
   - Machbarkeitsstudien
   - Erstellung von Anfragen bzw. Ausschreibungsunterlagen

2. **Angebotserstellungsphase**
   - Angebotserstellung, Rückfragen
   - Angebotsunterbreitung
   - Angebotsbeurteilung

3. **Kundenverhandlungsphase**
   - Verhandlungen
   - Auftragsvergabe

4. **Projektabwicklungsphase**
   - Realisierung
   - Probelauf, Inbetriebnahme
   - vorläufige Abnahme, Gefahrenübergang auf Käufer, Eintritt in die

5. **Gewährleistungsphase**
   - ggf. Mängelbeseitigung, Nachbesserungen

Bild 7-5 Beschaffungsphasenkonzept nach *Backhaus*[15]

Auf der Basis erfolgversprechender Lösungsansätze wird ein Lasten- und Pflichtenheft erstellt. Es enthält in strukturierter Form nach VDI/VDE-Richtlinie Nr. 3694 die technische Problemdefinition (Lastenheft) und die Realisierungsanforderungen bzw. die Lösungskonzeption (Pflichtenheft). Lasten- und Pflichtenheft dienen als Grundlage der Anfragen bzw. Ausschreibungsunterlagen.

Auch in der Angebotserstellungsphase stimmen sich Lieferanten und die Nachfrageorganisation durch Rückfragen ab. Die eingegangenen Angebote werden nach sachlichen Kriterien wie Funktionserfüllung, Wirtschaftlichkeit etc. verglichen, wobei häufig Methoden wie die Nutzwertanalyse eingesetzt werden.

Vor der Auftragsvergabe wird in der Regel mit mehreren potenziellen Lieferanten verhandelt, wobei Preise und Leistungen überprüft werden.

Die Angebote enthalten im Regelfall konkrete zeitliche Umsetzungsbedingungen und definierte Abnahmebedingungen der Anlagen, beispielsweise eine zu erreichende Ausbringung. Diese Bedingungen sind in der Abwicklungsphase zu erfüllen, um den Gefahrenübergang auf den Käufer zu bewirken und das Recht auf vollständige Bezahlung zu erhalten.[16]

Beschaffungsphasenmodell nach *Richter*

Richter gliedert den eigentlichen Beschaffungsprozess in neun Phasen, die inhaltlich im Wesentlichen den fünf Phasen des Modells nach *Backhaus* entsprechen (**Bild 7-6**).

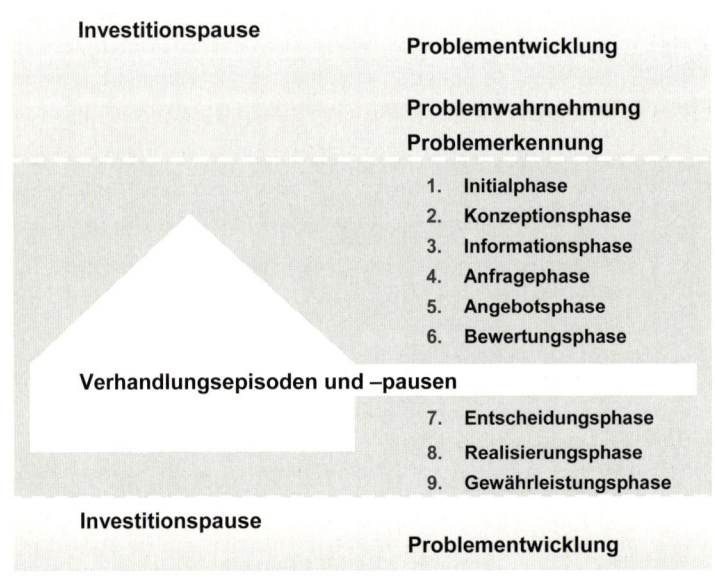

```
Investitionspause
                        Problementwicklung

                        Problemwahrnehmung
                        Problemerkennung

                    1.  Initialphase
                    2.  Konzeptionsphase
                    3.  Informationsphase
                    4.  Anfragephase
                    5.  Angebotsphase
                    6.  Bewertungsphase

Verhandlungsepisoden und –pausen

                    7.  Entscheidungsphase
                    8.  Realisierungsphase
                    9.  Gewährleistungsphase

Investitionspause
                        Problementwicklung
```

Bild 7-6 Erweitertes Beschaffungsphasenmodell nach *Richter*[17]

Die Neuerung seines Modells ist in der Einbeziehung der Investitionspausen zu sehen. Sie ist wesentlich für das Selbstverständnis des Vertriebs von Anbietern im Investitionsgüterbereich. Lösungsbedarfs entwickelt sich nämlich nicht erst, wenn der Nachfrager sein Problem oder einen Bedarf erkennt, sondern nach und nach aus Veränderungen des Unternehmensumfelds oder des Unternehmens selbst (vgl. dazu Kap. 2.3). Für einen erfolgreichen Investitionsgütervertrieb ist es unbedingt sinnvoll, von diesen in Investitionspausen aufkeimenden investitionswirksamen Veränderungen frühzeitig zu erfahren, sie womöglich sogar selbst zu erkennen, um dann eine Investition zu initiieren. Ein wettbewerbsentscheidender Informationsvorsprung gegenüber der Konkurrenz kann frühzeitig gewonnen werden; die Beteiligung an Lösungskonzepten oder sogar gemeinsamen Entwicklungsprojekten, bei denen gar kein Konkurrent mehr einbezogen wird, ist möglich.

Wichtig für die vertriebliche Nutzung von Investitionspausen ist der Aufbau eines Vertrauensverhältnisses zwischen Personen des Vertriebs der Nachfrageorganisation, beispielsweise dem Key-Account-Manager oder technischen Spezialisten, und Technikern und/oder Einkäufern der Nachfrageseite. Auch Kontakte auf persönliche Geschäftsleitungsebene können sehr hilfreich sein: Viele Geschäfte wurden und werden „zwischen Loch 17 und 18" eingeleitet.[18]

7.2.2 Macht und Vertrauen in und zwischen Organisationen

Macht kann definiert werden als das Vermögen, jemandem seinen Willen aufzuzwingen. Unilaterale Macht ist gar das Vermögen einer Seite, die andere ohne ihre Zustimmung eines besonderen Ergebnisses wegen zu unterwerfen. Die Macht des einen, der sog. Quelle *(source)*, ist die Ohnmacht des anderen, des sog. Ziels *(target)*.

Macht kann sinnvoll eingesetzt werden, um viele verschiedene Menschen zu koordinieren und an einem gemeinsamen Ziel arbeiten zu lassen. Macht kann aber auch missbraucht werden. Macht ist in Unternehmen und zwischen Unternehmen immer im Spiel. Das Verständnis von Machtstrukturen ist von elementarer Bedeutung für die Unternehmensführung, aber auch für den Vertriebserfolg.

Formen persönlicher Machtausübung

Entscheidungen im Buying und Selling Center sind politische Prozesse. Sie werden durch offene oder informelle Machtstrukturen geprägt. Um zu verkaufen, ist es für Anbieter wichtig, diese Strukturen zu verstehen. Folgende Machtarten werden unterschieden:[19]

(1) Referenzmacht *(referent power)*
    ist das Ausmaß, in welchem sich jemand (sog. Ziel) zu einem anderen (Quelle) hingezogen fühlt bzw. mit diesem identifiziert.

> Ein Assistent (Ziel) bewundert den erfahrenen Geschäftsführer (Quelle) und richtet sich nach ihm aus.

(2) Informationsmacht *(information power)*
    ist das Herrschaftswissen, was jemand (Quelle) anderen (Ziel) voraus hat.

> Ein Vertriebsleiter (Ziel) hat Informationen über Kunden, die andere Bereichsleiter (Quelle) nicht besitzen.

(3) Spezialistenmacht *(expert power)*
    wird durch die Kompetenz einer Quelle gegenüber anderen Personen erzeugt.

> Technischer Spezialist (Quelle) hat besondere technische Kenntnisse, die die Geschäftsleitung (Ziel) für ihre Entscheidung benötigt.

(4) **Aktivierungsmacht** *(reinforcement power)*
    besteht aus Belohnungsmacht *(reward power)* und Bestrafungsmacht *(coercive power)* einer Quelle gegenüber einem Ziel.

> Der Entscheider des Buying Centers (Quelle) signalisiert dem beteiligten Einkäufer (Ziel) Unterstützung bei zukünftigen Beschaffungsprojekten, wenn dieser seiner Lieferantenauswahl zustimmt.

(5) **Legitimationsmacht** *(legitimate power)*
    der Quelle herrscht durch den organisatorischen und sozialen Rahmen.

> Der Vertriebsleiter (Quelle) ist weisungsbefugt gegenüber den Vertriebsmitarbeitern (Ziel).

(6) **Abteilungsmacht** *(departmental power)*
    entspringt der Bedeutung eines Bereiches (Quelle) und verschafft diesem sowie seinen Mitarbeitern Abteilungsmacht gegenüber dem übrigen Unternehmen (Ziel).

> Die Finanzabteilung (Quelle) hat Abteilungsmacht gegenüber der Marketingabteilung (Ziel), weil sie deren Budget zuteilt. Jeder einzelne Mitarbeiter der Finanzabteilung wird daher vom Marketing stets zuvorkommend behandelt.

Macht durch Informationsasymmetrien zwischen Anbieter und Nachfrager

Eine wesentliche Basis des Investitionsgütergeschäfts ist das gegenseitige Vertrauen von Anbieter und Nachfrager. Letztlich möchte der Nachfrager sicher sein, die gewünschte Leistung pünktlich und vollständig zu bekommen; der Anbieter möchte ganz sicher sein, die Gegenleistung in Form von Geld rechtzeitig zu erhalten.

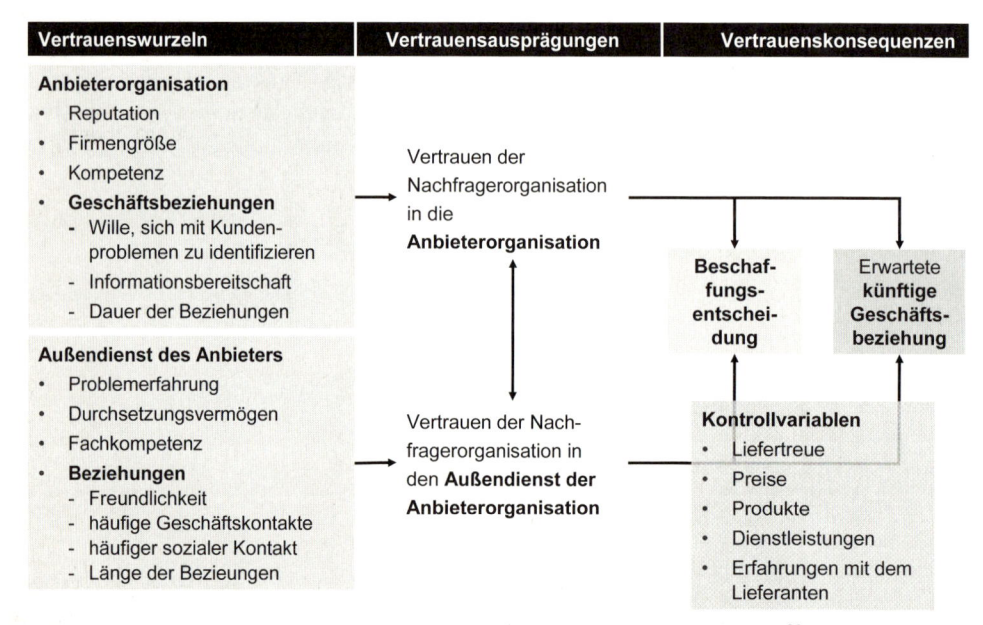

Vertrauenswurzeln	Vertrauensausprägungen	Vertrauenskonsequenzen

Anbieterorganisation
• Reputation
• Firmengröße
• Kompetenz
• **Geschäftsbeziehungen**
  - Wille, sich mit Kundenproblemen zu identifizieren
  - Informationsbereitschaft
  - Dauer der Beziehungen
	Vertrauen der Nachfragerorganisation in die **Anbieterorganisation**	**Beschaffungsentscheidung** / **Erwartete künftige Geschäftsbeziehung**

Außendienst des Anbieters
• Problemerfahrung
• Durchsetzungsvermögen
• Fachkompetenz
• **Beziehungen**
  - Freundlichkeit
  - häufige Geschäftskontakte
  - häufiger sozialer Kontakt
  - Länge der Beziehungen
	Vertrauen der Nachfragerorganisation in den **Außendienst der Anbieterorganisation**	**Kontrollvariablen**
		• Liefertreue
		• Preise
		• Produkte
		• Dienstleistungen
		• Erfahrungen mit dem Lieferanten

Bild 7-7 Vertrauen des Nachfragers ist Basis des Geschäftserfolgs des Anbieters[20]

7.2 Verkauf von Maschinen und Anlagen

Um eine vernünftige Zusammenarbeit sicherzustellen, werden Verträge geschlossen, in denen Leistung und Gegenleistung genau spezifiziert und das Vorgehen festgeschrieben wird. Verträge ersetzen aber nicht die eigentlich wesentliche Grundlage eines jeden Geschäfts, welches ja stets zum beiderseitigen Vorteil abgeschlossen wird: das Vertrauen.

Der Aufbau von Vertrauen des Nachfragers geschieht meist über längere Zeiträume. Vertrauen wird maßgeblich durch die langjährige Leistung der Anbieter und die Persönlichkeit ihrer Verkäufer beeinflusst **(Bild 7-7)**.

Vertrauen ist notwendig, um Informationsdefizite zu überbrücken, die im Investitionsgütergeschäft notwendigerweise bestehen:

(1) Zunächst hat der Anbieter einen Informationsvorsprung, denn er weiß, im Gegensatz zum Nachfrager, genau um die Richtigkeit seines Angebots und die Qualität seiner Lösung.
(2) Nach Abgabe des Angebots kann der Nachfrager mehrere Angebote vergleichen. Er weiß damit mehr als einzelne Anbieter.
(3) Nach der Entscheidung kann er sich allerdings nicht ganz sicher sein, ob er sich richtig entschieden hat, denn nur der Anbieter weiß, ob er die angebotene Lösung rechtzeitig und vollständig umsetzen kann.

Im sog. *Agency*-Ansatz wird das handelnde Subjekt, welches einen Informationsvorsprung besitzt, als Agent bezeichnet. Sein schlecht informiertes Gegenüber ist der Prinzipal. In **Bild 7-8** wird die beschriebene Informationsasymmetrie zwischen Investitionsgutanbieter und –nachfrager grafisch verdeutlicht.

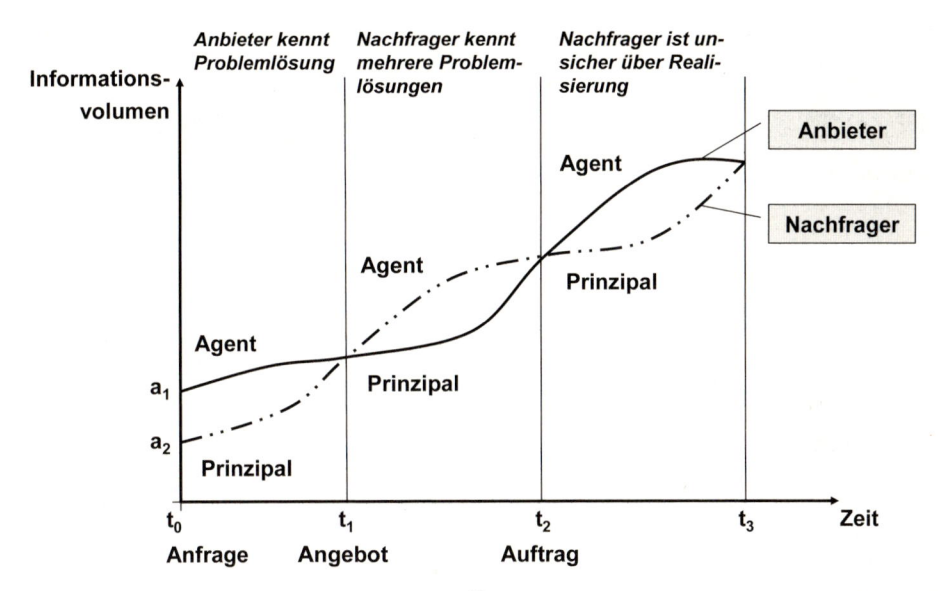

Bild 7-8 Rollenwandel in der Agency-Beziehung[21]

Ein Informationsvorsprung bedeutet also stets eine gewisse Machtposition gegenüber dem Partner. Diese Position kann dann zum Nachteil des anderen selbstsüchtig ausgenutzt werden. Geschieht das, spricht man von Opportunismus, d. h. einer „Verfolgung von Eigeninteressen unter Zuhilfenahme von List"[22].

Im Investitionsgütergeschäft sind vor allem folgende Fälle relevant:
- *Adverse Selection* (Falschauswahl)
- *Moral Hazard* (eigennütziges riskantes Verhalten nach Vertragsabschluss)
- *Hold-up* (überfallartige Übervorteilung nach Vertragsabschluss)

Adverse Selection bedeutet, dass der Anbieter den Nachfrager wissentlich falsch oder ungenügend über das Angebot in Kenntnis setzt, welches verborgene Mängel *(hidden characteristics)* aufweist. *Adverse Selection* erfolgt vor Vertragsschluss.

> Der Inhaber einer Lkw-Flotte ist sich mangels detaillierter Informationen über die Zuverlässigkeit einer neuen Servicefirma im Unklaren.

Moral Hazard bedeutet, dass der Agent nach Vertragsschluss verborgene Handlungen *(hidden actions)* zum Nachteil des Nachfragers durchführt.

> Ein Zulieferer baut heimlich minderwertige Bauteile in eine für den Kunden nicht einfach zu öffnende Baugruppe ein.

Hold-up geschieht im Gegensatz zu *Moral Hazard* ganz offen durch Ausnutzung vorhandener Vertragslücken, auf die im Vorfeld bewusst hingearbeitet wurde. Es erfolgt also eine überfallartige Übervorteilung nach Vertragsschluss aufgrund verborgener Absichten *(hidden intentions)*.

> Ein Aluminiumhersteller errichtet ein neues Werk und ist auf die Energielieferungen eines benachbarten Kraftwerks angewiesen, mit dem ein Vertrag geschlossen wird. Dieser enthält eine Preisanpassungsklausel. Die Energiepreise werden nun durch den Kraftwerksbetreiber unmittelbar nach Fertigstellung des Aluminiumschmelzwerks mit Hinweis auf die Entwicklung an den Rohstoffmärkten schlagartig drastisch erhöht.

Um opportunistisches Verhalten zu verhindern, gibt es eine Vielzahl von Gegenmaßnahmen auf Anbieter- und insbesondere Nachfragerseite.

Adverse Selection, also vorvertraglichem Opportunismus, kann man durch besonders sorgfältige und systematische Lieferantenauswahl **(screening)** begegnen. Seriöse Anbieter werden versuchen, sich durch Qualifikationsmaßnahmen (Selbstauswahl des Lieferanten) und Qualitätssicherungsmaßnahmen von schlechten Lieferanten abzugrenzen.

Gegen *Moral Hazard* kann der Nachfrager Anreizsysteme für hochqualitative Lieferungen einrichten, fortlaufend die Qualität, Liefertreue etc. überwachen **(monitoring)** und auch Qualitätsaudits im Rahmen bestimmter Qualitätssicherungssysteme durchführen. Besonders wirksam ist die „Geiselnahme" des Anbieters, der spezielle auf den Nachfrager zugeschnittene Investitionen tätigen muss. Der Anbieter kann seinem Kunden dabei auch freiwillig entgegenkommen, indem er sich zertifizieren lässt und in spezielle Produktionsanlagen investiert. Eine hohe Reputation des Anbieters wird er nur schwerlich durch *Moral Hazard* gefährden wollen.

Auch *Hold-up* kann durch Verpflichtungen zu spezifischen Investitionen beim Partner vorgebeugt werden. Ebenso kann eine große Autorität des Prinzipals den Anbieter von *Hold-up* abhalten. Auf Anbieterseite stehen Selbstbindung und Reputation im Vordergrund, um Vertrauen zu garantieren.[23]

7.2.3 Buying Center und Selling Center

Um Investitionsgüter erfolgreich zu verkaufen, ist es notwendig, das Verhalten der am Kauf beteiligten Personen genau zu verstehen. Mit steigender Komplexität der Maschinen und Anlagen und einem hohen Wert einzelner Transaktionen können den Verkauf wie den Einkauf nicht mehr einzelne Personen durchführen, sondern ein arbeitsteiliges Vorgehen ist notwendig. Bei sehr großen Investitionen, z. B. dem Kauf einer Fertigungsstraße zur Automobilherstellung, werden in den Kauf und Verkauf von Investitionsgütern beinahe alle Unternehmensbereiche der verkaufenden und kaufenden Unternehmung einbezogen, beispielsweise die Geschäftsleitung, Juristen, Forschung und Entwicklung und Einkauf sowie die Fertigung (vgl. **Bild 7-9**). In all diesen Bereichen agieren Menschen individuell abhängig von ihrer Persönlichkeit, hierarchischen Stellung und Fachkompetenz. Außerdem gibt es eine gewisse Ausgangsposition der Verhandlung beider Organisationen.

Buying Center	Selling Center
• Project Manager	• Verkaufsdirektor
• Technischer Direktor	• Verkaufsförderung
• F & E	• Technischer Direktor
• Einsatzbereich	• F & E
• Produktionsdirektor	• Produktionsdirektor
• Qualitätskontrolle	• Kundendienst, Instandhaltung
• Finanzen	• Versand
• Einkauf	• Finanzen
• ...	• ...

Einkäufer ↔ Verkäufer

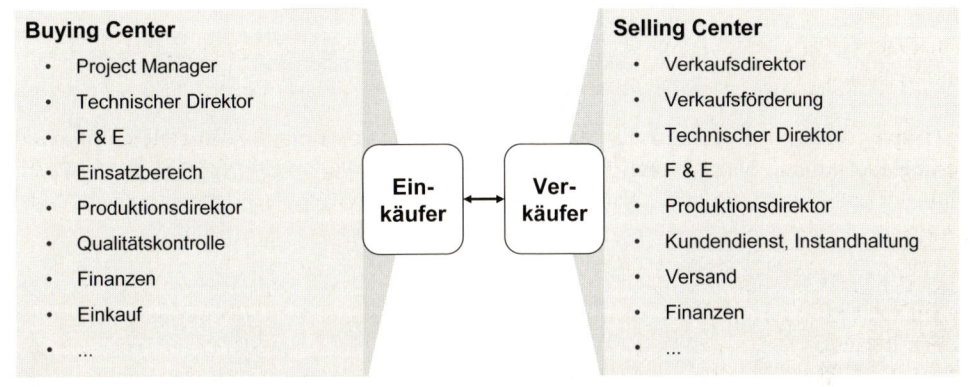

Bild 7-9   Mögliche Teilnehmer am Buying- und Selling Center[24]

Aus der Vielzahl an Einflussgrößen resultiert ein überindividuelles „Verhalten" der beschaffenden und der anbietenden Unternehmung. Dieses resultierende Entscheidungs- und Informationsverhalten wird als organisationales Verhalten bezeichnet. Auf der Einkaufsseite spricht man von organisationalem Beschaffungsverhalten, auf der Verkaufsseite von organisationalem Absatzverhalten.

Die sich projektartig und i. d. R. informell zusammenfindende Gruppe der handelnden Personen im Beschaffungsprozess wird als Buying Center, die des verkaufenden Unternehmens als Selling Center bezeichnet. Nachfolgend werden diese Beschaffungs- bzw. Absatzgremien genauer betrachtet und das Zusammenwirken der in ihnen handelnden Personen analysiert.

> **Der Markt für Pkw-Bremssysteme**
> Es gibt auf dem Weltmarkt nur sehr wenige Hersteller von Pkw-Bremssystemen, denen ebenfalls wenige Fahrzeughersteller gegenüberstehen. Eigentlich liegt somit ein bilaterales Oligopol vor. In der konkreten Beschaffungssituation schreibt jedoch nur einer der Fahrzeughersteller seinen Bedarf aus; beispielsweise sucht VW einen Bremsenlieferanten für ein neues VW-Golf-Modell. In diesem Moment hat der Nachfrager eine monopolartige Stellung; um seinen Auftrag buhlen mehrere Hersteller, in diesem Fall die von Bremssystemen. Der Autobauer hat also, obwohl es mehr Fahrzeug- als Bremssystemhersteller gibt, die bessere Verhandlungsposition.

> In die Verhandlungen sind aufgrund der sehr komplexen und speziellen Technik und der Höhe des Beschaffungsvolumens auf Angebots- wie Nachfrageseite zusätzlich zum Ver- bzw. Einkäufer mindestens weitere Techniker involviert. Es besteht also ein Buying Center und ein Selling Center.

Nicht jeder Einkauf erfordert überhaupt ein Buying Center. Wiederholkäufe und modifizierte Einkäufe, aber auch der Kauf relativ einfacher und niederwertiger Güter können auch von qualifizierten Einkäufern allein abgewickelt werden. Im Allgemeinen gilt: Je spezieller die Beschaffung und je höher das Beschaffungsvolumen, desto mehr Personen werden in die Einkaufs-, aber auch Verkaufsentscheidung einbezogen.[25]

Buying Center

Das Buying Center findet sich für eine anstehende Beschaffungsentscheidung zusammen. Es
- ist problemspezifisch tätig (in eine konkrete Beschaffung involviert),
- informell konstituiert,
- kann auch Außenstehende beinhalten (z. B. Unternehmensberater),
- hat Mitglieder, die verschiedene Rollen spielen.

Eine Person kann auch mehrere Rollen spielen; manchmal bleiben einzelne Rollen unbesetzt. Die Rollenverteilung hängt ab von
- Hierarchie,
- Fachkompetenz,
- Informationsverhalten,
- Einflussstärke,
- Psyche,
- sozio-kulturellen Faktoren.

Aus Sicht des Anbieters ist es wichtig, die Rollen der einzelnen Mitglieder des Buying Centers zu verstehen. So wird es möglich, das organisationale Verhalten in die gewünschte Richtung zu lenken. Eine möglichst vollständige Übersicht über das Buying Center beantwortet folgende Fragen:
- Welche Personen mit welchen Funktionen gehören zum Buying Center?
- Welche sachlichen und persönlichen Interessen verfolgen die Mitglieder?
- Welches aktive und passive Informationsverhalten zeigen diese Personen?
- Welches Entscheidungsverhalten haben die einzelnen BC-Mitglieder?
- Welche Bedeutung hat jedes einzelne Mitglied in den Phasen des Kaufprozesses?[26]

Rollen im Verkaufsprozess nach *Miller/Heiman*

Miller/Heiman unterscheiden vier aus Verkäufersicht maßgebliche Rollen (Kaufbeeinflusser-Gruppen) im Buying Center des Investitionsgüteranbieters:
- Entscheider,
- Anwender,
- Wächter,
- Coach.[27]

7.2 Verkauf von Maschinen und Anlagen

Entscheider

Der Entscheider spricht das letztlich entscheidende „Ja". Es gibt nur einen Entscheider je Kauf, der die Mittel freigeben kann. Dieses kann bei kleineren Firmen der Inhaber sein, in großen Unternehmen eine hierarchisch niedrigere Person. Wer entscheidet, hängt vom Auftragswert, der wirtschaftlichen Lage des Unternehmens und den voraussichtlichen Auswirkungen der Investition auf das Unternehmen ab. Entscheider müssen letztlich die Frage beantworten, ob der ROI *(return on investment)* die Investition rechtfertigt.

Anwender

Die Rolle der Anwender besteht darin, den Nutzen des Produkts für ihren speziellen Tätigkeitsbereich zu beurteilen. Sie konzentrieren sich auf Bedienerfreundlichkeit, Zuverlässigkeit, Serviceleistungen, Schulungsbedarf, Ausfallquoten, Wartung, Sicherheit o. Ä. Anwender fragen sich, was ihnen das Produkt für ihren Job bringt. Auf der Anwenderebene entscheidet sich der langfristige Geschäftserfolg, denn nur ein gutes Produkt kann zu einer dauerhaften Partnerschaft führen.

Wächter

Wächter können den Kauf zwar nicht genehmigen, aber verhindern – und sie tun das oft. Wächter prüfen das Kaufangebot auf unterschiedliche Arten, die ihrem Kompetenzbereich entsprechen. Dies kann technisch, wirtschaftlich, rechtlich, bisweilen auch zwischenmenschlich geschehen. Dementsprechend sind die Personen technische Spezialisten, Controller, Mitglieder der Rechtsabteilung, aber vielleicht auch die Sekretärin, auf deren persönliches Urteil der Chef (Entscheider) Wert legt. Der Wächter fragt: „Werden unsere Anforderungen erfüllt?" Wächter können auch externe Personen sein, z. B. Mitglieder einer Genehmigungsbehörde.

Coach

Der Coach ist eine Person, die einerseits die Personen innerhalb des Buying Centers gut kennt und dort Glaubwürdigkeit besitzt, andererseits besonders vertrauensvoll mit dem Verkäufer zusammenarbeitet und diesen unterstützt. Der Coach kann der Käuferorganisation entstammen, gelegentlich aber auch in der Verkäuferorganisation oder extern, beispielsweise bei einem Unternehmensberater, gefunden werden. Er beschafft und beurteilt Informationen über den aktuellen Stand und die Kaufbeeinflusser. Ein Coach ist, im Gegensatz zu den anderen Rollen im Buying Center, nicht einfach vorhanden, sondern muss vom Verkäufer aufgebaut werden.

Eigeninteressen als Schlüssel zum Verkaufserfolg

Die Beschaffungsentscheidung für ein Investitionsgütergeschäft erfolgt üblicherweise auf der sachlichen Basis einer Nutzwertanalyse (Kosten-Nutzen-Verhältnis) und einer Investitionsrechnung. Rein logisches und rationales Handeln ist aber auch im Investitionsgütergeschäft nicht vollständig gegeben: Alle beteiligten Individuen haben nun ihre individuelle und gefühlsbeeinflusste Sicht auf den Verkaufsprozess. Wichtig aus Verkäufersicht ist es, diese individuelle Wahrnehmung zu akzeptieren und zu verstehen. Alle Kaufbeeinflusser müssen daher auch individuell kontaktiert und angesprochen werden!

Um die Mitglieder des Buying Centers für den Kauf zu gewinnen, sollte der persönliche Gewinn der Kaufbeeinflusser aus dem Geschäft verstanden werden, denn dieser ist entscheidend für die Unterstützung. Dieser Gewinn beruht auf den Eigeninteressen. Mögliche positive Ergebnisse werden in **Bild 7-10** zusammengefasst.

Entscheider	Anwender
• Geringe Anschaffungskosten • Hoher Return on Investment (ROI) • Finanziell vertretbar • Steigerung der Produktivität • Ertragssteigerung • Verstetigter Cash-flow • Verstärkte Flexibilität	• Zuverlässigkeit • Gesteigerte Effizienz • Arbeit besser, schneller, leichter • Leichte Einarbeitung und Anwendung • Erweiterte Fertigkeiten, vielseitiger Einsatz • Hervorragender Service • Erfüllte Leistungsanforderungen, beste Lösung
Wächter	**Coach**
• Produkt erfüllt Kriterien der Ausschreibung • Termingerechte Lieferung • Beste technische Lösung • Günstigstes Angebot • Hoher Nachlass • Gutes Preis-Leistungs-Verhältnis • Zuverlässigkeit	• Anerkennung • Sichtbarer Erfolg • Durchschlagendes Ergebnis • Leistet guten Beitrag • Wird als Problemlöser angesehen

Bild 7-10 Positive Resultate für die Käufer[28]

Der persönliche Gewinn ist keinesfalls zu verwechseln mit dem monetären Gewinn des Verkäufers. Er ist auch nicht für alle Rollen gleich. Natürlich ist auch die unmittelbare Bereicherung in Form von Bestechungsgeldern hier mit persönlichen Gewinnen ausdrücklich nicht gemeint.

Die von den Käufern wirklich angestrebten persönlichen Gewinne können auf drei Arten ermittelt werden:

- indirekte Rückschlüsse aus Resultaten, die Käufer anzustreben scheinen, oder dem Wissen über deren Wertvorstellungen oder persönlichen Lebensstil,
- direkte Fragen an die Kaufbeeinflusser, die auf deren Haltung oder Gefühle in der Verkaufssituation abzielen,
- Befragung eines Coaches nach den Eigeninteressen der Käufer.

Selling Center

Mit steigender Komplexität der verkauften Güter werden für einen qualifizierten Verkauf mehr und mehr Fachleute herangezogen. Der Verkäufer im Außendienst, der für einfache Güter Konditionen individuell anpassen kann, tritt in den Hintergrund und dient im Anlagenverkauf hauptsächlich als Koordinator der Verkaufsaktivitäten. Die folgenden weiteren Rollen entsprechen denen des Buying Centers, allerdings in etwas abgewandelter Form:

- Entscheider fällen die Verkaufsentscheidung.
- Wächter können aus dem Controlling, der Finanz- und Rechtsabteilung, aber auch technischen Bereichen wie F&E sowie Produktion entstammen. Sie prüfen die Machbarkeit des Angebots. Aber auch den Informationsfluss beeinflussende Personen wie Assistenten oder Sekretärinnen können Wächterfunktion haben.

Außerdem halten womöglich neben dem Verkäufer weitere Personen Kontakt zum Kunden, beispielsweise Produktspezialisten, also Fachleute, die sich mit Fachleuten des Nachfragers besprechen und so den Kontakt zu potenziellen Coaches herstellen.

7.3 Persönlicher Verkauf

Persönlicher Verkauf beinhaltet den persönlichen Umgang von Verkäufern mit Kunden. Dabei stoßen Persönlichkeiten aufeinander, die durch Veranlagung, Erziehung und Erfahrung zu dem geworden sind, was sie sind – und das kann ähnlich, aber auch sehr unterschiedlich sein. Gleichwohl sollten beide in einer Verkaufssituation vernünftig miteinander umgehen, denn ein Kaufvertrag nützt letztlich beiden Seiten, sonst würde er nicht geschlossen.

Ein klassischer Verkaufsprozess folgt der bereits 1998 von Elmar Lewis entwickelten AIDA-Formel (**Bild 7-11**). Der Verkäufer muss zunächst die Aufmerksamkeit *(attention)* eines Kunden erwecken, der günstigenfalls Interesse bekundet *(interest)*, einen Kaufwunsch entwickelt *(desire)* und schließlich über die Kaufschwelle getragen wird *(action)*. Für den B2B-Bereich ist diese Formel nicht hinreichend, da sie nur auf den einmaligen Verkauf zielt, während das Geschäftsinteresse doch in einer langfristigen Zusammenarbeit liegen sollte. Es müsste also über den Einmalverkauf hinaus gelingen, nachhaltige Kundenzufriedenheit *(satisfaction)* zu erwecken und so eine Kundenbeziehung aufzubauen, die von Verbundenheit *(loyality)* mit dem Lieferanten geprägt ist.

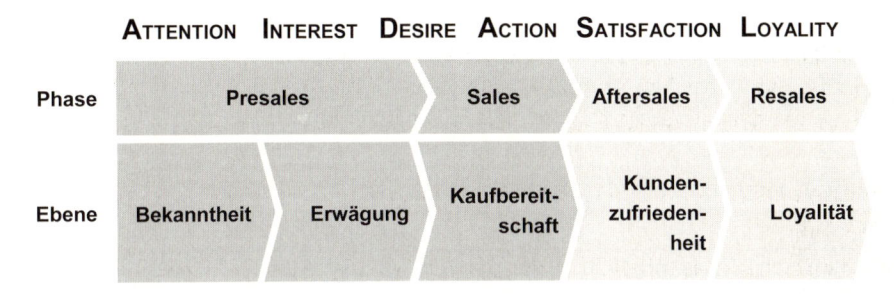

	ATTENTION	INTEREST	DESIRE	ACTION	SATISFACTION	LOYALITY
Phase	Presales	Presales	Sales	Sales	Aftersales	Resales
Ebene	Bekanntheit	Erwägung	Kaufbereitschaft	Kaufbereitschaft	Kundenzufriedenheit	Loyalität

Bild 7-11 Erweiterte AIDA-Formel

In der Praxis gelingt es viel zu selten, eine solch intensive Kundenbeziehung zu begründen. So ergab 1998 eine Studie der Unternehmensberatung *Arthur D. Little*, dass nahezu 70 % der befragten Unternehmen ihr Lieferant vollkommen gleichgültig war. Gerade in technisch anspruchsvollen Märkten wie dem Maschinen- und Anlagenbau sollte das anders sein. Neben der technischen Kompetenz ist der systematische Aufbau guter und verlässlicher persönlicher Beziehungen des Außendienstes und der Servicebereiches eines Unternehmens zu den Kunden, heute gerne auch *relationship management* genannt, ein Schlüssel dafür, dass Lieferanten nicht austauschbar sind.

Um mit anderen Menschen gut und geschickt umzugehen, ist es zunächst wichtig, ihr Verhalten zu verstehen. In den folgenden Unterkapiteln werden dazu psychologische Grundlagen beschrieben, Kaufmotive dargelegt und je eine Kunden- und Verkäufertypologie entwickelt. Auf dieser Basis wird dann näher eine geschickte Verkaufsgesprächsführung beschrieben, die insbesondere den Umgang mit Einwänden und Konflikten beinhaltet, zum Verkaufsabschluss *(closing)* hinführt und den Käufer mit dem Gefühl verabschiedet, einen guten Kauf gemacht zu haben.

Im B2B-Verkauf sind die in den nachfolgenden Abschnitten beschriebenen Aspekte nicht direkt umsetzbar, da organisationales Verhalten und eine rationale Entscheidungsgrundlage die

Verkaufssituation beeinflussen. Dennoch können auch für den Umgang mit Industriekunden die wesentlichen Erkenntnisse sinngemäß angewendet werden.

7.3.1 Psychologische Grundlagen

Als Grundlage der psychologischen Betrachtung wird hier die Transaktionsanalyse verwendet. Diese Methode wurde von *Eric Berne* auf der Basis gängiger psychologischer Ansätze (insb. Freud) entwickelt und ermöglicht eine Analyse, warum wer was zu wem gesagt hat.

Die Methode zeichnet sich aus durch

- klare Verbindung verhaltenspsychologischer Ansätze und der Tiefenpsychologie,
- hohe Praxisorientierung, verbunden mit schnellen Erfolgen,
- einen einfachen, anschaulichen Wortschatz.

Sie lässt sich gut auf Vertriebssituationen adaptieren.

Grundlage des hier vorgestellten transaktionsanalytischen Modells ist die von *Berne* 1977 vorgestellte Kategorisierung der Ich-Zustände Erwachsenen-Ich, Kind-Ich, Eltern-Ich.[29] Auch der erwachsene Mensch verhält sich nicht stets erwachsen-rational (Erwachsenen-Ich), sondern verhält in bestimmten Situationen sehr kindlich-emotional (Kind-Ich), bisweilen aber auch aus tiefer innerer Überzeugung – da ungeprüft in der Kindheit übernommen – schulmeisterlich-belehrend, ohne wirklich über die Dinge nachzudenken (Eltern-Ich).

Die nachstehende Übersicht **(Tabelle 7-1)** gibt die Ich-Zustände wieder und zeigt, woran man sie nonverbal und verbal erkennen kann.

Tabelle 7-1   Ich-Zustände und Verhaltensmerkmale in Verkaufsgesprächen[30]

Ich-Zustand	Steuerungs-mechanismen	Verhalten	Nonverbale Kommunikation	Typische Redewendungen
EL (Eltern-Ich) Aus den ersten fünf bis sechs Lebensjahren ungeprüft übernommen oder aufgezwungen	Normen Gebote Verbote Maximen	automatisch	Gerunzelte Stirn Hochgezogene Brauen Gerümpfte Nase Verschränkte Arme Missbilligende Blicke Väter-/Mütterliche Haltung	„Sie dürfen nicht ..." „Grundsätzlich sollen ..." „Es empfiehlt sich ..."
ER (Erwachsenen-Ich) Ab 10. Monat; Reize und Informationen werden verarbeitet	Rationale Auseinandersetzung mit der Realität	überlegt	Entspannt Mit Blickkontakt Lebhaft	„Wie hoch ist Preis ..." „Ich finde (glaube) ..." „Wahrscheinlich ..." „Meiner Meinung ..." „Möglich."
KI (Kind-Ich) Gibt Impulse wieder, die in der Kindheit zu bestimmten Reaktionen geführt haben. Diese treten im Erwachsenenalter so oder verfeinert auf.	Gefühlsmäßige Reaktion auf Ereignisse	intuitiv angepasst spontan/ natürlich	Emotional, von weinerlich bis zum Lachen, Wutanfällen, Achselzucken, Drohgebärden	„Prima!" „Ich will unbedingt ..." „Dies ist alles sehr traurig ..."

7.3 Persönlicher Verkauf

Wenn nun Menschen mit anderen Menschen kommunizieren, nehmen sie situativ einen gewissen Ich-Zustand an und richten sich an ein bestimmtes Ich ihres Gegenübers, welcher darauf aus einem gewissen Ich-Zustand an ein bestimmtes Ich seines Gegenübers antworten.

Entsprechen sich die Ich-Zustände der handelnden Personen bei beiden Botschaften, so spricht man von einer parallelen Transaktion. Beispielhaft wird dies in **Bild 7-12** gezeigt, wo sich Verkäufer und Käufer auf der Ebene des Erwachsenen-Ichs austauschen.

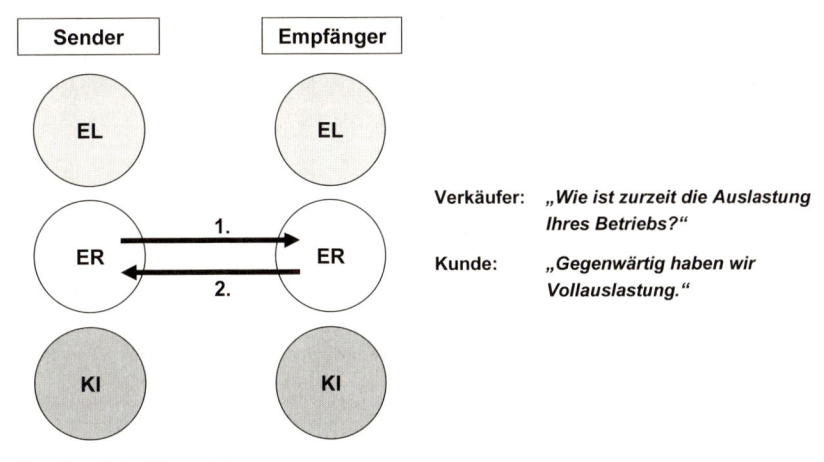

Verkäufer: „Wie ist zurzeit die Auslastung Ihres Betriebs?"

Kunde: „Gegenwärtig haben wir Vollauslastung."

Bild 7-12   Parallele Transaktion

Nicht immer verlaufen Transaktionen parallel. Häufig wird auch in Verkaufsgesprächen die Sachebene verlassen. Es kann dann leicht zu Missverständnissen kommen, wie **Bild 7-13** zeigt.

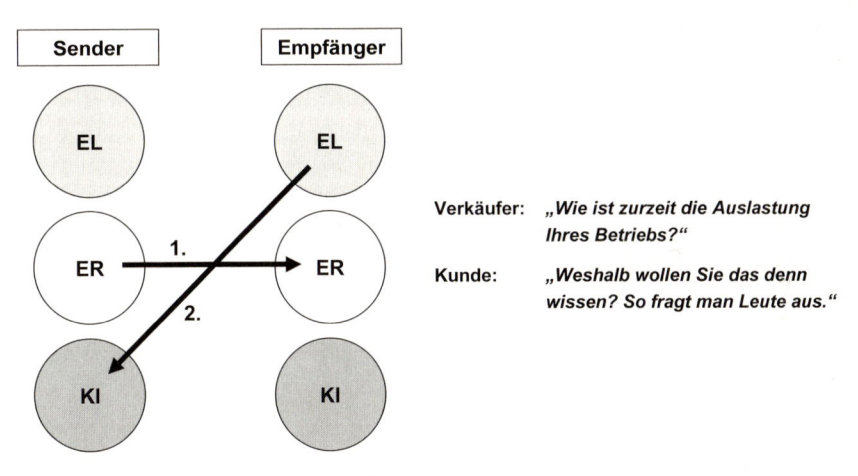

Verkäufer: „Wie ist zurzeit die Auslastung Ihres Betriebs?"

Kunde: „Weshalb wollen Sie das denn wissen? So fragt man Leute aus."

Bild 7-13   Gekreuzte Transaktion

Der von einem Verkäufer sachlich angesprochenen Kunde fühlt sich, womöglich weil sein Betrieb gerade schlecht läuft, „auf den Schlips getreten" und sagt als Antwort im übertragenen Sinne: „Du, du, das tut man nicht!" Als Verkäufer ist es wichtig, jetzt nicht patzig-emotional zu reagieren, also wie ein trotziges Kind, sondern den Kunden ins Erwachsenen-Ich zurückzubringen. Beispielsweise könnte er sagen: „Es tut mir leid, ich wollte sie keinesfalls ausfragen, sondern lediglich einige Eckdaten für unsere Systemlösung abklopfen, um diese angemessen zu dimensionieren. Welchen Durchsatz erwarten Sie denn in der kommenden Zeit?"

Der Umgang mit einer offensichtlichen gekreuzten Transaktion ist nicht immer leicht, aber doch möglich. Schwieriger ist es, wenn die wahren Gedanken eines Gesprächspartners verborgen bleiben, wie das in **Bild 7-14** der Fall ist. Verdeckte Transaktionen machen das Verhandeln generell schwierig, weil die Verhandlungspartner im Nebel herumstochern.

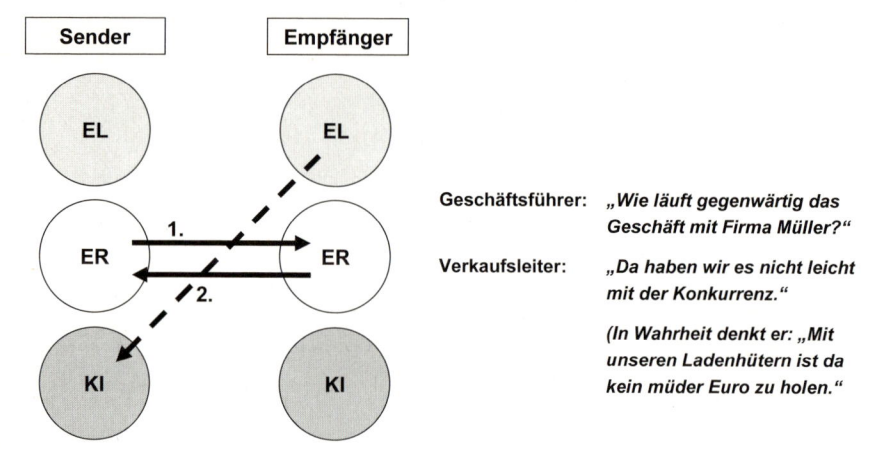

Geschäftsführer: „Wie läuft gegenwärtig das Geschäft mit Firma Müller?"

Verkaufsleiter: „Da haben wir es nicht leicht mit der Konkurrenz."

(In Wahrheit denkt er: „Mit unseren Ladenhütern ist da kein müder Euro zu holen.")

Bild 7-14   Verdeckte Transaktion

Bisweilen kann der Grund im internationalen Geschäft auch einfach sein, dass Botschaften aufgrund eines unterschiedlichen kulturellen Hintergrunds anders verpackt und verstanden werden. Sie sind also nur scheinbar verdeckt, für einen Menschen mit gleichem kulturellem Hintergrund oder Wissen aber durchaus verständlich.

Zusammenfassend lässt sich feststellen: Für Verkaufsverhandlungen ist es in der Regel hilfreich, wenn diese soweit wie möglich auf der Ebene des Erwachsenen-Ichs vollzogen werden, d. h. die Kommunikation sollte sich auf der Ebene des Erwachsenen-Ichs bewegen. Dazu sollte der Verkäufer seine Äußerungen soweit wie möglich aus dem Erwachsenen-Ich-Zustand steuern und seine Eltern- und Kind-Ich-Anteile zu kontrollieren versuchen. Sinnvolle Verkaufsgespräche beinhalten demnach möglichst nur parallele Transaktionen.[31]

Grundhaltungen

Grundhaltungen sind in der frühen Entwicklungsphase entwickelte Überzeugungen über uns selbst, unsere Mitmenschen und die Welt, die uns umgibt. Grundeinstellungen stellen die Haltung dar, die wir einnehmen, wenn es um den Wert geht, den wir uns (Ich) und unseren Mitmenschen (Du) zuschreiben.

Die Transaktionsanalyse beschreibt vier idealtypische Grundhaltungen:[32]

- Ich bin o. k.   –   Du bist o. k. (o. k. – o. k.)   gesund
- Ich bin o. k.   –   Du bist nicht o. k. (o. k. – nicht-o. k.)   paranoid
- Ich bin nicht o. k.   –   Du bist o. k. (nicht-o. k. – o. k.)   depressiv
- Ich bin nicht o. k.   –   Du bist nicht o. k. (nicht-o. k. – nicht-o. k.) schizoid

Im Grunde sagt *Berne* mit der o. k.-o. k.-Haltung dasselbe wie die Bibel, nämlich: „Liebe Deinen Nächsten wie Dich selbst."[33] Er war offenbar ein unverbesserlicher Optimist, denn er ging davon aus, dass jeder Mensch zu einer entsprechenden Haltung fähig sei.[34]

Nur die erste Grundhaltung (o. k. – o. k.) ist dementsprechend geeignet für den Aufbau dauerhafter Vertriebsbeziehungen. Die anderen sind kontraproduktiv, ja gefährlich:

- Der Mitarbeiter macht sich klein und seine Firma/sein Produkt schlecht (nicht-o. k. – o. k.),
- evtl. zusätzlich sogar den Partner (nicht-o. k. – nicht-o. k.),
- oder er ist überheblich und überhöht sich selbst (o. k. – nicht-o. k.).[35]

7.3.2 Käufer- und Kaufmotive

Es gibt drei Komponenten, die einen Kunden veranlassen können, etwas Bestimmtes zu kaufen:

- Der Bedarf entscheidet über das Produkt.
- Wünsche entscheiden über die Variante des Produkts oder der Dienstleistung.
- Motive sind dauerhafter als akute Wünsche.

Der Kunde braucht ein neues Auto, weil das alte kaputt ist.	Bedarf
Das Auto soll Ledersitze haben und mindestens 200 PS.	Wünsche
Der Kunde legt Wert auf gehobenen Lebensstandard, strebt nach Prestige.	Motiv

Extrem übersteigerte Motive wirken stärker als der rationale Verstand. Geschickte Verkäufer nutzen dies, indem sie zunächst die Kundenmotivation herausfinden und dann ihre Verkaufsargumente darauf abstimmen. Dies gilt im Bereich privater Endkunden, kann aber, neben Sachargumenten, auch im B2B-Bereich genutzt werden. Beispielhaft werden nachstehend einige Kaufmotive aufgeführt und der Umgang mit Kunden einer entsprechenden Motivlage beschrieben.

Gewinnstreben

erkennt man als Verkäufer daran, dass der Kunde sich besonders für Zahlen interessiert, vorgerechnet haben will und nachrechnet. Betrügerische Finanzberater nutzen das Phänomen und bringen die klügsten Leute mit windigen Anlagegeschäften um ihr Geld.

Sparsamkeit

ist mit dem Gewinnstreben eng verwandt. Verkäufer erkennen einen Sparsamen daran, dass er zuerst den Preis wissen will. Hier muss der Verkäufer die Grundregel, zuerst mit Nutzen, dann mit dem Preis zu kommen, umdrehen. Der Sparsame ist Schnäppchenjäger, den man mit Billigversionen, Gelegenheiten und Ausverkäufen locken kann.

Prestige-/Luxusstreben

erkennt man als Verkäufer daran, dass empfindlich auf jeden Preishinweis reagiert wird. Diese Kunden ärgert das Gefühl, der Verkäufer unterstellt ihnen, sie müssten über Geld nachdenken. Der Verkäufer überzeugt damit, dass sich dieses Produkt nicht jeder leisten kann, dass es in den richtigen Kreisen im Trend liegt.

Weitere Kaufmotive können sein:

- Selbstverwöhnung,

- Bequemlichkeit (Ansprache z. B.: „Wir machen das für Sie!"),
- Tatendrang (Ansprache z. B.: „vielfältige Funktionen"),
- Spaß, Unterhaltung, Erlebnis,
- Liebe und Zuwendung,
- Gutes tun (Ansprache z. B.: „geringer Schadstoffausstoß"),
- Sicherheit, Selbsterhaltung (Ansprache z. B. durch Referenzen),
- Abenteuerlust, Risikobereitschaft (Ansprache z. B. an Pionierkunden),
- Autonomie und Selbstbehauptung (Ansprache z. B. im Kampf um Rabatte).[36]

Die besten Argumente sind nutzlos oder sogar kontraproduktiv, wenn sie das falsche Motiv ansprechen! So wird ein nach Prestige strebender Kunde von einem besonders günstigen Preis eher abgestoßen sein. Daher muss vor der Argumentation die Motivation des Kunden erst erkannt werden. Wie macht man das?

Schlechte Verkäufer brennen vor Eifer, das Produkt anzupreisen. Gute Verkäufer bemühen sich dagegen, ihre Kunden zum Reden zu bringen. Dieses geht gut mit offenen Fragen: „Was erwarten Sie von...?", „Worauf legen Sie besonderen Wert?", „Welche Vorstellungen haben Sie?", „Was haben Sie mit...vor?" Danach hören diese Verkäufer gut zu und beobachten. Manches lässt sich auch aus Kleidung und Verhalten erschließen.

Es reicht, die wichtigsten Motive zu erkennen. Erst wenn der Kunde „sich leer geredet" hat, mit den für ein bestimmtes Motiv zurechtgelegten Argumenten beginnen. Professionelle Vorbereitung umfasst eine Antwort auf <u>alle</u> möglichen Motive.

Bequemlichkeit	„Wir liefern frei Haus."
Sparsamkeit	„Es ist kein Pflegeaufwand notwendig."
...	

Bei der Argumentation ist Folgendes zu beachten:

- Sprechen Sie niemals ein Motiv offen an.

Falsch:	„Wie ich sehe, sind Sie ein sicherheitsorientierter Mensch."
Richtig:	„Mit diesem Produkt kann gar nichts schiefgehen."

- Schließen Sie nicht von eigenen Motiven auf die des Kunden.

Vielleicht sind Sie sparsam Mensch und halten die kostengünstigste Variante für die beste. Das kann ihr Kunde ganz anders sehen. Womöglich beleidigt ihn sogar Ihr Hinweis auf ein Sonderangebot!

- Verlassen Sie sich nicht auf Vorurteile.

Gehen Sie nicht grundsätzlich davon aus, dass ältere Kunden sicherheitsbedürftig, junge Männer risikofreudig und Buchhalterinnen sparsam sind.[37]

7.3.3 Kundentypen

Motive und Kundentyp beeinflussen das Verkaufsgespräch maßgeblich. Wie gerade dargestellt, sollten die Motive die Verkaufsargumente bestimmen. Der Typ des Kunden sollte die Art der Kommunikation und des Umgangs mit ihm bestimmen.

7.3 Persönlicher Verkauf

Kundentypologien sollten sehr bewusst und durchaus vorsichtig eingesetzt werden. Typologien wie „betuchte, sportliche Rentner" erlauben eine zielgruppenorientierte Ansprache. Nicht jedes Mitglied der Zielgruppe verhält sich jedoch typisch. Leicht können psychologische Typologien zur Vorlage für Vorurteile werden. Durch den bewussten Umgang mit psychologischen Modellen wird man wacher für unterschiedliche Mentalitäten und kann besser auf den Kunden eingehen und interagieren. Gerade Ingenieuren fällt der Umgang mit diesen „weichen" Themen nicht immer leicht, glauben sie doch an die Ratio und harte Fakten. Dennoch sollten und können auch Ingenieure lernen (wenn sie es nicht schon getan haben), in sich und andere hineinzuhorchen, intuitiv oder bewusst auch die feinen Signale des ungesteuerten Verhaltens wahrzunehmen. Beschäftigt man sich mit Verkaufspsychologie, so wird man zumeist zum besseren Menschenkenner.

Kein Kunde kann sich seine Rolle – den Kundentyp – aussuchen, in der er auftritt. Diese Rollen liegen im Kern der Persönlichkeit. Durch Erziehung, Konvention und Lebenserfahrung gelingt es uns teilweise, die Rollen durch bewusstes Verhalten zu überdecken. Im Stress, Ärger und in unbedachten Momenten kommt das wahre Temperament durch. Verkäufer sollten sich daher nie auf den ersten Eindruck verlassen. Wichtig: Auch wenn der Kunde sein Gesicht hinter einer Maske verbirgt, sind ihm am angenehmsten immer die Verkäufer, die zu seinem Typ passen.

Basistypen

Das Auftreten von Menschen kann anhand der Gegensatzpaare sachlich vs. emotional und ruhig, zurückhaltend vs. dominant, lebhaft beschrieben werden (siehe **Bild 7-15**):

- Emotionalen Kunden ist, eher als sachlichen, die Freude über das Produkt anzumerken, manchmal auch eine Zuneigung zum Verkäufer.
- Dominante Kunden ziehen im Gegensatz zu ruhigen eher die Gesprächsführung an sich.

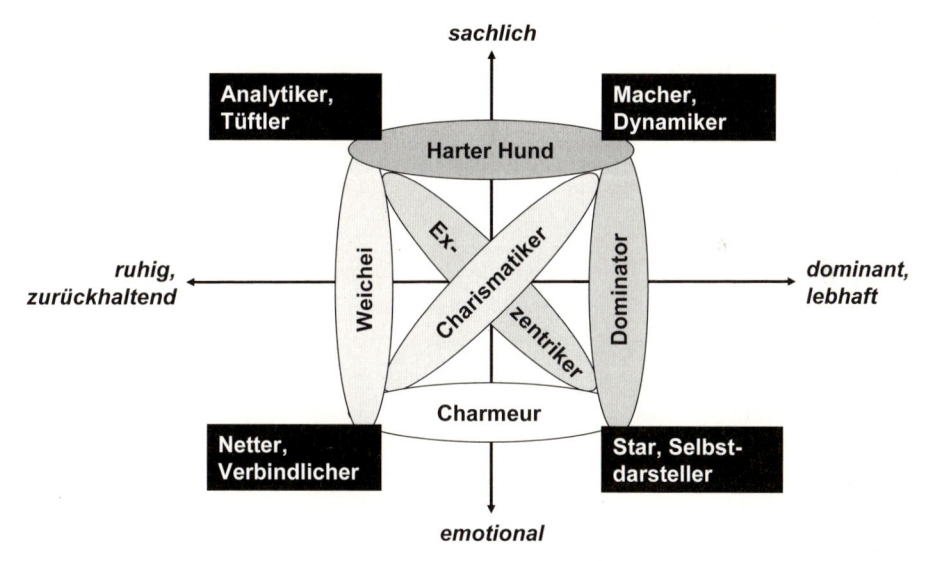

Bild 7-15 Kundentypologie[38]

Aus der Kombination jeweils zweier Eigenschaften ergeben sich vier Grundmuster, die wiederum untereinander zu weiteren Typen kombiniert werden können. Die Basistypen werden nachfolgend beschrieben.

Der Analytiker

hat eine ernste, manchmal fast abweisende Ausstrahlung. Ein Analytiker vergisst nicht! Man sollte wie folgt mit ihm umgehen:

- Kein „Small Talk", er will nicht plaudern.
- Keine Anpreisung des Angebots, das wirkt auf ihn unsachlich und abstoßend manipulativ.
- Reine Fakten- und Informationsvermittlung: Detaillierte Funktionserklärung, Preisanalyse
- Keinen Druck machen, sonst zieht sich der Analytiker zurück.
- Auch nicht drängeln, wenn Kunde schweigt. Er braucht diese Bedenkzeit. Er entscheidet souverän selbst.

Der Dynamiker bzw. Macher

hat ein forsches Auftreten. Es hört sich fast wie eine Anweisung an, wenn er Sie um Beratung bittet. Der Macher hat keine Geduld für ausführliche Detailerklärungen. Daher:

- Kommen Sie sofort zum Nutzen.
- Fassen Sie in sehr kurzen Sätzen zusammen, warum Sie ihm Ihr Angebot empfehlen.
- Beschränken Sie sich nicht nur auf ein einziges Angebot. Der Macher wählt gerne aus.
- Der Macher zieht sich bei Druck nicht zurück.
- Er sollte lediglich kurz (!) die notwendigen Fakten vermittelt bekommen.
- Er hört, anders als der Analytiker, gerne auch eine klare Empfehlung, an die er sich aber nicht notwendigerweise hält. Sagen Sie z. B.: „Ich empfehle Ihnen..."

Der Verbindliche

hat eine liebenswürdige Ausstrahlung. Er lächelt, fragt höflich, ob Sie für ihn Zeit haben, ob es Ihnen keine Mühe macht, ihm dieses oder jenes noch zu zeigen.

- Der Verbindliche lässt sich gerne von Ihnen für ein Angebot begeistern.
- Er möchte beraten werden.
- Er verlässt sich auf seine Menschenkenntnis.
- Missbrauchen Sie sein Vertrauen niemals! Verkaufen Sie ihm nur etwas, wenn Sie glauben, dass es für ihn gut ist.
- Achten Sie darauf, dass er bei Ihrem Unternehmen einen festen Ansprechpartner hat.

Der Verbindliche scheint der einfachste Kunde zu sein, fast trottelig kann er wirken. In Wahrheit ist er der anspruchsvollste und wertvollste zugleich:

- Ein verbindlicher Kunde, der sich getäuscht sieht, wird nie wiederkommen und alle Bekannten und Freunde vor Ihnen warnen. Der verbindliche Kunde wird dabei den offenen Konflikt meiden und einfach gehen. Sie merken also gar nicht, wenn Sie ihn enttäuscht haben.
- Der zufriedene Verbindliche empfiehlt Sie dagegen allen Freunden und Bekannten weiter.

Der Star

hat eine sehr kommunikative Art. Er kommt Ihnen in der Regel sehr liebenswürdig entgegen und plaudert gern über Themen, die nichts mit dem aktuellen Anlass zu tun haben – das neue Auto, den tollen Urlaub, die Kinder, die sich in der Schule so gut machen ...

- Der Star braucht Zuhörer und Bewunderer. Tun Sie ihm den Gefallen!
- Bekunden Sie durch Fragen Interesse. Der Star liebt es, anderen Tipps zu geben, beispielsweise Szenetipps über Berliner Cocktailbars. Das gibt ihm ein Gefühl der Überlegenheit.
- Sie sollten nach einem lockeren Beginn allerdings recht bald zur Sache kommen, das heißt konkret fragen, was er heute von Ihnen will.
- So intensiv der Star plaudert, so schnell hat er Sie nach Ende des Gesprächs vergessen.[39]

Reklamationsverhalten

Bei einer Reklamation ist der Kunde meist im Ärger und Stress zugleich. Er reagiert daher verstärkt nach dem Verhaltensmuster, das zu seinem Temperament passt. Da Reklamationen zum Alltag des Ingenieurs gehören, wird nachfolgend das Verhalten und der Umgang mit bestimmten Kundentemperamenten geschildert.

Der Macher

ist im ersten Moment am schwersten zu ertragen. Er kann cholerisch werden. Er haut mit der Faust auf den Tisch und kann laut, pauschalierend, beleidigend und sogar ordinär werden. (In Wahrheit hat sich der cholerische Macher durch seine Art jetzt in eine ungünstige, weil etwas peinliche Position gebracht –Sie sollten ihm dankbar dafür sein!)

Versuchen Sie nicht, den Macher zu beruhigen; er braucht das „Dampfablassen". Legen Sie seine Worte nicht auf die Goldwaage: Wenn er sich ausgetobt hat, kann man mit ihm ganz vernünftig über eine Lösung reden. Dann kann er sich sogar entschuldigen, und die Kundenbeziehung ist fester als vorher.

Der Analytiker

wird niemals laut. Er beschwert sich nicht spontan im Ärger, er hat sich bereits schlau gemacht, welche Rechtsansprüche er anmelden kann.

Nach bereinigter Reklamation ändert sich das Kundenverhältnis weder zum Positiven noch zum Negativen. Der Analytiker wird sagen: „Na bitte, warum denn nicht gleich so."

Der Verbindliche

beschwert sich in der Regel gar nicht. Er ist menschlich zutiefst getroffen, wenn er den Eindruck hat, mit mangelhafter Ware betrogen worden zu sein. Er will Sie niemals wiedersehen.

Wenn ihm klar ist, dass auch Sie für den Mangel nichts können, wird er sich auch nicht beschweren. Er möchte ihre Gefühle nicht verletzen, aber er traut Ihren Leistungen nicht mehr. Dabei kann er mit seinem Ärger oder seiner Enttäuschung nicht allein bleiben und wird schlecht über Sie und Ihr Unternehmen reden.

Der Verbindliche ist, wenn alles gut geht, ein treuer Stammkunde. Aber Sie müssen sich immer wieder um ihn bemühen und sehr sensibel auf leichteste Anzeichen von Unzufriedenheit reagieren. Ein verlorener Stammkunde ist ein großer finanzieller Verlust und ein Imageschaden.

Der Star

wird auch laut, aber niemals ordinär und beleidigend. Seine Reklamation hat Showcharakter. Er wird wortreich das schreckliche Drama schildern, was ihm durch Sie entstanden ist: „Was glauben Sie, was ich für Probleme hatte! Ich wollte gerade ..., da geht doch plötzlich ..."

Geben Sie ihm die Bühne! Bedauern Sie ihn. Sagen Sie, wie sehr Sie mitfühlen. Danach lässt sich mit dem Star über eine vernünftige Lösung reden. Das Kundenverhältnis ist bei ihm nach bereinigter Reklamation häufig enger als zuvor.[40]

7.3.4 Verkaufsstile

Verkäufer können in ihrer Arbeitsweise dadurch charakterisiert werden, dass sie im wohlverstandenen Eigeninteresse auf den Verkaufsabschluss hinarbeiten (Abschlussorientierung), dabei aber auch die Interessen des Kunden nicht aus den Augen verlieren (Kundenorientierung). Im Investitionsgüterbereich wird langfristiger Erfolg nur durch eine gesunde Mischung beider Orientierungen erreicht.

Anhand der Ausprägung der Merkmale Abschluss- und Kundenorientierung können verschiedene Verkäufertypen bzw. Verkaufsstile unterschieden werden, wie **Bild 7-16** zeigt. Die einzelnen Typen werden im Folgenden näher erläutert. Es ist anzumerken, dass für unterschiedliche Aufgaben im Verkauf, beispielsweise Neukundenakquisition und Beratung, durchaus Verkäufer mit sehr unterschiedlicher Merkmalsausprägung sinnvoll eingesetzt werden können.

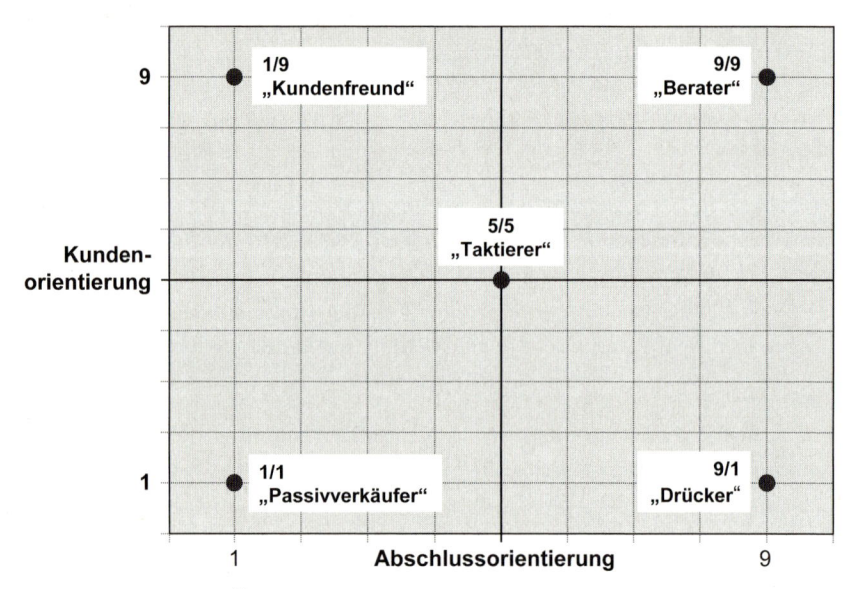

Bild 7-16 Verkäufertypologie[41]

Passivverkäufer

Der Passivverkäufer verkauft nicht aktiv. Die Bestellung wird entgegengenommen, Ware gereicht, Geld kassiert, wie das im Supermarkt an der Kasse geschieht.

Der in Modekaufhäusern gelegentlich anzutreffende Typ „Warenbewacher" hat sogar eine feindselige Einstellung zum Kunden, denn dieser bringt die mühselig hergestellte Ordnung der Kleiderbügel durcheinander und wird folglich darauf hingewiesen, nichts anzufassen.

7.3 Persönlicher Verkauf

Kundenfreund

Kundenfreunde bedürfen generell der straffen Führung. Es gibt sie in folgenden Ausprägungen:

- Spesenritter
  Tut dem Kunden Gutes und erhofft sich einen Kauf aus Dankbarkeit. Achtung: Aus der Einladung zum Essen leitet kein Kunde die moralische Verpflichtung zum Kauf ab.
- Angstverkäufer
  Der „Angstverkäufer" wollte eigentlich nie in den Verkauf; er hasst den Job. Hat mehr Angst vor den Kunden als Begeisterung für sein Produkt. Er kann vom Kunden unter Druck gesetzt werden und ist für den Verkauf generell ungeeignet.
- Seelsorger
  Verkäufer, bei dem sich jeder Kunde endlos verplaudern kann.

Drücker

Drücker prägt das schlechte Image der Verkäufer. Es gibt vier Methoden:

- Verlockung
  Verlockung erfolgt durch den Strukturvertrieb unseriöser Finanzdienstleister, die ihre Kunden „anfüttern", indem erst mit wenig Einsatz Gewinne erzielt werden; beim Einsatz größerer Summen werden diese dann abkassiert.
- Aggressiver Druck
  Durch Drückerkolonnen an der Haustür und auf Kaffeefahrten werden Kunden in unangenehme Situationen gebracht, für die der Kauf einen Ausweg bietet.
- Emotionale Beeinflussung
  Dieses erfolgt durch Spendeneintreiber und Verkäufer von Waren, mit denen Bedürftigen geholfen werden soll.
- Raffinierte Taktiken
  Der Verstand des Kunden wird durch manipulative Gesprächstaktiken umnebelt.

Taktierer

Taktierern sagt man Spaß am Verkaufen nach. Sie bemühen sich um Kundenzufriedenheit und den Markterfolg ihres Arbeitsgebers gleichermaßen. Sie verhandelt hart, aber fair. Sie sind in der Regel sehr erfolgreich. Auch die Kunden mögen den Taktierer. Man muss hart mit ihm verhandeln, aber er lässt sie nicht im Stich. Er repräsentiert die Stärke seines Unternehmens.

Berater

Er ist mehr als ein Verkäufer, er versteht sich als Problemlöser. Der Berater kann durchaus vom Kauf abraten, wenn er nicht vom Kundennutzen überzeugt ist. Andererseits kämpft er mit Feuereifer, wenn er erkannt hat, was gut für den Kunden ist.

Der Berater gibt Impulse für Innendienst und Produktion, da er Trends frühzeitig erkennt und die Entwicklung eines Unternehmens vorantreibt. Für den Berater gilt häufig: je älter, desto besser.[42]

Vertrieb als Teamaufgabe

Gute Verkäufer gibt es überall zwischen den Extremen „Berater" und „Kaltakquisiteur". Berater kümmern sich gern intensiv und ausdauernd um ihre Kunden. Geborene Kaltakquisiteure (Kundenwerber) sind davon eher gelangweilt; sie streben schnell zur nächsten Verkaufschance. Gute Berater sind fast nie gute Kaltakquisiteure (und vice versa). Beide werden gleichermaßen gebraucht (siehe Beispiel unten).

Alle Mitarbeiter sollten am Markt einheitlich auftreten. Es spricht sich herum, wenn „Angstverkäufer" Müller bessere Konditionen bietet als „Taktierer" Meier.

Warnsignale im Vertrieb	
Wandern zu viele Kunden ab?	Bedürfnis nach zuverlässigem Ansprechpartner oder besserem Service
Häufen sich Reklamationen?	Eventuell wird zu wenig beraten.
Wandern Stammkunden ab?	Vielleicht werden Mitarbeiter zu stark in Richtung Akquise getrieben und haben keine Zeit zur Kontaktpflege.
Bleibt der Kundenstamm zu stabil?	Unbedingt mehr Neukundenakquise treiben![43]

7.3.5 Gesprächsführung in Verhandlungen

In Verhandlungen wird üblicherweise etwas beschlossen, was die Beteiligten „gut" finden. Ob es „richtig" oder „wahr" ist, steht auf einem anderen Blatt und erweist sich meist erst später. Wer ausschließlich auf Logik vertraut, liegt häufig daneben – Psychologie geht (meist) über Naturwissenschaft.

Verhandlungsgeschick trägt der Gefühlsebene Rechnung und zeigt sich darin, sich auf den Gesprächspartner, seine individuellen Wünsche und momentanen Probleme einzustellen.[44]

Argumentation im B2B-Bereich

Natürlich ist gerade im technischen Bereich die Sachebene von großer Bedeutung. Entscheidungen werden oft auf Basis einer Nutzwertanalyse vorbereitet. Beeinflussende Faktoren sind

- Preis;
- Kompetenz auf technischem Gebiet:
  - Liefersicherheit,
  - Produktionserfahrung,
  - Größe,
  - weltweite Präsenz,
  - Produktinnovation,
  - Qualitätsniveau;
- Geschäftsbeziehung:
  - Bereitschaft zur Offenlegung der Kalkulation,
  - Dauer der Geschäftsbeziehung,
  - Kundenpflege auf Vorstands- und Geschäftsleitungsebene.[45]

Aber die Sachebene ist eben auch im B2B-Bereich beileibe nicht alles. Argumente greifen nur dann, wenn sie sowohl rational als auch emotional akzeptiert werden. Sie sollten also nicht widerlegbar sein (rationales Gewicht) und den Bedürfnissen, Interessen und Wertvorstellungen des Gesprächspartners entsprechen (emotionales Gewicht).[46] Insgesamt schätzen Fachleute die emotionale Komponente als meist wichtiger ein als die harten Fakten. Das Verhältnis wird im Eisbergmodell veranschaulicht **(Bild 7-17)**.

7.3 Persönlicher Verkauf

Im Beispiel wird das Sachargument („… füllt 2000 Einheiten je Stunde ab …") um eine an das Sicherheitsbedürfnis appellierende emotionale Aussage („… Ruhe mit den leidigen Lieferengpässen.") angereichert.

Rationale Ebene
- Daten
- Fakten
- Messbarer Nutzen

~ 30 % der Kundenentscheidung

„Die neue Maschine füllt 2000 Einheiten je Stunde ab, damit haben Sie auf Jahre hinaus Ruhe mit den leidigen Lieferengpässen."

- Kontakt
- Vertrauen
- „Gute Kaufleute"
- Sicherheit

Emotionale Ebene

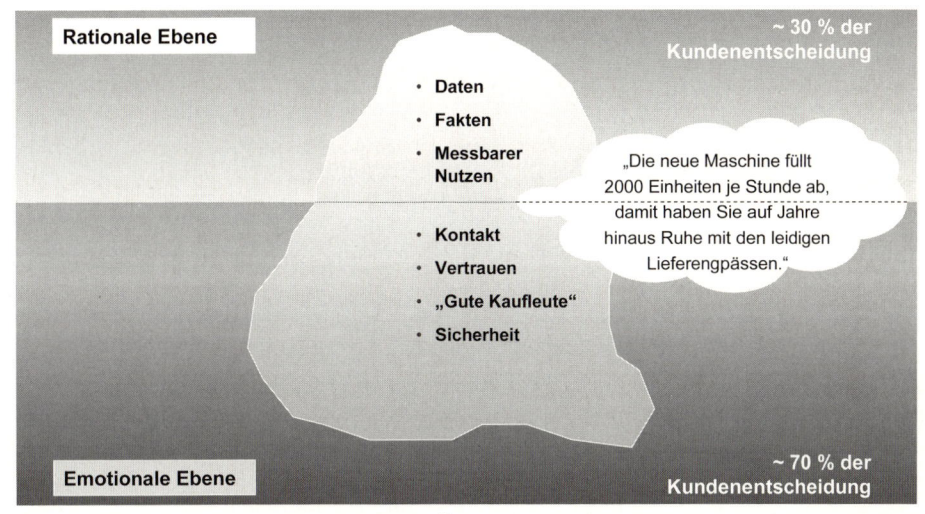

~ 70 % der Kundenentscheidung

Bild 7-17   Eisbergmodell der Kaufentscheidung[47]

Vorbereitung auf Verhandlungen

Der Wurm soll dem Fisch und nicht dem Angler schmecken!
- Wer erfolgreich verhandeln will, konzentriert sich auf die Wünsche, Bedürfnisse, Erwartungen, Interessen, Vorurteile und Kenntnisse des Gesprächspartners.
- Wer erfolgreich verhandeln will, verzichtet gleichzeitig darauf, sich selbst und die eigene Überzeugung in den Mittelpunkt zu rücken!
- Wer erfolgreich verhandeln will, bereitet sich durch gezieltes Nachforschen auf den Gesprächspartner bestmöglich vor.

Natürlich sollte man auch sein eigenes Produkt und die Kosten- und Preissituation sehr genau kennen.

Verhandlungsführung

Zielorientiertes Präsentieren und Erklären lässt im Anderen die Bilder entstehen, die dieser als seine eigenen annimmt und für erstrebenswert hält. Entscheidungsfragen (geschlossene Fragen) sind daher möglichst zu vermeiden (dieses steht im Kontrast zur landläufigen Verhandlungsführung). Sie werden nämlich zudem häufig mit „nein" beantwortet, um einer Entscheidung auszuweichen – und ein „Nein" ist schwer wieder aufzuweichen.

Geschickte Verhandlungspartner versuchen nicht, ihr Gegenüber in Grund und Boden zu reden, sondern reagieren mit aktivem Zuhören.

Häufig verstehen sich Unternehmen als Problemlöser. In Verhandlungen ist das aber ein ungeschickter Ansatz. Problemorientiertes Vorgehen führt zu schweren vergangenheitsorientierten Fragen:

- Was ist Ihr Problem?
- Warum haben Sie es?
- Was genau hindert Sie?
- Wo liegen die Schwierigkeiten, und was sind die Ursachen dafür?

Besser ist es, gemeinsam zu erreichende Ziele anzustreben. Zielorientierung führt zu einer positiven Grundeinstimmung:

- Was ist Ihr Ziel?
- Was benötigen Sie, um das Ziel zu erreichen?
- Was wird dadurch anders, wenn Sie Ihr Ziel erreicht haben?
- Was erwarten Sie von mir, damit Sie dorthin gelangen, wohin Sie wollen?

Ziel vs. Positionen

Wichtig ist es, das Ziel nicht mit dem Weg dorthin bzw. der Methode oder einer bestimmten Position gleichzusetzen. Eine Fixierung auf Methoden bzw. Positionen verdeckt den Blick auf gemeinsame Ziele und kann Konflikte auslösen.

> **Das berühmte Orangenbeispiel**
>
> Es ist eine einzige Orange in der Früchteschale. Da kommen zwei Töchter gerannt. Beide rufen: „Ich will die Orange unbedingt haben!" (Position)
>
> Was tun? Soll nun ihre Mutter die Frucht zerschneiden? Soll sie eine Münze werfen? Oder soll sie beide um die Orange kämpfen lassen? (Konfliktpotenzial!)
>
> Die Mutter fragt: „Warum wollt ihr die Orange unbedingt haben?" (Interesse)
>
> Resultat: Ein Mädchen will einen Kuchen backen und braucht dazu nur die Schale. Das andere hat Durst und möchte nur den frisch gepressten Orangensaft trinken.
>
> Nach der Klärung der Bedürfnisse ist die Lösung plötzlich einfach: Beide Interessen lassen sich berücksichtigen, indem eine die Schale und die andere die geschälte Orange bekommt. (Win-win-Lösung)

Verträge werden von beiden Parteien freiwillig geschlossen. Daher führt unter den möglichen Strategien der Verhandlung **(Bild 7-18)** nur der Interessenausgleich, also ein offensives Vorgehen, welches aber die Interessen des Partners ernst nimmt, zu langfristig zufriedenstellenden Lösungen. Er kann zur Basis einer langen Kundenbeziehung werden.

Der sprachliche Nenner im Gespräch lautet: „Sie wollen X, und ich will Y."

Grundverkehrt wäre hier, aber statt und zu sagen. So würde der Konflikt betont, statt die Gemeinsamkeit zu suchen.

Hinter dem sprachlichen Nenner stehen die Fragen:

- Was sind Ihre Interessen?
- Was sind meine Interessen?

Basis der Verhandlung ist:

- sich mit Respekt zu begegnen,
- die Meinung des anderen zu akzeptieren,
- sich gegenseitig ausreden lassen,
- ein gewisses Maß an Offenheit (sonst ist das Ergebnis Glücks- und (Nervensache).

Kurz gesagt zeigt sich hier wiederum die Haltung: „Ich bin o. k., Du bist o. k." (vgl. S. 216).

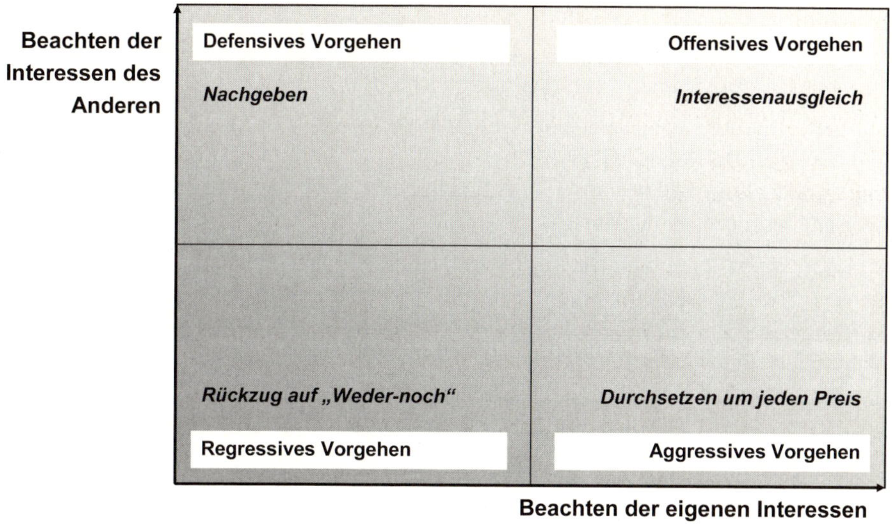

7.3 Persönlicher Verkauf

Beachten der Interessen des Anderen	Defensives Vorgehen *Nachgeben*	Offensives Vorgehen *Interessenausgleich*
	Rückzug auf „Weder-noch" Regressives Vorgehen	*Durchsetzen um jeden Preis* Aggressives Vorgehen
		Beachten der eigenen Interessen

Bild 7-18 Nur der Interessenausgleich ist dauerhaft zielführend[48]

Am Ende der Verhandlung gibt es eine Reihe von Gemeinsamkeiten, die erfolgreiche Verhandler herausstellen:

- Sie nennen die relevanten Vorteile noch einmal.
- Sie wiederholen die positiven Bemerkungen, die der Verhandlungspartner selbst gemacht hat, und bitten ihn direkt um seine Zustimmung.
- Sie nennen ihm gegebenenfalls die Vorteile, die er von der Sache und vom Zeitfaktor her hat, wenn er jetzt zustimmt.

Heikle Punkte am Schluss behandeln, wenn auf allen anderen Gebieten bereits Übereinstimmung erzielt worden ist und keiner die Verhandlung mehr scheitern lassen möchte. Nur nicht schon am Anfang aus einer Mücke einen Elefanten machen!

Besonders Mutige fragen am Schluss einfach offensiv: „Welche Punkte sind noch offen?"[49]

> Hinweis: Bei mehreren Gesprächspartnern auch die Stilleren genau beachten. Es gilt der Merksatz aller Verkäufer: „Der Schweiger ist fast immer der Entscheider!"

Einwandbehandlung

Da es im B2B-Bereich üblich ist, Angebote zu besprechen und intensiv zu verhandeln, wäre es sehr ungewöhnlich, wenn es keine Einwände geben würde. Typische Einwände im B2B-Bereich betreffen sowohl den Preis, der gesenkt, wie auch die Leistung, die erhöht werden soll:

- Ein Preis kann aus mehreren Gründen über dem Ziel liegen:
  - unfaires Ausspielen von Marktmacht,
  - Vergleich mit niedrigeren Qualitätsstandards,
  - Vergleich mit geringerem Serviceniveau,
  - zu hohe Kosten.

- Der Fertigungsstandort kann als falsch erachtet werden:
  - Forderung nach Niedrigkostenstandort (niedriger Preis),
  - Forderung nach Inlandsfertigung (Liefersicherheit).
- Eventuelle Qualitätsmängel zielen häufig auf notwendige Qualitätsaudits bei Sicherheitsbauteilen (z. B. Bremsen, Airbags) ab.
- Mangelnde technische Freigaben führen dazu, dass der Lieferant anhand von Musterteilen beweisen muss, dass er die Bauteileigenschaften erfüllt.[50]

Ungeschickte Verhandler widmen sich fast ausschließlich der Frage, wie sie den eigenen Standpunkt optimal darstellen können. Wird die Aufmerksamkeit auf den fremden Standpunkt gelenkt, dann allenfalls, um logische Fehler und Inkonsistenzen herauszustellen oder plump den anderen und seine Gedanken abzuwerten.

Auf Selbstbehauptung ausgelegte Menschen sind oft schlechte Zuhörer, denen aber auch der geschickteste argumentative Aufbau aus dem Rhetorikseminar nicht hilft. Auf Einwände mit rhetorischen Mitteln zu agieren, also taktisch, um zu siegen oder Recht zu behalten, bringt einen nicht wirklich weiter, denn der Gesprächspartner fühlt sich behandelt, aber nicht ernst genommen. Viele Einwände sind zudem eine spontane Reaktion auf mangelnde Wertschätzung. Achtung: Solche Verhandlungen können leicht in Beziehungskämpfe ausarten.

Umgang mit einem angeblich zu hohen Preis
Ein Preis wird nie akzeptiert!

Preiszugeständnisse sollten nie ohne Gegenleistung gemacht werden, denn das provoziert die Gier nach weiteren Zugeständnissen.

- Preiszugeständnisse sollten stets nur in kleinen Schritten erfolgen.
- Die Zugeständnisse sollten zum Ende hin kleiner werden.

Wichtig ist der Perspektivwechsel vom absoluten zum relativen Preis, d. h. zum Preis-Leistungs-Quotienten.

- Die Gegenleistung kann über Fakten, aber auch über subjektive Wahrnehmung argumentiert werden.
- Bei einer reinen Preisargumentation hat man als Verkäufer immer verloren!

Wichtig ist es, sich für jedes Element des Angebots ein unteres Limit zu setzen. Möglichst sollte man Preisbündelung betreiben, um „Rosinenpickerei" zu vermeiden.[51]

Konfliktbewältigung
Achtung: Einwände können zu Konflikten werden, wenn man ihnen nicht konstruktiv begegnet! Prallen berechtigte Interessen aufeinander, und jeder verteidigt seine Position und versucht den anderen zu überzeugen, dann kommt es nicht zu einer Verhandlung über Interessen, sondern zu der Kampfansage: Wer setzt sich durch?

Machtkämpfe sind geprägt von einer Entweder-oder-Haltung. Das Ergebnis ist keine Einigung, sondern es gibt Sieger und Verlierer. Der Verlierer wird zur Rache provoziert, denn er hat das Gefühl:

- Ich bin zu kurz gekommen.
- Ich kann meine Interessen nicht durchsetzen.
- Der Andere ist stärker.
- Ich fühle mich benachteiligt.

Es gibt beinahe unvermeidliche Konfliktsituationen auf
- Sachebene (z. B. unterschiedliche Vorstellungen über Preis und Lieferbedingungen) und
- Beziehungsebene (falls bspw. ein Partner ein Machtspiel beginnt).

Konfliktursachen können aus dem aktuellen Vorgang resultieren, aber auch Spätfolgen früherer (einseitig unvorteilhafter) Geschäftsabschlüsse sein. Bisweilen führen auch Unklarheiten oder Unstimmigkeiten innerhalb beteiligter Unternehmen zu Verstimmungen.[52]

Konflikte werden oft nicht offen ausgetragen, sondern gären unterschwellig. Dies ist indirekt erkennbar an
- Terminverschiebungen,
- ausweichenden Aussagen,
- Ausflüchten/Ausreden,
- unklarem Informationsverhalten bis hin zur Informationsverweigerung,
- Widersprüchen zwischen verbalen und nonverbalen Aussagen,
- Stillstand bei der Klärung nicht sonderlich komplizierter Sachfragen.[53]

Was ist zu tun?

Schlechtes Konfliktlösungsverhalten entzweit die Verhandlungspartner dauerhaft:
- Der Konflikt wird nicht offen ausgetragen, sondern verdrängt. Es gibt keinen Gewinner, nur Verlierer.
- Ein Partner zieht sich zurück (flieht). Es kommt zu gar keinem Geschäftsabschluss.
- Ein Partner unterwirft sich, wird somit zum Verlierer, der andere zum Gewinner.
- Es wird gekämpft. Ein Partner gewinnt, der andere verliert (und sinnt auf Rache).
- Die Partner einigen sich. Bei einem Kompromiss 20:80 gibt es allerdings nur einen Teilgewinn.
- Die Konfliktlösung wird nach oben delegiert, zum Beispiel an ein Gericht.

Geschicktes Konfliktlösungsverhalten lässt die Tür für ein späteres unbelastetes Wiedersehen offen. Wichtig ist es, die Unklarheit offen anzusprechen, seinen Eindruck von der Situation zu formulieren, klare Fragen zu stellen.

Ergo:
- Beide Seiten benennen offen ihre Interessen.
- Die Parteien verhandeln über eine beidseitig tragbare Lösung.
- Sie einigen sich auf einen Kompromiss oder gar Konsens.

Oder:

Sie beenden die Verhandlungen, weil keine für beide Seiten tragbare Lösung möglich ist, im beiderseitigen Einvernehmen so, dass keine Seite einen Gesichtsverlust erleidet.[54]

Merke: Verträge beruhen auf Freiwilligkeit, sie lassen sich keinesfalls erzwingen!

7.3.6 Verhandlungsabschluss

Vielen Verkäufern fällt der Abschluss *(closing)* besonders schwer, denn er entscheidet über Erfolg und Misserfolg sämtlicher vorangegangener Bemühungen. Die Angst vor dem Abschluss überträgt sich auf den Kunden.

Eigentlich ist der Abschluss doch aber ganz einfach, wenn vorher alles gut verlaufen ist. Warum soll nun aus dem Nichts eine Schwierigkeit auftauchen? Dennoch ist es eine kleine Kunst für sich, den Abschluss zu finden (was mancher Torjäger gern bestätigen wird).

> In einer Verhandlung um einen Großauftrag (ca. ein halber Jahresumsatz) einer Spezialmaschinenfabrik hatte der Vertriebsleiter im Beisein seines Geschäftsführers den Vertrag mit dem Kunden ausverhandelt. Gerade wollten sich beide Seiten darauf die Hand geben, da ließ sich der Geschäftsführer mit den Worten hören: „Ach, und in die Maschine könnte auch noch ein tolles Extra-Feature eingebaut werden!"
>
> Der Kunde fragte sich, warum an dieser Stelle noch ein weiteres Argument angeführt wurde. War die Maschine etwa doch zu teuer? Der magische Moment war unwiderruflich dahin – die Verhandlung geriet in Stocken, erstreckte sich noch über Wochen und führte bei zwar gleichem Preis zu einer erheblichen Aufstockung der zu liefernden Leistung.

Closing-Techniken

Es gibt kochrezeptartige Abschlusstechniken, um den Kunden über die letzte Schwelle zu bugsieren. Diese Techniken dürfen aber nicht kochrezeptartig benutzt werden, sondern ihr Erfolg hängt von der situativ richtigen Anwendung ab. Je komplexer das Geschäft, desto weniger erfolgversprechend sind solche Techniken. Insbesondere im B2B-Bereich sind sie schwieriger anzuwenden, da organisationales Verhalten dominiert.

Statt den Kunden zum Abschluss zu nötigen, ihn also zu manipulieren, ist es besser, von ihm gesendete Botschaften zu erkennen, die auf eine Abschlussbereitschaft schließen lassen. Solche Signale können sprachlicher und körpersprachlicher Natur sein.

Nonverbale Signale der Kaufbereitschaft

Im Gegensatz zu allen anderen körpersprachlichen Signalen können wir die Botschaft unserer Augen nicht beeinflussen. Sehen wir etwas Angenehmes, erweitert sich die Pupille. Sehen wir Unangenehmes, zieht sie sich zusammen. Blickkontakt muss also gehalten werden, aber ohne den Kunden in unangenehmer Art zu fixieren. Daher ist auf peripheres Sehen ausweichen.

Auch die Stimme verändert sich mit der seelischen Verfassung. Unter Stress wird sie höher. Hören Sie genau hin, Sie werden merken, ob den Kunden noch Zweifel plagen.

Die restliche Körpersprache läuft synchron mit Auge und Stimme. Sie gibt häufig noch verstärkende Signale der Kaufbereitschaft, z. B. Nicken, Lächeln, Sich-nach-vorn-Beugen, das Produkt in die Hand nehmen.

Verlassen Sie sich auf Ihre natürliche Wahrnehmung. Die unbewusste Interpretation ist zumeist richtig![55]

Verbale Kaufsignale

Verbale Signale der Kaufbereitschaft sind Äußerungen, bei denen erkennbar ist, dass der potenzielle Käufer sich gedanklich bereits nach dem Kauf befindet. Der Kunde sagt beispielsweise:

- „Wenn wir gleich 500 Stück bestellen, erwarten wir Ihre Lieferung frei Haus und ein Zahlungsziel von sechs Monaten."
- „Die Frage der Gewährleistung müsste so geregelt sein, dass uns für mindestens 24 Monate keine Kosten entstehen."

- „Können Sie liefern, wenn wir innerhalb der nächsten Woche bestellen würden?"
- „Wie würde sich der Preis verändern, wenn wir gleich den ganzen Jahresbedarf ordern?"
- „Wären die Montagekosten in dem Preis enthalten, den Sie genannt haben?"

Das bedeutet: Wenn Du, Verkäufer, mir diesen Wunsch erfüllst, hast Du mein Vertrauen und damit meinen Auftrag. Nutzen Sie diese Gelegenheit! Machen Sie den Sack zu. Sagen Sie etwa:

„Sie verlangen da eine Menge von mir. Wenn ich Ihnen noch einmal ein Stück entgegenkomme, sind wir uns dann einig?"

Vermeiden Sie jetzt unnötigen Druck, führen Sie keine neuen Argumente mehr ins Feld. Lenken Sie den Kunden nicht mehr von der endgültigen Entscheidung ab.[56] Schweigen Sie eisern! Warten Sie die Antwort ab, selbst wenn es scheinbar ewig dauert.

Vermeidung von Kaufreue

Der Kunde muss nach der Entscheidung das Gefühl haben und mit nach Hause nehmen, einen Gegenwert zu erhalten, der dem Preis mindestens entspricht. Ist der Wert allerdings viel zu hoch, entsteht auch Misstrauen: „Da kann etwas nicht stimmen, entweder die Qualität ist nicht o. k., oder der Laden ist bald pleite."

Die Balance zwischen Preis und Leistung muss also stimmen. Um dem Kunden diese Sicherheit zu geben, machen Sie zum Abschluss Aussagen, die die Richtigkeit der Entscheidung bekräftigen und eine angenehme Perspektive aufzeigen. Sagen Sie zum Beispiel: „Wir haben heute wirklich alle wichtigen Fragen geklärt und, so glaube ich, eine fundierte Entscheidung getroffen. Ihre Entschlossenheit, das Problem jetzt anzugehen, wird sich in Zukunft auszahlen. Ich freue mich auf die weitere gemeinsame Arbeit und danke Ihnen für den Auftrag."[57]

7.4 Angebote und Verträge

Angebote und Verträge werden in ihren wesentlichen Bestandteilen durch das Bürgerliche Gesetzbuch (BGB) und das Handelgesetzbuch (HGB) rechtlich geregelt. BGB und die dieses für Kaufleute, d. h. Unternehmen ergänzende HGB sind Teil des Privatrechts, also des Teils der gesamten Rechtsordnung Deutschlands, welcher die Beziehungen der Personen zueinander auf der Grundlage ihrer Gleichberechtigung und Selbstbestimmung regelt. Das geschieht überwiegend durch die Zuweisung von Rechten und Pflichten. Zum Privatrecht gehören daneben u. a. auch das Wechsel und Scheckrecht und Teile des Arbeitsrechts.

Es ist wichtig zu verstehen, dass die in Deutschland geltenden Rechtsnormen in anderen Ländern nicht verbindlich sind. Bei internationalen Geschäften ist eine eingehende Beschäftigung mit ausländischen Rechtsnormen und internationalen Gepflogenheiten unabdingbar. Dabei sollte stets die Hilfe von Experten, am besten mit den jeweils betroffenen Rechtskreisen vertrauten Spezialisten, in Anspruch genommen werden.

7.4.1 Rechtsgrundlagen

Bedarf eine Person zur Verfolgung ihrer Ziele der Mitwirkung einer anderen Person, muss sie sich in der Regel mit dieser über deren Mitwirkungsverpflichtung und die von ihr zu erbringende Leistung einigen. Eine solche Einigung ist ein Vertrag.[58]

- Der Vertrag bindet die daran beteiligten Personen, die im Vertrag gegebenen Zusagen einzuhalten.
- Eine nachträgliche Änderung des Vertrages ist nur mit Zustimmung aller Vertragspartner möglich.
- Der Vertrag begründet ein vertragliches Schuldverhältnis. Aufgrund eines solchen Schuldverhältnisses kann eine Person von einer anderen ein Tun oder Unterlassen verlangen.

> Schließen V (Verkäufer) und K (Käufer) einen Kaufvertrag über ein Buch, so hat V gegenüber K einen Anspruch auf Zahlung des vereinbarten Kaufpreises (BGB § 433 Abs. 2). K hat gegen V einen Anspruch auf Übergabe und Übereignung des gekauften Buches (BGB § 433 Abs. 1).

Ein Vertrag entsteht durch übereinstimmende Willenserklärungen zweier Personen. Wesentlich ist dabei der tatsächlich vorhandene Wille derjenigen, die eine Willenserklärung abgeben.

Willenserklärungen

Der Tatbestand einer Willenserklärung besteht aus

- einem objektiven Teil (Kundgabe des Willens) und
- einem subjektiven Teil (dem Willen).

Meist ist keine bestimmte Form vorgeschrieben, in der Personen ihren Willen, eine Rechtsfolge herbeizuführen, äußerlich erkennbar machen müssen. Es ist allerdings erforderlich, dass der Wille des Erklärenden verstanden werden kann. Formen der Willenserklärungen sind:

- mündlich,
- schriftlich,
- konkludentes (schlüssiges) Verhalten.

> K betritt einen Bäckerladen und sagt zu Bäcker B: „Zehn Brötchen, bitte!" Wortlos packt B zehn Brötchen in die Tüte und übergibt sie dem K.
> Hiermit bringt er zum Ausdruck, dass er eine Rechtsfolge, nämlich das Zustandekommen eines Kaufvertrags zwischen ihm und K, herbeiführen will. B hat durch konkludentes Verhalten eine Willenserklärung abgegeben, mit der er einen Kaufvertrag zustande kommen lassen will.

Der subjektive Tatbestand kann in folgende Bestandteile untergliedert werden:

- Handlungswille,
- Erklärungsbewusstsein,
- Rechtsfolgewille (= Geschäfts, Rechtsbindungswille).

Der Handlungswille (= Betätigungswille) bezieht sich auf die Vornahme der Erklärungshandlung. Er ist der Wille, einen Erklärungsakt vorzunehmen. Demjenigen, der etwas unbewusst tut, beispielsweise auf einer Versteigerung von einer Wespe gestochen wird und deshalb den Arm hochreißt, fehlt der Handlungswille. Er gibt also keine Willenserklärung ab.

Das Erklärungsbewusstsein ist das Bewusstsein, überhaupt eine rechtsgeschäftliche Erklärung abzugeben. Wer beispielsweise in dem Glauben, ein Glückwunschschreiben zu unterzeichnen, einen Vertrag unterschreibt, dem fehlt das Erklärungsbewusstsein.

Der Rechtsfolgewille (Geschäftswille) ist in der auf die Herbeiführung eines bestimmten rechtsgeschäftlichen Erfolges gerichteten Absicht des Erklärenden zu sehen. Ein Rechtsfolgewille ist in der Regel dann gegeben, wenn ein wirtschaftliches Interesse vorliegt.

7.4 Angebote und Verträge

Vertragsentstehung

Das Angebot (BGB: der Antrag) ist eine Willenserklärung, mit der sich jemand, der den Vertrag abschließen möchte, an einen anderen wendet und die zukünftigen Vertragsbedingungen in einer Weise vollständig so zusammenfasst, dass der andere, ohne inhaltliche Änderungen vorzunehmen, durch ein bloßes „Ja" (die Annahmeerklärung) den Vertrag entstehen lassen kann.

Derjenige, der ein Angebot abgibt, kann dieses nicht mehr einseitig widerrufen oder den Inhalt abändern. Die Entscheidung darüber, ob ein Vertrag zustande kommt oder nicht, liegt nun allein beim Empfänger.

Die Annahme ist die Erklärung, mit der sich derjenige, an den das Angebot gerichtet ist, mit dem Inhalt des Angebots einverstanden erklärt. Mit der Erklärung der Annahme ist der Vertrag zustande gekommen.

Angebot und Annahme werden häufig nicht ausdrücklich, sondern konkludent erklärt.

Wesentliche Angebotsbestandteile

Regelungsbedürftig sind:

- die Partner des Vertrages,
- Leistung und Gegenleistung,
- der Geschäftstyp, wie z. B. Kaufvertrag, Mietvertrag (ergibt sich in der Regel aber aus Leistung und Gegenleistung).

Nicht alle Einzelheiten müssen stets bereits aus dem Angebot erkennbar sein. Laut BGB kann die Bestimmung der Leistung oder Gegenleistung dem Vertragspartner oder einem Dritten überlassen sein (§§ 315 ff.)

Die Invitatio ad offerendum

Ein Angebot ist eine bindende Willenserklärung. Eine Aufforderung zur Abgabe eines Angebots *(invitatio ad offerendum)* ist keine bindende Willenserklärung. Entscheidend sind Erklärungsbewusstsein und Rechtsfolgewille.

> Zeitungsanzeigen sind in der Regel keine bindenden Angebote, sondern Aufforderungen an mögliche Kunden, ihrerseits Angebote an den Werbenden abzugeben; es fehlt der Rechtsfolgewille.
>
> Schaufensterauslagen sind, auch wenn sie mit einer Preisauszeichnung versehen sind, keine bindenden Angebote.

Das Wirksamwerden von Willenserklärungen (Angeboten, Annahmeerklärungen)

Die mit einer Willenserklärung beabsichtigte Rechtsfolge tritt erst zu dem Zeitpunkt ein, in dem die Person, der gegenüber die Erklärung abzugeben ist, die Möglichkeit hat, diese Erklärung wahrzunehmen. Bis auf wenige Ausnahmen sind Willenserklärungen deshalb empfangsbedürftig:

- Eine Willenserklärung unter Anwesenden wird sofort mit ihrer Abgabe wirksam (telefonische Willenserklärungen sind Erklärungen unter Anwesenden).
- Empfangsbedürftige Willenserklärungen werden in dem Moment wirksam, in dem sie dem Empfänger zugehen (bei Geschäftsleuten innerhalb üblicher Geschäftszeiten).

- Eine Willenserklärung ist zugegangen, wenn sie in verkehrsüblicher Weise so in den Machtbereich des Empfängers gelangt ist, dass dieser unter normalen Verhältnissen die Möglichkeit hat, sie zur Kenntnis zu nehmen.
- Eine Willenserklärung wird nicht wirksam, wenn dem Empfänger vor deren Zugang oder gleichzeitig ein Widerruf zugeht (§ 130 Abs. 1 S. 2).
- Auch der Widerruf ist eine empfangsbedürftige Willenserklärung.

Beispiel
A bestellt schriftlich bei dem Weinhändler W 100 Flaschen Moselwein. Noch am selben Tag bereut er die Bestellung und schreibt an W, er möchte seine Bestellung rückgängig machen. W findet am nächsten Tag in seinem Briefkasten die Bestellung und den Widerruf des A.
Der Widerruf ist damit gleichzeitig mit der Willenserklärung zugegangen, auf die er sich bezog. Infolgedessen ist die Bestellung gemäß § 130 Abs. 1 S. 2 nicht wirksam geworden.

Annahme
Ein Angebot unter Anwesenden (auch telefonisch) kann gemäß § 147 Abs. 1 nur sofort angenommen werden.

Ein an einen Abwesenden gerichtetes Angebot kann bis zu dem Zeitpunkt angenommen werden, in dem der Antragende die Antwort unter regelmäßigen Umständen erwarten darf (§ 147 Abs. 2).

- Die Annahmefrist setzt sich zusammen aus der Zeit, die benötigt wird, um das Angebot zum Empfänger zu befördern, dem Zeitraum der Bearbeitung einschließlich Überlegung und der Zeit, in der die Annahmeerklärung zum Antragenden geschickt wird.
- Nach § 148 kann der Antragende für die Annahme eine Frist setzen.
- Die verspätete Annahme führt nicht zum Vertragsschluss, stellt aber nach § 150 Abs. 1 ein neues Angebot dar, welches nun der ursprünglich Antragende annehmen muss.

Erweiterungen, Einschränkungen oder sonstige Änderungen stellen keine Annahme, sondern ein neues Angebot dar (§ 150 Abs. 2).

Ein Vertrag entsteht auch bei nicht ausdrücklicher Annahme gemäß § 151 dann, wenn der Wille des Annehmenden nach außen deutlich in Erscheinung tritt.

Formzwang
Wird die rechtlich vorgeschrieben Form nicht eingehalten, ist das Rechtsgeschäft nichtig.

Rechtgeschäfte unterliegen nur dann dem Formzwang, wenn

- das Gesetz eine bestimmte Form vorschreibt,
- die Parteien eine bestimmte Form vereinbaren.

Beispiele für Formerfordernisse:

- Die einfache Schriftform ist gewahrt, wenn eine Urkunde von dem Aussteller eigenhändig durch Namensunterschrift unterzeichnet wird (§ 126). Bedarf ein Vertrag der Schriftform, müssen die Parteien auf derselben Urkunde unterzeichnen. Die einfache Schriftform ist u. a. erforderlich bei Bürgschaftserklärung, Kreditvertrag, Mietvertrag länger als ein Jahr. Ein Telefax wahrt die Schriftform nicht, da die Unterschrift nicht eigenhändig ist.

- Die notarielle Beurkundung ist die Niederschrift über die Verhandlung vor einem Notar, die ihn und die Beteiligten genau bezeichnet. Sie ist nötig u. a. bei Eheverträgen, Grundstücksgeschäften, Gesellschafterverträgen.

Kaufmännisches Bestätigungsschreiben

Schweigen gilt nicht als Zustimmung – mit einer bedeutenden Ausnahme: das Schweigen auf ein kaufmännisches Bestätigungsschreiben gemäß § 263 HGB.

- Ein echtes kaufmännisches Bestätigungsschreiben fixiert den Inhalt eines bereits mündlich, telefonisch o. ä. abgeschlossenen Vertrags, um etwaige Missverständnisse, Unklarheiten oder Unstimmigkeiten auszuräumen.
- Ein Kaufmann (und das ist im Rechtssinn jeder im Namen einer Firma Tätige, auch wenn er nicht Kaufmann gelernt hat), der ein Bestätigungsschreiben widerspruchslos hinnimmt, bringt dadurch grundsätzlich seine Zustimmung mit dem Inhalt des Schreibens zum Ausdruck.
- Das gilt auch dann, wenn es gegenüber dem mündlich Vereinbarten abändernde oder ergänzende Bestimmungen enthält.

Eine Auftragsbestätigung ist dagegen die Annahmeerklärung auf ein Angebot in Form einer Bestätigung. Weicht die Bestätigung vom Angebot ab, ist sie gemäß § 150 Abs. 2 als Ablehnung in Verbindung mit einem neuen Angebot zu sehen. Das Schweigen des Adressaten darauf ist grundsätzlich keine Annahmeerklärung.

Wichtig im internationalen Vertrieb ist, dass das kaufmännische Bestätigungsschreiben nur in einigen Ländern gebräuchlich ist. In England, Spanien und auch nach dem UN-Kaufrecht gibt es keine entsprechenden Regeln.[59]

Nichtigkeit von Rechtsgeschäften

Wird eine der Anforderungen an das Zustandekommen von Verträgen nicht erfüllt, so ist das angestrebte Rechtsgeschäft entweder nichtig (§ 142), schwebend unwirksam oder anfechtbar.

Nichtigkeit kann vorliegen bei:

- Geschäftsunfähigkeit desjenigen, der eine Willenserklärung abgegeben hat,
- Formverstoß,
- Verstoß gegen ein gesetzliches Verbot (§ 134),
- Sittenwidrigkeit (§ 138).

Anfechtbarkeit kann Vorliegen wegen unbewusster Nichtübereinstimmung von Wille und Erklärung (Irrtum) sowie Willensbeeinflussung durch arglistige Täuschung und widerrechtliche Drohung:

- Erklärungs- oder Inhaltsirrtum,
- Irrtum über verkehrswesentliche Eigenschaften einer Person oder Sache,
- arglistige Täuschung,
- Drohung (Inaussichtstellen eines künftigen Übels).

7.4.2 Inhalt von Angeboten

Die Vertragsgestaltung ist im internationalen Vertrieb besonders wichtig, da die Partner unterschiedliche rechtliche Regelungen kennen und es leicht zu Missverständnissen kommen kann. Es ist daher erforderlich, alle Aspekte des Geschäfts genau schriftlich zu vereinbaren. Vom

Angebot bis zum Vertrag ist nur noch die einfache Zustimmung des Kunden erforderlich. Bereits das Angebot muss daher mit großer Sorgfalt ausgearbeitet werden.

In größeren Unternehmen stehen den Mitarbeitern des technischen Vertriebs, die meist Ingenieure sind, Kaufleute und Juristen zur Seite. In kleineren Unternehmen ist das meist nicht der Fall, so dass, falls „Neuland" betreten wird, externe Beratung unumgänglich wird.

Export- und Importverträge sollten möglichst standardisiert werden, um Überprüfungskosten und Risiken zu minimieren. Auch sollte, in Anbetracht der Vielzahl der zu regelnden Konditionen **(Tabelle 7-2)**, mit Checklisten gearbeitet werden.[60]

Die Vielzahl der kaufmännischen und formalen Aspekte kann hier nicht erschöpfend behandelt werden. Nur einige besonders wichtige Punkte werden eingehend behandelt, nämlich die Liefer- und Zahlungsbedingungen.

Vorab noch eine Anmerkung zu den Allgemeinen Geschäftsbedingungen (AGBs). In Deutschland sind diese keine vertragswesentlichen Bestandteile! Trotz eines Einigungsmangels kann ein Vertrag zustande kommen. Es gelten dann die gesetzlichen Bestimmungen. Sollten zufällig einige Punkte der AGBs beider Verhandlungspartner übereinstimmen, so treten diese an die Stelle der entsprechenden Gesetzesregelungen.

Im Ausland sind dagegen oft die AGBs ganz normale Vertragsbestandteile. Die sog. *exemption clauses* müssen also mit ausgehandelt werden, sonst werden sie nicht wirksam.[61]

Tabelle 7-2   Wichtige Vertragsbestandteile[62]

Kaufmännische Aspekte	Formale Aspekte
- Vertragspartner (Verkäufer, Käufer)	- Sprache
- Ware (Art, Qualität, Menge etc.)	- Rechtswahl
- Kaufpreis, Währung	- Erfüllungsort
- Lieferbedingungen (ggf. Incoterms)	- Gerichtsstand
- Lieferzeit	- Eigentumsvorbehalt
- Zahlungsbedingung	- AGBs
- Ggf. Liefervorbehalt	- Garantien
- Endverbleib	- Gewährleistungen
	- Verzugszinsen
	- Vertragsstrafen
	- Schiedsklausel
	- „Force majeure"-Klausel
	- Salvatorische Klausel

Lieferbedingungen

Lieferbedingungen dienen der Aufteilung der mit einem Liefervertrag verbundenen

- Kosten,
- Gefahren,
- Pflichten

auf den Käufer und den Verkäufer.

7.4 Angebote und Verträge

Grundsätzlich gilt Vertragsfreiheit. Gebräuchlich sind aber im internationalen Handel die INCOTERMS (International Commercial Terms). INCOTERMS werden seit 1936 von der Internationalen Handelskammer in Paris veröffentlicht. Derzeit gelten die INCOTERMS 2000. Es gibt auch andere, z. T. ähnliche Lieferklauseln von nur lokaler Bedeutung, z. B. die American Foreign Trade Definitions (AFTD). Um Verwechselungen zu vermeiden, sollte man z. B. schreiben „FOB ICC-INCOTERMS 2000".

Incoterms regeln folgende Punkte:

(1) Lieferung vertragsgemäßer Waren/Zahlung des Kaufpreises;
(2) Lizenzen, Genehmigungen, Formalitäten;
(3) Beförderungs- und Versicherungsvertrag;
(4) Lieferung/Abnahme;
(5) Gefahrenübergang;
(6) Kostenteilung;
(7) Benachrichtigung des Käufers/des Verkäufers;
(8) Liefernachweis, Transportdokument;
(9) Prüfung, Verpackung, Kennzeichnung der Ware;
(10) Sonstige Verpflichtungen.

Um eine sinnvolle Auswahl einer Lieferklausel zu treffen, ist es sinnvoll, sich zunächst mit den Anforderungen eines Exports einer Maschine oder Anlage in ein weit entferntes Land vertraut zu machen. Der Transportweg ist in **Bild 7-19** dargestellt.

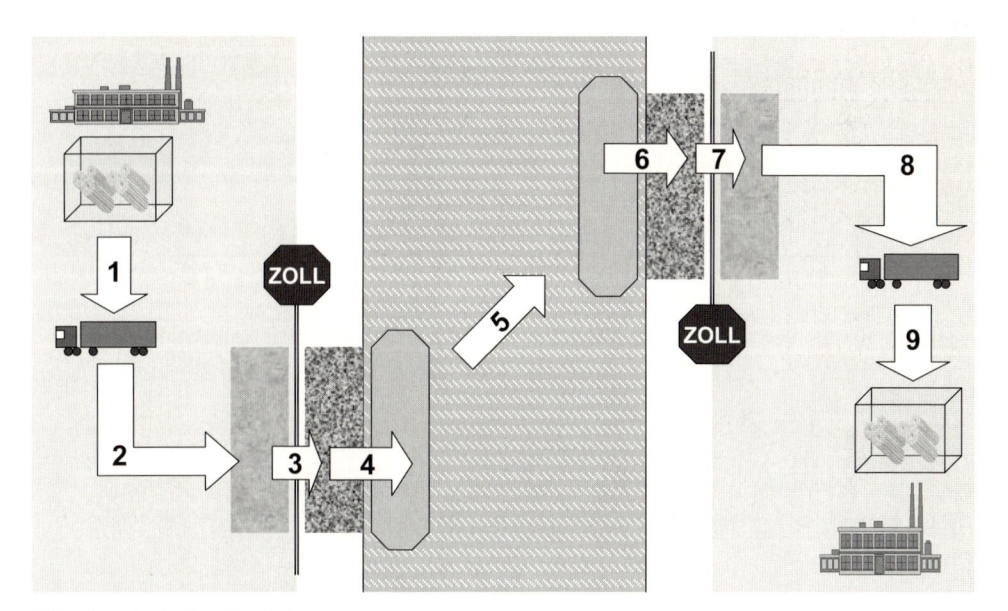

Bild 7-19 Typischer B2B-Transportweg

(1) Die im Exportland produzierte Maschine wird verpackt und verladen.
(2) Die Maschine wird auf dem Landweg in einen Hafen gebracht.
(3) Sie wird für den Export verzollt und gelangt dann ins Steuerausland, den Freihafen.
(4) Die Maschine wird auf das Schiff umgeladen.
(5) Sie wird über See transportiert.

(6) Sie wird angelandet.
(7) Sie wird im Importland verzollt.
(8) Im Importland erfolgt ein Transport auf dem Landweg.
(9) Die Maschine wird am Zielort entladen.

Letztlich müssen alle mit der Lieferung verbundenen Kosten vom Kunden getragen werden. Von daher sollten Lieferbedingungen nicht genutzt werden, um noch „den letzten Euro" aus einem Verkauf herauszuquetschen, sondern einvernehmlich so gestaltet werden, dass der Transport sicher, günstig und möglichst wenig aufwendig abgewickelt werden kann. Natürlich hat jede Seite ein Interesse daran, Risiken abzuwälzen. Vorzugsweise sollte das jedoch durch eine gute Versicherung auf Dritte (hier: die Versicherungsgesellschaft) geschehen. Eine solche Versicherung ist in den INCOTERMS nur ausnahmsweise als Standard vorgesehen.

In der Praxis kennt sich der Verkäufer meist besser im Exportland aus, der Käufer besser im Importland. Von daher erscheint es häufig sinnvoll, die Abwicklung der Zollformalitäten im Exportland dem Exporteur zu überlassen, die im Importland dagegen dem Importeur. Die Wahl des Schiffs sollte besprochen werden. Manchmal hat entweder der Exporteur oder der Importeur besonders gute Verbindungen zu einer Reederei und kann den Transport günstig arrangieren.

Ein Überblick über mögliche Lieferbedingungen ist in **Tabelle 7-3** gegeben. Es gibt vier Gruppen an Klauseln, wobei nur die erste nicht die Verzollung der Ware durch den Exporteur beinhaltet, der aber immerhin für eine seefeste Verpackung zuständig ist. Umgekehrt ist nur bei der Klausel DDP der Käufer nicht für den Importzoll zuständig.

Tabelle 7-3 Überblick INCOTERMS

Incoterm	Transportweg / Gefahrenübergang	Versicherung V	Sonstiges
E-Klausel (*E-Term*)			
EXW: Ex Works	Werksgelände Verkäufer		Verpackung: V
F-Klauseln (*F-Terms*)			Zollamtabfertigung: V
FCA: Free Carrier	nach Verladung (Container)	(x)	„Containerklausel"
FAS: Free Alongside Ship*	Schiffskai	(x)	insb. für Schüttgut
FOB: Free on Board*	Schiffsreling Exporthafen	(x)	
C-Klauseln (*C-Terms*)			
CFR: Costs and Freight*	Schiffsreling Exporthafen	(x)	Seefrachtkosten: V
CIF: Costs, Insurance, Freight*	Schiffsreling Exporthafen	x	Seefrachtkosten: V
CPT: Carriage Paid To	Übergabe an 1. Frachtführer	(x)	Frachtkosten: V
CIP: Carriage and Insurance Paid To	Übergabe an 1. Frachtführer	x	Frachtkosten: V
D-Klauseln (*D-Terms*)			
DAF: Delivered At Frontier	Ort unmittelbar vor Grenze	(x)	
DES: Delivered Ex Ship*	Schiff im Importhafen	x	
DEQ: Delivered Ex Quai*	Kai des Importhafens	(x)	Einfuhrkosten: K
DDU: Delivered Duty Unpaid	Ort im Binnenimportland	(x)	Einfuhrkosten: K
DDP: Delivered Duty Paid	Zielort im Importland	(x)	Gesamtkosten: V

K = Käufer, V = Verkäufer; x = Versicherungspflicht (x) = ratsame freiwillige Versicherung; *nur für Seeweg

Eine Besonderheit bieten die C-Klauseln. Sie sind sog. Zwei-Punkt-Klauseln, d. h. Gefahrenübergang und Kostenübernahme fallen auseinander. Zwar bestellt und bezahlt der Exporteur den Schiffs- bzw. Weitertransport, aber die Gefahr geht schon bei der vorherigen Übergabe auf den Importeur über.[63]

Zahlungsbedingungen

Vor der Auswahl geeigneter Zahlungsbedingungen ist es gerade für die in der Regel wohlmeinenden und gutgläubigen Ingenieure wichtig, sich das „kaufmännische Optimum" beider Vertragspartner unmissverständlich vor Augen zu führen:

- Der Importeur möchte am liebsten die Ware möglichst früh erhalten, dafür aber so spät wie möglich, am besten gar nicht zahlen.
- Der Exporteur möchte am liebsten die Zahlung möglichst früh erhalten, dafür aber so spät wie möglich, am besten gar nicht liefern.

Auswahl von Zahlungsbedingungen

Zahlungsbedingungen müssen nun so gestaltet sein, dass dennoch sowohl Leistung als auch Gegenleistung angemessen erbracht werden. Bei Anlagengeschäften werden daher häufig komplizierte Konditionen (Zug-um-Zug, entsprechend dem Baufortschritt) vereinbart. Die wechselseitige Besicherung ist von entscheidender Bedeutung für das Gelingen, kostet aber auch viel Geld.

Mögliche Zahlungsbedingungen im internationalen Vertrieb von Maschinen und Anlagen zeigt **Bild 7-20**. Außer bei extrem gut eingespielten Kundenbeziehungen sollten sich Exporteure nicht auf Konditionen einlassen, bei denen die Gefahr einer Nichtabnahme der Ware droht. Dies ist aber außer bei einer Vorauszahlung, die dem Kunden in der Regel schwer zu vermitteln sein dürfte, nur bei einem vernünftig abgefassten Dokumenten-Akkreditiv *(documentary letter of credit L/C)* der Fall. Diese recht komplizierte Zahlungsbedingung wird daher, da sie durchaus üblich ist, nachstehend näher erläutert.

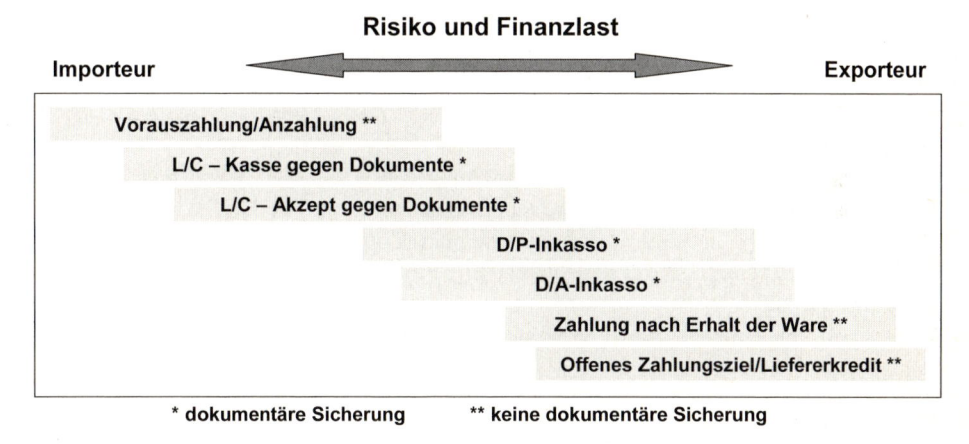

Bild 7-20 Zahlungsbedingungen im internationalen Vertrieb

Dokumenten-Akkreditiv (L/C)

Die Sicherheit im internationalen Warenverkehr kann durch die beiden Vertragspartner allein nicht erbracht werden. Beide müssen sich dritter Parteien, Banken und/oder Versicherungen, bedienen, um die gewünschte Sicherheit zu erlangen. Im Falle des L/C wird diese Sicherheit durch mindestens eine zahlungsfähige Bank des Vertrauens erlangt, die anstelle des Käufers bei Einhaltung bestimmter Bedingungen (Übergabe definierter Dokumente) zur Zahlung verpflichtet ist. Das Rechtsgeschäft ist ein vom eigentlichen Kaufvertrag losgelöstes abstraktes Zahlungsversprechen, welches die Akkreditivbank ausspricht.

Im internationalen Geschäft ist die Akkreditivbank dem Verkäufer meist nahezu unbekannt; er kann ihre Zahlungsfähigkeit schlecht einschätzen. Dieses kann aber seine Hausbank, sofern sie international tätig ist wie beispielsweise Deutsche Bank oder Commerzbank. Sie sollte das Akkreditiv bestätigen, d. h. dafür bürgen, um im Falle einer Nichtzahlung der Akkreditivbank gesichert zu sein. Nur ein bestätigtes Akkreditiv gibt die gewünschte Sicherheit.

Das Akkreditiv sollte außerdem ausdrücklich als unwiderruflich (*irrevocable*) bezeichnet werden, denn nur ein unwiderrufliches Akkreditiv gibt wirklich die gewünschte Sicherheit. Ein widerrufliches Akkreditiv kann auf Betreiben des Käufers jederzeit geändert werden, und zwar ohne Information des Verkäufers.

Das Vorgehen beim Dokumenten-Akkreditiv wird im Folgenden erläutert, wobei der Ablauf dem Pfeildiagramm (**Bild 7-21**) entspricht.

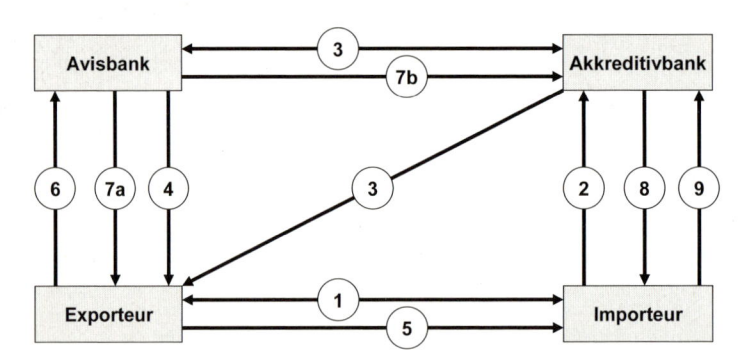

Bild 7-21   Vorgehen beim *Letter of Credit (L/C)*

(1) Ein Kaufvertrag mit Akkreditivklausel wird geschlossen. Der Exporteur sollte darauf bestehen, dass das Akkreditiv bei einer erstklassigen, vom Verkäufer akzeptierten Bank ausgestellt wird; ggf. auch auf Prüfung/Akzeptanz durch seine Hausbank.
(2) Der Importeur beantragt Akkreditiveröffnung (einschließlich Festlegung umfangreicher Dokumentation).
(3) Eine Eröffnungsanzeige wird an Korrespondenzbank (Avisbank) im Exportland geschickt.
(4) Der Exporteur erhält die Mitteilung über die Akkreditiveröffnung von der Avisbank. Damit hat der Importeur seine Zahlungsverpflichtung gegenüber dem Exporteur erfüllt.
(5) Nach Avisierung und Prüfung des Akkreditivs veranlasst der Exporteur den Warenversand.
(6) Der Exporteur reicht der Avisbank die vereinbarten Versand-, Begleit- und sonstigen Dokumente ein. Diese müssen exakt übereinstimmen und in sich widerspruchsfrei sein.

7.4 Angebote und Verträge

(7) Die Avisbank prüft streng auf Form und Inhalt. Falls keine Beanstandungen erfolgen,
  7a) wird ausgezahlt und
  7b) die Dokumente werden an die Akkreditivbank weitergeleitet. Gleichzeitig wird diese mit der ausgezahlten Summe belastet.
(8) Die Akkreditivbank prüft, schreibt der Avisbank den Betrag gut, händigt dem Käufer die Dokumente aus.
(9) Der Käufer wird mit dem Akkreditivbetrag belastet, falls nicht vorher (2) geschehen.

Für den Käufer verbleibt ein Risiko der nicht korrekten Lieferung. Es kann dadurch verringert werden, dass eine Inspektion vor der Lieferung vereinbart wird. Das darüber vom mit der Inspektion beauftragten Sachverständigen erstellte Gutachten *(pre-shipment certificate)* kann zum Bestandteil der der Bank einzureichenden Dokumente gemacht werden.[64]

Nachteilig bei einem Akkreditiv ist, dass die beteiligten Banken für das übernommene Risiko eine Vergütung beanspruchen, die von einigen Promille bis Prozent der Kaufsumme reichen kann. Bei deutschen Exporten in sehr risikobehaftete Länder bestehen Banken außerdem oft auf einer (teuren) Überbesicherung durch den Bund (Hermes-Bürgschaft), die wiederum eine 15-%ige Anzahlung voraussetzt. Durch die Besicherung werden die Transaktionskosten insgesamt sehr stark erhöht.

7.4.3 Gestaltung von Angeboten

Ein Angebot ist weit mehr als eine Auflistung technischer und kaufmännischer Details. Der Aufwand bei der Erstellung eines Angebots gerade im Maschinen- und Anlagenbau kann sehr hoch sein (bis zu ca. 5 % des Auftragswerts). Damit sich diese Mühe lohnt, sollten Angebote nicht nur inhaltlich korrekt sein, sondern auch optisch gut gemacht, um den Kunden wirklich zu beeindrucken.

Das Angebot hat folgende Funktionen:

- Marketingfunktion
  - Das Angebot ist eine Visitenkarte des Unternehmens. Es sollte aus Kundensicht ansprechend und leicht verständlich sein.

- Kaufmännische Funktion
  - Qualität, Preis, Zahlungsbedingungen, Lieferzeit werden definiert.
  - Varianten sollten klar aufgezeigt (z. B. Lieferbedingungen EXW, FCA, CIF) werden.
  - Paketpreise verhindern „Rosinenpickerei" technischer Einkäufer.

- Rechtliche Funktion
  - Nach deutschem Recht bindet das Angebot, daher ist formale Korrektheit erforderlich.
  - Bei Unsicherheiten der Vertragserfüllung sollte man diese verdeutlichen, z. B. durch Formulierungen wie „unverbindlich", „Lieferung vorbehalten" (keine Lieferung bei unmöglicher Beschaffung), „Zwischenverkauf vorbehalten" (Verkauf an andere vor Annahme des Angebots zulässig).
  - Unbedingt Befristung einfügen, denn Rahmenbedingungen wie Wechselkurse sind veränderlich.

- Administrative Funktion
  - Potentieller Kunde im Ausland benutzt Angebot eventuell, um Importlizenzen bzw. Devisenzuteilungen zu erhalten. Dann Angebot als sog. Pro-forma-Rechnung gestalten.[65]

Investitionsgüterangebote sollten modular aufgebaut werden, um Standardbestandteile (Textbausteine, Zeichnungen o. Ä.) verwenden zu können. Ein Angebot enthält typischerweise (möglichst getrennt) folgende Elemente:

- Anschreiben mit Lieferbedingungen,
- Preisübersicht (ggf. mit Varianten),
- Beschreibungen des Lieferumfangs,
- Zeichnungen,
- technische Daten.

Die einzelnen Angebotpositionen sollten nummeriert werden, so dass Preisübersicht, Beschreibungen, Zeichnungen und technische Daten leicht einander zugeordnet werden können.

Investitionsgüterangebote sollten mit Checklisten erarbeitet werden. Sie berücksichtigen in der Regel nicht nur die Maschine bzw. Anlage selbst, sondern auch:

- Abnahmebedingungen *(dry test, wet test)*,
- Inbetriebnahme,
- Serviceleistungen wie Schulungen (Art, Umfang, Preis),
- Ersatzteillieferungen,
- „Nebensächlichkeiten" wie Transport und Unterbringung der Monteure.

7.5 Vertriebssteuerung

Unternehmen leben letztlich davon,

- für den Kunden wertvoll zu sein, um
- vom Kunden geldwerte Leistungen zu erhalten.

Im herkömmlichen Vertriebscontrolling wird ausschließlich der letztgenannte Aspekt beleuchtet, d. h. der ermittelte Erfolg wird in Bezug zum damit verbundenen Aufwand gesehen. „Klassisches" Vertriebscontrolling umfasst also:

- das Ergebnis der Verkaufstätigkeit,
- die Tätigkeit der Verkäufer,
- die Verkäuferbeurteilung.

Wesentliche Aufgaben der Verkaufsergebnisrechnung sind:

- Zuordnung der Einnahmen aus der Verkaufstätigkeit,
- Überwachung der Kosten für die Verkaufsaufgabe,
- segmentgerechte Zuordnung der Kosten,
- Gewinn- oder Deckungsbeitragsermittlung als Messgröße für den Produkterfolg.

Die Zuordnung der Kosten ist vielfach diffizil. Eine Unterscheidung kann erfolgen nach:

- Verkaufsvorbereitung (Besuche, Spesen, Info-Material, Telefonkosten, Porti, Angebotserstellung, Messen, Ausstellungen),
- Verkaufsabwicklung (Provisionen, Prämien, Gehalt, Lagerkosten, Versand, Verpackung, Fracht, Fakturierung),
- Verkaufsmanagement (Gehälter, Büromaterial, Mieten, Abschreibungen, Berichtswesen).

Ein neuartiger Ansatz versucht den Mehrwert, den ein Lieferant seinem Kunden sichert, zu beschreiben. Der sog. Kundenwert *(customer value)* ist definiert als der Barwert aller zu er-

7.5 Vertriebssteuerung

wartenden Einsparungen und Mehreinnahmen, die ein Kunde aufgrund der Kooperation mit einem Unternehmen erzielt. Dieser Kundenwert wird während des mehrjährigen Vertriebsprozesses nach und nach realisiert. Aus der Zusammenarbeit resultiert eine Beziehungsqualität, die sich aus Kundennähe, Kundenzufriedenheit und Kundenbindung zusammensetzt. Es gibt Ansätze, beispielsweise die von *Smidt/Marzian*, auch diese Bereiche mess- und damit handhabbar zu machen.[66]

Vertriebscontrolling gleicht die Vorgaben der Planung (Soll-Werte) mit aktuellen Ist-Werten ab und versucht daraus sinnvolle Schlüsse zu ziehen **(Bild 7-22)**. Das ist nicht immer leicht, denn Planabweichungen können gerade im Vertrieb vielfältige Ursachen haben, beispielsweise:

- allgemeine Entwicklung (Konjunktur, Politik, Recht, Demographie),
- Produkt, Leistung (Qualität, Form, Gewicht, Verpackung, Preis, Service),
- Marketing (Werbung, Verkaufsförderung, Vertriebswege),
- Konkurrenz (Marketing, Produkte, Service, Preise),
- Verkauf (mangelnde Qualifikation, fehlende Motivation, zu wenige Verkäufer, zu schlechte Bezahlung).

Erfahrungsgemäß werden aus Sicht des höheren Managements schlechte Umsatzzahlen stets dem Verkauf, gute dagegen der allgemeinen Konjunkturlage zugeschrieben; Verkäufer sehen das genau umgekehrt ...

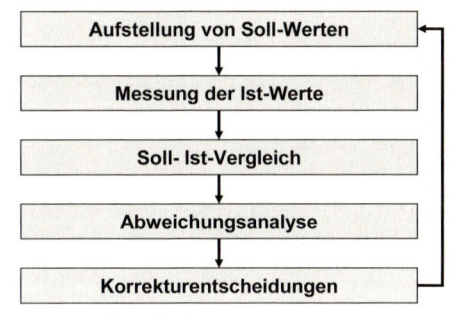

Bild 7-22 Allgemeiner Management-Regelkreis

Vertriebssteuerung umfasst die Bereiche:

(1) Ergebnisrechnung, Kennzahlenermittlung,
(2) Verkaufsberichtssystem, Verkäuferbewertung,
(3) Kundenzufriedenheitsmessung.

Sie bedient sich bestimmter Darstellungsformen (Werkzeuge), die dem allgemeinen Controlling entlehnt sind, aber speziell auf vertriebliche Erfordernisse zugeschnitten werden. Im Folgenden werden, dem Management-Regelkreis **(Bild 7-22)** entsprechend, die Themenfelder

- Vertriebsplanung (Soll-Vorgaben),
- Vertriebliches Kennzahlensystem (Strukturvorgabe),
- Verkaufsberichtssystem, Verkäuferbeurteilung (Ist-Erfassung),
- Messung der Kundenzufriedenheit (Ist-Erfassung),
- Selbststeuerung mit dem Vertriebstrichter (Soll-Ist-Vergleich)

beleuchtet.

7.5.1 Vertriebsplanung

Die Vertriebsplanung umfasst eine Vielzahl möglicher Planungsprozesse **(Bild 7-23)**. Der Aufwand der Umsetzung hängt nicht zuletzt von der unternehmerischen Grundausrichtung und der sich daraus ergebenden Struktur des Vertriebsnetzes ab.

Im Folgenden wird der wichtigste Bestandteil der Vertriebsplanung in einem technisch geprägten Unternehmen, nämlich dessen Marketing- bzw. Vertriebsjahresplanung, vorgestellt.

```
                        Vertriebsplanung
   ┌──────────────┬──────────────┬──────────────┐
Organisations-  Personal-   Verkaufsgebiets-  Ergebnis-
  planung       planung        planung        planung
```

Organisationsplanung	Personalplanung	Verkaufsgebietsplanung	Ergebnisplanung
• Organisationsstruktur	• Personalbedarf	• Gebietseinteilung	• Umsatzplanung
• Stellenplanung	• Personalbeschaffung	• Mitarbeitereinteilung	• Kostenplanung
• Führungsrichtlinien	• Personalauswahl	• Besuchsplanung	
• Verkaufskultur	• Personaleinsatz	• Tourenplanung	
	• Personalentwicklung	• Verkaufstraining	

Bild 7-23   Planungsprozesse im Vertrieb[67]

Hierarchie der Planungsprozesse

Die Vertriebsplanung ist Teil der unternehmerischen Gesamtplanung und damit Teil der unternehmerischen Zielpyramide, wie sie in Kap. 2 vorgestellt wurde. In Analogie dazu ergibt sich die in **Bild 7-24** gezeigte Hierarchie der Planungsprozesse in einem Unternehmen.

Es wird deutlich, dass sich die Vertriebsplanung im taktisch-operativen Bereich bewegt und dabei aus der Gesamtstrategie der Unternehmung abgeleitete strategische Vorgaben versucht umzusetzen.

Vertriebliche Planungsprozesse können differenziert werden nach

- zeitlichen Aspekten (kurz-, mittel-, langfristige Planung),
- geographischen Aspekten (Welt-, nationale, regionale, Gebietsplanung),
- Umfang (Gesamt-, Teil-, Konstitutiv-, Maßnahmenplanung),
- Anlass (Einführungs-, Aktions-, Relaunchplanung etc.),
- organisatorischen Aspekten (z. B. Planung je Gesellschaft oder Geschäftseinheit).

Die Jahresplanung wird regelmäßig durchgeführt. Sie geht von relativ sicheren Rahmenbedingungen aus und basiert in weiten Teilen auf langjährigen Erfahrungen in Märkten. Gleichwohl bleibt, gerade in sehr stark konjunkturzyklusabhängigen Bereichen wie dem Maschinen- und Anlagenbau, ein großes Maß an Unsicherheit über die tatsächliche Realisierbarkeit als umsatzwirksam angenommener Projekte.[68]

7.5 Vertriebssteuerung

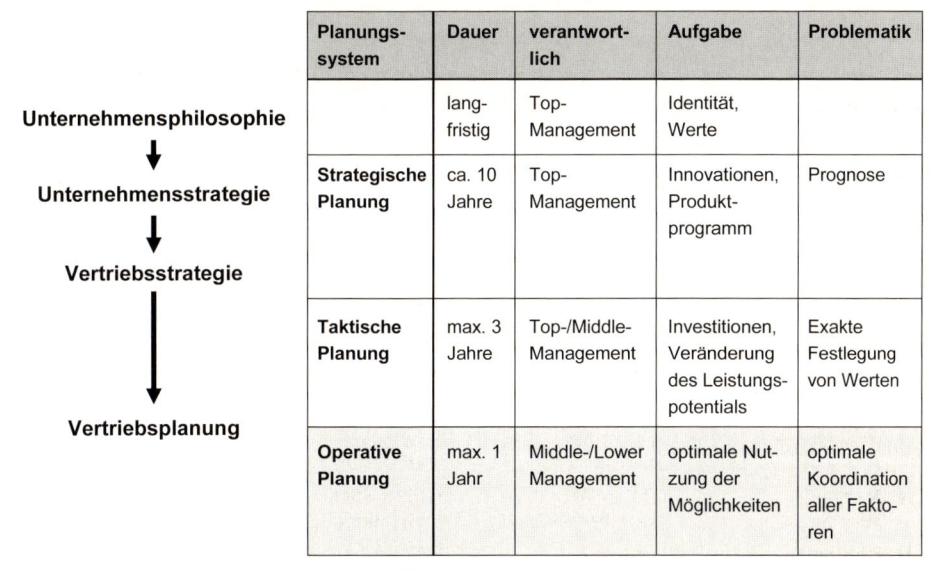

Unternehmensphilosophie
↓
Unternehmensstrategie
↓
Vertriebsstrategie
↓
Vertriebsplanung

Planungs-system	Dauer	verantwort-lich	Aufgabe	Problematik
	lang-fristig	Top-Management	Identität, Werte	
Strategische Planung	ca. 10 Jahre	Top-Management	Innovationen, Produkt-programm	Prognose
Taktische Planung	max. 3 Jahre	Top-/Middle-Management	Investitionen, Veränderung des Leistungs-potentials	Exakte Festlegung von Werten
Operative Planung	max. 1 Jahr	Middle-/Lower Management	optimale Nutzung der Möglichkeiten	optimale Koordination aller Faktoren

Bild 7-24 Hierarchie der Planungsprozesse[69]

Eine vertriebliche Jahresplanung wird zunächst in den einzelnen Teileinheiten einer Unternehmung auf der Basis eines Preis-Mengen-Gerüsts durchgeführt. Die Ergebnisse werden dann konsolidiert zu einer vorläufigen Planung (Bottom-up-Ansatz, siehe **Bild 7-25**).

Top-down-Ansatz ⬇

Zielsetzungen (z. B. Wachstum), Parameter (Kapitalumschlag), Ausgangswerte (GuV)

Gewinn pro Aktie → Eigenkapitalrendite → Gesamtkapitalrendite → Umsatzrendite

⇔ Konflikte ⇔

Eigenkapitalrendite ← Gesamtkapitalrendite ← Umsatzrendite ← Gewinn vor Steuern ← (DB − Fixe Kosten) ← (Umsatz − var. Kosten) ← (Preis × Menge)

Bottom-up-Ansatz ⬆

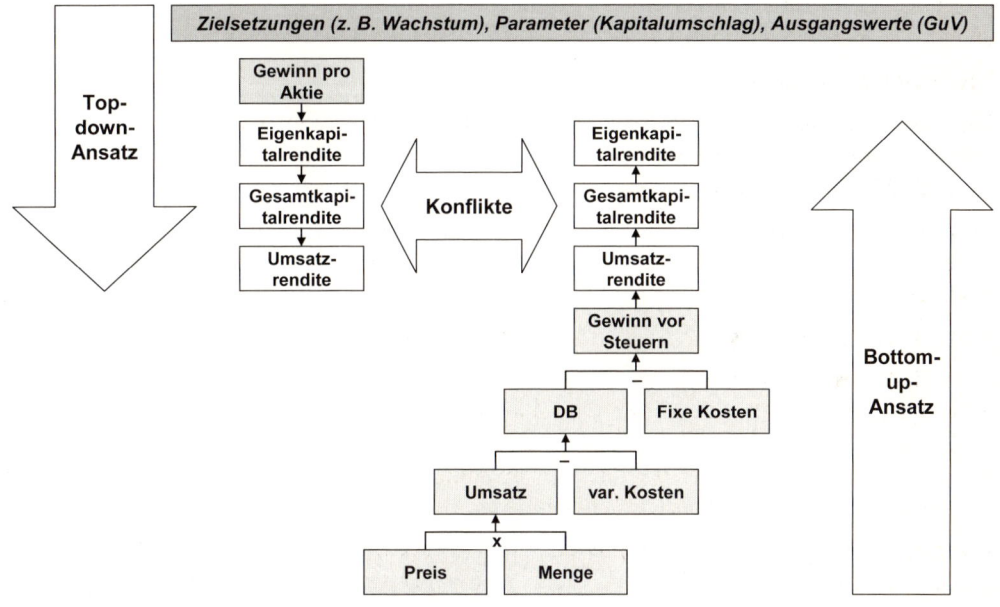

Bild 7-25 Vorgehen bei der Vertriebsplanung[70]

Die vorläufige Vertriebsplanung wird verglichen mit den Vorgaben der Geschäftsleitung (Top-down-Ansatz). Solche Vorgaben sind naturgemäß ehrgeizig, während erfahrene Vertriebsleute im Normalfall eher eine vorsichtige Planung abgeben. Es kommt also zu Konflikten, die im Dialog abgebaut werden müssen, bis man sich schließlich auf eine einheitliche Planung verständigt hat. Die Vertriebsziele müssen dabei meist deutlich nach oben korrigiert werden.

Inhalte eines Marketing- und Vertriebsplans

Die wesentlichen Inhalte eines vollständigen Marketing- und Vertriebsplans sind in **Tabelle 7-4** zusammengefasst. Die Planung richtet sich vor allem nach:

- Absatzmarkt (Marktpotenzial, Marktwachstum, Marktstellung, voraussichtliche Entwicklung),
- Marketingstrategie (eigenen beabsichtigten Maßnahmen) und dem
- Verhalten der Konkurrenz.

Der Marketing- und Vertriebsplan ist eine vollständige Planung der Erlösseite einer Unternehmung. Er bezieht die Planung weiterer Bereiche wie F&E und Produktion als Kostenposition und Ausgangspunkt der Planung ein.

Tabelle 7-4   Inhalte eines Marketingplans[71]

Abschnitte	Inhalt
1. Zusammenfassung, Inhaltsverzeichnis	Kurzüberblick für das Management
2. Gegenwärtige Marktlage	Hintergrunddaten und -informationen zu Markt, Produkt, Absatzwegen, allgemeiner branchenbezogener Wirtschaftslage
3. Situationsanalyse	SWOT
4. Ziele	Umsatz/Gewinn, Marktposition/-anteil
5. Strategie zur Zielerreichung	Marketing-Ausrichtung
6. Maßnahmenplan	Einzelmaßnahmen zur Zielerreichung
7. Plan-GuV (Gewinn- und Verlustrechnung)	Vorschau auf das Ergebnis der Planperiode
8. Steuerung	Überwachung der Umsetzung

Das in der Vertriebsplanung erarbeitete Preis-Mengen-Gerüst ist die Grundlage der Plan-Gewinn- und Verlustrechnung. Die Details der Umsatz- und Ergebnisziele, also das vollständige Preis-Mengen-Gerüst mit den damit verbundenen Kosten und sich daraus ergebenden Gewinnen bzw. Deckungsbeiträgen, sind dem Plan als Anlage beigefügt.

Folgende Fragen sollte ein Top-Manager stellen, um einen Business-Plan zu beurteilen:

- Enthält der Plan einige wirklich neue Chancen? Wurden auch größere Risiken beleuchtet?
- Zeigt der Plan eindeutig Zielmarktsegmente und das damit verbundene Potential auf?
- Werden die Kunden in jedem Segment unser Angebot als überlegen betrachten?
- Wie groß ist die Wahrscheinlichkeit, dass die aufgezeigten Ziele erreicht werden?
- Was würde der den Plan erstellende Manager eliminieren, wenn sein Budget nur 80 % des angefragten betrüge?
- Was würde der den Plan erstellende Manager hinzufügen, wenn ihm 120 % des Budgets zur Verfügung gestellt würde?[72]

7.5.2 Vertriebliche Kennzahlen

Ein vertriebliches Kennzahlensystem dient dazu, den Vertrieb operativ zu führen. Es bietet eine übersichtliche Grundlage für die Vertriebsleitung, das laufende Geschäft zu beurteilen, Abweichungen zum Plan festzustellen und Gegenmaßnahmen einzuleiten. Es wird damit zur Grundlage von Management-Regelkreisen. Das vertriebliches Kennzahlensystem richtet sich auf folgende Aspekte:

- Rentabilität (ROI), gesamt sowie produktspezifisch,
- Kaufleistungen der Kunden (ABC-Analyse),
- Ausschöpfung des Absatzpotenzials.

Rentabilitätsanalyse

Vertriebliche Rentabilitätsanalyse

Die Rentabilitätsanalyse folgt dem klassischen DuPont-Schema, welches bereits in Kap. 3 (Controlling) vorgestellt wurde.

Umsatz-Deckungsbeitrags-Analyse

Ein hervorragendes Werkzeug zur übersichtlichen Darstellung der Umsatz- und Ergebnisbringer eines Unternehmens ist die in **Bild 7-26** gegebene Umsatz-Deckungsbeitrags-Analyse. Hier werden gleichzeitig die Umsatzanteile je Produktgruppe (alternativ: Kundengruppe) und die erzielten Deckungsbeiträge in Prozent vom Verkaufserlös dargestellt.

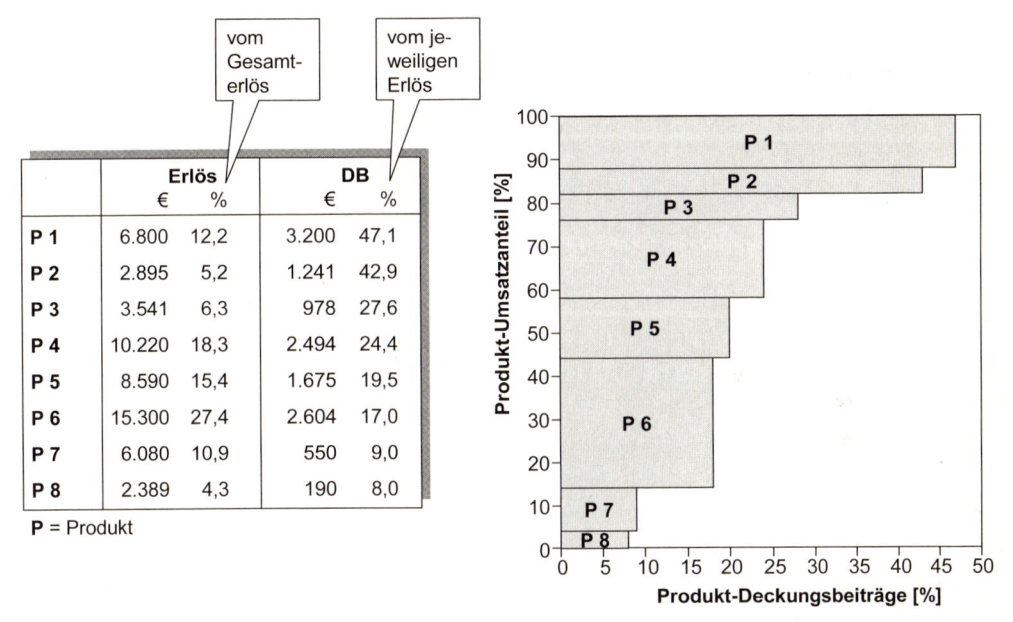

	Erlös € (vom Gesamterlös)	%	DB €	% (vom jeweiligen Erlös)
P 1	6.800	12,2	3.200	47,1
P 2	2.895	5,2	1.241	42,9
P 3	3.541	6,3	978	27,6
P 4	10.220	18,3	2.494	24,4
P 5	8.590	15,4	1.675	19,5
P 6	15.300	27,4	2.604	17,0
P 7	6.080	10,9	550	9,0
P 8	2.389	4,3	190	8,0

P = Produkt

Bild 7-26 Umsatz-Deckungsbeitrags-Analyse[73]

Im Beispiel ist zu erkennen, dass das mit P 6 bezeichnete Produkt rund ein Drittel zum Unternehmensumsatz beiträgt, aber nur einen relativ geringen Deckungsbeitrag erwirtschaftet. Das könnte ein Indiz für eine notwendige Senkung der Herstellkosten sein. Der Absatz der gewinnstarken Produkte P 1 und P 2 sollte dagegen unbedingt ausgebaut werden.

ABC-Analyse

In einem Unternehmen werden meist ca. 80 % des Umsatzes mit 20 % der Kunden erzielt. Insofern greift das Pareto-Prinzip. Mit einer ABC-Analyse werden die Kunden in wichtige A-Kunden, weniger wichtige B-Kunden und eher unwichtige C-Kunden eingeteilt. Die Prozentzahlen sind nicht eindeutig festgelegt, sondern sollten situativ gewählt werden (vgl. **Bild 7-27**).

Vorteile der ABC-Analyse liegen in der

- Trennung des Wesentlichen vom Unwesentlichen,
- Lenkung auf Bereiche mit hohen Ergebnisauswirkungen,
- Aufwand-/Kostenreduzierung durch Aufdeckung von Einspar- und Vereinfachungspotentialen,
- Erhöhung der Managementeffizienz durch gezieltere Vorgehensweise.

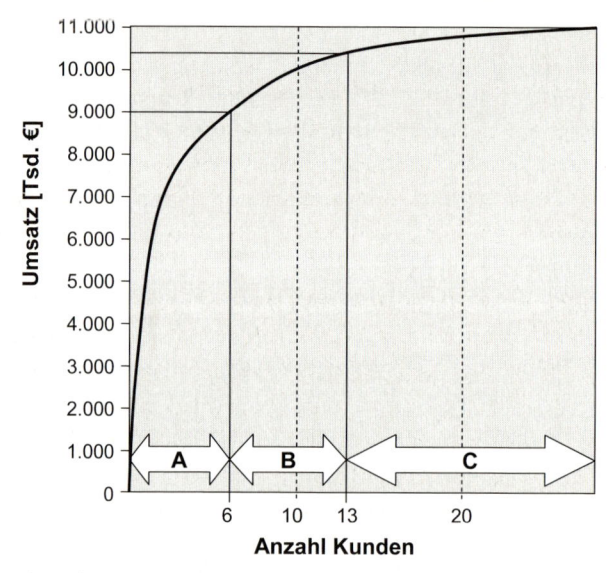

Bild 7-27   ABC-Analyse der Kunden eines Maschinenbaubetriebs

Gefahren sind darin zu sehen, dass die ABC-Analyse ausschließlich in der Rückschau fungiert. Entwicklungen bleiben systematisch unberücksichtigt. Fast jeder A-Kunde war in der Vergangenheit auch einmal C-Kunde, hätte dann aber konsequenterweise nur stiefmütterlich behandelt werden dürfen und wäre dann verprellt worden.

Kennzahlen zur Ausschöpfung des Absatzpotenzials

Typische Kennzahlen zur Ausschöpfung des Absatzpotentials beziehen eine betriebswirtschaftliche Kerngröße, d. h. Umsatz, Kosten, Gewinn, Deckungsbeitrag, auf eine weitere Größe. So können Analysen der Verteilung der Umsätze etc. getätigt werden; beispielsweise werden die Umsätze gewissen Kundengruppen zugeordnet.

Derartige Kennzahlen sind:

- Kosten je Tag,
- Kosten je Besuch,
- Kosten je Auftrag,
- Kosten je Kunde und Besuch,
- Kosten pro Umsatz,
- Umsatz Soll/Ist,
- durchschnittlicher Deckungsbeitrag,
- Neukunden Soll/Ist.

Weitere Kennzahlen können aus dem Zeit- bzw. Mitteleinsatz für bestimmte Marketing- und Vertriebsmaßnahmen gewonnen werden. Beispiele sind:

- Werbekosten/Umsatzänderung,
- Verteilung der Verkäuferarbeitszeit (für Verkäufer/Verkäufer-Vergleiche) auf:
  - Verkaufsgespräch,
  - Anfahrt,
  - Sonstiges.

7.5.3 Verkaufsberichtssystem, Verkäuferbeurteilung

Außendienstmitarbeiter sind häufig auf sich allein gestellt und damit das einzige sichtbare Zeichen des Unternehmens. Sie können nicht permanent beobachtet und gesteuert werden. Der angemessene Weg zur Personalführung ist deshalb im Regelfall das **Management by Objectives**, also eine Kombination aus Zielvereinbarungen, Selbstorganisation und Eigenmotivation (vgl. Kap. 9).

Außendienstmitarbeiter sollten sich selbst kritisch bei ihrer Arbeit betrachten und diese Arbeit systematisch in Berichten dokumentieren, die zeitnah zu erstellen sind. Insbesondere sollte das unmittelbare Kundenfeedback beschrieben werden. Typische Berichte sind:

- Besuchsberichte (Unternehmen, Gesprächspartner, Anlass, Dauer, Ergebnis, Konkurrenzinformationen, Reklamationen, nächste Schritte), siehe Beispiel **Bild 7-28**;
- Tages-, Wochenberichte (Anzahl der besuchten Kunden, Aufträge, Neukunden, Monatsberichte, Gesprächszeit, Fahrzeit, zurückgelegte Entfernung);
- Marktberichte (Informationen über den Markt für die Vertriebsleitung);
- Sonderberichte (Reklamationen, Kundenvorschläge, Veränderungen beim Kunden, Marktveränderungen).

Eine regelmäßige Verkäuferbeurteilung sollte halbjährlich oder jährlich erfolgen. Sie kann wie folgt durchgeführt werden:

- Selbstkontrolle,
- Besuchsbegleitung,
- Allgemeine Tätigkeitskontrolle,
- Kundenzufriedenheitsmessung.

Anlassspezifische Beurteilungen erfolgen ergänzend bei sinkender Verkaufsleistung, verlorenen Kunden, Zunahme der Reklamationen und allgemein unzureichendem Verhalten.[74]

Kriterium: Vorbereitung	gut	mittel	schlecht
1. Wie habe ich die Tagestour vorbereitet?			
2. Wie habe ich den Besuch vorbereitet?			
Kriterium: Besuch			

3. Wie habe ich mich im Verkaufsgespräch verhalten?
  3.1 bei Gesprächseröffnung?
  3.2 Argumentation?
  3.3 bei Einwandbehandlung?
  3.4 bei Kaufvorschlag?
  3.5 beim Besuchsabschluss?			

Kriterium: Kenntnisse			

4. Wie waren meine Kenntnisse für das Verkaufsgespräch?
  4.1 Kundenkenntnisse?
  4.2 Marktkenntnisse?
  4.3 Produktkenntnisse?
  4.4 Wettbewerbssituation?			

5. Wurden Verkaufshandbuch, Salesfolder, Preislisten, Produktmuster, Prospekte etc. richtig eingesetzt?			
Kriterium: künftiges Verhalten			
6. Was sollte in Zukunft anders aussehen?			

Bild 7-28 Muster für den Selbstbericht eines Kundenbesuchs[75]

7.5.4 Messung der Kundenzufriedenheit

Durch Kundenbefragung kann man die

- Globalzufriedenheit,
- Wiederkaufabsichten,
- Zufriedenheitsfaktoren (Produkt, Service, Verkauf, Konditionen),
- Unzufriedenheitsfaktoren,
- Weiterempfehlungsabsichten,
- Beschwerderaten (auch aus Betriebsstatistik zu entnehmen)

ermitteln. Eine ausführliche schriftliche Kundenbefragung sollte nicht zu häufig, d. h. höchstens alle ca. drei Jahre, erfolgen. Sehr wichtig ist es, Kunden persönlich anzusprechen und ihnen eine rasche Beantwortung zu ermöglichen und auch optisch zu suggerieren, denn nur so ist eine sinnvolle Rücklaufquote zu erzielen. Der Kundenfragebogen sollte daher sorgfältig gestaltet werden, übersichtlich sein und möglichst Ankreuzfragen enthalten.

Bild 7-29 zeigt einen durch ein Unternehmen eingesetzten Kundenfragebogen. Mit diesem Bogen wurde eine recht hohe Rücklaufquote von ca. 20 % erzielt. Die Fragen zielten ab auf die Beurteilung der Vertriebstätigkeit (1-6), Produktqualität (7) und Innovationsorientierung (8-11) des Unternehmens. Ergänzend zu den Entscheidungsfragen wurden mit einer abschließenden offenen Frage Verbesserungsvorschläge eingeholt.[76]

7.5 Vertriebssteuerung

Customer Questionnaire
Client/Plant:_____   Date:_____

Please answer the following questions. You will help us improve our service!

		Yes	No		
1.	Do you know your contact person(s) at FMF?	☐	☐		
		Exc.			Poor
2.	Does FMF assure prompt response to your inquiries?	☐	☐	☐	☐
3.	Are your technical questions answered appropriately?	☐	☐	☐	☐
4.	Does FMF ensure on-time delivery?	☐	☐	☐	☐
5.	How do you rate the clearness and accuracy of documents submitted (e. g. invoices)?	☐	☐	☐	☐
6.	How does FMF react in case of problems/complaints?	☐	☐	☐	☐
7.	What is the performance of our after-sales service?	☐	☐	☐	☐
8.	How do you rate the quality of our products?	☐	☐	☐	☐
9.	Does FMF come up with new ideas?	☐	☐	☐	☐
10.	Do you get information about latest technical improvements?	☐	☐	☐	☐
11.	How do you rate FMF as a partner for new technical developments in your plant?	☐	☐	☐	☐

Which kinds of improvements would you suggest? Which additional services should be rendered?
_____
_____
_____Thank you!

Bild 7-29   Beispiel für einen Kundenfragebogen

7.5.5 Selbststeuerung mit dem Vertriebstrichter

Der Vertriebstrichter ist ein weit verbreitetes Modell, um Vertriebsprozesse zu verdeutlichen und zu steuern. Mit ihm wird dargestellt, wie sich eine Vielzahl begonnener Vertriebsaktivitäten letztlich zu einer wesentlich geringeren Zahl an Aufträgen verengt **(Bild 7-30)**.

Vorstufe

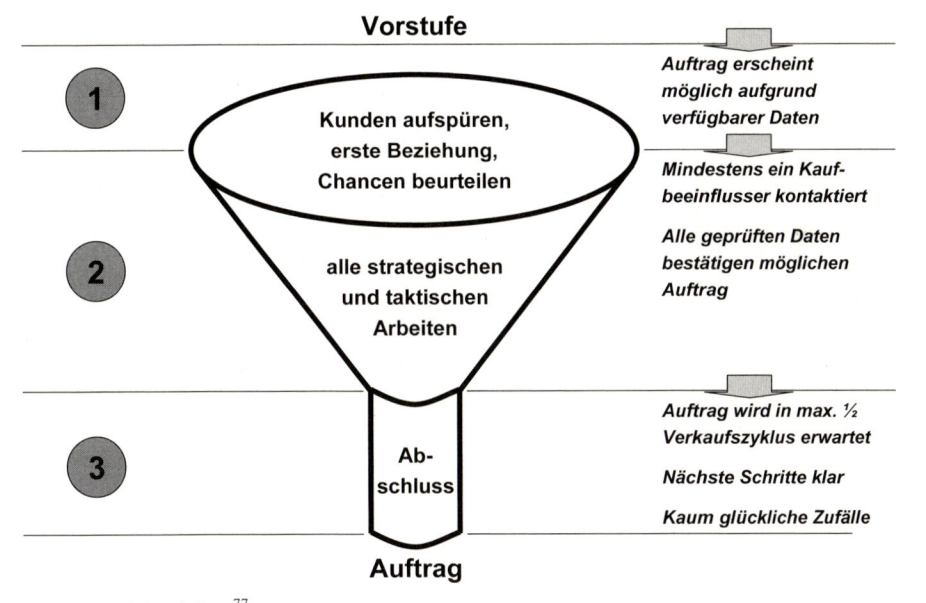

1. Kunden aufspüren, erste Beziehung, Chancen beurteilen
 — Auftrag erscheint möglich aufgrund verfügbarer Daten
 — Mindestens ein Kaufbeeinflusser kontaktiert

2. alle strategischen und taktischen Arbeiten
 — Alle geprüften Daten bestätigen möglichen Auftrag

3. Abschluss
 — Auftrag wird in max. ½ Verkaufszyklus erwartet
 — Nächste Schritte klar
 — Kaum glückliche Zufälle

Auftrag

Bild 7-30   Vertriebstrichter[77]

Den Ingenieuren sei an dieser Stelle gebeichtet: Das Modell ist physikalisch betrachtet natürlich Unfug! Letztlich kommt alles, was oben in einen realen Trichter gestopft wird, unten wieder heraus – und im Vertrieb ist genau das nicht der Fall. Nur ein Bruchteil der angefangenen Verkaufsvorgänge wird am Ende umsatzwirksam.

> Beispielsweise wird in der deutschen Werkzeugmaschinenindustrie nur aus ca. jedem fünfzehnten Angebot ein Auftrag!

Dennoch ist das Trichtermodell anschaulich und hat daher weite Verbreitung gefunden.

Aufgaben des Vertriebs im Trichtermodell

Der Vertriebstrichter teilt den Verkaufsprozess in eine Vorphase der Marktsondierung und drei aktive Verkaufsphasen ein **(Bild 7-30)**. Die einzelnen Phasen und insbesondere die damit verbundenen Vertriebsaufgaben werden im Folgenden näher dargestellt.

Vorstufe

In der Vorstufe sucht der Vertrieb nach Daten und Informationen, um potentielle Kunden mit Anforderungen zu finden, zu denen Produkte und Dienstleistungen des Unternehmens passen.

Dieses kann geschehen durch:

- aktive Suche entsprechend bestimmten Segmentierungskriterien (Branche, Region, Anlagenbestand etc.) oder
- Schaffung der Voraussetzungen, um vom Kunden kontaktiert zu werden (z. B. Internet-Auftritt).

Erste Stufe

Um in die erste Stufe zu gelangen, zeigen Daten und Informationen eines Verkaufsvorgangs an, dass ein Produkt zu einer Kundenanforderung passt. Erkennbar wir das beispielsweise durch folgende Sachverhalte:

- Interessent fordert Prospekt an.
- Produktionsanlagen eines potentiellen Kunden sind veraltet.
- Zeitungsbericht über Expansionspläne eines potentiellen Kunden lässt Bedarf vermuten.

Der Verkäufer muss diese Informationen verifizieren und dazu mindestens einen Kaufbeeinflusser des Kunden kontaktieren. So kann er Expansionsvorhaben oder ein aktuelles Problem beim Kunden feststellen.

Zweite Stufe

Wurden die Informationen durch Kontakt zu einem Kaufbeeinflusser verifiziert und der Kunde plant eine Expansion oder hat ein aktuelles Problem, erreicht der Verkaufsvorgang die zweite Stufe des Vertriebstrichters.

Die Aufgaben des Verkäufers liegen nun darin, sämtliche Kaufbeeinflusser (Mitglieder des Buying Centers) zu identifizieren. Diese werden dann direkt oder über Dritte kontaktiert und ihre Haltung zum Projekt festgestellt. Die Interessen der Kaufbeeinflusser müssen herausgefunden werden, um ihnen dann individuell zu verdeutlichen, dass und wie das Angebot ihren Eigeninteressen dient.

7.5 Vertriebssteuerung

Dritte Stufe

Stehen die Kaufbeeinflusser stehen hinter dem Angebot und es ist anzunehmen, dass Unsicherheiten oder Glück keine Rolle mehr spielen dürften, d. h. der Auftrag kommt zu 90 %-iger Wahrscheinlichkeit im halben durchschnittlichen Verkaufszyklus (= Dauer des Vertriebsprozesses), so gelangt er in die dritte Stufe.

Verkäufer erledigen dort Abschlussarbeiten wie z. B.:

- Last-Minute-Einwände entkräften,
- Unklarheiten beseitigen,
- Auftragsbestätigung und nötige Unterschriften einholen.[78]

Zeitmanagement mit dem Vertriebstrichter

Der Vertriebstrichter kann dabei helfen, durch Zeiteinteilung für eine kontinuierliche Unternehmensauslastung zu sorgen. Dabei sollte berücksichtigt werden:

- Anzahl der Aufgaben je Verkaufsvorgang,
- Umsatzvolumen der bearbeiteten Aufträge,
- produktbezogene Faktoren (z. B. Auslastung ihrer Fertigung),
- Investitionen in die Zukunft,
- Absatzschwankungen.

Es ist dafür zu sorgen, dass weder das Tagesgeschäft vernachlässigt wird noch der Vertriebstrichter austrocknet. Das zeitliche Verhältnis der Aufgaben ist branchen- und firmenspezifisch und letztlich erfahrungsbasiert zu ermitteln. Wichtig ist die alltäglich richtige Prioritätensetzung. Sie sollte folgender Reihenfolge entsprechen:

(1) Verkaufsvorgänge auf dritte Ebene abschließen (den Erfolg sichern).
(2) Neukunden ausfindig machen und Erfolgsaussichten bewerten (verhindern, dass Trichter austrocknet).
(3) Tätigkeiten der zweiten Trichterebene ausführen (angenehmste Tätigkeit zuletzt machen!).

Quellenhinweise (Kap. 7)

Literaturverzeichnis zu Kap. 7

Backhaus, K.: Industriegütermarketing, 5. Aufl. München: Vahlen, 1997

Backhaus, K.; Voeth, M.: Industriegütermarketing. 8. Aufl. München: Vahlen, 2006

Becker, J.: Strategisches Vertriebscontrolling. Wiesbaden: W. Kohlhammer, 1994

BGB: Bürgerliches Gesetzbuch, 63. Aufl.. München: dtv, 2009

Clarkson, Petruska: Transanalytische Psychotherapie, S, 108-194. Freiburg: Herder, 1996

Eisenhardt, U.: Recht für Wirtschaftswissenschaftler I – Grundlagen des Bürgerlichen Rechts. Fernuniversität Hagen, 1997

Fuchs, H.; Fuchs-Brüninghoff, E.: Einwandbehandlung und Konfliktüberwindung. In: Pepels, W. (Hrsg.): Handbuch Vertrieb. S. 275-292. München/Wien: Hanser, 2002

Godefroid, P.: Business-to-Business-Marketing, 2. Aufl. Ludwigshafen: Kiehl, 2000

HGB: Handelsgesetzbuch, 48. Aufl. München, dtv, 2009

Kellner, H.: Käufermotive und Kaufmotive. In: Pepels, W. (Hrsg.): Handbuch Vertrieb, S. 159-171. München/Wien: Hanser, 2002

Kellner, H.: Kundentypen. In: Pepels, W. (Hrsg.): Handbuch Vertrieb, S. 173-185. München/Wien: Hanser, 2002

Kellner, H.: Verkäufermentalitäten und Verkaufsstile. In: Pepels, W. (Hrsg.): Handbuch Vertrieb, S. 187-199. München/Wien: Hanser, 2002

Kotler, Ph.: Kotler on Marketing. New York: Simon & Schuster, 1999

Kotler, Ph.: Marketing Management. New York: Simon & Schuster, 1999

Miller, R. B.; Heiman, S. E.: Strategische Verkaufen. Landsberg: mi, 1999

Namokel, H.: Closing. In: Pepels, W. (Hrsg.): Handbuch Vertrieb, S. 309-319. München/Wien: Hanser, 2002

Pepels, W. (Hrsg.): Handbuch Vertrieb. München/Wien: Hanser, 2002

Pepels, W.: Preisargumentation. In: Pepels, W. (Hrsg.): Handbuch Vertrieb, S. 293-308. München/Wien: Hanser, 2002

Richter, H. P.: Investitionsgütermarketing. München/Wien: Hanser, 2001

Schulze, H.: Beziehungsmanagement – Vertrieb als persönlicher Kontakt zwischen Menschen. In: Pepels, W. (Hrsg.): Handbuch Vertrieb, S. 137-157. München/Wien: Hanser, 2002

Smidt, W.; Marzian, S.: Brennpunkt Kundenwert. Berlin etc.: Springer, 2002

Webster, F. E.; Wind, Y.: Organizational Buying Behavior. Englewood Cliffs: Prentice-Hall, 1972

Weis, Chr.: Verkauf, 5. Aufl. Ludwigshafen: Kiehl, 2000

Weis, Chr.: Verkaufsgesprächsführung, 3. Aufl. Ludwigshafen: Kiehl, 1998

Weis, Chr.: Marketing, 15. Aufl. Ludwigshafen: Kiehl, 2009

Weisbach, Chr.-R.: Verhandlungsführung. In: Pepels, W. (Hrsg.): Handbuch Vertrieb, S. 223-240. München/Wien: Hanser, 2002

Winkelmann, P.: Marketing und Vertrieb – Fundamente für die Marktorientierte Unternehmensführung. München/Wien: Oldenbourg, 2002

Anmerkungen zu Kap. 7

[1] vgl. Winkelmann (2002), S. 280
[2] nach Weis (2009), S. 353
[3] vgl. Weis (2009), S. 353 f.
[4] vgl. Weis (2009), S. 355 f.
[5] vgl. Winkelmann (2002), S. 95
[6] vgl. Weis (2000), S. 325
[7] ebda., S. 325 ff.
[8] ebda., S. 327 ff.
[9] ebda., S. 329 f.
[10] vgl. Winkelmann (2002), S. 95 f.
[11] ebda., S. 95
[12] vgl. Weis (2000), S. 54
[13] vgl. Richter (2001), S. 48 f.
[14] Webster/Wind (1972), S. 24
[15] vgl. Backhaus (1997), S. 57 ff.
[16] vgl. Richter (2001), S. 50 f.
[17] Richter (2001), S. 52
[18] Richter (2001), S. 51 ff.
[19] vgl. Richter (2001), S. 98 ff.
[20] nach Richter (2001), S. 101
[21] nach Richter (2001), S. 109
[22] Richter (2001), S. 110
[23] vgl. Richter (2001), S. 110 ff.
[24] nach Richter (2001), S. 79

[25] vgl. Richter (2001), S. 76 f.
[26] vgl. Godefroid (2000), S. 68
[27] vgl. Miller/Heiman (1999), S. 75 ff.
[28] nach Miller/Heiman (1999), S.157
[29] vgl. Clarkson (1992), S. 18
[30] in Anlehnung an Weis (1998), S. 82 ff.
[31] vgl. Weis (1998), S. 87 ff.
[32] Clarkson (1996), S. 31
[33] 3. Mose 19, 18 bzw. Mt. 22, 39
[34] vgl. Clarkson (1996), S. 31 f.
[35] vgl. Schulze (2002), S. 148
[36] vgl. Kellner (2002a); S. 162 ff.
[37] ebda. S. 170 f.
[38] in Anlehnung an Kellner (2002b), S. 179
[39] Synopse nach Kellner (2002b), S. 180 ff.
[40] ebda., S. 184 ff.
[41] nach Kellner (2002c), S. 190
[42] Synopse nach Kellner (2002c), S. 190 ff.
[43] vgl. Kellner (2002c), S. 199
[44] vgl. Weisbach (2002), S. 224 f.
[45] vgl. Fuchs (2002), S. 281
[46] vgl. Weisbach (2002), S. 225
[47] nach Nanokel (2002), S. 311
[48] nach Weisbach (2002), S. 235
[49] nach Weisbach (2002), S. 235 ff.
[50] vgl. Fuchs (2002), S. 282 ff.
[51] vgl. Pepels (2002), S. 294
[52] vgl. Fuchs (2002), S. 285 f.
[53] ebda., S. 287 ff.
[54] vgl. Fuchs (2002), S. 286
[55] Namokel (2002), S. 312 f.
[56] vgl. ebda., S. 313 f.
[57] vgl. ebda., S. 318 f.
[58] Dieser Abschnitt basiert auf Eisenhardt (1997) und dem BGB bzw. HGB
[59] vgl. Altmann (2002), S. 164
[60] vgl. Altmann, S. 164 ff.
[61] vgl. Altmann (2002), S. 173 f.
[62] nach Altmann (2002), S. 165
[63] vgl. Altmann (2002), S. 227 ff.
[64] vgl. Altmann (2002), S. 262 ff.
[65] vgl. Altmann (2002), S. 161 ff.
[66] vgl. Smidt/Marzian (2002)
[67] nach Weis (2000), S. 319
[68] vgl. Weis (2000), S. 346
[69] vgl. Weis (2000), S. 320
[70] nach Weis (2000), S. 349
[71] nach Kotler (1999b), S. 96
[72] vgl. Kotler (1999a), S. 176
[73] nach Becker (1994), S. 127
[74] vgl. Weis (Verkauf), S. 369 ff.
[75] nach Weis (2002), S. 394
[76] vgl. Weis (Verkauf), S. 405
[77] nach Miller/Heiman (1999), S. 219
[78] nach Miller/Heiman (1999), S. 218 ff.

8 Investition und Finanzierung

8.1 Begriff der Investition

Der Begriff stammt aus dem Lateinischen „*investire*" und bedeutet im betriebswirtschaftlichen Zusammenhang das Einkleiden eines Unternehmens mit Sach-, Finanz- und immateriellem Vermögenswerten.

In der Unternehmensbilanz zeigt die Aktivseite Investitionen im Sinne der Mittelverwendung. Die Passivseite zeigt dagegen die Finanzierung der Investitionen im Sinne der Mittelherkunft (siehe Abschnitt 8.3). Im externen Rechnungswesen wird die immaterielle Investition als immaterielles Vermögen anders inhaltlich belegt. Nach HGB dürfen immaterielle Vermögenswerte nur aktiviert werden, wenn sie vom Unternehmen angeschafft wurden und damit Anschaffungskosten entstanden sind.

In der Investitionsrechnung, die zur Beurteilung von Investitionen erforderlich ist, spielt die Bilanzierung keine Rolle. Ein Unternehmen könnte in die Bildung seiner Mitarbeiter investieren wollen – die wirtschaftliche Vorteilhaftigkeit müsste dann von dem Unternehmen beurteilt werden. Auch Mitarbeiter, häufig als das „wichtigste Kapital" des Unternehmens bezeichnet, werden nicht in der Bilanz eines Unternehmens aktiviert.

Als Investitionsarten lassen sich neben den immateriellen Investitionen die Sachinvestitionen und die Finanzinvestitionen unterscheiden.

Als Sachinvestitionen können je nach Investitionszeitpunkt in einem Unternehmenslebenszyklus differenziert werden:

- Gründungsinvestitionen,
- Erweiterungsinvestitionen,
- Rationalisierungsinvestitionen,
- Ersatzinvestitionen.

Während die drei erstgenannten Investitionsarten die Kapazität des Unternehmens ausweiten, erhöht diese sich bei Ersatzinvestitionen nicht.[*]

Des Weiteren ist eine liquiditätsorientierte Perspektive festzustellen. Eine Investition kann als eine Zahlungsreihe definiert werden, die mit einer Auszahlung beginnt. Im Lebenszyklus der Investition werden Einzahlungen als eine Zahlungsreihe erwartet, damit sich die Investition für den Investor lohnt.

Die für die Investition erforderliche Finanzierung ist eine Zahlungsreihe, die aus Unternehmenssicht mit einer Einzahlung beginnt. Der Finanzier erwartet im Lebenszyklus der Investition Auszahlungen vom Unternehmen zur Bedienung seiner Verzinsung und zur Rückzahlung des finanzierten Geldbetrages.

---

[*] Zu weiteren Differenzierungsmöglichkeiten von Investitionsarten vgl. Däumler/Grabe (2008), S. 16 ff.

8.1 Begriff der Investition

Bei dem Abgleich beider Zahlungsreihen wird erwartet, dass **Nettoeinzahlungen** (als ein Zahlungsüberschuss) entstehen. Die Nettoeinzahlungen auf eine Investition sind der Saldo aus zukünftigen Auszahlungen und Einzahlungen. Diese zahlungsorientierte Sicht hat herrscht in der Wirtschaft vor, hat aber auch Nachteile.[1]

> **Beispiel:** Ein Investor tätigt zum heutigen Zeitpunkt eine Investition mit dem Kauf einer Maschine und zahlt dafür einen bestimmten Betrag aus. Er erwartet auch zukünftig Auszahlungen im Sinne von zahlungswirksamen Instandhaltungs- und Betriebsaufwendungen (11.000 € pro Periode). Gleichermaßen erwartet der Investor zusätzliche zahlungswirksame Umsatzerlöse, also Einzahlungen auf die Investition (20.000 € pro Periode). Die Nettoeinzahlungen betragen als Saldo aus Einzahlungen und Auszahlungen in den nächsten Perioden jeweils 9.000 €.

Aus solchen Zahlungsüberschüssen lassen sich bei der Bewertung der Vorteilhaftigkeit eines Investitionsobjekts Entscheidungen herleiten.

Eine Investitionsbeurteilung ist von der Investitionssituation abhängig:

- Lohnt sich ein Investitionsobjekt für den Investor oder lohnt es sich nicht?
- Welches von mehreren alternativen Investitionsobjekten ist für den Investor am vorteilhaftesten?
- Wann ist der richtige Zeitpunkt, um ein „altes" Investitionsobjekt durch ein „neues" Investitionsobjekt zu ersetzen?

Im Rahmen der Investitionsbeurteilung sind folgende Phasen eines Investitionscontrollings festzustellen:

(1) Planung,
(2) Realisation,
(3) Kontrolle,
(4) Steuerung.*

In der Planungsphase wird die Notwendigkeit einer Investition festgestellt. Es werden operative Ziele festgelegt, die eine Investition für die Unternehmung erfüllen soll. Die Investition wird aus den strategischen Zielen der Unternehmung abgeleitet. Um eine Entscheidung zu treffen, ob eine Investition durchgeführt wird, müssen einige Prämissen geklärt sein:

- Prognose über die Entwicklung der Zahlungsströme im Investitionszeitraum,
- zeitliche Verteilung der Zahlungen,
- Höhe der Zahlungen,
- Verzinsungsanspruch des Investors an das von ihm eingesetzte Kapital.

Prämissen, die eine Investitionsrechnung obsolet werden lassen können, sind etwa Präferenzen gegenüber einem Investitionsobjekt, die nicht auf die monetäre Bewertung zurückzuführen sind. Solche Präferenzen können z.B. in einer Marken- oder Unternehmenstreue für ein Investitionsobjekt bestehen.

Aus der Bewertung eines Investitionsobjektes oder mehrerer Investitionsobjekte wird je nach Beurteilungskriterien eine Entscheidung hergeleitet: die Investition wird durchgeführt oder die Investition wird nicht durchgeführt.

---

* *Kruschwitz* verzichtet interessanterweise auf den Begriff der Steuerung. Vgl. Kruschwitz (2005), S. 7 ff.

In der Realisationsphase wird die Investition umgesetzt und es werden die prognostizierten Nettoeinzahlungen in das Unternehmen erwartet. Hand in Hand mit der Realisationsphase geht die Kontrollphase.[2] Es wird geprüft, ob die prognostizierten Einzahlungen und Auszahlungen eintreten. Bei Abweichungen sind Steuerungsmaßnahmen zu ergreifen, die zu einer Realisierung des geplanten Investitionserfolgs führen. Haben sich die Prämissen so stark verändert, dass nicht mehr von dem Erreichen des geplanten Investitionserfolgs auszugehen ist, sind die Investitionsziele anzupassen. Ist eine Anpassung der Investitionsziele nicht möglich und ist von einer Veränderung der Prämissen in der Zukunft nicht auszugehen, bleibt nur die Desinvestition. Unter der Desinvestition wird die Liquidation der Investition verstanden. Der Investor trennt sich von seinem Investitionsobjekt.

Dieser Controllingzyklus ist Bestandteil jeder Investition.

Jede Investitionsentscheidung fällt unter Unsicherheit in Bezug auf zukünftige Entwicklungen. Mit Eintrittswahrscheinlichkeiten lässt sich eine Einschätzung vornehmen.

8.2 Verfahren der Investitions- und Wirtschaftlichkeitsrechnung

Zur Bewertung von Investitionsalternativen sind **unterschiedliche Verfahren** möglich:

- Nutzwertanalyse,
- statische Investitionsrechenverfahren,
- dynamische Investitionsrechenverfahren.

In der Praxis lässt sich feststellen, dass unterschiedliche Investitionsbeurteilungsverfahren nebeneinander angewendet werden. Die Investitionsentscheidung soll damit fundiert werden.

8.2.1 Nutzwertanalyse

Die Nutzwertanalyse ist ein Verfahren, das ohne monetäre Größen bei der Beurteilung auskommt. Es handelt sich um ein Verfahren, das bei der Ermittlung der Vorteilhaftigkeit mehrerer Investitionsalternativen zum Einsatz kommt. Je Alternative wird ein Nutzwert ermittelt, deren Vergleich die vorteilhafteste Variante mit einem Nutzwert ausweist.[3] Weil hier jeweils Punkte vergeben werden, wird dieses Verfahren im Controlling als ein **Scoring-Modell** bezeichnet.

Tabelle 8-1   Partnerwahl[4]

	A(lexander)	B(ernd)	C(laus)	D(irk)
tüchtig	1	9	8	3
gutaussehend	10	2	5	4
gebildet	5	2	9	7
vermögend	8	3	6	2
sexy	5	8	9	9
häuslich	9	9	2	3
Punktwert	**38**	**33**	**39**	**28**

8.2 Verfahren der Investitions- und Wirtschaftlichkeitsrechnung

Voraussetzung für diese Verfahren ist die Kenntnis der verschiedenen Investitionsalternativen. Ein einfaches, nicht ganz so ernst zu nehmendes Beispiel zur Partnerwahl soll nachfolgend den Aufbau vermitteln **(Tabelle 8-1)**.

Die heiratslustige Erna sucht einen Partner für ein gemeinsames Leben. Vier potenzielle Partner zieht sie in die engere Wahl: (A)lexander, (B)ernd, (C)laus, (D)irk. Sie bewertet die potenziellen Partner je Eigenschaft auf einer Punkteskala von 1(Eigenschaft wird überhaupt nicht erfüllt) bis 10 (Eigenschaft wird überdurchschnittlich erfüllt).

Ergebnis dieser Nutzwertanalyse: Claus wäre der ideale Partner.

Erna hätte in diesem Beispiel die für sie bedeutsamen Eigenschaften sämtlich gleich gewichtet, also keine besondere Bedeutung für einzelne Eigenschaften im Verhältnis zu den anderen Eigenschaften bestimmt. Dies wäre jedoch denkbar, wenn sie der jeweiligen Eigenschaft ein Gewicht beimisst. Dies ist in **Tabelle 8-2** geschehen

Tabelle 8-2 Partnerwahl mit Gewichtung

	Gewichtung	A(lexander)		B(ernd)		C(laus)		D(irk)	
		Wert	Punkte	Wert	Punkte	Wert	Punkte	Wert	Punkte
tüchtig	10 %	1	0,10	9	0,90	8	0,80	3	0,30
gutaussehend	30 %	10	3,00	2	0,60	5	1,50	4	1,20
gebildet	25 %	5	1,25	2	0,50	9	2,25	7	1,75
vermögend	5 %	8	0,40	3	0,15	6	0,30	2	0,10
sexy	10 %	5	0,50	8	0,85	9	0,90	9	0,90
häuslich	20 %	9	1,80	9	1,80	2	0,40	3	0,60
Punktwert		38	7,05	33	4,75	39	6,15	28	4,85

Durch die Gewichtung der einzelnen Kriterien ergibt sich eine veränderte Auswahlsituation. Das Beispiel soll die Bedeutung der Wahl der zu bewertenden Eigenschaften, die Wahl des Bewertungsmaßstabes, die Auswahl der Alternativen und die Durchführung der Ermittlung des Nutzwertes verdeutlichen.

Die Nutzwertanalyse abstrahiert von monetären Werten einer Investition. Die folgenden Verfahren stellen dagegen gerade diese in den Betrachtungsmittelpunkt. Auch bei diesen Verfahren könnte die Nutzwertanalyse hilfreich sein: Die unumgängliche Festlegung des Kalkulationszinssatzes ließe sich mit einer Nutzwertanalyse unterstützen.[5]

8.2.2 Statische Investitionsrechnungsverfahren

Statische Investitionsrechenverfahren betrachten jeweils eine Durchschnittsperiode oder eine repräsentative Periode. Dadurch werden diese Verfahren in der Durchführung vereinfacht. Als statische Investitionsrechenverfahren lassen sich unterscheiden:

- Kostenvergleichsrechnung,
- Gewinnvergleichsrechnung,
- Rentabilitätsvergleichsrechnung,
- Amortisationsrechnung.[6]

Die Kostenvergleichsrechnung orientiert sich in ihrer Durchführung an der Kosten- und Leistungsrechnung. Sie stellt die gesamten Kosten (variable und fixe) der verschiedenen Alternativen gegenüber. Dafür müssen die Investitionsalternativen hinsichtlich ihrer Leistungskriterien vergleichbar sein. Es ist die Investitionsalternative am vorteilhaftesten, die die geringsten Kosten verursacht. Das nachfolgende Beispiel führt die Investitionsentscheidung des Autovermieters an. Es wird die folgende Kostensituation zur Entscheidungsauswahl unterstellt (**Bild 8-1**).

Kostenarten	Fahrzeugtypen		
	Corsica	Apollon	Siesta
Fixe Kosten:			
Anschaffungspreis (brutto)	18.200,00 €	20.450,00 €	18.600,00 €
Zinsen p.a. (Zinssatz 9%)	1.638,00 €	1.840,50 €	1.674,00 €
Abschreibung pro Monat	2 %	1,8 %	3 %
Abschreibungsbetrag p.a.	4.368,00 €	4.417,20 €	6.696,00 €
Haltedauer je Fahrzeug	6 Monate	6 Monate	4 Monate
Frachtkosten p.a.	940,00 €	151,20 €	244,80 €
Versicherung p.a.	1.800,00 €	1.800,00 €	1.800,00 €
Kfz-Steuer	befreit	befreit	157,00 €
Gesamtkosten p.a.	8.746,00 €	8.208,90 €	10.571,80 €
Gesamtkosten pro Monat	728,83 €	684,08 €	880,98 €
Variable Kosten:			
Wagenpflege durchschnittlich bei ca. 60 Pflegeeinheiten	1.320,00 €	1.320,00 €	1.320,00 €
Öl-Service (ab 12.000km)	64,00 €	64,00 €	keiner
Durchschnittlicher Reparaturaufwand	150,00 €	150,00 €	225,00 €
Gesamtkosten p.a.	1.534,00 €	1.534,00 €	1.545,00 €
Gesamtkosten pro Monat	127,83 €	127,83 €	128,75 €
Gesamtkosten fix&variabel			
Pro Fahrzeug p.a.	10.280,00 €	9.742,90 €	12.116,80 €
Pro Fahrzeug pro Monat	856,67 €	811,91 €	1.009,73 €

Bild 8-1 Kostenvergleichsrechnung bei Fahrzeugwahl

Aus der Kostenvergleichsrechnung wird deutlich, dass der Appolon das kostengünstigste Fahrzeug unter den gewählten Alternativen darstellt. Die relative Vorteilhaftigkeit des Fahrzeugs wird damit deutlich.

Um die absolute Vorteilhaftigkeit einer Investitionsalternative zu bestimmen, müsste es eine konkrete Vorgabe für maximal zu verursachende Kosten geben. Es wäre vorstellbar, dass eine Kostenvorgabe existiert (z. B. Vorgabe der Geschäftsleitung), dass 500 € pro Monat an Gesamtkosten eines Fahrzeugs nicht überstiegen werden dürfen. Dies wäre in dem vorliegenden Beispiel ein Ausschlusskriterium für alle Investitionsalternativen, da jedes Fahrzeug diesen Betrag übersteigt.

Die Ergebnisse einer Investitionsbeurteilung sind jeweils aus der Perspektive des jeweiligen Unternehmens nachzuvollziehen und aus diesem Grund nicht zu verallgemeinern.[*]

---

[*] vgl. zur Kritik der Kostenvergleichsrechnung Däumler/Grabe (2008), S. 183 f.

8.2 Verfahren der Investitions- und Wirtschaftlichkeitsrechnung

Die Gewinnvergleichsrechnung orientiert sich ebenfalls an der Kosten- und Leistungsrechnung. Neben den Kosten werden die Leistungen (mit Absatzpreisen) bewertet. Der Saldo dieser beiden Größen ergibt den betrieblichen Gewinn, der zur Entscheidung heranzuziehen ist. Diese Rechnung macht nur Sinn, wenn sich die Leistungen der jeweiligen Investitionsalternativen voneinander unterscheiden. Im anderen Fall würde diese Rechnung zu demselben Ergebnis kommen wie die Kostenvergleichsrechnung.

Zurück zum Beispiel: Kann in der Autovermietung davon ausgegangen werden, dass jedes Kleinfahrzeug (gleichgültig welche Marke) in der Vermietung den selben Stückpreis erzielt (angenommene 0,50 €/km) und die gleiche Leistung erbringt (4.000 km/Monat), dann wären die Umsatzerlöse bei den drei Alternativen identisch **(Bild 8-2)**. Darüber hinaus wäre das Investitionsergebnis identisch mit der Kostenvergleichsrechnung.

	Fahrzeugtypen		
	Corsica	Apollon	Siesta
Umsatzerlöse	2.000,00 €	2.000,00 €	2.000,00 €
- Gesamtkosten	856,67 €	811,91 €	1.009,73 €
= Gewinn	1.143,33 €	1.188,09 €	990,27 €

Bild 8-2   Gewinnvergleichsrechnung bei Fahrzeugwahl mit gleichem Umsatz

Bei unterschiedlichem Umsatz je Fahrzeug sähe das Ergebnis dieser Vergleichsrechnung anders aus. Dies setzt voraus, dass die Kunden unterschiedliche Präferenzen haben und der Umsatz daher unterschiedlich hoch sein wird **(Bild 8-3)**.

	Fahrzeugtypen		
	Corsica	Apollon	Siesta
Umsatzerlöse	1.800,00 €	2.000,00 €	2.200,00 €
- Gesamtkosten	856,67 €	811,91 €	1.009,73 €
= Gewinn	943,33 €	1.188,09 €	1.190,27 €

Bild 8-3   Gewinnvergleichsrechnung bei Fahrzeugwahl bei unterschiedlichem Umsatz

Die Rentabilitätsrechnung orientiert sich an einer relativen Größe, da sie bei der Rentabilität den Gewinn einer Investitionsalternative in das Verhältnis zum investierten (in dem Investitionsobjekt gebundenen) Kapital setzt. Damit wird die vorher betrachtete Gewinnvergleichsrechnung um die Größe des investierten Kapitals erweitert. Der Gewinn allein ist für manchen Investor nicht ausschlaggebend, da er für sein zu investierendes Kapital die beste Verzinsungsmöglichkeit sucht. Die Rentabilität ist die entscheidende Größe.[*]

Bei dem gewählten Beispiel **(Bild 8-4)** ist für die Entscheidung eine Aussage über das zu investierende Kapital erforderlich. Über die Anschaffungsauszahlung ist eine Größe vorhanden, die als zu investierendes Kapital zu bezeichnen ist. Das Verhältnis von Gewinn zu Kapital

---

[*] vgl. zu unterschiedlichen Möglichkeiten der Rentabilitätsermittlung Däumler/Grabe (2008), S. 198 ff.

(hier: Anschaffungsauszahlung im Sinne des zu zahlenden Preises) ergibt die jeweilige Rentabilität eines Fahrzeugs.

	Fahrzeugtypen		
	Corsica	Apollon	Siesta
Einkaufspreis (eingesetztes Kapital)	18.200,00 €	20.450,00 €	18.600,00 €
Umsatzerlöse	1.800,00 €	2.000,00 €	2.200,00 €
- Gesamtkosten	856,67 €	811,91 €	1.009,73 €
= Gewinn	943,33 €	1.188,09 €	1.190,27 €
Rentabilität (Gewinn : Einkaufspreis)	5,18 %	5,81 %	6,4 %

Bild 8-4 Rentabilitätsvergleichsrechnung bei Fahrzeugwahl mit unterschiedlichem Umsatz

Bei den ermittelten Rentabilitäten wird deutlich, welches Fahrzeug für die Autovermietung unter dem Gesichtspunkt einer optimalen Verzinsung der Investition bei relativer Vorteilhaftigkeit auszuwählen wäre.

Auch hier kann eine absolute Vorteilhaftigkeit einer Investitionsalternative aus der Sicht des Investors gefordert werden. Wie eingangs zu diesem Kapitel formuliert, ist für jede Investition eine Finanzierung erforderlich. Die Kapitalgeber erwarten für ihr zur Verfügung gestelltes Kapital eine Verzinsung. Je nach Vergleichsmaßstab werden die individuellen Verzinsungsansprüche eines Kapitalgebers unterschiedlich ausfallen. Der Verzinsungsanspruch des Kapitalgeber bzw. Investors wird als Mindestverzinsung verstanden.

Vorgabe der Geschäftsleitung des Autovermieters könnte sein, dass ein Kleinwagen mindestens 10 % Verzinsung auf das eingesetzte Kapital erwirtschaften muss. Dies wäre in dem vorliegenden Beispiel ein Ausschlusskriterium für alle Investitionsalternativen. Sie müssten also mindestens 10 % Mindestverzinsung erwirtschaften. Darüber hinaus würden die drei Investitionsalternativen miteinander verglichen.

Kommt es dem Investor auf die Geschwindigkeit des Rückflusses des investierten Kapitals an, ist die Amortisationsrechnung zur Investitionsbeurteilung heranzuziehen. Der Investor ermittelt aus dem investierten Betrag als Auszahlung und den periodischen (in der Regel, jährlichen) Rückflüssen als Einzahlungen die Zeit, innerhalb welcher das Geld zurückgeflossen ist. Je schneller einem Investor das Geld wieder für neue Investitionen zur Verfügung steht, um so positiver wird das bewertet. Die Zeit, die bis zum gesamten Rückfluss der ausgezahlten Mittel in der Unternehmung benötigt wird, ist als Amortisationszeit zu bezeichnen.

Im in **Tabelle 8-3** zusammengefassten Beispiel wird eine Amortisationsrechnung beispielhaft durchgeführt. Die Anschaffungsauszahlung für ein Investitionsobjekt beträgt 100.000 €, die Nutzungsdauer 6 Jahre.

In der rechten Spalte wird deutlich, dass sich das Investitionsobjekt zwischen dem vierten und fünften Jahr bezahlt macht. Wird von einem gleichmäßigen Zahlungsanfall ausgegangen, wird sich die Investition nach 4,2 Jahren amortisiert haben (durch lineare Interpolation abzuleiten aus −10.000 € am Ende des vierten Jahres, +40.000 € am Ende des fünften Jahres). Neben dieser statischen Rechnung lässt sich auch noch eine dynamische Amortisationsrechnung unterscheiden.[7]

8.2 Verfahren der Investitions- und Wirtschaftlichkeitsrechnung

Tabelle 8-3   Amortisationsrechnung (Werte in €); Anschaffungsauszahlung 100.000 €

Jahre	jährliche Nettoeinzahlungen	kumulierte Nettoeinzahlungen	kum. Nettoeinzahlungen – Anschaffungsauszahlung
1	– 10.000	– 10.000	– 110.000
2	+ 30.000	+ 20.000	– 80.000
3	+ 30.000	+ 50.000	– 50.000
4	+ 40.000	+ 90.000	– 10.000
5	+ 50.000	+ 140.000	+ 40.000
6	+ 40.000	+ 180.000	+ 80.000

8.2.3 Dynamische Investitionsrechnungsverfahren

Bei den vier aufgezeigten statischen Verfahren (Kostenvergleichs-, Gewinnvergleichs-, Rentabilitäts-, Amortisationsrechnung) wird von der Gleichwertigkeit der Liquidität ausgegangen, gleichgültig ob sie heute oder in einem Jahr auf ein Investitionsobjekt anfällt. Zur Verfügung stehende Liquidität ist jedoch je nach Zeitpunkt unterschiedlich zu bewerten. Steht ein Betrag von 10.000 € heute im Verhältnis zu einem Betrag von 10.000 € in zwei Jahren zur Verfügung, müsste der Betrag heute höher bewertet werden. Denn bei einem Betrag von 10.000 € erst in zwei Jahren muss der Investor zwei Jahre auf eine Verzinsung verzichten. Darüber hinaus verliert das Geld innerhalb von zwei Jahren an Kaufkraft, so dass mit einem Betrag von 10.000 € in zwei Jahren weniger zu kaufen sein wird als mit demselben Betrag heute.

Das folgende überschaubare Beispiel der Aufzinsung und der Abzinsung über mehrere Perioden (Jahre) im Rahmen einer Zinseszinsrechnung soll dies verdeutlichen.

Grundlagen der dynamischen Investitionsrechnung

Mithilfe des Aufzinsungsfaktors wird berechnet, welchen Wert ein heute zum Zinssatz i angelegter Betrag in n Jahren hat.

$$Aufzinsfaktor_n = (1+i)^n \tag{8.1}$$

Damit ergibt sich

$$Endkapital\ K_n = Anfangskapital\ K_0 \cdot (1+i)^n \tag{8.2}$$

> **Beispiel**
> Werden 250.000 € Anfangskapitel zu einem Zinssatz von 5 % über drei Jahre angelegt, so ergibt sich der Endwert zu
> $K_3 = 250.000\ € \cdot (1+ 5\ \%)^3 = 289.406,25\ €$

Mithilfe des Abzinsungsfaktors wird berechnet, welchem heutigen Wert ein in n Jahren fälliger Betrag heute entspricht.

$$Abzinsfaktor_n = (1+i)^{-n} \tag{8.3}$$

Damit ergibt sich der als Barwert bezeichnete heutige Wert zu

$$\text{Barwert } K_0 = \text{Endkapital } K_n \cdot (1+i)^{-n} \tag{8.4}$$

> **Beispiel**
>
> Wird ein in drei Jahren fälliges Endkapital von 289.406,25 € zu einem Zinssatz von 5 % auf den heutigen Tag abgezinst, so ergibt sich ein Barwert von
> $K_0 = 289.406{,}25\ € \cdot (1+ 5\ \%)^{-3} = 250.000\ €$

Dynamische Investitionsrechenverfahren tragen der zu erwartenden Verzinsung des Kapitals Rechnung. Sie sind bei einer mehrperiodigen Betrachtung von Investitionen und deren Zahlungsströmen sinnvoll und werden von großen, aber auch vielen mittelständischen Unternehmen für größere Investitionsvorhaben als Kalkulationsgrundlage genutzt. Die drei gängigen Verfahren sind die

- Kapitalwertmethode,
- Methode des internen Zinsfußes,
- Annuitätenmethode.

Mit ihnen gelangt man zur jeweils gleichen Aussage über die Vorteilhaftigkeit einer Investition, wie noch gezeigt werden wird. Das Ergebnis wird aber unterschiedlich dargestellt.

Kapitalwertmethode

Bei Kapitalwertmethode werden sämtliche Netto-Einzahlungen zukünftiger Perioden des Investitionsobjektes auf den heutigen Tag abgezinst. Als Zinssatz zur Abzinsung (dem Kalkulationszinsfuß) wird die Mindestverzinsungserwartung des Investors verwendet.

Welche Mindestverzinsungserwartung hat der Investor an sein Investitionsobjekt? Der Investor wird mindestens den Betrag erwirtschaften wollen, den er bei einer risikolosen Investition hätte erzielen können. Als Vergleichswert kann ein langfristiges risikoloses Staatspapier gelten. Abhängig von dem jeweiligen Investitionsobjekt wird der Investor einen zusätzlichen Risikozuschlag erwirtschaften wollen.[*]

Bei der Kapitalwertmethode werden die Auszahlungen und Einzahlungen der gegenwärtigen und zukünftigen Perioden ermittelt. Diese werden mit dem Kalkulationszinsfuß des Investors auf den Tag der Entscheidung abgezinst. Die abgezinsten Beträge zeigen unter den gewählten Prämissen die Barwerte aller zukünftigen Einzahlungen E_t und aller zukünftigen Auszahlungen A_t. Die Saldierung beider Barwerte ergibt den Kapitalwert *(net present value NPV)* der Investition. Ist der Kapitalwert gleich 0, wird sich die Investition genau mit dem erwarteten Zinssatz verzinsen. Die Investition ist für den Investor lohnenswert. Ist der Kapitalwert positiv, wird die Verzinsung des Investitionsobjektes über dem erwarteten Kalkulationszinsfuß des Investors liegen. Ist der Kapitalwert negativ, wird der erwartete Zinssatz nicht erreicht. Die Einzahlungen reichen nicht aus, den Verzinsungsanspruch des Investors zu befriedigen. Die Investition lohnt sich für den Investor nicht. Als Formel ausgedrückt ergibt sich für den Kapitalwert (NPV):

---

[*] In der Industrie sind Mindestverzinsungen von 20 % bei einer Laufzeit von fünf Jahren eine gängige Größenordnung. Dazu kommen Risikozuschläge, die je nach Investitionsart und –region im zweistelligen Prozentbereich liegen können.

8.2 Verfahren der Investitions- und Wirtschaftlichkeitsrechnung

$$NPV = \sum_{t=0}^{n}(E_t - A_t)(1+i)^{-t} \qquad (8.5)$$

Beispiel:
Ein Betrieb plant den Kauf einer Maschine zum Preis von 10.000 €.
Die Lebensdauer der Maschine wird auf vier Jahre geschätzt.
In jedem Jahr werden Einzahlungen von 5.000 € erwartet. Die jährlichen Betriebs- und Instandhaltungsauszahlungen werden mit 3.000 € veranschlagt.
Nach Ablauf der vier Jahre kann ein Restwert von 4.000 € realisiert werden.
Lohnt sich diese Investition auf der Basis der Kapitalwertmethode bei einem Kalkulationszinssatz (Verzinsungsanspruch des Investors an sein investiertes Kapital) von 6 %?

Jahr	saldierte Einzahlung (€)	Abzinsfaktor	Barwert (€)
0	–10.000	$1{,}06^{-0} = 1$	–10.000,00
1	2.000	$1{,}06^{-1} = 0{,}943396$	1.886,79
2	2.000	$1{,}06^{-2} = 0{,}889996$	1.779,99
3	2.000	$1{,}06^{-3} = 0{,}839619$	1.679,24
4	6.000	$1{,}06^{-4} = 0{,}792094$	4.752,57
Kapitalwert			98,59

Der Investor erhält sein investiertes Kapital zurück, eine Verzinsung von 6 % und darüber hinausgehend 98,59 €. Das heißt, dass er mehr als 6 % Verzinsung auf sein Investitionsobjekt erwirtschaftet.

„Für risikobewusste Investoren ist es wichtig, den Einfluss von Zinsänderungen auf den Barwert des Rückzahlungsstromes einer Investition zu kennen."[8] Dies ist die Aufgabe der sog. Sensitivitätsanalyse. Sie überprüft, wie sich die Änderung einzelner Eingangsgrößen wie z. B. die des Kalkulationszinssatzes auf die Vorteilhaftigkeit einer Investition auswirkt.[9]

Methode des interne Zinsfußes

Die interne Zinsfußmethode ermittelt den effektiven Zins eines Investitionsobjektes unter der Berücksichtigung mehrperiodiger Ein- und Auszahlungen. Der interne Zinsfuß *(internal rate of return IRR)* ist der Kalkulationszinssatz, der zu einem NPV von Null führt. In Analogie zu Formel (8.5) wird die IRR wie folgt berechnet:

$$\sum_{t=0}^{n}(E_t - A_t)(1+IRR)^{-t} = 0 \qquad (8.6)$$

Näherungsweise lässt sich das Ergebnis mit der sog. *Regula falsi* ermitteln. Dabei sind zwei Zinssätze und zwei Kapitalwerte erforderlich, um die Steigung einer Kurve zu ermitteln. Das folgende Beispiel **(Bild 8-5)** soll diesen Sachverhalt verdeutlichen.

Beispiel
Ein Unternehmer plant eine Investition über acht Jahre, die bei einer Anschaffungszahlung von 30.000 € und jährlichen Betriebsausgaben von 3.200 € pro Jahr 8.000 € an Einzahlungen erbringt. Der Unternehmer erwartet einen Restwert von 3.600 €.
Welche Rendite weist diese Investition auf? Lohnt sie sich bei einem Kalkulationszinsfuß von 8 %?

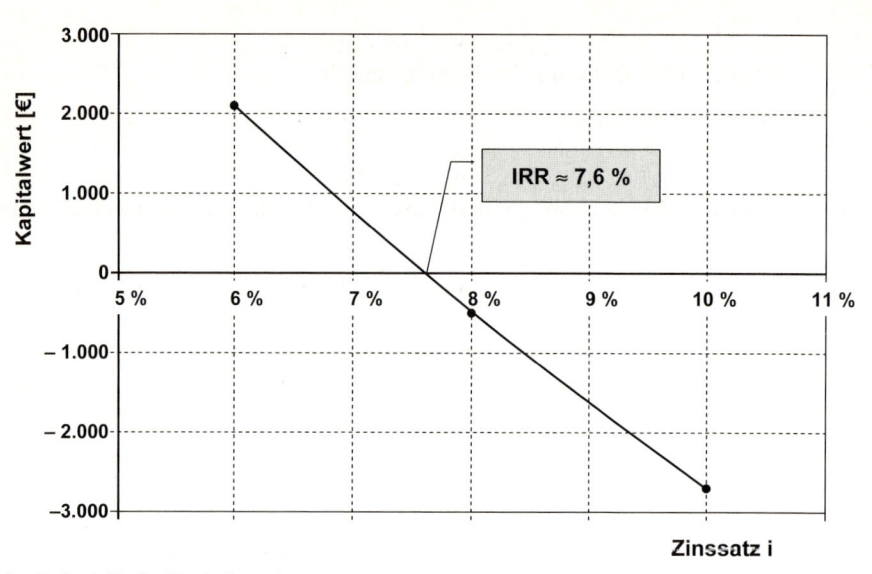

Bild 8-5 Beispielhafte Kapitalwertkurve

(1) Mit einem Verzinsungsanspruch von 0,06 = 6 % erhält ein Investor in diesem Beispiel einen Kapitalwert in Höhe von 2.066 €. Dieser Punkt kann in das Koordinationskreuz (mit den Kapitalwerten C_0 auf der y-Achse und den Zinssätzen auf der x-Achse) eingezeichnet werden.
(2) Bei einer Verzinsung von 0,08 = 8 % „erhält" der Investor einen negativen Kapitalwert von –471 €.
(3) Bei einem Verzinsungsanspruch von 0,10 = 10 % sinkt der Kapitalwert auf –2.713 €.
(4) Die Verbindung dieser Punkte ergibt die Kapitalwertkurve. Der Schnittpunkt mit der x-Achse ist der interne Zinsfuß, also die effektive Verzinsung.

Die BET ist die Zeit, bei der der NPV bei gegebenem Zinssatz erstmalig positiv wird. Die BET wird ähnlich wie die IRR ermittelt. Allerdings ist der Kalkulationszins konstant, während der Endzeitpunkt die gesuchte Variable ist. Es ergibt sich folgende Formel:

$$\sum_{t=0}^{BET}(E_t - A_t)(1+i)^{-t} = 0 \qquad (8.7)$$

Die Berechnung erfolgt, indem der Kapitalwert für ganze Jahre ermittelt wird. Der BET liegt zwischen dem Jahr, in dem letztmalig ein negativer NPV ermittelt wird, und dem Jahr, in dem erstmalig ein positiver NPV erzielt wurde. Die BET wird dann durch lineare Interpolation der beiden Zeitpunkte mithilfe der zugeordneten NPVs ermittelt.[*]

Annuitätenmethode

Bei der Annuitätenmethode werden die einzelnen Zahlungen auf Jahresebene als sog. Annuität betrachtet. Diese werden auch als Rente bezeichnet. Als Beispiel wird bei der Erläuterung dieser Methode in der Literatur häufig die „Verrentung" einer Lebensversicherung verwendet.

---

[*] Vgl. zur Kritik an dieser in der Praxis verbreiteten Methode z. B. Kruschwitz (2005), S. 106 f.

8.2 Verfahren der Investitions- und Wirtschaftlichkeitsrechnung

Die Auszahlung eines einmaligen Betrages wird unter Berücksichtigung von Zins und Zinseszins über einen bestimmten Zeitraum gleichmäßig verteilt.

Übersteigen die jährlichen durchschnittlichen Einzahlungen (auf ein Investitionsobjekt) die jährlichen durchschnittlichen Auszahlungen (eines Investitionsobjektes), ist eine Investition vorteilhaft. Bei der Differenzierung von mehreren Investitionsalternativen ist die Alternative am vorteilhaftesten, die den höchsten jährlich durchschnittlichen Zahlungsüberschuss pro Jahr erwirtschaftet.

Bei dieser Methode gilt, dass die jährlichen Einzahlungen und die jährlichen Auszahlungen auf ein Investitionsobjekt Jahr für Jahr stets gleichmäßig hoch sind. Das ist dann der Fall, wenn z. B. über Liefer- oder Dienstleistungsverträge gleichmäßig Leistungen erbracht werden und dafür gleichmäßig Zahlungen ein- bzw. ausgehen. Diese Geschäftsfälle sind in vielen Unternehmen und Organisationen anzutreffen, die ein „gleichmäßiges" Geschäft betreiben. Als Beispiel könnten Versicherungsunternehmen mit gleichmäßigen Einzahlungen von Versicherungsnehmern gelten.

Allerdings ist dies auch der Fall, wenn zur Vereinfachung der Planung und Steuerung durchschnittliche jährliche Zahlungen gebildet werden. Unterschiedlich hohe Zahlungen werden so im Durchschnitt zu gleich hohen Zahlungen vereinfacht.

Neben den gleichmäßigen Ein- und Auszahlungen über den Investitionszeitraum müssen auch die einmaligen Zahlungen auf den gesamten Investitionszeitraum verteilt werden, um die (jährliche) Annuität zu bilden. Eine einmalige Zahlung ist etwa die Auszahlung für den Kauf des Investitionsobjektes am Anfang des Investitionszeitraumes. Eine weitere einmalige Zahlung ist die Einzahlung für den Verkauf des Investitionsobjektes am Ende des Investitionszeitraumes (sog. Restwert). Denkbar wäre aber auch eine Auszahlung am Ende des Investitionszeitraumes, wenn das Investitionsobjekt Entsorgungskosten verursacht.[*]

Eine einmalige Auszahlung K_0 am Anfang des Investitionszeitraums über den Zeitraum n mit Zins und Zinseszins in gleichmäßigen Zahlungen g wiederzugewinnen, ermittelt der sog. Kapitalwiedergewinnungsfaktor KWF_n.

$$g = K_0 \cdot KWF_n \quad mit \quad KWF_n = \frac{i \cdot (1+i)^n}{(1+i)^n - 1} \tag{8.8}$$

Eine einmalige Einzahlung am Ende des Investitionszeitraumes über den gesamten Investitionszeitraum in gleichmäßige Zahlungen abzuzinsen, ermittelt der sog. Restwertverteilungsfaktor. Beides sind finanzmathematische Formeln, die sich wie folgt darstellen lassen:

$$g = K_n \cdot \frac{i}{(1+i)^n - 1} = K_n \cdot RVF_n \tag{8.9}$$

So ist es auf einfache Art möglich, Zahlungen in Annuitäten umwandeln. Profitabel ist eine Investition dann, wenn die durchschnittlichen jährlichen Einzahlungen die durchschnittlichen jährlichen Auszahlungen übersteigen.

---

[*] Denkbar sind auch einmalige Ein- oder Auszahlungen mitten im Investitionszeitraum, z. B. für einen Neuerwerb von Rechnern nach drei Jahren bei einer Gesamtinvestitionsdauer von fünf Jahren. Eine solche Auszahlung muss zunächst auf den Zeitpunkt 0 aufgezinst und das Ergebnis dann gleichmäßig über den KWF in Annuitäten verwandelt, d. h. auf den Investitionszeitraum verteilt werden.

Annuitätenrechnungen werden typischerweise im Banken- und Versicherungsbereich angestellt. Beispielsweise werden Immobilienkredite in regelmäßigen, i. d. R. monatlichen Zahlungen getilgt. Im Industriebereich wird dagegen meist der Kapitalwert und/oder der interne Zinsfuß berechnet. Mit den gezeigten Formeln lassen sich die regelmäßigen Zahlungen in Barwerte überführen und umgekehrt. Daher lassen sich die Berechnungen ineinander überführen und führen zu gleichen Aussagen über die Vorteilhaftigkeit einer Investition.

8.2.4 Praxis der Investitionsrechnung

In der Praxis werden häufig verschiedene der genannten Verfahren gleichzeitig vor der Durchführung einer Investition angewendet, um eine Investitionsentscheidung aus unterschiedlichen Blickwinkeln zu fundieren. *Däumler/Grabe* weisen in einer Untersuchung darauf hin, dass durchschnittlich 3,4 Verfahren angewendet werden.[10] Sie zeigen zudem, dass die Anwendung von Investitionsrechenverfahren erhöht hat.

Ist die Investitionsentscheidung für ein Objekt getroffen, sollte die Investitionsrechnung weiterhin verfolgt werden. Es muss in regelmäßigen Abständen kontrolliert werden, ob die geplanten mit den tatsächlichen Ein- und Auszahlungen übereinstimmen. Treten größere Abweichungen zwischen den Plan- und Istwerten auf, stellt sich möglicherweise eine Investition als nicht (mehr) lohnend heraus. Es ist über die **Desinvestition**, den Ausstieg aus einem Investitionsobjekt, auch vor dem Ende der geplanten Laufzeit zu entscheiden. Die kontrollierenden und steuernden Bewertungsmaßnahmen sind (neben der Planung) die Aufgaben eines Investitionscontrollings.[11]

8.3 Begriff der Finanzierung

Die Investition stellt die Anlage von Finanzmitteln dar, die Finanzierung steht für die Beschaffung von Finanzmitteln. Eine Bilanz (siehe **Bild 8-6**) mit Vermögens- und Kapitalseite lässt sich als Finanzmittelbeschaffung und Finanzmittelverwendung darstellen:

    Finanzmittelbeschaffung = Finanzierung   = Passiva

    Finanzmittelverwendung = Investition   = Aktiva

Neben der Notwendigkeit von Finanzmitteln für Investitionen sind andere Gründe für Finanzierungen denkbar. Hierzu zählt die Beschaffung von Finanzmitteln für laufende Ausgaben wie Personal- oder Materialausgaben. Diese Mittel werden durch den Verbrauch der Ressourcen und die Bezahlung von Personal und Material aufgewendet und fließen aus dem Unternehmen ab.

Im Hinblick auf die Finanzierung stellt sich die Frage, wie viel Finanzmittel das Unternehmen selbstständig verdient, z. B. über die Erwirtschaftung von Gewinn. Denn dieser Gewinn steht dem Unternehmen, wenn er nicht an die Eigentümer (Eigenkapitalgeber) ausgeschüttet wird, für Investitionen und andere Ausgaben zur Verfügung. Er stellt eine Finanzierungsquelle des Unternehmens dar.

8.3 Begriff der Finanzierung

Bilanz zum 31.12.2009	
Aktiva	**Passiva**
Anlagevermögen Sachanlagen Immaterielle Anlagen Finanzanlagen	**Eigenkapital** Gezeichnetes Kapital Rücklagen Jahresüberschuss
Umlaufvermögen Warenvorräte Forderungen Wertpapiere Zahlungsmittel	**Fremdkapital** langfristige Verbindlichkeiten kurzfristige Verbindlichkeiten
Rechnungsabgrenzungsposten	Rechnungsabgrenzungsposten

Bild 8-6 Beispielhafter Bilanzaufbau

Bei der Finanzierung werden Zahlungsströme in das Unternehmen hinein betrachtet, z. B. über Umsatzerlöse oder Einzahlungen von Eigen- bzw. Fremdkapitalgebern. Ebenso müssen aber auch die Zahlungsströme aus dem Unternehmen heraus betrachtet werden, z. B. als Personal-/ Materialausgaben oder Auszahlungen an die Eigen- bzw. Fremdkapitalgeber. Die Zuflüsse und Abflüsse von Finanzmitteln in einer Periode werden gegenübergestellt und ergeben den sog. Cashflow.[12]

Es muss ermittelt werden, ob der Cashflow in einem Unternehmen in einer Periode ausreicht, den notwendigen Kapitalbedarf derselben Periode zu decken. Hier wird ein Anspruch an die Planung von Finanzmitteln gestellt. Der Finanzmittelbestand stellt die Liquidität eines Unternehmens dar. Diese muss immer ausreichend vorhanden sein, um eine Zahlungsunfähigkeit des Unternehmens (sog. Illiquidität) zu vermeiden. Die Illiquidität führt zur Insolvenz des Unternehmens.[13]

Ein Unternehmen kann sich auf unterschiedliche Art und Weise Finanzmittel beschaffen, wodurch die Finanzierungskosten bestimmt werden. Neben der Verzinsung der zur Verfügung gestellten Finanzmittel entsteht ein Beschaffungsaufwand (suchen, finden, prüfen, verhandeln, abschließen von Finanzierungen).

Ein weiteres Kriterium ist die Bonität (Kreditwürdigkeit). Ein potenzieller Schuldner wird nach seiner Kreditwürdigkeit eingestuft, wodurch sich die Verzinsung bestimmt. Diese Einstufung kann individuell oder aber auch nach unternehmensübergreifenden Regeln vorgenommen werden. Es gibt Unternehmen, die sich auf die Einstufung (Rating) von Schuldnern spezialisiert haben.[14] So genannte Ratingagenturen übernehmen die Aufgabe der Einstufung von (potenziellen) Schuldnern und geben damit den Kreditoren eine Hilfestellung bei der Einstufung der Bonität. Internationale Ratingagenturen wie *A. M. Best, Standard & Poors, Moody's Investor Service, Fitch* bewerten nach Standards und vergeben verschiedene Ratingstufen.[15]

Bild 8-7 zeigt die Ratingstufen der führenden Ratingagenturen. Wird eine Organisation danach eingestuft, ist eine Bewertung schnell möglich. Vergleichbar ist das mit einer Einstufung von Produkten und Dienstleistungen anhand der Testurteile der Stiftung Warentest oder der Sterne-Klassifizierung der internationalen Hotelwirtschaft.

S&P	Moody's	Bedeutung der Symbole
AAA	Aaa	Extrem starke Zinszahlungs- und Tilgungskraft des Emittenten
AA	Aa	Sehr starke Zinszahlungs- und Tilgungskraft des Emittenten
A	A	Gute Zinszahlungs- und Tilgungskraft; der Schuldner ist aber anfälliger für negative Wirtschaftsentwicklungen als mit AAA (Aaa) oder AA (Aa) bewertete Emittenten
BBB	Baa	Ausreichende Zahlungsfähigkeit; bei negativer Wirtschafts- oder Umfeldentwicklung kann die Zinszahlungs- und Tilgungsfähigkeit stärker beeinträchtigt werden als in höheren Ratingklassen
BB	Ba	Noch ausreichende Zinszahlungs- und Tilgungsfähigkeit; es sind aber Gefährdungselemente vorhanden, die zu Abstufungen führen können
B	B	Derzeit noch ausreichende Zahlungsfähigkeit; starke Gefährdungselemente vorhanden
CCC		Starke Tendenz zu Zahlungsschwierigkeiten
CC C		Emittent mit CCC bewertet, allerdings sind die zugrundeliegenden Verbindlichkeiten nachrangig gesichert
	Caa Ca	Zins- und Tilgungszahlungen stark gefährdet oder eingestellt
CI		Zinszahlungen eingestellt
D	C	Emittent zahlungsunfähig
+/-	1,2,3	Feinabstufungen innerhalb der Kategorien

Bild 8-7 Ratingstufen der beiden weltweit führenden Ratingagenturen[16]

8.4 Finanzierungsformen

Die Finanzierungsformen lassen sich nach der Herkunft differenzieren: aus dem Unternehmen oder außerhalb des Unternehmens. Darüber hinaus kann unterschieden werden, ob es sich um Finanzmittel von Eigenkapitalgebern oder Fremdkapitalgebern handelt, also dem Eigenkapital bzw. Fremdkapital in der Bilanz eines Unternehmens zuzurechnen sind. Es handelt sich um Alternativen der Kapitalaufbringung **(Bild 8-8)**.[17]

	Innenfinanzierung	Außenfinanzierung
Eigenfinanzierung	Rücklagen, Jahresüberschuss	Kapitalerhöhung
Fremdfinanzierung	Rückstellungen	Kredite

Bild 8-8 Vier-Quadranten-Schema der Finanzierung

Die Wahl der Finanzierungsform hängt ab von:
- Höhe des Finanzierungsbedarfs,
- Rating des Gläubigers,
- Kosten der Finanzierung,

- Laufzeit der Finanzierung,
- Mitbestimmungsrechten,
- steuerlicher Behandlung,
- Rechtsformen.

8.4.1 Außenfinanzierung

Bei der Außenfinanzierung werden dem Unternehmen von „außen" Finanzmittel zugeführt. Das Unternehmen verfügt selbst nicht über genügend Finanzmittel, um Auszahlungen für Investitionen, z. B. den Kauf einer Maschine, oder für Aufwendungen, z. B. die Überweisung der Gehälter, zu tätigen. Die Zuführung (Einzahlung) von Finanzmitteln in das Unternehmen ist erforderlich, wenn ein Kapitalbedarf entsteht. Ein Kapitalbedarf entsteht, wenn die Finanzmittel im Unternehmen nicht ausreichen.[18]

Die Zuführung von Finanzmitteln führt zur Veränderung der Eigen- bzw. Fremdkapitalposition in der Bilanz des Unternehmens. Das Eigenkapital und/oder das Fremdkapital im Unternehmen nehmen zu, je nach dem welche Finanzierungsform gewählt wird. Dies hat Auswirkungen auf die Finanzkennzahlen des Unternehmens, z. B. auf die Eigenkapitalquote (als das Verhältnis vom Eigenkapital zum Gesamtkapital des Unternehmens).

Unter Eigenkapitalfinanzierung ist die Zuführung von Finanzmitteln durch die Eigentümer des Unternehmens zu verstehen. Dies können bereits am Unternehmenskapital beteiligte Eigentümer oder aber zukünftig am Unternehmenskapital beteiligte, also neue, Eigentümer sein. Eigentümer werden je nach Gesellschaftsform auch Gesellschafter, Anteilseigner oder Aktionäre bezeichnet. Die Kapitalerhöhung ist eine typische Eigenkapitalfinanzierung. Das sog. Grundkapital einer Aktiengesellschaft oder sog. Stammkapital einer GmbH wird dadurch erhöht, dass zusätzliche Eigentumsanteile am Unternehmen „ausgegeben" werden.

Unter Fremdkapitalfinanzierung ist die Kapitalzuführung durch Kredite zu verstehen. Häufig wird unter dem Kreditbegriff der Bankkredit verstanden. Kredite stammen oft auch von Kunden oder von Lieferanten. Bei einem Kundenkredit zahlt eine Kunde für eine Leistung im Voraus. Das Unternehmen erhält damit Finanzmittel, die unentgeltlich zur Verfügung stehen.

Auch die gemeinsame Finanzierung einer Investition aus Eigen- und Fremdkapital ist möglich und heute üblich.

Bei einem Lieferantenkredit handelt es sich um eine noch nicht bezahlte Rechnung des Lieferanten. Diese Verbindlichkeiten stellen für manche Unternehmen ein erhebliches Potenzial an Fremdkapital dar. Um Zahlungen zu beschleunigen, gewähren manche Unternehmen Skonto in Höhe von 2–3 % bei Barzahlung. Ansonsten beträgt das Zahlungsziel meist 30 Tage. In Abhängigkeit vom Zahlungszeitraum und der Höhe von Skonto ist ein solcher Fremdkapitalkredit unterschiedlich teuer.

Dazu ein Beispiel:

Ein Betrieb bezieht monatlich Rohstoffe im Wert von 100.000 EUR von einem Lieferanten. Die Zahlungsbedingungen erlauben bei sofortiger Zahlung einen Abzug von 2 % Skonto; anderenfalls ist die Verbindlichkeit spätestens innerhalb eines Monats zu begleichen. Drei unterschiedliche Fragen stellen sich dem Unternehmen:

(1) Welchen Skontoertrag erwirtschaftet der Betrieb bzw. wie viel Fremdkapitalzinsen erspart der Betrieb pro Jahr, wenn er keinen Kredit in Anspruch nimmt?

(2) Wie hoch ist der Kredit, der dem Betrieb dauernd zur Verfügung steht, wenn er das vertraglich vereinbarte Zahlungsziel voll ausschöpft; mit welchem Zinssatz ist dieser Kredit belastet?

(3) Welcher Kredit steht dem Betrieb dauernd zur Verfügung, wenn er auf Grund seiner Machtposition das vertraglich vereinbarte Zahlungsziel jeweils um zwei Monate überschreitet und mit welchem Zinssatz ist dieser Kredit belastet?

Darauf lassen sich folgende Antworten geben:

(1) Nimmt der Betrieb keinen Kredit in Anspruch, d.h. zahlt er sofort, spart er monatlich 2 % von 100.000 EUR, also 2.000 EUR an Zinsen. Er zahlt somit im Jahr 24.000 EUR Zinsen weniger.

(2) Schöpft er den vertraglich vereinbarten Zahlungstermin voll aus, steht ihm ein dauernder Kredit von 100.000 EUR zur Verfügung. Dieser Kredit kostet ihn 24.000 EUR, da jetzt die Zinsersparnis in gleicher Höhe anfällt. Der Fremdkapitalzins beträgt somit 24 %.

(3) Überschreitet der Betrieb auf Grund seiner Machtposition das vertraglich vereinbarte Zahlungsziel um zwei Monate, so entwickelt sich sein Kredit wie folgt:

Tabelle 8-4   Kreditverlauf

Kredit aus Einkauf des	Kredit im				
	1.Monat	2. Monat	3. Monat	4. Monat	5. Monat
1. Monats	100.000	100.000	100.000		
2. Monats		100.000	100.000	100.000	
3. Monats			100.000	100.000	100.000
4. Monats				100.000	100.000
5. Monats					100.000
gesamt	100.000	200.000	300.000	300.000	300.000

Vom dritten Monat an steht somit dem Betrieb ein Dauerkredit in Höhe von 300.000 EUR zur Verfügung. Betrachtet man den Zeitraum eines Jahres ab dem 3. Monat (3. Monat-14. Monat), entgehen dem Betrieb infolge der Kreditierung 24.000 EUR an Zinsersparnissen. Der Kredit von 300.000 EUR ist also mit 8 % Fremdkapitalzinsen belastet.

Es wird deutlich, dass für manche Unternehmen das Nicht-Bezahlen von Rechnungen ein teurer Kredit ist. Bei regelmäßigen Rechnungseingängen, der Möglichkeit von Skontonutzen bei 2 % auf 30 Tage entspricht dies einer 24-%igen Verzinsung pro Jahr. Anders ausgedrückt: Nutzt ein Unternehmen dies nicht, entgeht ein „Zinsgewinn" von 24 % p. a. Noch anders ausgedrückt: Ein Unternehmen, welches Skonto hier nicht ausnutzt, muss so viel Liquidität zur Verfügung haben, dass es nicht auf den einzelnen Euro Gewinn ankommt. Oder aber, das Unternehmen hat keine Liquidität zur Verfügung, bekommt auch keinen Fremdkapitalkredit mehr von einem Kreditinstitut und muss daher den relativ teuren Kredit (mit 24 % Zinssatz p. a.) in Anspruch nehmen.

Besondere Formen der Kreditfinanzierung sind z. B. das Leasing.[19] Je nach dem, ob am Ende der Mietlaufzeit eines Objektes ein Kaufrecht oder kein Kaufrecht besteht. In der Regel bleibt das Eigentum beim Leasinggeber, die Aktivierung des Leasingobjektes erfolgt dann ebenfalls beim Eigentümer. Das sog. Sale-and-lease-back-Verfahren schafft freie Finanzmittel für ein Unternehmen. Ein Objekt des Anlagevermögens wird verkauft, Finanzmittel fließen dem Unternehmen zu und der Verkäufer mietet das veräußerte Objekt von dem Käufer zurück.

8.4.2 Innenfinanzierung

Innenfinanzierung ist als die Finanzierung aus dem Unternehmen heraus zu verstehen. Finanzmittel werden im Unternehmen erwirtschaftet und stehen als Finanzmittel für Investitionen zur Verfügung. Das heißt, dass die Finanzmittel bereits im Unternehmen vorhanden sind, z. B. als Rücklagen oder Rückstellungen. Diese Finanzmittel könnten etwa auf dem Bankkonto verbucht sein.[20]

Eigenkapitalfinanzierung sind nicht ausgeschüttete (thesaurierte) Gewinne nach Steuern, die den (Gewinn-)Rücklagen zugeführt werden. Wenn sie nicht an die Eigenkapitalgeber als Gewinn im Jahr der Erwirtschaftung oder in späteren Jahren ausgeschüttet werden, stehen sie für zukünftige Investitionen im Unternehmen zur Verfügung. Sie sind dem Eigenkapital des Unternehmens zuzurechnen, da das Unternehmen sie selbst erwirtschaftet hat.

Rücklagen können auch als Kapitalrücklagen z. B. durch Agiobeträge bei der Anteilsausgabe im Rahmen einer Kapitalerhöhung oder als gesetzliche Rücklagen gebildet werden. Auch stille Rücklagen (sog. stille Reserven) stellen eine solche Position dar. Letztere müssten allerdings erst realisiert werden, bevor sie zur Finanzierung genutzt werden können.

Als Fremdkapitalfinanzierung können Rückstellungen bezeichnet werden, die vom Unternehmen für einen bestimmten Zweck zur Zahlung in der Zukunft gebildet worden sind.

Kurz- bzw. mittelfristige Rückstellungen sind Steuer-, Prozesskosten- und Garantierückstellungen. Langfristige Rückstellungen sind etwa Pensionsrückstellungen.

Erst wenn die Pensionszahlungen anstehen oder die Steuerzahlung an das Finanzamt vorgenommen werden muss, wird die Rückstellung aufgelöst und die Finanzmittel fließen aus dem Unternehmen ab. Bis zu diesem Zeitpunkt, stehen diese Mittel dem Unternehmen zu Finanzierungszwecken zur Verfügung. Das bedeutet, dass je nach Fristigkeit der Rückstellung diese Mittel für unterschiedlich lange Finanzierungsräume verwendet werden können.

Finanzierungen sind auch möglich aus Desinvestitionen, ein Aktivtausch in der Bilanz des Unternehmens. Ein Anlageobjekt wird z. B. verkauft, dadurch entstehen für das Unternehmen Finanzmittel. Diese Finanzmittel werden dazu verwendet, in ein neues Anlageobjekt zu investieren.

Auch der Verkauf von Forderungen *(Factoring)* schafft Finanzmittel. Forderungen zeichnen sich dadurch aus, dass in ihnen Finanzmittel gebunden sind. Benötigt das Unternehmen kurzfristig Finanzmittel, kann es die Forderungen an eine Factoring-Gesellschaft verkaufen. Die Factoring-Gesellschaft berechnet einen Abschlag auf den Nominalbetrag der Forderung, der sich aus Zinsen, Risiko und Administration zusammensetzt. Mit dem Verkauf erhält das Unternehmen die benötigte Liquidität mit Abschlag kurzfristig.[21]

8.5 Steuerung der Liquidität

Für die Steuerung der Liquidität ist eine Finanz(mittel)planung und -kontrolle erforderlich. Hat das Unternehmen eine zu hohe Liquidität (Finanzmittel), entgehen Zinsgewinne. Steht dem Unternehmen zu bestimmten Zahlungszeitpunkten zu wenig Liquidität zur Verfügung, entstehen durch die kurzfristige Ausnutzung von Überziehungskrediten hohe Zinskosten.[22] Die Steuerung der Liquidität ist eine stete Unternehmensaufgabe und wird mit der Erstellung des Finanzplans gelöst.[23]

Die Erstellung eines Finanzplans kann aus **Bild 8-9** hergeleitet werden.

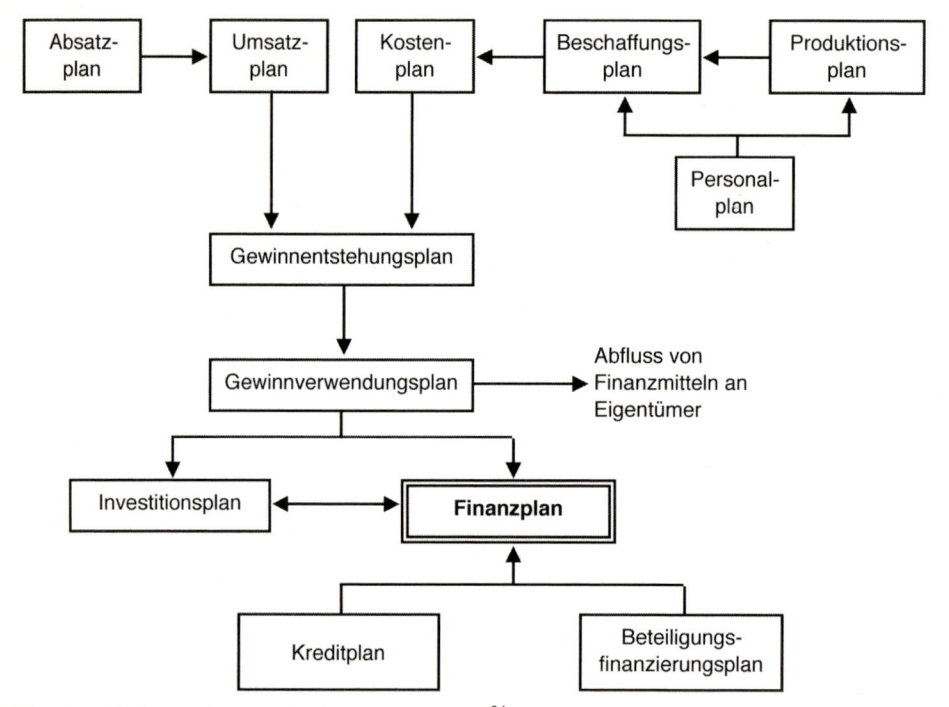

Bild 8-9 Zeitliche Struktur der betrieblichen Planung[24]

Aus dem Absatz- und dem Umsatzplan ist der Zufluss an Einnahmen festzustellen. Durch den Kostenplan ist der Abfluss an Ausgaben ablesbar, zumindest bei den liquiditätswirksamen Kosten. Aus der Differenz wird deutlich, wie viel Gewinn für das Unternehmen entsteht. Darin dürfte ein Großteil des Liquiditätszuwachses enthalten sein. Ein Teil des entstandenen Gewinns wird an die Eigentümer ausgeschüttet. Liquidität fließt damit aus dem Unternehmen ab. Ein anderer Teil des Gewinns bleibt dem Unternehmen als Liquidität für zukünftige Investitionen oder für die Rückzahlung von Krediten erhalten.

Der Finanzplan umfasst die prognostizierten Einnahmen und Ausgaben eines Unternehmens. Durch die Gegenüberstellung der Einnahmen und Ausgaben kann der Bedarf des Unternehmens an Finanzmitteln festgestellt werden. Dies wird in **Bild 8-10** in Übersichtsform veranschaulicht.

8.6 Finanzanalyse

	Monate			
	Jan.	Febr.	März	April

I. Auszahlungen
1. Auszahlungen für laufende Geschäfte
1.1. Gehälter
1.2. Löhne
1.3. Rohstoffe
1.4. Hilfsstoffe
1.5. Betriebsstoffe
1.6. Steuern und Abgaben
1.7. …
2. Auszahlungen für Investitionszwecke
2.1. Sachinvestitionen
      Vorauszahlungen
      Restzahlungen
2.2. Finanzinvestitionen
3. Auszahlungen im Rahmen des Finanzverkehrs
3.1. Kredittilgung
3.2. Eigenkapitalminderungen (z.B. Privatentnahmen)				

II. Einzahlungen **1. Einzahlungen aus ordentlichen Umsätzen** 1.1. Barverkäufe 1.2. Begleichung v. Ford. aus Lieferungen u. Leistungen **2. Einzahlungen aus Desinvestitionen** 2.1. Anlageverkäufe (außerordentliche Umsätze) 2.2. Auflösung von Finanzinvestitionen **3. Einzahlungen aus Finanzerträgen** 3.1. Zinserträge 3.2. Beteiligungserträge				
III. Ermittlung der Über- und Unterdeckung durch II./I. + Zahlungsmittelbestand der Vorperiode				
IV. Ausgleichs- und Anpassungsmaßnahmen **1. Bei Unterdeckung** 1.1. Kreditaufnahme 1.2. Eigenkapitalerhöhung 1.3. Rückführung gewährter Darlehen 1.4. Zusätzliche Desinvestitionen **2. Bei Überdeckung** 2.1. Kreditrückführung 2.2. Eigenkapitalminderung				
V. Zahlungsmittelbestand am Periodenende nach Berücksichtigung der Ausgleichs- und Anpassungsmaßnahmen				

Bild 8-10 Finanzplan[25]

Es wird deutlich, dass sich aus der Differenz von I. Auszahlungen und II. Einzahlungen die III. Ermittlung der Über- bzw. Unterdeckung an Finanzmitteln ergibt. Die Über- bzw. Unterdeckung erfordert IV. Ausgleichs- bzw. Anpassungsmaßnahmen, die aus Einzahlungen bzw. Auszahlungen bestehen. Insgesamt ergibt sich daraus zum Periodenende der V. Zahlungsmittelbestand nach Berücksichtigung der Ausgleichs- bzw. Anpassungsmaßnahmen.

8.6 Finanzanalyse

Die Finanzanalyse vermittelt anhand von Kennzahlen einen Eindruck über die finanzwirtschaftliche Situation des Unternehmens. Sie dient zur Steuerung aber auch zur Bewertung durch einen internen oder externen Betrachter.[26] Im Rahmen der Jahresabschlussanalyse bzw. Bilanzanalyse wird mindestens zu diesem Zeitpunkt eine interne Analyse von unternehmensinternen Adressaten (z. B. Geschäftsleitung, Wirtschaftsausschuss) und externe Analyse unternehmensexternen Adressaten (z. B. Kapitalgeber, Börse) durchgeführt.

Eine Steuerungsgröße der Kapitalstruktur bildet z. B. die Eigenkapitalquote. Sie ist definiert zu:

$$Eigenkapitalquote = Eigenkapital / Fremdkapital \qquad (8.9)$$

Die vertikale Finanzierungsregel gibt an:

- Eigenkapital / Fremdkapital = 1/1   erstrebenswert,
- Eigenkapital / Fremdkapital = 1/2   solide,
- Eigenkapital / Fremdkapital = 1/3   noch zulässig.[27]

Allerdings zeigt Wöhe, dass die Eigenkapitalquoten in deutschen Unternehmensbranchen unterschiedlich hoch sind.[28] In manchen Branchen wären nach der o. g. Regel nur noch unsolide Unternehmen am Markt. Dies zeigt, dass die Kapitalstrukturkennzahlen branchenspezifisch betrachtet werden müssen. Neben dieser vertikalen Kennzahl können auch horizontale Kennzahlen zur Finanzanalyse herangezogen werden. Horizontale Bilanzkennzahlen setzen Werte von der Aktiv- und der Passivseite miteinander in Verbindung.

Ein Beispiel stellt die **„Goldene Bilanzregel"** dar, nach der

$$(Eigenkapital + langfristiges\ Fremdkapitel) / Anlagevermögen > 1 \qquad (8.10)$$

Das Anlagevermögen soll vom langfristigen Kapital in der Unternehmung mindestens gedeckt werden. Diese Kennzahl wird als Anlagendeckungsgrad bezeichnet.

Aber auch Liquiditätsregeln helfen bei der Finanzanalyse. Diese sind ebenfalls horizontale Kennzahlen, die Aktiv- und Passivseite in Beziehung setzen.

Ein Beispiel stellt die Liquidität 1. Grades bzw. Barliquidität dar:

$$(Zahlungsmittel / kurzfristige\ Verbindlichkeiten) > 1 \qquad (8.11)$$

Die Zahlungsmittel sollen mindestens ausreichen, die kurzfristigen Verbindlichkeiten auszugleichen.

Vergleiche der Finanzanalyse-Kennzahlen zwischen Unternehmen oder mit einem Benchmark soll die Steuerung vereinfachen. Hierbei ist zu berücksichtigen, dass es sich um gleichartige Unternehmen innerhalb einer Branche handelt.[29]

Quellenhinweise (Kap. 8)

Literaturverzeichnis zu Kap. 8

Blohm, H.; Lüder, K.; Schäfer, C.: Investition, 9. Aufl. München: Vahlen, 2006

Däumler, K.-D.; Grabe, J.: Grundlagen der Investitions- und Wirtschaftlichkeitsrechnung, 12. Aufl. Herne/Berlin: nwb, 2007

Däumler, K.-D.; Grabe, J.: Betriebliche Finanzwirtschaft, 9. Aufl. Herne/Berlin: nwb, 2008

Eilenberger, G.: Betriebliche Finanzwirtschaft, 7. Aufl. München/Wien: Oldenbourg, 2003

Gerke, W.; Bank, M.: Finanzierung, 2. Aufl. Stuttgart: Kohlhammer, 2003

Kruschwitz, L.: Investitionsrechnung, 11. Aufl. München/Wien: Oldenbourg, 2007

Küting, K.; Weber, C.-P.: Die Bilanzanalyse, 8. Aufl. Stuttgart: Schäffer-Poeschel, 2006

Linder, S.: Investitionskontrolle. Wiesbaden: Deutscher Universitäts-Verlag, 2006

Olfert, K.; Reichel, C. Finanzierung, 14. Aufl. Ludwigshafen: Kiehl, 2008

Perridon, L.; Steiner, M.: Finanzwirtschaft der Unternehmen, 14. Aufl. München: Vahlen, 2007

Schäfer, H.: Unternehmensinvestitionen, 2. Aufl. Heidelberg: Physica, 2005

ter Horst, K.: Investition. Stuttgart/Berlin/Köln: Kohlhammer, 2001

Trautmann, S.: Investitionen, 2. Aufl. Berlin/Heidelberg/New York: Springer, 2007

Wöhe, G.; Döding, U.: Einführung in die Allgemeine Betriebswirtschaftslehre, 23. Aufl. München: Vahlen, 2008

Anmerkungen zu Kap. 8

[1] vgl. hierzu Kruschwitz (2005), S. 4 f.
[2] vgl. Linder (2006), S. 44 ff.
[3] vgl. Blohm/Lüder/Schaefer (2006), S. 153 ff.
[4] in Anlehnung an Däumler/Grabe (2007), S. 38)
[5] vgl. Däumler/Grabe (2008), S. 39 f.
[6] vgl. z. B. Kruschwitz (2005), S. 31 ff., Schäfer (2005), S. 29 ff., Wöhe (2008), S. 526 ff.
[7] vgl. hierzu Däumler/Grabe (2008), S. 225 ff.
[8] Trautmann (2007), S. 85
[9] vgl. ebda.
[10] vgl. Däumler/Grabe (2007), S. 31 f.
[11] vgl. zum Investitionscontrolling z. B. Eilenberger (2003), S. 152, ter Horst (2001), S. 15 ff.
[12] vgl. Drukarczyk (2003), S. 68 ff.
[13] vgl. zum Insolvenztatbestand und -verfahren Drukarczyk (2003), S. 513 ff.
[14] vgl. Gerke/Bank (2003), S. 334 ff.
[15] vgl. z. B. Ratingstufen weltweit führender Ratingagenturen bei Perridon/Steiner (2007), S. 197
[16] Perridon/Steiner (2007), S. 197
[17] vgl. Däumler/Grabe (2008), S. 31 ff., Perridon/Steiner (2007), S. 359ff.
[18] vgl. Däumler/Grabe (2008), S. 82 ff., Perridon/Steiner (2007), S. 363 ff.
[19] vgl. Däumler/Grabe (2008), 274 ff., Gerke/Bank (2003), S. 455 f., Perridon/Steiner (2007), 459 ff.
[20] vgl. Däumler/Grabe (2008), S. 318 ff., Eilenberger (2003), S. 326 ff., Perridon/Steiner (2007), S. 475 ff.
[21] vgl. Däumler/Grabe (2008), S. 302 ff.
[22] vgl. zum Begriff der Liquidität z. B. Drukarczyk (2003), S. 23 ff.
[23] vgl. Däumler/Grabe (2008), S. 39 ff., Perridon/Steiner (2007), S. 657 ff.
[24] vgl. Eilenberger (2003), S. 292
[25] vgl. in Anlehnung an Perridon/Steiner, (2007), S. 562 f.)
[26] vgl. Perridon/Steiner (2007), S. 551 ff.
[27] vgl. Wöhe/Döding (2008), S. 653
[28] vgl. ebda, S. 730
[29] vgl. hierzu und zu weiteren Kennzahlen z. B. Küting/Weber (2006), S. 111 ff.

9 Personalmanagement

Nachfolgend wird nach einer kurzen Erläuterung der Einbindung in die Unternehmensstrategie das Personalmanagement in seinen Funktionsbereichen dargestellt. Abschließend wird auf die arbeitsrechtlichen Rahmenbedingungen eingegangen.

9.1 Strategische Einbindung des Personalmanagements

Die Ausrichtung an einer mittel- und langfristigen Strategie ist für die betriebliche Personalarbeit besonders wichtig, weil Maßnahmen hier zum Teil eine Langzeitwirkung besitzen und nicht oder nur schwer umkehrbar sind. Dabei ist die Verzahnung von Personal- und Unternehmensstrategie zu beachten. Einerseits gibt die Unternehmensstrategie übergeordnete Ziele vor, zu deren Erreichung das Personalmanagement seinen Beitrag leisten muss. Andererseits gibt es im Personalbereich zahlreiche Restriktionen, die bei der Formulierung der Unternehmensstrategie beachtet werden müssen. Zudem hängt die Umsetzung der Unternehmensstrategie stark von den Fähigkeiten und der Motivation der Mitarbeiter ab.[1]

Dieses Verständnis des strategischen Personalmanagements stützt sich im Wesentlichen auf den Harvard-Ansatz des Human Resource Management (HRM).[*]

Der Prozess der Generierung von Personalstrategien läuft, wie aus **Bild 9-1** ersichtlich, in vier Phasen ab.[**]

- Vision formulieren
- Rahmenbedingungen klären
- Strategische Ziele definieren
- Maßnahmen zur Strategieumsetzung planen

Bild 9-1 Prozess der Generierung von Personalstrategien

Zunächst ist eine Vision zu formulieren und im Kreis der Stakeholder abzustimmen. Diese Vision beschreibt, wo der Personalbereich am Ende des strategischen Planungshorizonts ste-

---

[*] vgl. Beer et al. 1985. Daneben gibt es zahlreiche weitere Ansätze strategischen Personalmanagements (vgl. hierzu die Übersicht bei Elsik (1999), S. 7-20), die hier nicht weiter verfolgt werden.

[**] Ein ähnliches Phasenmodell wird bei der Entwicklung von *Balanced Scorecards* angewendet, vgl. Kaplan/Norton (2001), S. 66-73

hen will. Wo der strategische Planungshorizont liegt, ist vor allem von der Branche und der Unternehmensgröße abhängig. Die Vision ergibt sich aus der Frage, welches der zentrale Beitrag der Personalbereichs zur Umsetzung der Unternehmensstrategie ist. In Ausnahmefällen, z. B. bei der Generierung einer Personalstrategie für eine Beschäftigungsgesellschaft, kann es auch originär personalwirtschaftliche Visionen geben.

Im zweiten Schritt, der Strategiegenerierung, sind die Rahmenbedingungen zu analysieren. Die Rahmenbedingungen betrieblicher Personalarbeit werden durch externe und interne Determinanten geprägt, die in **Tabelle 9-1** dargestellt werden.

Tabelle 9-1 Determinanten der Personalstrategie

Rahmenbedingungen der Personalarbeit		
externe Determinanten		**interne Determinanten**
Gesamtwirtschaftliches Umfeld: • wirtschaftliche Rahmendaten • Entwicklung sozialer Strukturen • Sozialpartner-Beziehungen	Entwicklung der Branche	Unternehmensstrategie als Orientierungsrahmen
	Technik/Organisation	
	Arbeitsmarkt	Humankapital als Potentialfaktor
	Wertewandel	

Im nächsten Schritt sind nun die strategischen Ziele zu definieren. Unter Beachtung der Rahmenbedingungen ist zu fragen, welche Ziele erreicht werden müssen, um die Vision zu realisieren. Für jede relevante Rahmenbedingung ist zu analysieren, wie sich der Personalbereich positionieren muss, um die angelegten Chancen zu nutzen, die Risiken zu vermeiden und – im Falle der Rahmenbedingung „Unternehmensstrategie" – die übergeordneten Ziele zu erreichen. Dabei wird es einzelne strategische Ziele geben, die sich nur auf *eine* Personalfunktion beziehen, wie z. B. die Sicherung des fachlichen Qualifikationsniveaus. Die meisten strategischen Ziele werden sich jedoch auf mehrere oder alle Personalfunktionen beziehen, wie z. B. das Ziel, die Personalarbeit stärker an Zielgruppen zu orientieren.

Das so entstehende Zielsystem ist auf Konsistenz zu prüfen, und zwar sowohl systemintern als auch im Verhältnis zur Vision. Konfliktäre Ziele bedürfen zumindest einer Priorisierung. Ziele, die nicht zur Realisierung der Vision beitragen, sind entweder überflüssig, oder die Vision ist unzutreffend formuliert.

Im letzten Schritt sind Maßnahmen zur Erreichung der strategischen Ziele zu definieren. Innerhalb der personalpolitischen Funktionsbereiche (z. B. Personalentwicklung, Entlohnung, Arbeitszeitmanagement) sind die verfügbaren Instrumente daraufhin zu prüfen, welchen Beitrag zur Zielerreichung sie leisten können. Häufig gibt es einen starken Zusammenhang zwischen einzelnen Zielen (z. B. Leistungsorientierung) und Instrumenten (z. B. einem leistungsorientierten Vergütungssystem). Wichtig ist, gerade in diesen Fällen, die Gesamtstrategie nicht aus den Augen zu verlieren. Daher ist jeweils vor Auswahl eines Instruments zu prüfen, wie es auf die Erreichung der übrigen Ziele wirkt und ob es die Zielwirkung anderer Instrumente beeinträchtigt oder fördert.[2]

9.2 Funktionsbereiche des Personalmanagements

Für die nachfolgende Betrachtung wird folgende Gliederung der Personalfunktionen gewählt:

- Führung,
- Entlohnung,
- Beschäftigungspolitik,
- Arbeitszeitmanagement,
- Personalentwicklung,
- Personalcontrolling.

9.2.1 Führung

Führung ist die gezielte Steuerung des Verhaltens von Mitarbeitern durch Vorgesetzte.[3] Mit Führung werden folgende Ziele verfolgt:

- Leistung,
- Zufriedenheit,
- Kohäsion (Zusammenhalt innerhalb der von einem Vorgesetzten geführten Mitarbeitergruppe),
- Veränderungs- und Entwicklungsfähigkeit der Organisation.[4]

Um die Ziele in möglichst hohem Maße zu erreichen, werden in vielen Unternehmen Führungsgrundsätze festgelegt, die für alle Führungskräfte und Mitarbeiter verbindlich sind. Kernelement der Führungsgrundsätze sind in vielen Unternehmen die auf *Drucker*[5] zurückgehende Führung durch Zielvereinbarung *(management by objectives)*. Daneben gibt es zahlreiche weitere Führungsmodelle. Wegen seiner großen Verbreitung[6] wird im Folgenden nur auf das genannte Modell eingegangen.

Ziele werden üblicherweise im Jahresrhythmus zwischen jedem Mitarbeiter und seinem Vorgesetzten vereinbart. Die Ziele dienen einerseits dem Mitarbeiter als Orientierungshilfe, um im Rahmen seiner Tätigkeit die im Sinne seines Vorgesetzten richtigen Entscheidung treffen zu können: Unter mehreren Alternativen ist diejenige zu wählen, die den höchsten Zielerreichungsgrad erwarten lässt. Andererseits ermöglichen die Ziele dem Mitarbeiter selbst wie auch seinem Vorgesetzten, die Leistung des Mitarbeiters beurteilen zu können: Der Grad der Zielerreichung ist ein Maß für die Leistung des Mitarbeiters.[7]

Zielvereinbarungsgespräche müssen vom Vorgesetzten und vom Mitarbeiter vorbereitet werden. Ein Vorgesetzter kann erst dann Zielvereinbarungsgespräche mit einem Mitarbeiter führen, wenn die Ziele für den eigenen Verantwortungsbereich definiert wurden.

Vorgesetzter und Mitarbeiter müssen im Vorfeld des Zielvereinbarungsgesprächs klären, zu welchen Themen sie Ziele vereinbaren wollen und welcher Grad der Zielerreichung möglich ist. Dabei geht es um den Beitrag des Mitarbeiters zur Erreichung der Abteilungs- und Unternehmensziele, den Ausbau seiner Stärken bzw. den Abbau seiner Schwächen sowie seine weitere berufliche Entwicklung. In die Zielvereinbarung fließen die Ziele des Mitarbeiters ebenso ein wie die des Unternehmens bzw. der Organisationseinheit, für die der Vorgesetzte verantwortlich ist.

Im Zielvereinbarungsgespräch vereinbart der Vorgesetzte mit dem Mitarbeiter in einem oder mehreren Gesprächen Ziele. Zunächst werden die Ergebnisse der Vorbereitungsarbeit diskutiert. Eine wichtige Aufgabe des Vorgesetzten ist in diesem Zusammenhang, die Bedeutung der einzelnen Ziele im Gesamtzusammenhang der Unternehmensstrategie zu erläutern. Insbesondere muss der Vorgesetzte die Einordnung der Abteilungsziele in das System der Unternehmensziele deutlich machen.

Mit jedem Mitarbeiter wird üblicherweise pro Jahr ein Zielvereinbarungsgespräch geführt. Bei wesentlicher Veränderung der Rahmenfaktoren müssen allerdings Zielvereinbarungen auch zwischenzeitlich angepasst werden. Die Zielvereinbarungen werden schriftlich festgehalten und bilden die Grundlage für Rückmeldungsgespräche. Zielvereinbarungen können sowohl mit einzelnen Mitarbeitern als auch mit Teams im Sinne teilautonomer Arbeitsgruppen getroffen werden.

Folgende Ziele könnten z. B. zwischen einem Vertriebsmitarbeiter und seinem Vorgesetzten vereinbart werden:

- Umsatzsteigerung im kommenden Jahr um 7 % gegenüber dem laufenden Jahr,
- Umsatzanteil der besonders zu fokussierenden Produktart x: 20 %,
- Gewinnung von 50 Neukunden,
- Verbesserung der Englischkenntnisse, so dass eine 30-minütige Produktpräsentation in englischer Sprache durchgeführt werden kann.

Inwieweit Zielvereinbarungen als wirksames Führungsinstrument eingesetzt werden können, hängt von der Qualität der vereinbarten Ziele ab. Sie sollten die in **Bild 9-2** aufgeführten Gütekriterien, deren Anfangsbuchstaben das Akronym „SMART" ergeben, erfüllen.[8]

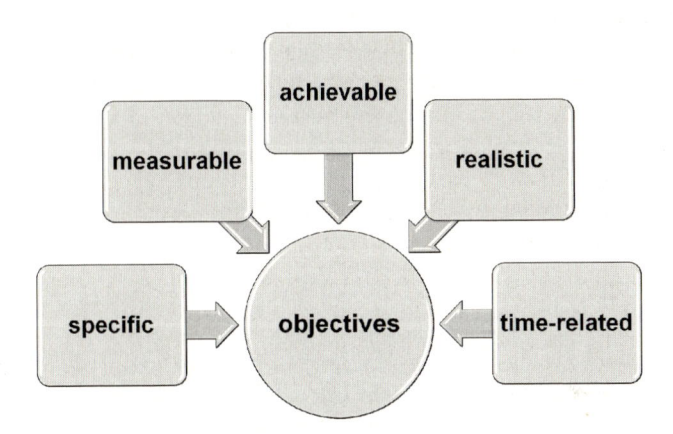

Bild 9-2 Gütekriterien für Ziele (SMART)

Diese Gütekriterien bedeuten:

- *specific*: Das Ziel muss präzise beschrieben werden; für qualitative Ziele muss in Worten beschrieben werden, wann das Ziel als erreicht angesehen werden kann.
- *measurable*: Die Zielerreichung sollte möglichst messbar sein.
- *achievable*: Das Anspruchsniveau der vereinbarten Ziele muss so gewählt werden, dass die Zielerreichung möglich ist, wenn der Mitarbeiter sich Mühe gibt. Zu hoch gesteckte Ziele wirken demotivierend, weil der Mitarbeiter sie von vornherein als nicht erreichbar erkennt. Von zu niedrig gesteckten Zielen geht kein Ansporn aus.

- *realistic*: Der Mitarbeiter muss einen direkten Einfluss auf die Erreichung der Ziele haben. Mangelnde Beeinflussbarkeit führt zur Demotivation.
- *time-related*: Es muss klar sein, bis zu welchem Zeitpunkt bzw. in welchem Zeitraum das Ziel erreicht sein soll.

Der Vorgesetzte gibt dem Mitarbeiter Rückmeldungen über den Zielerreichungsgrad.[9] Diese Rückmeldungen ermöglichen es dem Mitarbeiter, seinen Standort zu bestimmen. Sie motivieren durch Erfolgserlebnisse (für den Fall der Zielerreichung) bzw. durch Ansporn (für den Fall der Lücke zwischen Ziel und Leistung/Verhalten). Wegen ihrer Motivationswirkung sind laufende Rückmeldungen wichtig und dürfen nicht aus Bequemlichkeit oder aus Angst vor unfruchtbaren Diskussionen unterlassen werden.

Neben den laufenden Rückmeldungen findet nach Ablauf des Zeitraums, für den Ziele vereinbart worden sind, ein Rückmeldungsgespräch statt, in dem Vorgesetzter und Mitarbeiter den Katalog der vereinbarten Ziele durchgehen und über die Zielerreichung sprechen. Dieses Rückmeldungsgespräch bildet in der Regel auch die Überleitung für das nächste Zielvereinbarungsgespräch.

Die Zielvereinbarung ist ein Führungsinstrument, das vor allem in dynamischen Umfeldsituationen und bei komplexen Aufgabenstellungen erhebliche Vorteile aufweist. Voraussetzungen für die Funktionalität eines Zielvereinbarungssystems sind die saubere Umsetzung, insbesondere die Beachtung der Qualitätskriterien für Ziele, die Transparenz des Systems für Führungskräfte und Mitarbeiter und eine entsprechende Schulung der Führungskräfte. Ein Zielvereinbarungssystem muss mit den übrigen im Unternehmen eingesetzten personalpolitischen Instrumenten abgestimmt sein. So finden sich in einigen Unternehmen Koppelungen von Zielvereinbarungs- und Vergütungssystemen: Die Höhe eines variablen Entgeltbestandteils hängt hier direkt vom Grad der Erreichung der vereinbarten Ziele ab. Des weiteren muss ein Zielvereinbarungssystem mit dem Controllingsystem verzahnt werden. So müssen Zielvereinbarung und Unternehmensplanung zeitlich und inhaltlich synchronisiert werden, da in beiden Bereichen angestrebte Werte für z. B. Kosten und Umsätze festgelegt werden. Außerdem können Controllingdaten zur Bestimmung der Zielerreichung genutzt werden.[10]

9.2.2 Entlohnung

Die Entlohnung ist ein klassisches Konfliktfeld, weil hier das Arbeitgeberziel der Kostenminimierung auf das Arbeitnehmerziel der Einkommensmaximierung trifft. Da es nicht möglich ist, die Höhe der Vergütung absolut gerecht festzulegen, müssen „Ersatzgerechtigkeiten" gefunden werden, auf die sich beide Parteien einigen. Das auf *Kosiol* zurückgehende Äquivalenzprinzip, das Anforderungs- und Leistungsgerechtigkeit fordert, hat breite Akzeptanz gefunden. Die Vergütung der meisten Arbeitnehmer setzt sich entsprechend aus einem anforderungsorientierten Grundgehalt und einer Leistungskomponente zusammen, die teilweise um andere Vergütungsbestandteile, wie z. B. Qualifikationszulagen ergänzt werden. Zur Vergütung zählen außerdem Sozialleistungen.[11]

Anforderungsorientierte Lohndifferenzierung

Grundsätze der anforderungsorientierten Lohndifferenzierung sind in Tarifverträgen festgeschrieben. Die Anforderungen einer Stelle sind unabhängig von der Person des Stelleninhabers zu bewerten und einer Tarifgruppe zuzuordnen. Dafür werden Verfahren der Arbeitsbewertung angewandt, die teilweise ebenfalls tarifvertraglich fixiert sind. Je nachdem, ob ein Arbeitsplatz

9.2 Funktionsbereiche des Personalmanagements

ganzheitlich oder nach einzelnen Anforderungsarten bewertet wird, unterscheidet man summarische und analytische Arbeitsbewertungsverfahren.[12]

Gängige Verfahren der summarischen Arbeitsbewertung sind das Rangfolge- und das Lohngruppenverfahren. Bei der Anwendung des ersteren wird eine Liste aller im Unternehmen vorkommenden Arbeitsaufgaben erstellt und nach der Höhe der Anforderungen sortiert. Neu zu bewertenden Arbeitsaufgaben werden dann zwischen den beiden von den Anforderungen her ähnlichsten eingefügt. Für das Lohngruppenverfahren werden inhaltliche Beschreibungen der Anforderungen jeder Lohngruppe benötigt, die häufig um Richtbeispiele ergänzt werden. In vielen Tarifverträgen finden sich derartige Lohngruppendefinitionen (siehe **Tabelle 9-2**). Die Anforderungen einzugruppierender Arbeitsaufgaben werden dann mit den Lohngruppendefinitionen verglichen und so die passende Lohngruppe ausgewählt.[13]

Tabelle 9-2 Beispiel Lohngruppendefinition[14]

Lohngruppe 1
Arbeiten mit geringen Belastungen, die ohne vorherige Arbeitskenntnisse und ohne jegliche Ausbildung nach kurzer Anweisung ausgeführt werden können.
Lohngruppe 2
Arbeiten mit geringen Belastungen, die ohne jegliche Ausbildung nach kurzer Anweisung und Übung ausgeführt werden können
oder
Arbeiten der Lohngruppe 1, jedoch mit mittleren Belastungen.

Zur analytischen Arbeitsbewertung zählen das Rangreihen- und das Stufenwertzahlverfahren. Beide gehen insofern analytisch vor, als die Anforderungen der zu bewertenden Arbeitsaufgaben getrennt nach einzelnen Anforderungsarten (z. B. erforderliche Kenntnisse, Verantwortung, Belastungen) erfasst und bewertet werden. Beim Rangreihenverfahren wird je Anforderungsart eine Rangreihe aller im Unternehmen vorkommenden Arbeitsaufgaben erstellt. Die Position einer Arbeitsaufgabe in jeder Rangreihe wird in einer numerischen Skala (z. B. Prozentskala) bewertet. Die einzelnen Anforderungsarten werden untereinander gewichtet. Die Summe der Produkte aller Skalenwerte einer Arbeitsaufgabe mit den Gewichtungsfaktoren ergibt den Arbeitswert der Aufgabe. Ein vor allem für außertarifliche Angestellte eingesetztes Rangreihenverfahren ist die Hay-Methode.

Das Stufenwertzahlverfahren arbeitet ebenfalls mit Gewichtungsfaktoren je Anforderungsart. Zu jeder Anforderungsart gibt es eine Punktbewertungsskala, zum Teil mit messbaren Bezugsgrößen (z. B. Lärmpegel), überwiegend aber mit verbalen Beschreibungen der Stufen (siehe **Tabelle 9-3**). Die Punktwerte je Anforderungsart werden wie beim Stufenwertzahlverfahren mit den Gewichtungsfaktoren multipliziert, die Summe der Produkte ist der Arbeitswert. Die Zuordnung der Arbeitswerte zu den Tarifgruppen wird in Tarifverträgen geregelt.[15]

Tabelle 9-3 Beispiel Stufenwertzahlen, Anforderungsart „Denken"[16]

Stufe	Beschreibung	Punkte
D 1	Einfache Aufgaben, die eine leicht zu erfassende Aufnahme und Verarbeitung von Informationen erfordern.	1
D 2	Aufgaben, die eine schwerer zu erfassende Aufnahme und Verarbeitung von Informationen erfordern oder Aufgaben, die es erfordern, standardisierte Lösungswege anzuwenden.	3
D 3	Aufgaben, die eine schwierige Erfassung und Verarbeitung von Informationen erfordern oder Aufgaben, die es erfordern, aus bekannten Lösungsmustern zutreffende Lösungswege auszuwählen und anzuwenden.	5
D 4	Umfangreiche Aufgaben, die es erfordern, bekannte Lösungsmuster zu kombinieren.	8
D 5	Problemstellungen, die es erfordern, bekannte Lösungsmuster weiterzuentwickeln.	12
D 6	Neuartige Problemstellungen, die es erfordern, neue Lösungsmuster zu entwickeln.	16
D 7	Neue komplexe Problemstellungen, die innovatives Denken erfordern; längerfristige Entwicklungstrends sind zu berücksichtigen.	20

Leistungsorientierte Lohndifferenzierung

Der Leistungsbezug des Lohns wird über Lohnformen hergestellt, die sich auf drei Grundmuster zurückführen lassen:

- Zeitlohn,
- Akkordlohn,
- Prämienlohn.

Beim Zeitlohn wird ein fester Lohn bzw. ein festes Gehalt[*] pro Zeiteinheit (Monat, Woche, Tag oder Stunde) gezahlt. Ein direkter Leistungsbezug kann über eine Leistungszulage hergestellt werden, die z. B. vom Erreichungsgrad vereinbarter Ziele oder vom Ergebnis einer Leistungsbeurteilung abhängen kann. Die Höhe der Leistungszulage wird üblicherweise im Jahresrhythmus festgelegt. Sie wird in konstanten monatlichen Beträgen oder in einem Jahresbetrag, z. B. als variables 13. Monatsgehalt, gezahlt.

Auch ohne Leistungszulage wohnt dem Zeitlohn ein allerdings indirekter Leistungsbezug inne: Der Arbeitgeber hegt eine bestimmte Erwartung an die Leistung jedes Arbeitnehmers und wird sich bei deutlicher Unterschreitung fragen, ob der Arbeitsplatz richtig besetzt ist.[17]

Die Höhe des Akkordlohns ist direkt proportional zur Mengenleistung. Bei dieser Lohnform ist es erforderlich, Vorgabezeiten zu ermitteln. Bei Erbringung der Normalleistung, wenn also genau die Vorgabezeit benötigt wird, erhält der Mitarbeiter den Tariflohn, bei höherer Leistung entsprechend mehr. Der tariflich garantierte Mindestlohn kann auch bei geringerer Leistung nicht unterschritten werden. Der Einsatzschwerpunkt des Akkordlohns liegt in der industriellen Massenproduktion. Für hochautomatisierte Produktionsprozesse, bei denen der Arbeiter kaum Einfluss auf die Mengenleistung hat, ist diese Lohnform nicht geeignet,[18] trotzdem aber als so genannter „eingefrorener" Akkord anzutreffen.

---

[*] Früher wurde die Vergütung der Arbeiter als Lohn, die der Angestellten als Gehalt bezeichnet. Im Zuge der Einführung gemeinsamer Entgelttarifverträge für Arbeiter und Angestellte ist diese Unterscheidung weitgehend obsolet geworden (vgl. Drumm (2008), S. 486).

Beim Prämienlohn wird zusätzlich zum tariflich vereinbarten Grundlohn eine Prämie gezahlt, deren monatlich variable Höhe sich nach einem festgelegten Schlüssel aus einer oder mehreren objektiv messbaren Leistungsbezugsgrößen (z. B. Ausschussquote) ergibt.[19] Der Unterschied zur Leistungszulage beim Zeitlohn liegt in der objektiven Bezugsgröße im Gegensatz zur subjektiven, durch den Vorgesetzten vorzunehmenden Leistungs- bzw. Zielerreichungsbewertung bei der Leistungszulage und im kurzen zeitlichen Bezug zwischen der Leistungserbringung und der Auswirkung im Lohn. Beide Aspekte lassen aus motivationstheoretischer Sicht eine höhere Anreizwirkung des Prämienlohns erwarten.

Sonstige Lohndifferenzierungsprinzipien

Die vorstehend beschriebenen, anforderungs- und leistungsorientierten Vergütungsansätze werden zum Teil durch sonstige Lohndifferenzierungsprinzipien ergänzt oder ersetzt. Die wichtigsten Bezugsgrößen dafür sind die Qualifikation, das Alter und die Arbeitsmarktsituation.

Die qualifikationsorientierte Entlohnung kann die anforderungsorientierte Grundlohndifferenzierung ersetzen oder ergänzen. Im Fall des Ersatzes ist die Qualifikation des Arbeitnehmers statt der Arbeitsplatzanforderungen Bezugsgröße für die Tarifgruppenzuordnung. Die Tarifgruppe eines Arbeitnehmers ist damit unabhängig von der Tätigkeit, die er tatsächlich ausübt. Bei der die anforderungsorientierte Grundlohndifferenzierung ergänzenden Variante des Qualifikationslohns fließt die individuelle Qualifikation über Zulagen in die Vergütung ein, z. B. in Abhängigkeit von der Anzahl der beherrschten Arbeitsplätze. Ziel einer qualifikationsorientierten Entlohnung ist, Anreize für den Aufbau von Qualifikationen zu schaffen und die Flexibilität im Einsatz der Arbeitnehmer zu steigern.[20]

Das Alter kann in Form des Lebens- oder des Dienstalters Bezugsgröße der Entlohnung sein. Ziele einer Einbeziehung des Alters in die Vergütung sind die Bindung von Mitarbeitern und soziale Aspekte.

Die Zahlung arbeitsmarktorientierter Vergütungskomponenten, die in Einzelfällen unvermeidbar ist, um dringend benötigte Spezialisten rekrutieren oder ihre Fluktuation verhindern zu können, löst eine ganze Reihe von Problemen aus. Zum einen geht die Vergütungsgerechtigkeit verloren, weil zwei Mitarbeiter, die gleiche Arbeitsaufgaben mit gleicher Leistung bewältigen, nur deshalb unterschiedlich bezahlt werden, weil einer von ihnen während eines Arbeitsmarktengpasses eingestellt wurde. Soweit die Arbeitsmarktkomponente in die Grundvergütung einfließt, bleibt sie auch dann bestehen, wenn der entsprechende Arbeitsmarktengpass als Grund für ihre Gewährung weggefallen ist.[21]

Sozialleistungen

Sozialleistungen stehen im Gegensatz zum Lohn keine Gegenleistungen von Seiten des Arbeitnehmers gegenüber. Nach der Anspruchsgrundlage können sie in drei Kategorien gegliedert werden:

- gesetzliche Sozialleistungen,
- tarifliche Sozialleistungen,
- betriebliche Sozialleistungen.

Die wichtigsten gesetzlichen Sozialleistungen sind neben der Sozialversicherung Verpflichtungen, die Vergütung weiterzuzahlen, ohne dass Arbeitsleistungen erbracht werden, insbesondere im Urlaub, an Feiertagen und im Krankheitsfall. Im Bereich der Sozialversicherung muss der Arbeitgeber allein (Unfallversicherung) oder gemeinsam mit dem Arbeitnehmer (Renten-, Kranken-, Pflege-, Arbeitslosenversicherung) Beiträge zahlen.[22]

Tarifliche Sozialleistungen werden in Tarifverträgen festgeschrieben. Dabei geht es häufig um Erweiterungen gesetzlicher Regelungen (z. B. verlängerte Lohnfortzahlung im Krankheitsfall) oder um die Regelung vormals freiwillig gewährter Sozialleistungen einzelner Unternehmen (z. B. Fahrtkostenzuschüsse, Kinderzulagen).

Betriebliche Sozialleistungen werden vom Unternehmen freiwillig gewährt. Sie werden häufig in Betriebsvereinbarungen zwischen Unternehmensleitung und Betriebsrat vertraglich fixiert. Beispiele für betriebliche Sozialleistungen sind:

- betriebliche Altersversorgung,
- Subventionierung des Kantinenessens,
- Beihilfen in besonderen Fällen (z. B. Heirat, Geburt, Notfall),
- Dienstwagen, -wohnung,
- Betriebssport.

Im Rahmen so genannter Cafeteria-Systeme können Mitarbeiter im Rahmen vorgegebener Budgets wählen, welche freiwilligen Sozialleistungen sie in Anspruch nehmen wollen und zwischen Direktvergütungs- und Sozialleistungskomponenten tauschen, indem z. B. auf einen Teil der aktuellen Vergütung zugunsten höherer Betriebsrentenansprüche verzichtet wird.[23]

9.2.3 Beschäftigungspolitik

Aufgabe der betrieblichen Beschäftigungspolitik ist die Deckung des Personalbedarfs. In Abhängigkeit davon, ob der aktuelle Personalbestand den Bedarf über- oder unterschreitet, muss Personal beschafft oder freigesetzt werden.

Personalbeschaffung

Personalbeschaffung kann aus dem Unternehmen selbst (intern) oder von außen (extern) erfolgen.

Für die interne Personalbeschaffung kommen insbesondere folgende Instrumente in Betracht:

- Versetzungen (unter der Voraussetzung, dass im Unternehmen an anderer Stelle ein Personalüberhang vorhanden ist),
- Übernahme von Auszubildenden,
- Verlängerung befristeter Arbeitsverträge,
- Veränderung von Teilzeitarbeitsverhältnissen,
- Urlaubsverschiebungen,
- Sonderschichten und Überstunden.

Die externe Personalbeschaffung kann durch Einstellung neuer Mitarbeiter oder auf dem Weg der Arbeitnehmerüberlassung (Leiharbeit) erfolgen. Der wichtigste Rekrutierungsweg für Neueinstellungen ist das Internet und zwar über unternehmenseigene Bewerberportale oder unternehmensübergreifende Stellenbörsen. Für die Suche von Führungskräften werden auch Personalberater (sog. *Headhunter*) eingesetzt. Staatliche Arbeitsagenturen und Jobcenter sowie private Arbeitsvermittler versuchen, Arbeitslose zu vermitteln, und können von Unternehmen ebenfalls angesprochen werden. Zur Rekrutierung von Hochschulabsolventen betreiben insbesondere größere Unternehmen spezielle Programme, vor allem in Fächern mit im Vergleich zur Nachfrage aus den Unternehmen geringen Absolventenzahlen, wie z. B. den ingenieurwissenschaftlichen Fächern. Die Unternehmen wollen damit spätere Bewerber schon während des Studiums auf sich aufmerksam machen und binden, z. B. durch Angebot von Praktika, Bachelorarbeiten und Präsenz auf Karrieremessen.

Leiharbeiter werden vor allem kurzfristig zur Deckung vorübergehenden Personalbedarfs eingesetzt. Vorteilhaft ist, dass die Beschaffung sehr schnell geht und dass es keine arbeitsvertragliche Bindung zwischen dem Unternehmen und dem Mitarbeiter gibt. Stattdessen existiert ein Arbeitsvertrag zwischen dem Mitarbeiter und dem Leiharbeitsunternehmen und ein Überlassungsvertrag zwischen letzterem und dem Unternehmen, in dem der Mitarbeiter tätig ist. Überlassungsverträge unterliegen weniger strengen Restriktionen als Arbeitsverträge, so dass ein Leiharbeitnehmer von entleihenden Unternehmen leichter wieder freigesetzt werden kann. Dieser Vorteil der Arbeitnehmerüberlassung geht mit dem Nachteil einher, dass die Leiharbeitsunternehmen ihre Kosten und Gewinnerwartungen in die für die Arbeitnehmerüberlassung verlangten Gebühren einpreisen.[24]

Personalfreisetzung

Bei der Personalfreisetzung ist eine Vielzahl von Restriktionen und wechselseitigen Abhängigkeiten zu beachten:

- quantitative Aspekte (Wie viel Personal kann über eine Maßnahme angebaut werden?),
- qualitative Aspekte (Wie wirkt sich die Maßnahme auf die Qualifikationsstruktur der Belegschaft aus?),
- zeitliche Aspekte (Wie lange dauert es, bis die Maßnahme wirkt, wie lange wirkt sie?),
- rechtliche Restriktionen (Wie wirken Gesetze, Tarifverträge, Betriebsvereinbarungen usw. auf den Handlungsspielraum des Unternehmens?); wegen der großen Bedeutung des Arbeitsplatzes für die meisten Menschen sind die Restriktionen in diesem Handlungsfeld sehr stark,
- ökonomische Wirkungen (Was kostet die Maßnahme, welche Einsparungen bringt sie, ist sie reversibel?),
- Unternehmensimage (Wie wirkt die Maßnahme auf den Ruf des Unternehmens?),
- gesellschaftliche Folgen (Wie wirkt die Maßnahme auf die Allgemeinheit, z. B. in Bezug auf den regionalen Arbeitsmarkt?),
- Wirkung auf die betroffenen Mitarbeiter (Welche Folgen ergeben sich, werden z. B. entlassene Mitarbeiter arbeitslos oder gibt es für sie Beschäftigungschancen?),
- Wirkung auf die nicht betroffenen Mitarbeiter (Werden sie um ihren eigenen Arbeitsplatz fürchten?); Unsicherheit bezüglich der Beschäftigungssicherheit kann einen aus Sicht des Unternehmens negativer Selektionsprozess auslösen: Arbeitnehmer mit guten Arbeitsmarktchancen verlassen das Unternehmen, obwohl es sie gern behalten hätte.

Wie die Personalbeschaffung kann auch die Personalfreisetzung intern oder extern erfolgen.

Für die interne Personalfreisetzung kommen neben der Versetzung Weiterbildungsaktivitäten und Maßnahmen zur temporären Reduktion der Arbeitszeit in Frage. Die Arbeitszeit kann durch Urlaubsverlagerung, Abbau von Mehrarbeit und Arbeitszeitverkürzungen reduziert werden (vgl. dazu auch Abschnitt 9.2.4). Eine weitere Möglichkeit bietet die Kurzarbeit. Dabei wird für einen begrenzten Zeitraum die Arbeitszeit für alle Mitarbeiter des Unternehmens oder auch eines Unternehmensteils bei entsprechender Kürzung der Vergütung reduziert. Die Bundesagentur für Arbeit kompensiert für die Arbeitnehmer einen großen Teil des Einkommensausfalls durch Kurzarbeitergeld.

Die externe Personalfreisetzung reicht von der Nutzung der natürlichen Fluktuation bis zur für den betroffenen Arbeitnehmer in der Regel harten Maßnahme der Kündigung:

- Nutzung der natürlichen Fluktuation: Das Unternehmen verhält sich passiv und ersetzt Mitarbeiter nicht (Einstellungsstopp), die z. B. wegen Pensionierung das Unternehmen verlassen oder weil sie aus eigenem Antrieb das Arbeitsverhältnis kündigen.
- Nichtverlängerung befristeter Arbeitsverträge, Nichtübernahme von Auszubildenden.
- Beendigung von Leiharbeitsverträgen: Auslaufende Verträge werden nicht verlängert, bestehende gekündigt.
- Aufhebungsverträge: Arbeitsverhältnisse werden einvernehmlich beendet. Der Arbeitnehmer verzichtet dabei auf den gesetzlichen Kündigungsschutz und erhält dafür eine finanzielle Abfindung. Eine Alternative bzw. Ergänzung zur finanziellen Abfindung ist die Übernahme des Arbeitnehmers durch eine für diesen Zweck gegründete Beschäftigungsgesellschaft.
- Vorzeitige Pensionierung: Arbeitnehmer gehen vorzeitig in den Ruhestand. Die daraus resultierenden negativen Wirkungen auf die Höhe der Rente werden (teilweise) durch Leistungen des Unternehmens kompensiert. In Abhängigkeit von der jeweiligen gesamtwirtschaftlichen Situation bietet der Staat temporär Förderprogramme an (z. B. Vorruhestand, Altersteilzeit).
- Kündigung: Das Unternehmen beendet den Arbeitsvertrag durch einseitige Willenserklärung. Zahlreiche Restriktionen schränken den unternehmerischen Handlungsspielraum bei Kündigungen ein, insbesondere der allgemeine Kündigungsschutz. Daneben wirken Kündigungsschutzrechte einzelner Gruppen (z. B. Schwerbehinderte) und tarifliche oder betriebliche Beschäftigungssicherungsvereinbarungen. Eine betriebsbedingte Kündigung – daneben sind Kündigungen aus Gründen, die in der Person des Arbeitnehmers oder in seinem Verhalten liegen, möglich – erfordert die Berücksichtigung sozialer Gründe (z. B. Lebensalter, Unterhaltspflichten) bei der Auswahl der zu kündigenden Arbeitnehmer.[25]

Wenn innerhalb von 30 Tagen eine größere Zahl von Arbeitsverträgen gekündigt wird, handelt es sich um eine Massenentlassung, die bei der Bundesagentur für Arbeit angemeldet werden muss. Außerdem muss mit dem Betriebsrat ein Sozialplan vereinbart werden.[26]

9.2.4 Arbeitszeitmanagement

Das Arbeitszeitmanagement ist ein personalpolitischer Funktionsbereich, der von Zielkonflikten zwischen Arbeitgeber und Arbeitnehmer gekennzeichnet ist.

Arbeitgeberziele sind insbesondere die bedarfsgerechte Verfügbarkeit der benötigten Personalkapazität, die Maximierung von Betriebs- (Produktion) bzw. Servicezeiten (Dienstleistung), geringe Kosten – vor allem Vermeidung von Leerkosten und Mehrarbeitszuschlägen. Auch die Mitarbeiterzufriedenheit spielt aus Arbeitgebersicht eine Rolle: Zum einen kann Zufriedenheit die Arbeitsleistung positiv beeinflussen. Zum anderen kann sie auch ein eigenständiges soziales Ziel sein, weil es der Unternehmensleitung nicht gleichgültig ist, wie ihre Entscheidungen von den Mitarbeitern gesehen werden. Daher wird zumindest bei ansonsten aus Unternehmenssicht gleichwertigen Alternativen die gewählt, die eine höhere Mitarbeiterzufriedenheit erwarten lässt.

9.2 Funktionsbereiche des Personalmanagements

Im Mittelpunkt der Arbeitnehmerziele in Bezug auf die Arbeitszeit stehen die Planbarkeit der verfügbaren (Nicht-Arbeits-)Zeit, die Anpassung der Lage der Arbeitszeit an persönliche Belange und die Einkommensmaximierung. Für einen hoch motivierten Arbeitnehmer spielt auch die Aufgabenerfüllung eine wichtige Rolle: Wenn das Arbeitszeitmodell es zulässt, wird er seinen Arbeitseinsatz dem Aufgabenanfall anpassen, also z. B. auch einmal etwas länger arbeiten, wenn dies betrieblich erforderlich ist.[27]

Zur Lösung dieser Zielkonflikte sind zahlreiche Arbeitszeitmodelle geschaffen worden. So mussten in der Industrie Lösungen gefunden werden, um die Verkürzung der Arbeitszeiten mit der betriebswirtschaftlichen Notwendigkeit in Einklang zu bringen, immer teurere Produktionsanlagen möglichst umfassend zu nutzen. Gleichzeitig sollte das Arbeitszeitmanagement zu einer kostengünstigen Anpassung der Kapazitäten an Beschäftigungsschwankungen beitragen.[28] Im Einzelhandel ging es in erster Linie um die Abdeckung erheblich ausgeweiteter Ladenöffnungszeiten.[29]

Grundlegende Gestaltungsfaktoren der Arbeitszeitmodelle sind die Dauer und die Länge der Arbeitszeit.[30] In den Modellen geht es im Wesentlichen darum, diese Faktoren flexibel zu handhaben, sie also den aktuellen Erfordernissen aus Unternehmenssicht (z. B. kurzfristig erforderliche Nacharbeit wegen eines Produktionsfehlers) und aus Arbeitnehmersicht (z. B. kurzfristig erforderliche Betreuung eines kranken Kindes) anzupassen. Das weitgehend unflexible Normalarbeitsverhältnis mit festen täglichen Zeiten des Arbeitsbeginns und -endes hat stark an Verbreitung verloren.

Bei flexiblen Arbeitszeitmodellen sind insbesondere die Zeitautonomie und der Ausgleichzeitraum zu regeln.

Unter Zeitautonomie ist zu verstehen, wer über Lage und Dauer des einzelnen Arbeitseinsatzes entscheidet. Die Spannweite reicht hier von der alleinigen Entscheidung des Arbeitgebers, z. B. bei der im Einzelhandel verbreiteten kapazitätsorientierter variabler Arbeitszeit (KAPOVAZ), bei der die Arbeitseinsätze vom Arbeitgeber abgerufen werden, über Teammodelle, bei denen Teams die Arbeitseinsätze ihrer Mitglieder festlegen, bis zu Gleitzeitmodellen, bei denen allein der Mitarbeiter über Beginn, Ende und Dauer seiner Arbeitseinsätze entscheidet. Die Arbeitszeitmodelle sehen üblicherweise Grenzen für die Entscheidungsfreiheit vor, die im Übrigen auch durch rechtliche Rahmenbedingungen, vor allem das Arbeitszeitgesetz, eingeschränkt wird.

In Arbeitszeitmodellen müssen Ausgleichzeiträume festgelegt werden, in denen die tatsächlich erbrachte an die arbeitsvertraglich vereinbarte Arbeitszeit angepasst wird. So ist in Gleitzeitmodellen geregelt, dass am Monatsende das Guthaben oder Defizit auf dem Arbeitszeitkonto eines Mitarbeiters eine bestimmte Stundenzahl nicht überschreiten darf. Weit verbreitet sind auch Jahresarbeitszeitverträge, in denen der Ausgleichszeitraum ein ganzes Jahr beträgt, eine konstante monatliche Vergütung gezahlt, die Verteilung des Arbeitsvolumen auf das Jahr aber flexibel gestaltet wird. Daneben gibt es auch Langzeitmodelle, die im Extremfall die gesamte Lebensarbeitszeit umfassen.[31] Für Langzeitmodelle ist gesetzlich geregelt, dass Guthaben bei Arbeitgeberwechsel übertragen und bei Verrentung in die individuelle Rentenversicherung übernommen werden; eine Auszahlung des Guthabens ist nur im Sonderfall möglich.[32]

In Beschäftigungssicherungstarifverträgen ist für viele Tarifbezirke geregelt, dass zur Vermeidung betriebsbedingter Kündigungen durch Vereinbarung zwischen Unternehmensleitung und Betriebsrat die wöchentliche Arbeitszeit in einem bestimmten Rahmen bei proportionaler Kürzung der Vergütung reduziert werden kann.[33]

9.2.5 Personalentwicklung

Aufgaben der Personalentwicklung sind Bildung, Förderung und Organisationsentwicklung.[34]

Im Bereich der Bildung ist das in Deutschland stark formalisierte System der Berufsausbildung von den übrigen, als Weiterbildung bezeichneten betrieblichen Bildungsaufgaben zu trennen.

Die Berufsausbildung ist in Deutschland nach dem dualen System organisiert. Dabei werden allgemeinbildende, eher theoretische Inhalte in öffentlichen Berufsschulen vermittelt, während die praktische Berufsausbildung in den Unternehmen durchgeführt wird. Für beide Teile gibt es staatlich verordnete Lehrpläne. Die Prüfungen werden von den Industrie- und Handels- bzw. Handwerkskammern durchgeführt.[35]

Die Weiterbildung umfasst alle übrigen Aktivitäten der Kompetenzvermittlung. Nach dem Lernort kann grundsätzlich zwischen Maßnahmen am Arbeitsplatz (on the job), z. B. Einarbeitung, Projektarbeit, Gremienarbeit, Assistenten- und Stellvertretertätigkeit, Qualitätszirkel und außerhalb des Arbeitsplatzes *(off the job)*, z. B. Vorträge, Rollenspiele, Lehrgespräche, Fallstudien unterschieden werden.[36]

Computergestützte Wissensvermittlung *(E-Learning)* kann sowohl am als auch außerhalb des Arbeitsplatzes eingesetzt werden, auch in Kombination mit Präsenzlehre (sog. **blended learning**).[37]

Die Weiterbildung hat in den letzten Jahres ständig an Bedeutung gewonnen, weil die betrieblichen Arbeitsaufgaben einem immer schneller vonstatten gehenden Wandel unterliegen. In diesem Zusammenhang wird auch vom lebenslangen Lernen gesprochen: Jeder Mitarbeiter muss seine Fähigkeiten und Kenntnisse ständig an die geänderten Anforderungen anpassen, um seine Beschäftigungsfähigkeit zu sichern.

Neben Fachkompetenzen müssen im Rahmen der Weiterbildung auch Methoden- (z. B. Problemlösungsfähigkeit) und Sozialkompetenz (z. B. Teamfähigkeit) vermittelt werden.

Die Förderung bezieht sich im Wesentlichen auf Führungskräfte, Führungskräftenachwuchs und Fachkräfte. Dabei geht es darum, den einzelnen Mitarbeiter – seinen Wünschen und Möglichkeiten sowie dem Bedarf des Unternehmens entsprechend – in seinem beruflichen Weiterkommen systematisch zu unterstützen. Die Systematik erfordert, nicht isolierte Einzelmaßnahmen (wie z. B. Seminare) aneinanderzureihen, sondern ein möglichst für den betreffenden Mitarbeiter und das Unternehmen maßgeschneidertes Programm durchzuführen. Viele Unternehmen bieten beispielsweise Förderprogramme für ihren Führungsnachwuchs an, die über mehrere Jahre laufen und neben klassischen Seminaren Instrumente wie Projektarbeit, Auslandseinsätze, Outdoor-Training oder Coaching beinhalten.

Zur Förderung gehört auch die Nachfolgeplanung: Das Unternehmen muss für Schlüsselpositionen, das sind vor allem strategisch wichtige Führungsinstanzen und Expertenstellen[38], für den Fall der Abwanderung des Stelleninhabers potentielle Nachfolger rechtzeitig identifizieren und durch geeignete Personalentwicklungsmaßnahmen in die Lage versetzen, die entsprechende Position auszufüllen.

Die Personalentwicklung befasst sich nicht nur mit einzelnen Personen. Im Rahmen der Organisationsentwicklung (OE) geht es um die gezielte Veränderung des gesamten Unternehmens oder von Unternehmensteilen. Gleichzeitig mit der Veränderung von Kompetenzen und Verhaltensweisen werden Aufbauorganisation und Geschäftsprozesse angepasst.

Systematische Personalentwicklung findet in einem sechsstufigen Funktionszyklus[39] statt (siehe **Bild 9-3**).

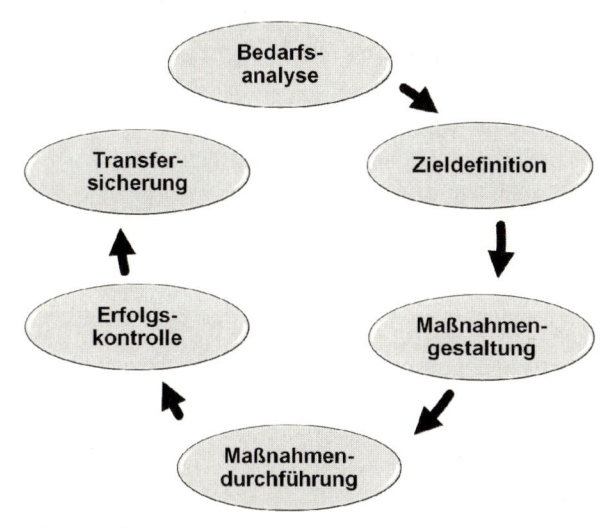

Bild 9-3 Funktionszyklus Personalentwicklung

Während die vier mittleren Phasen des Funktionszyklus von der Zieldefinition bis zur Erfolgskontrolle Elemente rationalen Handelns in jedem Tätigkeitsfeld sind, handelt es sich bei der Bedarfsanalyse und der Transfersicherung um Besonderheiten der Personalentwicklung.

Die Bedarfsanalyse zeigt die Deckungslücke zwischen vorhandenen und angestrebten Qualifikationen auf. Die vorhandenen Qualifikationen werden durch Qualifikations- und Potentialanalysen festgestellt. Dafür steht eine Reihe von Instrumenten, wie z. B. Mitarbeiterbeurteilungen und -gespräche sowie Testverfahren zur Verfügung.[40] Welche Qualifikationen anzustreben sind, hängt von den Zielen sowohl des Unternehmens als auch des jeweiligen Mitarbeiters ab.[41] Das wichtigste Forum zur Abstimmung dieser Ziele ist das Mitarbeitergespräch zwischen dem Mitarbeiter und seinem Vorgesetzten, das mindestens einmal jährlich stattfinden sollte.

Transfersicherung bedeutet, die Ergebnisse von Personalentwicklungsmaßnahmen am Arbeitsplatz dauerhaft zu sichern. Dazu gehören Transferkontrollen, die über Fragenbögen, Mitarbeiter-/Vorgesetztengespräche oder Tests erfolgen können. Wenn die Kontrollen Defizite aufzeigen, sind weitere Maßnahmen aufzusetzen. Diese Maßnahmen können aber auch schon im Rahmen der Maßnahmengestaltung angelegt werden, z. B. in Form von Wiederholungsschulungen oder systematischem Erfahrungsaustausch zwischen den Teilnehmern einer Maßnahme. Die Transfersicherung ist wesentlich leichter, wenn Personalentwicklungsmaßnahmen am Arbeitsplatz durchgeführt werden können.[42]

9.2.6 Personalcontrolling

Funktionen des Personalcontrollings sind Planung, Analyse/Kontrolle und Information. Gegenstand der Kontrolle sind dabei jedoch nicht die Leistung und das Verhalten einzelner Mitarbeiter, sondern Personalsysteme (z. B. Entgeltsysteme).

Klassische Objekte der Planung im Personalbereich sind Personalbestände, Arbeits- und Ausfallzeiten sowie Personalkosten. Die Planungsfunktion umfasst nicht nur die Festlegung von Plangrößen, sondern auch die Unterstützung dezentraler Planungsaktivitäten durch bereitgestellte Informationen und Planungsmethodik. Das Personalcontrolling muss neben den o. g. klassischen Objekten weitere in die Personalplanung einbeziehen. Dazu gehören Personalstrukturen, qualitative Aspekte und Personalsysteme. In Bezug auf Personalstrukturen geht es z. B. darum, auf der Grundlage der Personalstrategie für einzelne Belegschaftssegmente angestrebte Alters- oder Qualifikationsstrukturen zu definieren. Zu den qualitativen Aspekten der Planung gehören beispielsweise die Zufriedenheit der Mitarbeiter mit ihrer Arbeitssituation und ihre Innovationsbereitschaft. Die Planung von Personalsystemen beinhaltet die von aufgedeckten Schwachstellen, strategischen Vorgaben oder externen Einflussfaktoren ausgehende Definition des Handlungsbedarfs, die Alternativenbewertung, die Koordination des Entwicklungsprozesses sowie die Unterstützung und Kontrolle der Systemeinführung.

Die Analyse- und Kontrollfunktion des Personalcontrollings beinhaltet zunächst die Feststellung von Planabweichungen und die Suche nach deren Ursachen. Neben dem Plan-/Ist-Vergleich richtet sich die Analyse auf die Früherkennung von Chancen und Risiken und auf die Abgrenzung des Handlungsspielraums. Indikatoren (z. B. zu Fluktuation und Abwesenheit) geben in ihrer Entwicklung im Zeitablauf und im inter- wie intraorganisationalen Vergleich Hinweise auf Schwachstellen. Die Analyse des Personalaufwands zeigt Handlungsmöglichkeiten zur Kostensenkung bzw. zur kostenneutralen Verstärkung monetärer Anreize auf.

Die Informationsfunktion ist das Bindeglied zwischen dem institutionalisierten Personalcontrolling auf der einen und der Unternehmensleitung sowie den Führungskräften als personalpolitischen Akteuren auf der anderen Seite. Informationen müssen den Entscheidungsträgern bedarfsorientiert, verständlich, zielgerichtet und zeitnah zur Verfügung gestellt werden.[43]

Zur Unterstützung der Funktionen des Personalcontrollings gibt es eine Vielzahl von Instrumente, von denen nachfolgend die wichtigsten aufgeführt sind:

- Personalinformationssysteme,
- Entscheidungsunterstützungssysteme,
- Personalaufwandsanalysen,
- Personalkostenplanung,
- Mitarbeiterbefragungen.[44]

Neben dem vorstehend beschriebenen, auf den Produktionsfaktor „Personal" bezogenen und daher auch als „faktororientiert" bezeichneten Ansatz gibt es auch ein prozessorientiertes Personalcontrolling. Darunter ist das Controlling der Prozesse des Personalmanagements zu verstehen.[45] Grundsätzlich unterscheidet sich die Vorgehensweise nicht von der im Kapitel 4 (Organisation) allgemein für Geschäftsprozesse beschriebenen. Das Prozesscontrolling im Personalbereich ist aber besonders wichtig, weil es hier viele Schnittstellen gibt, denn an fast allen Personalprozessen wirken Mitarbeiter, Vorgesetzte(r) und Personalabteilung mit. Die Schnittstellen zwischen diesen Akteuren sind potentielle Ursachen für mangelnde Funktionalität und Ineffizienzen.

9.3 Arbeitsrecht

Der Handlungsspielraum im Personalmanagement wird durch das Arbeitsrecht stark eingeschränkt. Für den Ingenieur, insbesondere als Führungskraft, ist es wichtig, die relevanten rechtlichen Regelungen zu kennen.

Das Arbeitsrecht lässt sich grob in zwei Bereiche gliedern:

- Individualarbeitsrecht: Rechtsbeziehung zwischen einzelnen Arbeitnehmern und Unternehmen;
- Kollektivarbeitsrecht: Rechtsbeziehung zwischen Arbeitnehmergruppen und Unternehmen sowie Unternehmensverbänden, insbesondere Mitbestimmung und Tarifvertragsrecht.[46]

Die beiden Arbeitsrechtsbereiche werden von einer Vielzahl rechtlicher Regelungen bestimmt.[47]

9.3.1 Individualarbeitsrecht

Die Rechtsbeziehung des einzelnen Arbeitnehmers mit seinem Unternehmen unterliegt zahlreichen Gesetzen und Verordnungen, insbesondere:

- Allgemeines Gleichbehandlungsgesetz,
- Altersteilzeitgesetz,
- Arbeitnehmer-Entsendegesetz,
- Arbeitnehmerüberlassungsgesetz,
- Arbeitsplatzschutzgesetz,
- Arbeitsschutzgesetz,
- Arbeitsstättenverordnung,
- Arbeitszeitgesetz,
- Berufsbildungsgesetz und Ausbildungsverordnungen zu einzelnen Berufen,
- Bundesurlaubsgesetz,
- Bürgerliches Gesetzbuch,
- Entgeltfortzahlungsgesetz,
- Jugendarbeitsschutzgesetz,
- Kündigungsschutzgesetz,
- Mutterschutzgesetz,
- Schwerbehindertengesetz,
- Sozialgesetzbuch,
- Teilzeit- und Befristungsgesetz.

Neben diesen Gesetzen und Verordnungen kommt dem Arbeitsvertrag zwischen dem individuellen Arbeitnehmer und seinem Unternehmen entscheidende Bedeutung zu. Aus dem Arbeitsvertrag und anderen Rechtsnormen (Gesetze und Verordnungen, Tarifverträge, Betriebsvereinbarungen) ergeben sich für beide Seiten Rechte und Pflichten. Die arbeitsvertraglichen Hauptpflichten sind die Erbringung der Arbeitsleistung und ihre Vergütung. Daneben gibt es für beide Seiten zahlreiche Nebenpflichten und -rechte, wie z. B. die Pflicht zur Zeugniserstellung und das Recht auf Einsicht in die Personalakte.

Änderungen des Arbeitsvertrages, bspw. die Änderung des im Vertrag festgelegten Arbeitsortes, bedürfen der Kündigung des alten (sog. Änderungskündigung) und des Abschlusses eines neuen Arbeitsvertrages.

Die ordentliche Kündigung eines Arbeitsvertrages ist an Fristen gebunden, die sich aus dem Bürgerlichen Gesetzbuch und ggf. abweichenden Regelungen in Tarif- oder Arbeitsvertrag ergeben und unternehmensseitig nur aus den o. g. Gründen möglich. Eine außerordentliche Kündigung dagegen erfolgt fristlos mit sofortiger Wirkung, ist aber an das Vorliegen wichtiger Gründe gebunden wie z. B. Diebstahl oder Urlaubsantritt ohne Genehmigung.

Arbeitsverträge können auch von vornherein befristet abgeschlossen werden. Die Befristungsmöglichkeiten sind gesetzlich eingeschränkt.[48]

Aus dem Arbeitsvertrag ergibt sich ein Weisungsrecht (auch: Direktionsrecht) des Arbeitgebers: Er kann die Einzelheiten der zu erbringenden Arbeitsleistung nach Ort, Inhalt und Zeit konkretisieren und ist dabei an die rechtlichen Rahmenbedingungen, insbesondere den Arbeitsvertrag, gebunden.[49] Die Nichtbefolgung einer zulässigen Weisung ist eine Arbeitsverweigerung. Sie ist ein Grund für eine verhaltensbedingte Kündigung, wenn es sich um einen Wiederholungsfall handelt und der Arbeitnehmer für die vorherige Arbeitsverweigerung eine Abmahnung erhalten hat.[50]

Vor allem für den Entwicklungsingenieur wichtig ist das Recht bezüglich seiner Arbeitsergebnisse. Eigentümer eines Produkts ist grundsätzlich nicht der Arbeitnehmer, der es gefertigt hat, sondern das Unternehmen. Erfindungen, die ein Arbeitnehmer im Rahmen seines Beschäftigungsverhältnisses gemacht hat, muss er seinem Arbeitgeber melden, der dann entscheidet, ob er sie verwerten will, insbesondere, ob er ein Patent anmelden will. Der Arbeitnehmer hat im Fall der Verwertung seiner Erfindung dafür einen Vergütungsanspruch.[51]

9.3.2 Kollektivarbeitsrecht

Mitbestimmung

Mitbestimmung der Arbeitnehmer findet auf der Unternehmens- und der Betriebsebene statt. Unter „Betrieb" ist dabei der Ort der Leistungserstellung, also z. B. ein Werk zu verstehen, während ein Unternehmen eine rechtliche Einheit, z. B. eine GmbH ist.

Die unternehmerische Mitbestimmung wird im Aufsichtsrat des Unternehmens ausgeübt. Soweit es sich bei dem Unternehmen nicht um eine Aktiengesellschaft handelt, die ohnehin über einen Aufsichtsrat verfügt, muss ein entsprechendes Gremium eingerichtet werden, um die Mitbestimmungsrechte der Arbeitnehmer umsetzen zu können.

Neben dem nur für einen Industriezweig relevanten Montanmitbestimmungsgesetz ist die unternehmerische Mitbestimmung im Betriebsverfassungsgesetz von 1952 und im Mitbestimmungsgesetz geregelt.

Die Mitbestimmung nach dem *Betriebsverfassungsgesetz von 1952* betrifft Kapitalgesellschaften mit mehr als 500 Mitarbeitern. Die Eigentümerseite stellt zwei Drittel, die Arbeitnehmerseite ein Drittel der Aufsichtsratsmitglieder.

Das *Mitbestimmungsgesetz* gilt für Kapitalgesellschaften mit mehr als 2.000 Mitarbeitern. Der Aufsichtsrat hat hier eine gerade Anzahl Mitglieder, die paritätisch von beiden Seiten gestellt werden. Um Pattsituationen zu vermeiden, hat der Aufsichtsratsvorsitzende, der vom gesamten

Aufsichtsrat, im Streitfall von den Eigentümervertretern allein, gewählt wird, bei Stimmengleichheit eine Doppelstimme. Unter den Arbeitnehmervertretern ist ein leitender Angestellter.[52]

Die betriebliche Mitbestimmung ist im Betriebsverfassungsgesetz von 1972 geregelt. Das wichtigste Mitbestimmungsorgan ist der Betriebsrat, der durch die Arbeitnehmer mit Ausnahme der leitenden Angestellten auf vier Jahre gewählt wird. Ein Betriebsrat kann in jedem Betrieb mit mindestens fünf Mitarbeitern gebildet werden, wenn die Arbeitnehmer dies wünschen. Aufgabe des Betriebsrats ist die Mitbestimmung bei Entscheidungen des Arbeitgebers in sozialen, personellen und wirtschaftlichen Angelegenheiten. Dazu gehören z. B.:

- Personalbeschaffung und -auswahl,
- Kündigungen,
- Berufsbildung,
- tarifliche Eingruppierung,
- Arbeitsgestaltung.[53]

Die Intensität der Mitbestimmung des Betriebsrats ist je nach Themengebiet sehr unterschiedlich und reicht vom bloßen Informationsrecht, z. B. zur wirtschaftlichen Lage des Unternehmens, über Vetorechte, z. B. bei der Bestellung eines Ausbilders, bis hin zu – allerdings wenigen – Initiativrechten, bei denen der Betriebsrat nicht nur auf eine Maßnahme der Unternehmensleitung reagieren, sondern Maßnahmen erzwingen kann, wie z. B. bei der Aufstellung von Personalauswahlrichtlinien.[54]

In Streitfällen zwischen Betriebsrat und Unternehmensleitung kann zur Entscheidungsfindung entweder das Arbeitsgericht angerufen oder eine Einigungsstelle eingesetzt werden. Dabei handelt es sich um ein paritätisch von Betriebsrat und Unternehmensleitung gebildetes Gremium mit neutralem Vorsitzenden.

Die Unternehmensleitung muss dem Betriebsrat die Wahrnehmung seiner Aufgaben ermöglichen. In größeren Unternehmen müssen dazu Betriebsratsmitglieder bei Weiterzahlung der Bezüge von der Arbeit freigestellt werden. Der Betriebsrat muss mindestens viermal pro Jahr eine Betriebsversammlung durchführen, in der er die Arbeitnehmer über seine Arbeit unterrichtet.

Ein Betriebsrat muss einen Wirtschaftsausschuss bilden, der von der Unternehmensleitung regelmäßig über die wirtschaftliche Lage des Unternehmens informiert wird.

In Unternehmen mit mehreren Betrieben gibt es weitere Betriebsratsgremien: Ein Gesamtbetriebsrat muss gebildet werden, wenn es in mehreren Betrieben eines Unternehmens Betriebsräte gibt. Er ist dann Verhandlungspartner der Unternehmensleitung, während sich die einzelnen Betriebsräte mit regionalen Angelegenheiten befassen. Ein Konzernbetriebsrat kann gebildet werden, wenn mehrere Unternehmen in einem Konzern verbunden sind.

Da die leitenden Angestellten vom Betriebsrat nicht vertreten werden, können sie ein eigenes Gremium mit betriebsratsähnlichen Funktionen, den Sprecherausschuss, bilden. Die Mitbestimmungsrechte des Sprecherausschusses sind an die des Betriebsrats angelehnt, aber deutlich schwächer.[55]

Tarifvertragsrecht

Tarifverträge werden zwischen Gewerkschaften als Vertretungen der Arbeitnehmer auf der einen Seite und Arbeitgeberverbänden auf der anderen Seite abgeschlossen und gelten innerhalb einer Branche (z. B. Metallindustrie) für eine Region (z. B. Nordwürttemberg/Nordbaden), bei kleineren Branchen auch für das gesamte Bundesgebiet. Weil somit für alle Unternehmen der Branche und Region derselbe Tarifvertrag gilt, spricht man auch vom Flächentarifvertrag. Daneben gibt es Haustarifverträge zwischen Gewerkschaft(en) und einzelnen Unternehmen.

Flächentarifverträge gelten nur für Mitgliedsunternehmen des jeweiligen Arbeitgeberverbands, es sei denn, sie sind von der Bundesregierung für allgemein verbindlich erklärt worden. Auf Arbeitnehmerseite gelten sie formell nur für Gewerkschaftsmitglieder, faktisch aber in der Regel für alle, weil in den individuellen Arbeitsverträgen auf Tarifverträge Bezug genommen wird.

Tarifverträge gelten meist nicht für Arbeitnehmer, deren Vergütung über der höchsten Tarifgruppe liegt. Diese Mitarbeiter werden als „außertarifliche Angestellte", kurz „AT" bezeichnet.

Die im Grundgesetz geregelte Tarifautonomie verbietet es dem Staat, in Tarifverträge einzugreifen.

Mantel- und Rahmentarifverträge regeln Grundsatzangelegenheiten wie Arbeitszeit, Urlaub, Vergütungsmodelle. In Entgelttarifverträgen, die kurze Laufzeiten von einem bis zu wenigen Jahren haben, wird die Höhe der Vergütung vereinbart.[56]

Quellenhinweise (Kap. 9)

Literaturverzeichnis zu Kap. 9

Back, A.: E-Learning strategisch verankern. In: Thom, N.; Zaugg, R. (Hrsg.): Moderne Personalentwicklung. Mitarbeiterpotenziale erkennen, entwickeln und fördern, 2. Aufl. S. 206-226. Wiesbaden: Gabler, 2007

Becker, M.: Systematische Personalentwicklung. Planung, Steuerung und Kontrolle im Funktionszyklus. Stuttgart: Schäffer-Poeschel, 2005

Beer, M. et al.: Human Resource Management. A General Manager's Perspective. New York usw.: The Free Press, 1985

Berthel, J.; Becker, F. G.: Personal-Management. Grundzüge für Konzeptionen betrieblicher Personalarbeit, 8. Aufl. Stuttgart: Schäffer-Poeschel, 2007

Bühner, R.: Personalmanagement, 3. Aufl. München und Wien: Oldenbourg, 2005

Drucker, P.: The Practice of Management. New York: HarperCollins, 1954

Drumm, H. J.: Personalwirtschaft, 6. Aufl. Berlin usw.: Springer, 2008

Elsik, W.: Strategien im Personalmanagement. In: ders. (Hrsg.): Strategische Personalpolitik. Festschrift für Prof. Dr. Dudo v. Eckardstein, S. 3-26. München und Mering: Hampp, 1999

Gmür, M.; Thommen, J.-P.: Human Resource Management: Strategien und Instrumente für Führungskräfte und das Personalmanagement in 13 Bausteinen, 2. Aufl. Zürich: Versus, 2007

Greife, W.; Janisch, R.: Wertorientiertes Personalmanagement. In: Schäfer, B. (Hrsg.): Handbuch Regionalbanken, 2. Aufl. S. 447-474. Wiesbaden: Gabler, 2007

Greife, W.; Flier, G.-R.: Personal-Controlling in einem Versicherungsunternehmen. In: Steinle, C., Bruch, H. (Hrsg.): Controlling. Kompendium für Ausbildung und Praxis, 3. Aufl. S. 933-946. Stuttgart: Schäffer-Poeschel, 2003

Greife, W.: Zielvereinbarung. In: Brecht, U. (Hrsg.): Praxis-Lexikon Controlling. S. 258-260. Landsberg:moderne industrie, 2001

Greife, W.: Der Beitrag des Qualifikationslohns zur Flexibilität industrieller Arbeit. Alternativen zur anforderungsorientierten Entlohnung in modernen Produktionsprozessen. Frankfurt/M.: Lang, 1990

Hartz, P.: Jeder Arbeitsplatz hat ein Gesicht. Die Volkswagen-Lösung, Frankfurt/M. usw.: Campus, 1994

Hentze, J.; Kammel, A.: Personalwirtschaftslehre 1. Grundlagen, Personalbedarfsermittlung, -beschaffung, -entwicklung und -einsatz, 7. Aufl. Bern usw.: Haupt, 2001

Hoff, A.: „Back to the roots": Vor der 4. Welle der Arbeitszeitflexibilisierung, 2006. http://www.arbeitszeitberatung.de/arbeitszeit.htm, Zugriff 27.5.2009

Hoff, A.: Das Langzeitkonto nach „Flexi II",2009. http://www.arbeitszeitberatung.de/arbeitszeit.htm, Zugriff 27.5.2009

Hofmann, H.: Fachlaufbahnen, dargestellt am Beispiel von IBM Research. In: Thom, N., Zaugg, R. (Hrsg.): Moderne Personalentwicklung. Mitarbeiterpotenziale erkennen, entwickeln und fördern, 2. Aufl. S. 300-313. Wiesbaden: Gabler, 2007

Institut der deutschen Wirtschaft (Hrsg.): Kurzarbeit. Noch einige Hemmnisse. In: iwd Heft 6/2009, S. 8

Kaplan, R.; Norton, D.: Die strategiefokussierte Organisation: Führen mit der Balanced Scorecard (aus dem Amerikanischen von Horváth, P. und Kralj, D.). Stuttgart: Schäffer-Poeschel, 2001

Klug, A.: Analyse des Personalentwicklungsbedarfs. In: Ryschka, J., Solga, M. Mattenklott, A. (Hrsg.): Praxishandbuch Personalentwicklung. Instrumente, Konzepte, Beispiele; 2. Aufl. S. 35-90. Wiesbaden: Gabler, 2008

Lehndorff, S.: Die Arbeits- und Betriebszeiten in der europäischen Automobilindustrie, Schriftenreihe des Instituts Arbeit und Technik, Gelsenkirchen, 2000

Miebach, B.: Soziologische Handlungstheorie, 2. Aufl. Wiesbaden: VS, 2006

Myrach, T.; Montandon, C.: Blended Learning. In: Thom, N.; Zaugg, R. (Hrsg.): Moderne Personalentwicklung. Mitarbeiterpotenziale erkennen, entwickeln und fördern, 2. Aufl. S. 190-204. Wiesbaden: Gabler, 2007

Petzold, H.: Integrative Supervision, Meta-Consulting, Organisationsentwicklung. Ein Handbuch für Modelle und Methoden reflexiver Praxis, 2. Aufl. Wiesbaden: VS, 2007

Thom, N.: Trends in der Personalentwicklung. In: Thom, N., Zaugg, R. (Hrsg.): Moderne Personalentwicklung. Mitarbeiterpotenziale erkennen, entwickeln und fördern, 2. Aufl. S. 4-18. Wiesbaden: Gabler, 2007

Völkert, W.; Steinkamp, T.: Personalmanagement für Ingenieure. München: Oldenbourg, 2009

Voss-Dahm, D.; Lehndorff, S.: Lust und Frust in moderner Verkaufsarbeit. Beschäftigungs- und Arbeitszeittrends im Einzelhandel, Schriftenreihe des Instituts Arbeit und Technik. Gelsenkirchen: 2003

Anmerkungen zu Kap. 9

1. vgl. Hentze/Kammel (2001), S. 47-48
2. vgl. Greife/Janisch (2007), S. 452-455
3. vgl. Berthel/Becker (2007), S. 107-109
4. vgl. Gmür/Thommen (2007), S. 51-54
5. vgl. Drucker (1954)
6. vgl. Miebach (2006), S. 401 f. und 411 f.
7. vgl. Bühner (2005), S. 302 f.
8. vgl. http://www.valuebasedmanagement.net/ methods_smart_management_by_objectives.html, Zugriff: 31.5.2009
9. vgl. Bühner (2005), S. 305 f.
10. vgl. Greife (2001), S. 258-260
11. vgl. Berthel/Becker (2007), S. 452-455
12. vgl. Bühner (2005), S. 143 f., Berthel/Becker (2007), S. 189
13. vgl. Bühner (2005), S. 145, Berthel/Becker (2007), S. 189 f.
14. Lohn- und Gehaltsrahmen-Tarifvertrag I, Metallindustrie Nordwürttemberg/Nordbaden vom 19.6.2001, Anlage 4
15. vgl. Bühner (2005), S. 146-148
16. Entgeltrahmen-Tarifvertrag Metall- und Elektroindustrie Baden-Württemberg vom 16.9.2003, Anlage 1; die Gewichtungsfaktoren sind hier bereits in die Punktzahlen eingearbeitet.
17. vgl. Bühner (2005), S. 155 f.
18. vgl. Bühner (2005), S. 156-159, Berthel/Becker (2007), S. 457-459
19. vgl. Bühner (2005), S. 159-162, Berthel/Becker (2007), S. 459 f.
20. vgl. Greife 1990, S. 35-53 und S. 181-263
21. vgl. Greife/Janisch (2007), S. 462
22. vgl. Bühner (2005), S. 177 f.
23. vgl. Berthel/Becker (2007), S. 474-477
24. Zur Personalbeschaffung vgl. Berthel/Becker (2007), S. 247-262, Drumm (2008), S. 279-293
25. Zur Personalfreisetzung vgl. Berthel/Becker (2007), S. 288-305, Drumm (2008), S. 249-273
26. vgl. Völkert/Steinkamp (2009), S. 189-192
27. Zu den Arbeitnehmer- und Arbeitgeberzielen vgl. auch Bühner (2005), S. 186 f.
28. vgl. Lehndorff (2000), S. 31-44, sowie Hartz (1994), S. 59-92
29. vgl. Voss-Dahm/Lehndorff (2002), S. 37-46
30. vgl. Berthel/Becker (2007), S. 432
31. Zu den Arbeitszeitmodellen vgl. Berthel/Becker (2007), S. 434 f. und Bühner (2005), S. 187-198
32. vgl. Hoff (2009), S. 2-4
33. Institut der deutschen Wirtschaft (2009), S. 8
34. vgl. Becker (2005), S. 6-9
35. vgl. Drumm (2008), S. 321-32
36. vgl. Berthel/Becker (2007), S. 390-411
37. vgl. Back (2007), S. 207 f., Myrach/Montandon (2007), S. 192-199
38. Zu Fachlaufbahnen vgl. Hofmann (2007), S. 301-312
39. vgl. Becker (2005), S. 4
40. vgl. Klug (2008), S. 68-82
41. vgl. Drumm (2008), S. 339-345, Bühner (2005), S. 101-106
42. vgl. Becker (2005), S. 240-272
43. vgl. Greife/Flier (2003), S. 933-935, Bühner (2005), S. 341-353
44. vgl. Greife/Flier (2003), S. 935-945
45. vgl. Bühner (2005), S. 342
46. vgl. Berthel/Becker (2007), S. 531 f.
47. vgl. dazu die Übersicht bei Berthel/Becker (2007), S. 532
48. Zum Arbeitsvertrag vgl. Volkert/Steinkamp (2009), S. 53-68
49. Vgl. Volkert/Steinkamp (2009), S. 69-71
50. vgl. Volkert/Steinkamp (2009), S. 161 f.
51. vgl. Volkert/Steinkamp (2009), S. 156 f.
52. vgl. Drumm (2008), S. 37-40
53. vgl. Berthel/Becker (2007), S. 537-542
54. vgl. Berthel/Becker (2007), S. 536 f.
55. vgl. Drumm (2008), S. 40-43
56. vgl. Volkert/Steinkamp (2009), S. 17-21

10 Qualitäts- und Umweltmanagement

Die Themen „Qualitätsmanagement" und „Umweltmanagement" werden in einem Kapitel abgehandelt, weil sie eng miteinander verwandt sind und weil das vom Ansatz her jüngere Umweltmanagement einen großen Teil der Methodik aus dem Qualitätsmanagement übernommen hat.

10.1 Qualitätsmanagement

Die Wettbewerbsfähigkeit eines Unternehmens wird entscheidend von der Qualität seiner Produkte bestimmt. Die Leistungserbringung an Hochlohnstandorten ist häufig bei ausschließlicher Betrachtung der Herstellkosten und damit auch die Angebotspreise nicht wettbewerbsfähig. Nur über die Qualität, neben der Zeit bis zur Lieferung, können sich entsprechende Unternehmen am Absatzmarkt behaupten.

Da in vielen Branchen den Zulieferern ein großer Wertschöpfungsanteil zukommt, gewinnt darüber hinaus das Vertrauen in die Qualitätsfähigkeit der Zulieferer an Bedeutung.[1]

Qualität ist der Grad, in dem ein Satz inhärenter Merkmale Anforderungen erfüllt.[2] „Inhärent" bedeutet, dass die Merkmale dem Produkt oder der Leistung innewohnen. Die relevanten Anforderungen werden im Wesentlichen vom Kunden gestellt, es kann aber auch andere Anforderungssteller geben, z. B. gesetzliche Anforderungen des Staates.

Das Thema „Qualitätsmanagement" wird in den beiden folgenden Unterkapiteln dargestellt, indem zunächst ausgewählte Instrumente und anschließend umfassende Systeme des Qualitätsmanagements erläutert werden, in denen die einzelnen Instrumente Anwendung finden.

10.1.1 Ausgewählte Qualitätsmanagement-Instrumente

Im Qualitätsmanagement wird eine Vielzahl von Instrumenten genutzt, aus denen im Folgenden eine Auswahl vorgestellt wird (siehe **Bild 10-1**).

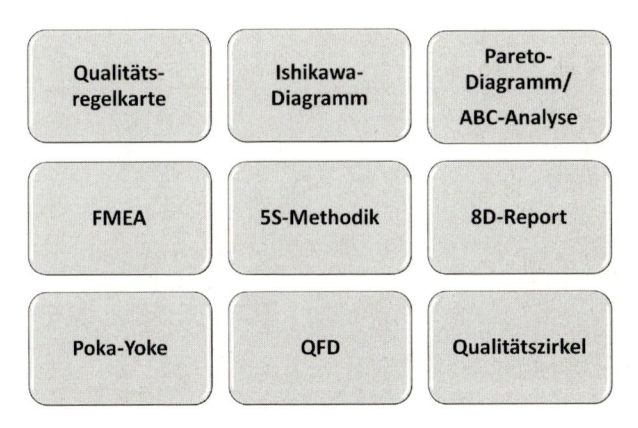

Bild 10-1   Ausgewählte Qualitätsmanagement-Instrumente

Qualitätsregelkarte

Die Qualitätsregelkarte ist ein klassisches Instrument zur statistischen Überwachung von Fertigungsprozessen *(SPC: statistical process control)*. Ein zu prüfender Parameter (z. B. der Durchmesser einer Bohrung) wird an Stichproben überprüft. Die Prüfergebnisse werden in ein Diagramm, die Qualitätsregelkarte, eingetragen. Die Lage der Prüfergebnisse im Verhältnis zu Warn-, Eingriffs- und Toleranzgrenzen lässt Rückschlüsse auf die Grundgesamtheit, also z. B. das Fertigungslos, aus dem die Stichprobe gezogen wurde, zu und gibt Auskunft über die Beherrschung des Fertigungsprozesses. Vom Betrachter erkennbar und per Software auswertbar sind neben der Überschreitung von Grenzen auch auffällige Verläufe wie z. B. ein stetig steigender Trend der Prüfergebnisse. Hier kann bereits vor Erreichen des Grenzwerts Handlungsbedarf erkannt und mit entsprechenden Maßnahmen (z. B. Änderung der Maschineneinstellung) frühzeitig gegengesteuert werden.[3]

In Qualitätsregelkarten wird auch die Streuung der Prüfergebnisse dargestellt. Häufig anzutreffen sind Xquer-s-Karten, bei denen zu jeder Stichprobe der Mittelwert (Xquer) der Prüfergebnisse in ein Diagramm und deren Standardabweichung in ein zweites eingetragen wird. In dem Beispiel in **Bild 10-2** wurden die oberen und unteren Eingriffsgrenzen (OEG/UEG) für den Mittelwert jeweils zweimal überschritten und die obere Eingriffsgrenze für die Standardabweichung einmal. Die entsprechenden Stichprobenwerte sind in dem Diagramm als Kreise dargestellt. „UTG" und „OTG" sind die Toleranzgrenzen.

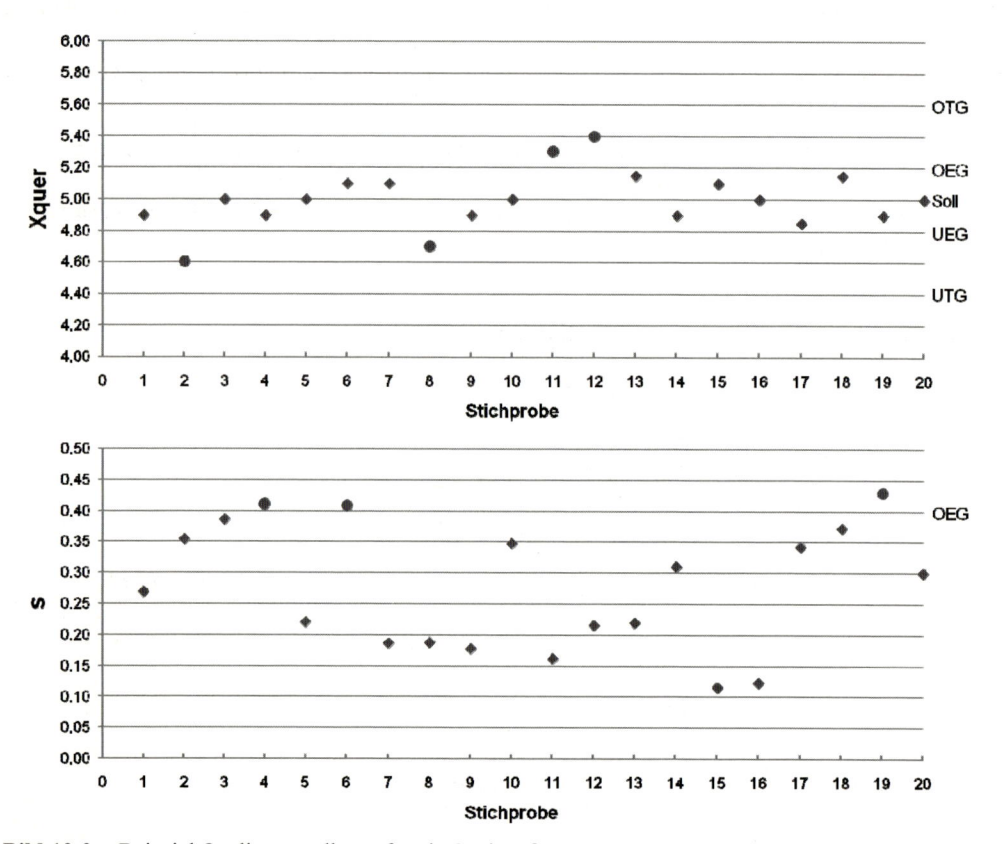

Bild 10-2 Beispiel Qualitätsregelkarte für ein Spaltmaß

Die Bezeichnung „Karte" geht auf die Zeit zurück, in der die Prüfergebnisse von Hand in Diagramme eingetragen wurden.[4] Heute erfolgt die graphische Darstellung üblicherweise durch Computerprogramme, die häufig mit einer elektronischen Messwerterfassung verknüpft sind.

Aus den Stichprobenergebnissen können als Fähigkeitskennzahlen bezeichnete kritische Werte abgeleitet werden, deren Ermittlung gerade in der Automobilindustrie häufig von Kunden. Diese Kennzahlen werden in der laufenden Serienproduktion ermittelt (Prozessfähigkeit), vor Serienanlauf (vorläufige Prozessfähigkeit) oder nach Inbetriebnahme einer neuen Maschine (Maschinenfähigkeit). Zur Ermittlung der Prozessfähigkeit wird die vorgegebene Toleranzbreite (Differenz zwischen oberer und unterer Toleranzgrenze) durch das Sechsfache der Standardabweichung der Stichprobe dividiert. Ein Prozess ist fähig, wenn die Kennzahl mindestens 1,33 beträgt.[5]

Ishikawa-Diagramm

Das Ishikawa-Diagramm (auch Ursache-Wirkungs- oder Fischgrätendiagramm genannt) ist ein Instrument zur systematischen Suche nach Problemursachen. Das zu lösende Problem wird an die Hauptgräte geschrieben. Dann wird in den Bereichen „Mensch", „Maschine", „Material", „Methode" und „Milieu" (gemeint ist damit die Arbeitsplatzumgebung) nach Ursachen für dieses Problem gesucht, die als „Fischgräten" in das Diagramm eingetragen werden (siehe **Bild 10-3**). Die Ursachen für Qualitätsprobleme sind häufig in diesen Bereichen zu finden. In Abhängigkeit vom zu lösenden Problem kann es sinnvoll sein, andere Bereiche zu wählen. Wenn zusätzlich die Bereiche „Management" und „Messung" berücksichtigt werden, spricht man auch von der 7-M-Methode.[6]

Die Vorteile der Arbeit mit dem Ishikawa-Diagramm liegen darin, dass es zur systematischen Ursachensuche anleitet, was die Wahrscheinlichkeit, Problemursachen zu übersehen, verringert. Außerdem ist die Methodik wegen der Visualisierung der Ergebnisse für Gruppenarbeiten sehr gut geeignet.

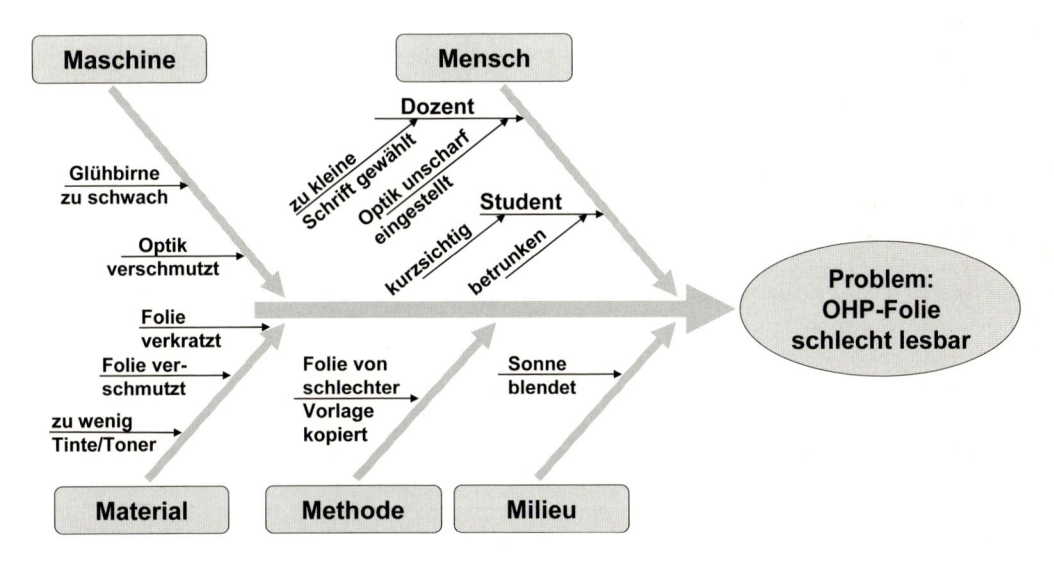

Bild 10-3 Beispiel Ishikawa-Diagramm

Pareto-Diagramm/ABC-Analyse

Das Pareto-Diagramm wird im Rahmen des Qualitätsmanagements eingesetzt, um Qualitätsmängel oder Fehlerursachen nach ihrer Wichtigkeit zu gruppieren und daraus dann Prioritäten für Gegenmaßnahmen ableiten zu können. Dem Ansatz liegt die Pareto-Verteilung – auch als 80/20-Regel bezeichnet – zugrunde, die besagt, dass die meisten (80 %) Probleme auf wenige (20 %) Ursachen zurückgehen (vgl. Abschnitt 3.2.1).

Zur Erstellung eines Pareto-Diagramms müssen zunächst die Fehlerarten bzw. -ursachen definiert werden. Dabei ist es meistens erforderlich, Gleichartiges zusammenzufassen (z. B. Zusammenfassung der vier Fehlerarten „Teil zu kurz, zu lang, zu dünn, zu dick" zu „Maßabweichung"). Anschließend ist das Kriterium für die Wichtigkeit der Fehler festzulegen (z. B. Fehlerhäufigkeit oder Fehlerkosten). Nun werden die relativen Beiträge der einzelnen Fehlerarten bzw. -ursachen in Bezug auf das Wichtigkeitskriterium errechnet und die Fehlerarten bzw. -ursachen entsprechend sortiert. In dem Pareto-Diagramm wird dieser Anteil einzeln und kumuliert dargestellt (siehe **Bild 10-4**).

Für die Klasseneinteilung kann eine Unterscheidung gemäß 80/20-Regel in „wichtig" und „unwichtig" oder eine Aufteilung in drei Klassen (A, B, C) erfolgen, wobei die Klassengrenzen abhängig von der Verteilung gewählt werden und häufig bei 70 und 90 % liegen.[7] Wenn drei Klassen verwendet werden, bezeichnet man die Methodik auch als ABC-Analyse.

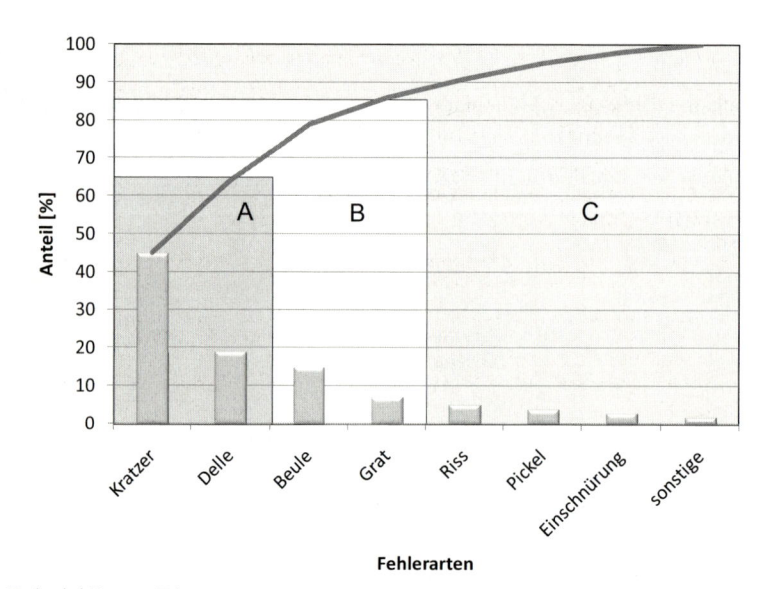

Bild 10-4 Beispiel Pareto-Diagramm

FMEA

Die FMEA (*failure mode and effects analysis*, Fehlermöglichkeits- und -einflussanalyse) ist ein präventives QM-Verfahren zur systematischen Analyse von:

- Fehlern,
- Fehlerursachen,
- Risiken.

10.1 Qualitätsmanagement

Mögliche Fehler werden nach ihrer Auftretens- und Entdeckungswahrscheinlichkeit sowie ihrer Bedeutung analysiert und priorisiert. Für die wichtigsten bzw. über einem Schwellenwert der Risikopriorität liegenden Fehler wird nach geeigneten Gegenmaßnahmen gesucht, nach deren Umsetzung eine erneute Risikobewertung stattfindet.

Eine FMEA kann sich auf Produkte oder auf Prozesse (insbesondere Produktionsprozesse) beziehen. Der Analysefokus kann dabei auf dem Gesamtobjekt, also dem kompletten Produkt oder Prozess liegen – in diesem Fall spricht man von einer System-FMEA – oder einem Teilobjekt (Einzelteil oder Baugruppe eines Produkts, einzelner Prozessschritt).[8]

Aus den Funktionen des zu untersuchenden Objekts lassen sich mögliche Fehler ableiten: Ein Fehler liegt vor, wenn eine Funktion nicht oder schlecht erfüllt wird. Zu den Fehlern müssen nun mögliche Ursachen gesucht werden, z. B. mit Hilfe eines Ishikawa-Diagramms. Die Fehler und ihre Ursachen werden in eine Tabelle eingetragen (siehe **Tabelle 10-1**).

Die Fehler werden nun entsprechend ihrer Bedeutung (B) in einer Zehnerskala bewertet. Je schwerwiegender ein Fehler ist, desto mehr Bewertungspunkte werden vergeben. Gemäß VDA 4, Teil 2 sind für einen Fehler an einem Automobilteil, der zu einem Sicherheitsrisiko, zur Nichterfüllung gesetzlicher Vorgaben oder zum Liegenbleiben des Fahrzeugs führt, neun oder zehn Punkte zu vergeben, bei sehr geringer, nur vom Fachpersonal erkennbaren Funktionsbeeinträchtigung dagegen ein Punkt.

Tabelle 10-1 Prozess-FMEA am Beispiel Wachsbeschichtung von Autotürhohlräumen (Ausschnitt)[9]

Objekt-funktion	Fehler	Fehler-folgen	Fehler-ursachen	Verhütung Prüfung	A	B	E	RPZ	
Korrosions-schutz	Wachs-schicht fehlt oder zu dünn	Türblech rostet durch	Sprühkopf verstopft	Prüfmuster sprühen bei Schichtbeginn	4	7	3	84	Maßnahmen... Stand nach Umsetzung...
			Sprühkopf deformiert	präventive Wartung	2	7	4	56	
			falsches Wachs	Laborprüfung Wareneingang	2	7	1	14	

Die Auftretenswahrscheinlichkeit (A) der einzelnen Fehlerursachen wird ebenfalls in einer Zehnerskala bewertet. Dabei werden für hohe Wahrscheinlichkeiten hohe Punktzahlen vergeben, gemäß VDA zehn Punkte für 500.000 ppm *(parts per million)*, also einem Defekt bei jedem zweiten Teil, und ein Punkt für ein ppm.

Schließlich ist die Entdeckungswahrscheinlichkeit (E) zu bewerten. Dabei geht es um die Wahrscheinlichkeit, dass ein Fehler entdeckt wird, bevor seine Auswirkungen eintreten, ein Produktionsfehler also vor Auslieferung an den Kunden. Entsprechend sind hier hohe Wahrscheinlichkeiten gut (geringe Punktzahl) zu bewerten, gemäß VDA mit einem Punkt bei einer Entdeckungswahrscheinlichkeit von 99,99 % und mit zehn Punkten bei einer Entdeckungswahrscheinlichkeit von 90 % oder weniger.

Die drei Bewertungszahlen werden nun miteinander multipliziert. Das Produkt, die Risikoprioritätszahl (RPZ) kann zwischen 1 und 1000 liegen.[10]

Maßnahmen zur Verringerung des Fehlerrisikos können sich einerseits auf die Vermeidung der Fehlerursachen richten, indem z. B. für ein Teil, dessen Verschleiß zu einem Fehler führt, ein anderer Werkstoff gewählt wird, andererseits auf eine Erhöhung der Entdeckungswahrscheinlichkeit, z. B. über zusätzliche Qualitätsprüfungen. Die Bedeutung eines Fehlers kann nur in wenigen Fällen beeinflusst werden, z. B. indem der Hersteller eines Produkts eine Versicherung abschließt, aus der der Kunde bei Auftreten eines Fehlers entschädigt wird.

Die Maßnahmen werden in die FMEA-Tabelle eingetragen. Nach ihrer Umsetzung wird die Risikoprioritätszahl erneut ermittelt, um zu erkennen, ab weiterer Handlungsbedarf besteht.

5S-Methodik

Die 5S-Methodik ist ein einfacher Ansatz, um auf Arbeitsplatzebene die Voraussetzungen für qualitativ hochwertige Arbeit zu schaffen und das Qualitätsbewusstsein zu fördern. Es ist in fünf Schritten vorzugehen. Die japanischen Bezeichnungen der fünf Schritte beginnen alle mit dem Buchstaben „S", wenn man sie in lateinischen Buchstaben darstellt:

- *Seiri* (sortieren): Am Arbeitsplatz nicht benötigte Werkzeuge und Materialien werden entfernt.
- *Seiton* (aufräumen): Den am Arbeitsplatz benötigten Werkzeugen und Materialien werden feste Plätze zugewiesen.
- *Seisō* (säubern): Die Reinigung des Arbeitsplatzes ist Teil der täglichen Arbeit.
- *Seiketsu* (standardisieren): Arbeitsabläufe werden geregelt.
- *Shitsuke* (Selbstdisziplin halten): Die geschaffenen Standards werden durch Selbstdisziplin eingehalten.[11]

Die 5S-Methodik wirkt sich unmittelbar auf Materialbestände, Arbeitsproduktivität und Arbeitsbedingungen aus und aktiviert die Mitarbeiter.[12]

8D-Report

Der 8D-Report ist ein Formular zur Reklamationsbearbeitung, hinter dem ein standardisierter Prozess steht, der aus acht Schritten („Disziplinen") besteht. Die Ergebnisse jedes einzelnen Schrittes werden im 8D-Report dokumentiert:

- D1: Teams für die Problemlösung zusammenstellen
- D2: Problem beschreiben
- D3: Sofortmaßnahmen festlegen
- D4: Fehlerursache(n) feststellen
- D5: Abstellmaßnahmen planen
- D6: Abstellmaßnahmen dauerhaft einführen
- D7: Wiederauftreten verhindern
- D8: Teamleistung würdigen.[13]

Die Methodik zielt darauf ab, Fehler dauerhaft zu beseitigen.

Poka-Yoke

Der Ausdruck *„Poka-Yoke"* kommt aus dem Japanischen und bedeutet „Vermeidung zufälliger Fehler".[14] Durch Vorbeugemaßnahmen, vor allem bei der Konstruktion von Produkten und Vorrichtungen und im organisatorischen Bereich, sollen Fehler unmöglich gemacht werden.[15] So kann z. B. bei elektrischen Steckverbindern durch Nasen und entsprechende Nuten verhindert werden, dass ein Stecker falsch herum oder in eine falsche Buchse gesteckt wird.

Durch Poka-Yoke lassen sich vor allem folgende Fehlerursachen abstellen:

- Vergessen,
- Verwechseln,
- Vertauschen,
- Missverständnisse,
- Lesefehler,
- Kommunikationsmängel.[16]

QFD

Quality Function Deployment (QFD) ist ein präventives (vorbeugendes) Instrument des Qualitätsmanagements, das vor allem in der Produktentwicklung eingesetzt wird. QFD unterstützt bei der Umsetzung von Kundenanforderungen in Produktmerkmale.

Die Ergebnisse werden in einem System von Tabellen dargestellt, das an die Form eines Hauses erinnert und daher als ***House of Quality*** bezeichnet wird (siehe **Bild 10-5**). Die Kundenanforderungen finden sich in den Zeilen des Tabellensystems und die Produktmerkmale in den Spalten. In der mittleren Tabelle werden beide zusammengeführt: Hier werden die Beziehungen zwischen Produktmerkmalen und Kundenanforderungen dargestellt. Über die zahlenmäßige Bewertung der Bedeutung der einzelnen Kundenanforderungen und der Wirkung des einzelnen Produktmerkmals auf die Kundenanforderungen wird die Wichtigkeit jedes einzelnen Produktmerkmals ermittelt. Im dreieckigen „Dach" des Tabellensystems werden die Wechselwirkungen der Produktmerkmale abgebildet.[17]

Das ***House of Quality*** wird in zehn Arbeitsschritten aufgebaut:

(1) Kundenanforderungen ermitteln und Bedeutung gewichten (Skala: 1 = sehr gering ... 10 = sehr hoch)
(2) Wettbewerbsvergleich anstellen (Skala: 1 = schlecht ... 5 = sehr gut)
(3) Verkaufsschwerpunkte ermitteln (Skala: 1,5 = wichtiger, 1,2 = mittlerer, 1 = kein Schwerpunkt)
(4) Produktmerkmale (Funktionen) festlegen (Frage: Wie können die Kundenanforderungen erfüllt werden?), technische Zielwerte für die Produktmerkmale festlegen
(5) Wirkungen der Produktmerkmale auf die Kundenanforderungen ermitteln (Skala: 1 = wenig, 3 = mittel, 9 = stark), Wichtigkeit der Produktmerkmale ermitteln durch Multiplikation der Bedeutung der Kundenanforderungen mit der Wichtigkeit der Produktmerkmale
(6) Wechselwirkung der Produktmerkmale ermitteln (Frage: Wie ändert sich ein Produktmerkmal, wenn ein anderes verändert wird?)
(7) Für jedes Produktmerkmal Vergleichsdaten der Wettbewerber beschaffen
(8) Schwierigkeitsgrad der Realisierung je Produktmerkmal abschätzen (Skala: 1 = sehr einfach ... 10 = sehr schwierig)
(9) ggf. Zusatzinformationen eintragen
(10) Auswertung: Hier geht es vor allem um die Schwerpunktsetzung für die Produktentwicklung, also z. B. um Produktmerkmale, die für den Kunden besonders wichtig sind, Chancen bieten, um sich von der Konkurrenz abzuheben bzw. eine Lücke zu schließen; posi-

tive Wechselwirkungen mit anderen Produktmerkmalen aufweisen, geringe Schwierigkeiten bei der Realisierung erwarten lassen.*

```
                  Wechselwirkungen
                  Produktmerkmale

                  Produktmerkmale

  Kunden-       Beziehungen zwischen        Wett-
  anfor-        Produktmerkmalen und     bewerbs-
  derungen      Kundenanforderungen      vergleich aus
                                         Kundensicht

              Ausprägung der Produktmerkmale,
              Bedeutung der Produktmerkmale,
              Schwierigkeitsgrad der Realisierung
```

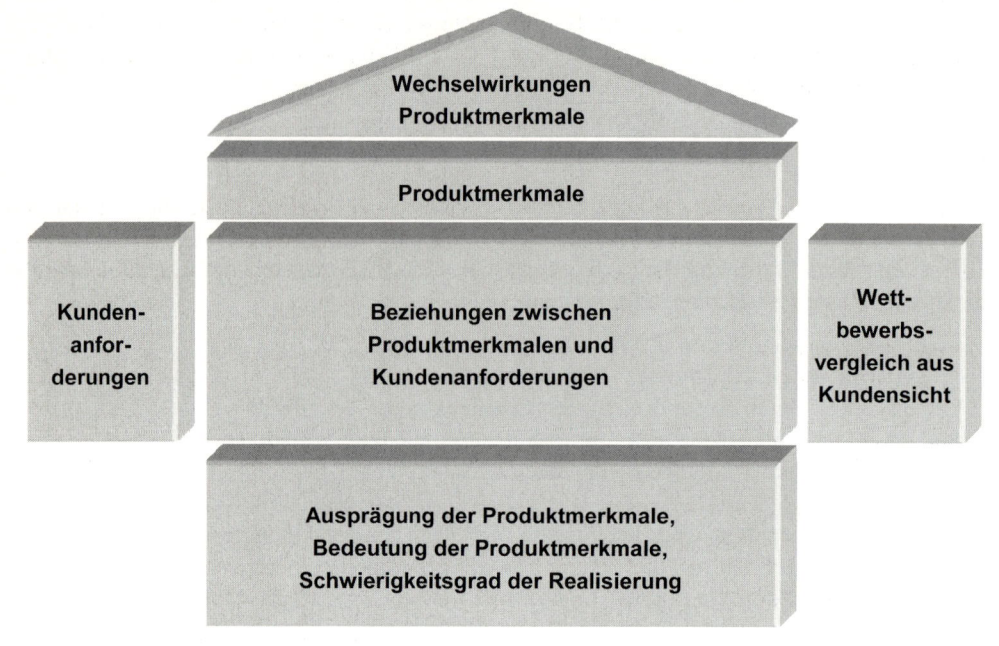

Bild 10-5   House of Quality

Qualitätszirkel

Qualitätszirkel sind kleine, üblicherweise aus drei bis zehn Mitarbeitern bestehende Gruppen, die zu festen Terminen regelmäßig zusammenkommen, um Qualitätsprobleme zu lösen. Häufig werden sie bereichsübergreifend zusammengesetzt, um die Kommunikation zwischen Mitarbeitern zu ermöglichen, die im Tagesgeschäft keine Berührung miteinander haben. In diesem Fällen bietet der Qualitätszirkel ein Forum, um Qualitätsprobleme zu lösen, deren Ursachen nicht in dem Bereich liegen, in dem sie auftreten (Beispiel: In der Fertigung bearbeitete Teile können auf unterschiedliche Arten in Transportbehälter gelegt werden. In der Montage werden die Teile bei der Entnahme aus den Behältern zum Teil beschädigt, wenn sie in einer bestimmten Weise angeordnet waren). Häufig können derartige Probleme von Qualitätszirkeln schnell gelöst werden, weil ein Mitglied in der Lage ist, durch einfache Veränderungen Probleme in anderen Bereichen abzustellen.

Die personelle Besetzung von Qualitätszirkeln muss sich nicht zwangsläufig an der Wertschöpfungskette orientieren. Auch die Besetzung nur mit Mitarbeitern eines Bereichs (z. B. einer Montagelinie) kann sinnvoll sein, ebenso wie beispielsweise die mit Mitarbeitern aus Vertrieb, Entwicklung, Fertigung und Montageaußendienst: In beiden Fällen zwingt der Qua-

---

* Die beschriebene Vorgehensweise geht auf das American Supplier Institute (http://amsup.com/qfd/index.htm) zurück. Daneben gibt es alternative Ansätze.

litätszirkel dazu, sich regelmäßig „an einen Tisch" zu setzen und über gemeinsame Qualitätsprobleme und deren Lösung zu sprechen.[18]

Wegen seiner großen Wirksamkeit wird der Qualitätszirkel-Ansatz inzwischen auch außerhalb des Qualitätsmanagements angewandt. So gibt es vergleichbare Gruppen, die im Rahmen des kontinuierlichen Verbesserungsprozesses gegenüber den Qualitätszirkeln erweiterte Aufgabenstellungen haben und sich auch mit Kosten und Zeiten beschäftigen.

10.1.2 Qualitätsmanagementsysteme

Der Einsatz isolierter Qualitätsmanagement-Instrumente reicht nicht aus, um die Qualität von Produkten und Prozessen zu gewährleisten. Dazu müssen die Instrumente in einen konzeptionellen Rahmen, ein Qualitätsmanagementsystem, eingebettet werden. Die für Industriebetriebe wichtigsten Qualitätsmanagementsysteme werden nachfolgend erläutert:

- ISO-9000-Normenreihe,
- Total Quality Management,
- EFQM,
- Six Sigma.

ISO-9000-Normenreihe

Die ISO-9000-Normenreihe besteht aus folgenden Normen:

- DIN EN ISO **9000**:2005 Grundlagen und Begriffe,
- DIN EN ISO **9001**:2008 Anforderungen an Qualitätsmanagementsysteme,
- DIN EN ISO **9004**:2000 Leitfaden zur Leistungsverbesserung.

Im Mittelpunkt steht dabei die Norm DIN EN ISO 9001:2008, weil sie die Grundlage für Zertifizierungen ist. Eine Organisation (also z. B. ein Unternehmen, aber auch eine Hochschule oder ein Krankenhaus), kann ihr Qualitätsmanagementsystem von einer akkreditierten Zertifizierungsstelle anhand dieser Norm auditieren lassen und erhält im Erfolgsfall ein für drei Jahre gültiges Zertifikat. Innerhalb des dreijährigen Gültigkeitszeitraums führt die Zertifizierungsstelle jährliche Überwachungsaudits durch.

Zertifiziert wird nicht die Produktqualität, sondern das Qualitätsmanagementsystem. Unter der Annahme, dass ein Unternehmen, welches über ein zertifiziertes Qualitätsmanagementsystem verfügt, seine Prozesse beherrscht und entsprechend in der Lage ist, den Anforderungen der Kunden entsprechende Produkte zu liefern, ergibt sich ein indirekter Bezug zur Produktqualität. Dieser indirekte Ansatz ist vor allem wichtig für die Automobilindustrie, in der die Zulieferer einen hohen Wertschöpfungsanteil haben und viele Teile und Baugruppen in exakter zeitlicher Synchronisation ans Montageband des Automobilherstellers liefern *(JIT: just in time)*. Bei dieser Art der Lieferung ist eine klassische Wareneingangskontrolle beim Automobilhersteller nicht mehr möglich; er muss sich darauf verlassen können, dass das Qualitätsmanagementsystem des Zulieferers sicherstellt, dass die richtigen Produkte zum richtigen Zeitpunkt in der geforderten Qualität geliefert werden.

Die Normenreihe verfolgt einen prozessorientierten Ansatz (siehe **Bild 10-6**): Der Produktrealisierungsprozess wird durch den Kunden angestoßen, dessen Anforderungen der Maßstab für die Bewertung der Produktqualität sind.

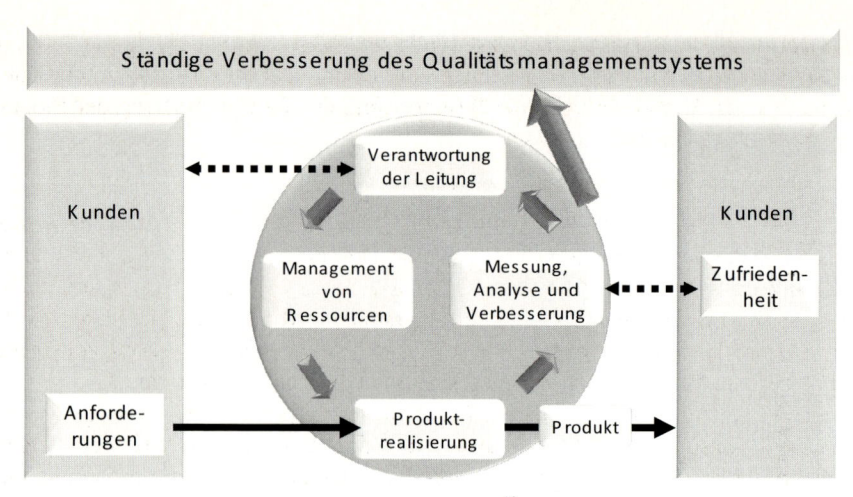

Bild 10-6   Prozessorientiertes Qualitätsmanagementsystem[19]

Die für die Produktrealisierung erforderlichen Prozesse, insb. Entwicklung, Beschaffung und Produktion, müssen vom Unternehmen beherrscht werden. Der Nachweis kann z. B. durch die Führung von Qualitätsregelkarten erfolgen. Die Norm schreibt allerdings nicht die Anwendung konkreter Qualitätsmanagement-Instrumente vor.

Im Rahmen der Messung, Analyse und Verbesserung geht es darum, die Zufriedenheit des Kunden mit dem gelieferten Produkt zu messen, die internen Prozesse und ihre Ergebnisse zu überwachen und entsprechende Korrektur- und Vorbeugungsmaßnahmen durchzuführen.

In der Verantwortung der Leitung liegen die Umsetzung der Maßnahmen und die Steuerung des Qualitätsmanagementsystems, insb. die Definition von Qualitätszielen und -politik sowie die Bewertung des Systems. Darüber hinaus muss die Leitung vom Kunden regelmäßig Rückmeldungen über dessen Zufriedenheit mit den Leistungen des Unternehmens einholen.

Das Management von Ressourcen beinhaltet die Bereitstellung der für das Funktionieren des Qualitätsmanagementsystems erforderlichen Infrastruktur. Dazu gehören z. B. die Arbeitsumgebung jedes einzelnen Mitarbeiters und die im Unternehmen eingesetzte Qualitätsmanagementsoftware. Ein weitere wichtige Ressource ist das Mitarbeiterpotentials, und zwar sowohl bezüglich der Personalkapazität, die für die Durchführung der Qualitätsmanagementaufgaben ausreichen muss als auch bezüglich der Qualifikation: Die Mitarbeiter müssen über die für ihre Aufgaben erforderlichen Fähigkeiten verfügen und die Wichtigkeit des Qualitätsmanagements richtig einschätzen können.[20]

Der prozessorientierte Ansatz bewirkt einen ständigen Verbesserungsprozess, weil im Idealfall jeder einzelne Geschäftsprozess nach Durchführung ausgewertet wird und daraus Verbesserungsmaßnahmen abgeleitet werden.

Die Norm stellt eine Reihe von Dokumentationsanforderungen: Qualitätspolitik und -ziele müssen schriftlich fixiert sein, das Qualitätsmanagementsystem muss in einem Handbuch beschrieben sein, bestimmte (s. u.) Verfahren müssen dokumentiert sein, die für die Sicherstellung einer wirksamen Prozessplanung, -durchführung und -steuerung erforderlichen Dokumente müssen ebenso wie Aufzeichnungen zum Nachweis der Konformität mit den Anforderungen und des wirksamen Funktionierens des QM-Systems vorhanden sein.[21]

10.1 Qualitätsmanagement

Das Qualitätsmanagementhandbuch muss mindestens den Anwendungsbereich des Qualitätsmanagementsystems (ganzes Unternehmen oder einen Teilbereich) nennen, die Dokumentation zu bestimmten Verfahren und eine Beschreibung der Wechselwirkung der Prozesse des Qualitätsmanagementsystems beinhalten.[22]

Sechs Verfahren müssen mindestens dokumentiert sein:

- Lenkung der Dokumente: Unter Lenkung (engl. *control*) ist zu verstehen, dass es ein geregeltes Genehmigungsverfahren gibt, dass die Dokumente laufend bewertet und aktualisiert werden und ihr Bearbeitungsstatus erkennbar ist, dass ihre Lesbarkeit und die Verfügbarkeit der jeweils gültigen Fassung sichergestellt wird und dass veraltete Dokumente, soweit sie nicht vernichtet werden können (z. B. alte Zeichnung), gekennzeichnet sind.[23] Gelenkte Dokumente sind z. B. Arbeitspläne, Stücklisten und Zeichnungen.
- Lenkung der Qualitätsaufzeichnungen: Die Aufzeichnungen müssen lesbar und so gekennzeichnet sein, dass sie wiederaufgefunden und dem relevanten Objekt oder Sachverhalt (z. B. geprüftes Produkt) eindeutig zugeordnet werden können. Die Archivierung muss auf geeignete Weise geregelt sein.[24] Gelenkte Aufzeichnungen sind z. B. Prüfprotokolle und Störungsberichte.[25]
- Interne Audits: Unternehmensintern muss regelmäßig – im Allgemeinen einmal jährlich – überprüft werden, ob das Qualitätssystem der Norm entspricht und ob es bestimmungsgemäß angewendet wird.[26]
- Lenkung von Fehlern: Als fehlerhaft erkannte Produkte müssen gekennzeichnet werden. Ebenso muss vermieden werden, dass sie versehentlich ausgeliefert werden oder im Betrieb in nachgelagerte Produktionsprozesse gelangen.[27]
- Korrekturmaßnahmen: Mit geeigneten Regelungen ist sicherzustellen, dass bei Auftreten von Fehlern deren Ursachen möglichst dauerhaft abgestellt und die entsprechenden Maßnahmen überwacht werden.[28]
- Vorbeugungsmaßnahmen: Bereits vor dem tatsächlichen Auftreten von Fehlern muss das Unternehmen zu erwartende Fehler sowie deren Ursachen ermitteln und Gegenmaßnahmen einleiten.[29]

Da die Normforderungen der DIN EN ISO 9001 für die Automobilindustrie in vielen Bereichen zu wenig konkret sind, wurde von dieser Branche mit der **ISO/TS 16949** eine auf der Norm aufbauende technische Spezifikation geschaffen, die die bis dahin existierenden Qualitätsmanagementvorgaben der einzelnen Hersteller bzw. der nationalen Verbände weitgehend ablöste.

Die Konkretisierung betrifft vor allem Qualitätsmanagement-Instrumente. So sind die FMEA und die Prozessfähigkeitsanalyse obligatorisch.[30]

Vor allem der Bereich der Produktrealisierung ist in der ISO/TS 16949 sehr detailliert geregelt und bezieht sich auf die Bereiche:

- Planung,
- kundenbezogene Prozesse (mit „Kunde" ist der Automobilhersteller gemeint),
- Entwicklung,
- Beschaffung,
- Produktion und Dienstleistungserbringung,
- Lenkung von Überwachungs- und Messmitteln.[31]

Weiterhin ist die Freigabe von Produktionsteilen durch den Automobilhersteller geregelt.[32]

TQM

Total Quality Management (TQM) ist ein ganzheitlicher *(engl.: total)*, qualitätsorientierter Unternehmensführungsansatz, in dessen Fokus nicht die Produktqualität steht, sondern die gesamte Kundenbeziehung zuzüglich sozialer Aspekte. Der Ansatz ist als Weiterentwicklung früher, auf die Produktqualität beschränkter Qualitätsmanagementkonzepte zu verstehen: Das Qualitätsmanagement soll sich nicht mehr auf den Produktionsbereich beschränken, sondern alle Mitarbeiter des Unternehmens einbeziehen.

Der TQM-Ansatz besteht aus folgenden Elementen:

- Führen mit Zielen: Durch Zielvereinbarungen soll jedem Mitarbeiter sein Beitrag zu Erreichung der Unternehmensziele klar werden.
- Kundenorientierung des gesamten Unternehmens: Auch jenseits der unmittelbaren Leistungserstellung muss die Kundenzufriedenheit beachtet werden, um z. B. zu vermeiden, dass ungerechtfertigte Mahnungen trotz sehr guter Produktqualität den Kunden unzufrieden machen.
- interne und externe Kunden-Lieferantenbeziehungen: Auch die von der Wertschöpfungskette weit entfernte Personalabteilung soll sich als Lieferant verstehen, der sich systematisch mit der Qualität seiner Leistungen für die Kunden „Fachabteilung" und „Mitarbeiter" beschäftigen muss.
- Null-Fehler-Programme: Fehler sollen nicht von vornherein als unvermeidbar angesehen werden. Wenn Fehler auftreten, sollen die Fehlerursachen gesucht und möglichst dauerhaft abgestellt werden, statt die Schuldigen zu bestrafen.
- Arbeiten in Prozessen: Nicht Produkte stehen im Fokus des Qualitätsmanagements, sondern die Gesamtheit der Prozesse im Unternehmen.
- Kontinuierliche Verbesserungen mit Messgrößen: Alle Strukturen und Prozesse müssen ständig auf Verbesserungsmöglichkeiten überprüft werden.
- Verbesserung als Aufgabe jeder Stelle im Unternehmen: Für Verbesserungen sind nicht nur die Führungskräfte oder die Organisationsabteilung zuständig, sondern alle Mitarbeiter im Unternehmen.[33]

In die aktuelle ISO-9000-Normenreihe sind viele TQM-Elemente eingeflossen.

EFQM

Die *European Foundation for Quality Management (EFQM)* hat 1988 ein auf den Grundsätzen des TQM basierendes Modell aufgebaut und seitdem ständig weiter entwickelt, mit dem die Qualitätsorientierung von Unternehmen bewertet werden kann.

Konzeptelemente des EFQM-Modells sind:

- Ergebnisorientierung
- Ausrichtung auf den Kunden
- Führung und Zielkonsequenz
- Management mittels Prozessen und Fakten
- Mitarbeiterentwicklung und -beteiligung
- kontinuierliches Lernen, Innovation und Verbesserung
- Entwicklung von Partnerschaften
- soziale Verantwortung.[34]

10.1 Qualitätsmanagement

Für die Bewertung von Unternehmen gibt es 32 Kriterien, die in neun Kriteriengruppen zusammengefasst werden, wie in **Bild 10-7** dargestellt. Die in der Abbildung angegeben Prozentzahlen sind die Gewichtungsfaktoren der Kriteriengruppen. Letztere sind nochmals in die Bereiche „Befähiger" *(enabler)* und „Ergebnisse" *(results)* gruppiert. Über alle Kriterien hinweg sind insgesamt maximal 1.000 Bewertungspunkte erreichbar.

Bei den Ergebnissen werden nicht nur klassische Ergebniskennzahlen wie z. B. die Eigenkapitalrentabilität verwendet, sondern das Unternehmen wird auch aus Sicht der Kunden, Mitarbeiter und der Gesellschaft bewertet.

Mit den Befähiger-Kriterien wird gemessen, wie das Unternehmen seine Hauptaktivitäten abwickelt. Ein Unternehmen, das in diesem Bereich gut ist, wird langfristig auch gute Ergebnisse erzielen.[35]

Mit dem EFQM-Modell können Unternehmen eine Selbstbewertung durchführen. Es dient auch als Bewertungsraster für den auf europäischer Ebene verliehenen EFQM-Excellence-Award und den deutschen Ludwig-Erhard-Preis.[36]

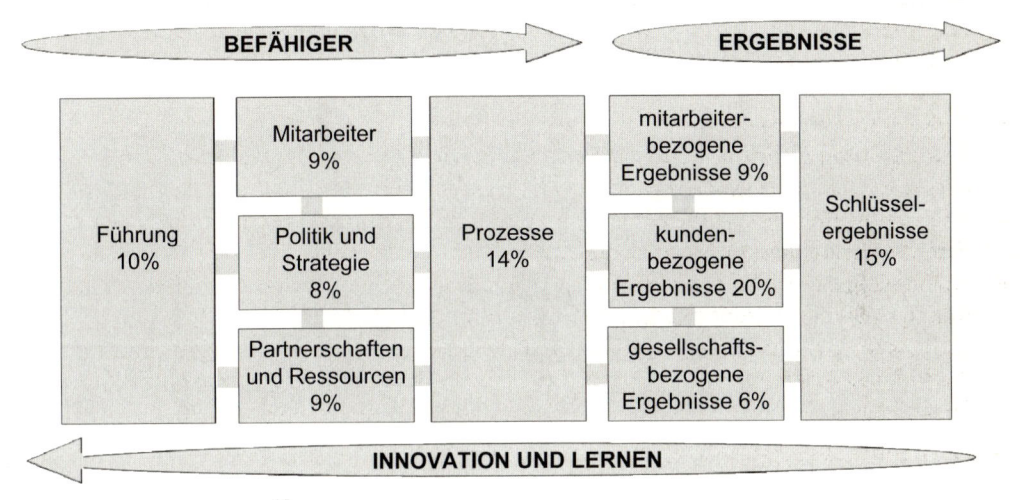

Bild 10-7 EFQM-Modell[37]

Six Sigma

Six Sigma ist eine Methodik zur Prozessoptimierung, die ihren Ursprung im Qualitätsmanagement hat. Die Methodik wurde zunächst bei Xerox und Motorola entwickelt und dann unter der Leitung von Jack Welch bei General Electric sehr erfolgreich umgesetzt.[38]

Ziele der Anwendung der Six-Sigma-Methodik sind:

- Verschwendung, Nacharbeit und Fehler vermeiden;
- Kundenzufriedenheit erhöhen;
- Rentabilität und Wettbewerbsfähigkeit steigern.

Eine zentrale Rolle spielt die objektive Bewertung von Prozessen mit statistischen Verfahren. Dahinter steht der Grundgedanke, dass es schwierig ist, in einem Prozess gute Ergebnisse (z. B. verkaufsfähige Produkte) zu erzielen, wenn die Eingangsparameter (z. B. Toleranzen der beschafften Bauteile) stark schwanken. In Six-Sigma-Projekten werden diese Schwankungen statistisch ausgewertet und es wird versucht, ergebnisrelevante Schwankungen zu minimieren. Das führt nicht nur zu einer besseren Prozessbeherrschung und höheren Qualität der Ergebnisse (Produkte), sondern auch zu Kostensenkungen, weil z. B. Nacharbeit eingespart werden kann. Die Bezeichnung der Methodik geht auf die mit ihr verbundene Vision zurück: Angestrebt wird eine 6σ-Qualität, die einer Ausschussquote von 3,4 ppm (parts per million) entspricht.

Bei Six-Sigma-Projekten wird üblicherweise eine Vielzahl von Prozessen gleichzeitig bearbeitet. Dafür bedarf es einer klaren Rollenverteilung und eines Standardablaufs für die Projektphasen (siehe **Bild 10-8**).

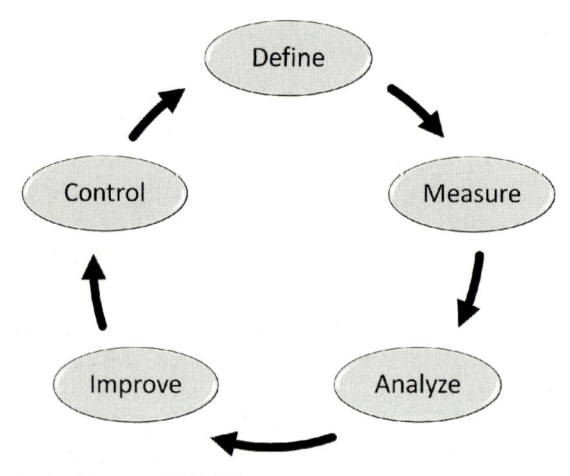

Bild 10-8 Six-Sigma-Projektphasen (DMAIC)

In der *Define*-Phase geht es darum, das einzelne Projekt klar abzugrenzen und ein quantitatives, an den Anforderungen des (Prozess-)Kunden orientiertes Ziel zu formulieren. Six-Sigma-Projekte sollten nicht länger als ein halbes Jahr laufen.

Die *Measure*-Phase beschäftigt sich mit der Messung der Prozessqualität und der auf sie wirkenden Einflussgrößen. Soweit möglich, werden Kennzahlenvergleiche mit ähnlichen Prozessen in anderen Unternehmen durchgeführt und Prozessfähigkeitsanalysen erstellt.

Gegenstand der *Analyze*-Phase ist die Auswertung der in der vorigen Phase erhobenen Daten. Die Zusammenhänge zwischen Einflussgrößen und Prozessqualität werden analysiert, es wird versucht, Ursache-Wirkungs-Beziehungen zu identifizieren und damit den Prozess zu verstehen.

In der *Improve*-Phase werden auf der Grundlage der in der Analyze-Phase aufgedeckten Zusammenhänge Verbesserungsvorschläge erarbeitet und umgesetzt.

In der letzten, der *Control*-Phase, werden die erzielten Projektergebnisse mit den gesteckten Zielen abgeglichen.

Ein etwas abgewandeltes Phasenschema wird angewandt, wenn nicht bereits existierende Prozesse optimiert, sondern ein neuer geschaffen werden soll. Die beiden letzten Phasen werden dann mit *„Design"* und *„Verify"* bezeichnet.[39]

Die Bezeichnung der Rollen in Six-Sigma-Projekten orientiert sich an asiatischen Kampfsportarten:

- *Champion:* Projektauftraggeber
- *Master Black Belt:* Berater für Management und Projektleiter, Ausbilder für Projektmitarbeiter
- *Black Belt:* Projektleiter
- *Green Belt:* Projektmitarbeiter.[40]

Master Black Belt und Black Belt arbeiten üblicherweise ausschließlich im Six-Sigma-Bereich, während die übrigen Beteiligten daneben weiter ihre Linienaufgaben wahrnehmen.

10.2 Umweltmanagement

Der Stellenwert des Umweltmanagements ist in den letzten Jahren ständig gestiegen. Im Rahmen der Produktionsprozesse beeinträchtigen Unternehmen die Umwelt zum Teil erheblich, indem sie Emissionen verursachen und Ressourcen verbrauchen. Im Zuge der Schärfung des Umweltbewusstseins in der Gesellschaft achten z. B. Kunden und Mitarbeiter immer stärker darauf, wie ein Unternehmen mit der Umwelt umgeht. Verschärfte Umweltschutzvorschriften schränken den Handlungsspielraum der Unternehmen ein und belegen umweltschädliches Verhalten mit Kosten.

Mit der europäischen Öko-Audit-Verordnung EMAS *(Eco Management and Audit Scheme)* und der Norm DIN EN ISO 14001:2004 (im Folgenden kurz ISO 14001) für Umweltmanagementsysteme gibt es zwei relevante Vorschriften für das Umweltmanagement, neben denen eine Vielzahl spezifischer Vorschriften zum Umweltschutz (z. B. die Technische Anleitung zur Reinhaltung der Luft – TA Luft) steht. Objekt der ISO 14001 ist das Umweltmanagementsystem des Unternehmens. EMAS bezieht zusätzlich die tatsächliche Beeinflussung der Umwelt durch das Unternehmen ein. Die Forderungen der ISO 14001 sind in EMAS integriert.[41]

Folgende Umweltschutzbereiche sind für Umweltmanagementsysteme relevant:

- Wasser,
- Abfall,
- Luft,
- Boden und Grundwasser,
- Lärm,
- Energie,
- Unfall und Risiko.[42]

Für den Aufbau und den Betrieb eines Umweltmanagementsystems gibt die Norm ein Phasenmodell vor (siehe **Bild 10-9**).

In der ersten Phase wird die Umweltpolitik durch die Unternehmensleitung festgelegt, die sich in diesem Zusammenhang verpflichten muss, die geltenden rechtlichen Verpflichtungen einzuhalten, Umweltbelastungen zu vermeiden und das Umweltmanagement ständig zu verbessern. Die Erklärung zur Umweltpolitik muss öffentlich zugänglich sein.[43]

```
> Umweltpolitik festlegen >
 > Umweltmanagement planen >
  > Umweltmanagement verwirklichen und betreiben >
   > Umweltmanagement überwachen >
    > Umweltmanagementsystem bewerten >
```

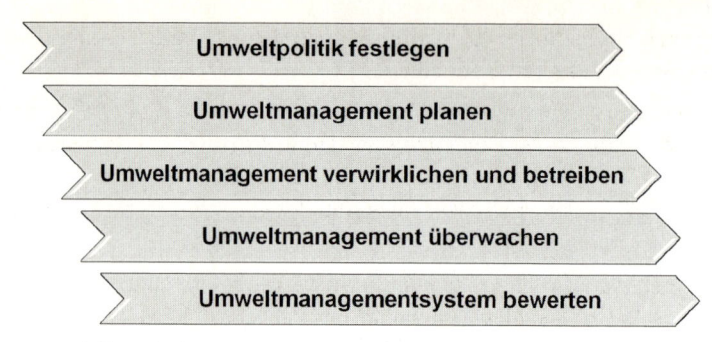

Bild 10-9 Phasenmodell Umweltmanagement

Die Umweltmanagementplanung soll sicherstellen, dass dem Unternehmen die relevanten Umweltaspekte und rechtlichen Verpflichtungen bekannt sind. Im Rahmen der Planung werden konkrete Ziele festgelegt (z. B. „Senkung des Energieverbrauchs um 10 %"). Zu den Zielen werden Maßnahmen definiert, denen jeweils Verantwortliche, Ressourcen und Termine zugeordnet werden.[44]

Die Gesamtheit der Maßnahmen bilden das Umweltprogramm, das für ein Industrieunternehmen typischerweise folgende Themenbereiche abdeckt:

- Gestaltung von Erzeugnissen,
- Verpackung (insb. Vermeidung, Wiederverwendung, Recycling),
- Beschaffung (insb. Umweltmanagement der Lieferanten),
- Umgang mit Gefahrstoffen (insb. Lagerung, Transport, Entsorgung),
- umweltrelevante Prozesse (insb. Fertigungsverfahren, Labore),
- Fremdfirmenkontrolle (insb. Einbeziehung von Fremdfirmen),
- Ressourcennutzung (insb. Verbrauchserfassung und -reduzierung),
- Erhebung der Umweltkosten,
- Kundenbetreuung (insb. Beratung bezüglich des umweltfreundlichen Umgangs mit den Erzeugnissen),
- Schulung und Personalwesen,
- Störfallmanagement (insb. Störungsvermeidung und -begrenzung).[45]

Bei Verwirklichung und Betrieb des Umweltmanagementsystems sind Ressourcen, Aufgaben, Verantwortlichkeiten und Befugnisse zuzuordnen. In diesem Zusammenhang ist ein Umweltbeauftragter zu ernennen. Fähigkeiten und Bewusstsein der Mitarbeiter sind den Anforderungen entsprechend zu entwickeln. Die inner- und außerbetriebliche Kommunikation bezüglich umweltrelevanter Themen ist sicherzustellen. Bezüglich der Dokumentation (insb. Umweltmanagementhandbuch und Aufzeichnungen) gelten dieselben Anforderungen wie für das Qualitätsmanagement. Umweltrelevante Abläufe, z. B. die Entsorgung von Gefahrstoffen, müssen geregelt werden. Für Notfälle und Gefahrensituationen muss Vorsorge getroffen und die entsprechenden Notfallmaßnahmen regelmäßig geprobt werden.[46]

Die Überwachung bezieht sich zum einen auf das Umweltmanagementsystem, das regelmäßigen Audits unterzogen werden muss, zum anderen auf die umweltrelevanten Abläufe im Betrieb. Hier geht es darum, Auswirkungen auf die Umwelt (z. B. Schadstoffemissionen) laufend zu messen, die Einhaltung der Rechtsvorschriften zu prüfen, im Fall von Abweichungen Korrektur- und Vorbeugemaßnahmen durchzuführen und die relevanten Ergebnisse (z. B. gemessene Emissionswerte) geordnet aufzuzeichnen.[47]

Die Unternehmensleitung muss das Umweltmanagementsystem regelmäßig einer Bewertung unterziehen, in die vor allem die Erreichung der Umweltziele, die Umweltleistung des Unternehmens, mögliche Beschwerden Externer und die Ergebnisse der internen Audits eingehen.[48] Analog zum Qualitätsmanagement wird auch im Umweltmanagement ein kontinuierlicher Verbesserungsprozess angestrebt.

Das Umweltmanagementsystem ist in einem entsprechenden Handbuch zu dokumentieren, ähnlich wie dies auch bei Qualitätsmanagementsystemen geschieht. Von der Struktur her sind die Normen ISO 9001 und ISO 14001 sehr ähnlich. In vielen Unternehmen gibt es daher integrierte Managementsysteme, die beide Bereiche umfassen,[49] zu denen dann zum Teil auch noch die Arbeitssicherheit als dritter, mit den beiden anderen eng verzahnter Themenbereich hinzukommt.[50]

EMAS fordert zusätzlich die Erstellung einer Umwelterklärung, die der Öffentlichkeit zugänglich gemacht werden muss. In ihr werden neben dem Unternehmen selbst die Umweltpolitik, die wesentlichen Umweltauswirkungen und das Umweltprogramm – einschließlich konkreter Ziele – erläutert. Außerdem muss sie Daten zur Umweltleistung enthalten. Die Umwelterklärung wird von einem zugelassenen Umweltgutachter testiert und das Unternehmen registriert. Das EMAS-Logo kann dann verwendet werden.[51] Die Umwelterklärung muss jährlich aktualisiert werden.[52]

Quellenhinweise (Kap. 10)

Literaturverzeichnis zu Kap. 10

v. Ahsen, A.: Integriertes Qualitäts- und Umweltmanagement. Mehrdimensionale Modellierung und Umsetzung in der deutschen Automobilindustrie. Wiesbaden: DUV, 2006

Binner, H.: Umfassende Unternehmensqualität. Ein Leitfaden zum Qualitätsmanagement. Berlin usw.: Springer, 1996

Boutellier, R.; Biedermann, A.: Qualitätsgerechte Produktplanung. In: Pfeifer, T., Schmitt, R. (Hrsg.): Handbuch Qualitätsmanagement, 5. Aufl. S. 491-516. München: Hanser, 2007

Cassel, M.: ISO/TS 16949 - Qualitätsmanagement in der Automobilindustrie umsetzen. München usw.: Hanser, 2007

Cassel, M.: Die 5-S-Methode, 2009. http://www.michael-cassel.com/5s_methode_kurz.pdf, Zugriff 15.5.2009

Ebel, B.: Qualitätsmanagement, 2. Aufl. Berlin: nwb, 2003

EFQM: Fundamentals Concepts, 2009. http://ww1.efqm.org/en/Home/aboutEFQM/ Ourmodels/FundamentalConcepts/tabid/169/Default.aspx, Zugriff 20.5.2009

EFQM: The EFQM Excellence Model, 2009. http://ww1.efqm.org/en/Home/aboutEFQM/ Ourmodels/TheEFQMEcellenceModel/tabid/170/Default.aspx, Zugriff 20.5.2009

Europäische Kommission (Hrsg.): Guidance on the EMAS environmental statement, 2009. http://ec.europa.eu/environment/emas/documents/guidance_en.htm, Zugriff 15.4.2009

Frehr, H.-U.: Total Quality Management, 2009. http://www.qm-infocenter.de/qm/overview_basic.asp?task=4&basic_id=2322219443-62&bt=00100.00010, Zugriff 20.5.2009

Geiger, W.; Kotte, W.: Handbuch Qualität. Grundlagen und Elemente des Qualitätsmanagements: Systeme – Perspektiven, 7. Aufl. Wiesbaden: Vieweg, 2008

Hering, E.; Triemel, J.; Blank, H.-P. (Hrsg.): Qualitätsmanagement für Ingenieure, 5. Aufl. Berlin usw.: Springer, 2003

Linß, G.: Qualitätsmanagement für Ingenieure, 2. Aufl. Leipzig: fv, 2005

Malorny, C.; Dicenta, M.: Funktion und Nutzen von Qualitätsauszeichnungen (Awards). In: Pfeifer, T., Schmitt, R. (Hrsg.): Handbuch Qualitätsmanagement, 5. Aufl., S. 351-368. München: Hanser, 2007

Pfeifer, T.: Praxishandbuch Qualitätsmanagement. München usw.: Hanser, 1996

Reißiger, W.; Voigt, T.; Schmitt, R.: Six Sigma. In: Pfeifer, T., Schmitt, R. (Hrsg.): Handbuch Qualitätsmanagement, 5. Aufl. S. 251-283. München: Hanser, 2007

Schreiber, F.: Integrierte Managementsysteme. QM-UM-SM. In: Pfeifer, T., Schmitt, R. (Hrsg.): Handbuch Qualitätsmanagement, 5. Aufl. S. 207-250. München: Hanser, 2007

Schulze, A.: Statistische Prozessregelung (SPC). In: Pfeifer, T., Schmitt, R. (Hrsg.): Handbuch Qualitätsmanagement, 5. Aufl. S. 669-685. München: Hanser, 2007

Sondermann, J. P.: Interne Qualitätsanforderungen und Anforderungsbewertung. In: Pfeifer, T., Schmitt, R. (Hrsg.): Handbuch Qualitätsmanagement, 5. Aufl. S. 387-404. München: Hanser, 2007

Umweltgutachterausschuss beim Bundesministerium für Umwelt, Naturschutz und Reaktorsicherheit (Hrsg.): Die EMAS-Umwelterklärung fundiert und anschaulich gestalten. Berlin, 2003

VDA (Hrsg: Teamorientierter Problemlösungsprozess/8D-Methode, 2009. http://www.vda-qmc.de/fileadmin/redakteur/Publikationen/Formulare/8d-Beschreibung.doc, Zugriff 15.5.2009

Wagner, K.W.: PQM – Prozessorientiertes Qualitätsmanagement, 3. Aufl. München und Wien: Hanser, 2006

Anmerkungen zu Kap. 10

[1] vgl. Geiger/Kotte (2008), S. 23-27
[2] vgl. DIN EN ISO 9000:2005, Kap. 3.1.1
[3] vgl. Linß (2005), S. 208-246
[4] vgl. Binner (1996), S. 175 f.
[5] vgl. Schulze (2007), S. 680-685
[6] vgl. Wagner (2006), S. 60 f., Vgl. Linß (2005), S. 119 f.
[7] vgl. Ebel (2003), S. 253
[8] vgl. Ebel (2003), S. 290 f.
[9] in Anlehnung an: SAE J1739, S. 37
[10] vgl. Linß (2005), S. 401-414; Ebel (2003), 288-293, Pfeifer (2001), S. 215-243
[11] vgl. Cassel (2009), S. 4-8
[12] vgl. Cassel (2009), S. 9
[13] vgl. VDA (2009), S. 1-3; Linß (2005), S. 451-453
[14] vgl. Hering/Triemel/Blank (2003), S. 264
[15] vgl. Binner (1996), S. 181
[16] vgl. Hering/Triemel/Blank (2003), S. 265
[17] vgl. Linß (2005), S. 128-146; Boutellier/Biedermann (2007), S. 494-498
[18] vgl. Geiger/Kotte (2008), S. 188 f.; Linß (2005), S. 448
[19] in Anlehnung an DIN EN ISO 9001:2008, Kap. 0.2
[20] vgl. Wagner (2006), S. 140-225
[21] DIN EN ISO 9001:2008, Kap. 4.2.1
[22] DIN EN ISO 9001:2008, Kap. 4.2.2
[23] DIN EN ISO 9001:2008, Kap. 4.2.3
[24] DIN EN ISO 9001:2008, Kap. 4.2.4
[25] vgl. Wagner (2006), S. 139 f.
[26] DIN EN ISO 9001:2008, Kap. 8.2.2

[27] DIN EN ISO 9001:2008, Kap. 8.3
[28] DIN EN ISO 9001:2008, Kap. 8.5.2
[29] DIN EN ISO 9001:2008, Kap. 8.5.3
[30] vgl. Cassel (2007), S. 209; ISO/TS 16949, Kap. 7.3.3.1 und 7.3.3.2
[31] vgl. ISO/TS 16949, Kap. 7
[32] vgl. Sondermann (2007), S. 396
[33] vgl. Frehr (2009)
[34] vgl. EFQM (2009a)
[35] vgl. EFQM (2009b)
[36] vgl. Malorny/Dicenta (2007), S. 363-365
[37] in Anlehnung an: EFQM (2009b)
[38] vgl. Reißiger/Voigt/Schmitt (2007), S. 252 f.
[39] vgl. Reißiger/Voigt/Schmitt (2007), S. 256 f.
[40] vgl. Reißiger/Voigt/Schmitt (2007), S. 254 f.
[41] vgl. Linß (2005), S. 545-559
[42] vgl. Linß (2005), 551-556
[43] vgl. DIN EN ISO 14001, Kap. 4.2
[44] vgl. DIN EN ISO 14001, Kap. 4.3
[45] vgl. Linß (2005), S. 572 f.
[46] vgl. DIN EN ISO 14001, Kap. 4.4
[47] vgl. DIN EN ISO 14001, Kap. 4.5
[48] vgl. DIN EN ISO 14001, Kap. 4.6
[49] vgl. v. Ahsen (2006), S. 42-46; Linß (2005), S. 547
[50] vgl. Schreiber 2007, S. 210-220
[51] vgl. Umweltgutachterausschuss (2003), S. 15-41
[52] vgl. Europäische Kommission (2009), S. 1

Sachwortverzeichnis

5S-Methodik 304
8D-Report 304

A
ABC-Analyse 66, 248, 302
Ablauforganisation 114
Ablaufplanung 125
Abschlussorientierung 222
Abteilungsmacht (departmental power) 206
Adverse Selection 208
Agency-Ansatz 207
Agent 207
aggressiver Druck 223
Aktiva 143
Aktivierungsmacht (reinforcement power) 206
allowable costs 103
Amortisationsrechnung 262
analytische Arbeitsbewertung 283
Anderskosten 80
Änderungsmanagement 133
Anfechtbarkeit 235
Angebot 233
Angebotspolitik 41
Angstverkäufer 223
Anhang 153
Anlagespiegel 152
Anlagevermögen 145
anlassspezifische Beurteilung 249
Annahme 233
Annuitätenmethode 266
Anpassen 40
Anreizsystem 208
Antrag 233
Äquivalenzziffernkalkulation 89
Arbeitspaket 124
Arbeitspaketdauer 127
Aufforderung zur Abgabe eines Angebots (invitatio ad offerendum) 233
Aufgabe 107
Aufgabenanalyse 108
Aufgabensynthese 109
Aufhebungsvertrag 288
Auftragsbestätigung 235
Ausgleichszeitraum 289

ausländische Direktinvestition 185
Außenfinanzierung 271
Ausweichen 40

B
Balanced Scorecard 64
Balkendiagramm 126
Basisdienstleistungen 46
Basistypen 219
Baustellenfertigung 120
Bedarf 217
Belastungsanpassung 170
Benchmarking 66
Beschaffungsphasenmodell nach Backhaus 203
Beschaffungsphasenmodell nach Richter 204
bestätigtes Akkreditiv 240
Betrieb 78
betriebliche Sozialleistungen 286
Betriebsabrechnungsbogen (BAB) 81
Betriebsverfassungsgesetz 294
Bewertungsgrundsätze 158
Bilanz 143
Bilanzanalyse 161, 275
Bilanzpolitik 160
Budget wasting 68
Budgetierung 67
Budgetsystem 67
Bürokratieansatz 106
Business Process Modeling Notation 117
Business Process Reengineering 115
business to administration 5
business to business 5
business to consumer 5
business units 13
Buygrid-Modell 202
Buying Center 209
Bypass-Angriff 39

C
CapEx = Capital Expenditures 191
Cash Cows 35
Cashflow 74, 269
closing 213, 229

Closing-Techniken 230
Controlling 61
–, operatives 62
–, strategisches 62
Controllingaufgaben 63
Controllinginstrumente 63
Controllingobjekt 61
Controllingorganisation 68
Controllingverantwortung 61
Corporate Identity 12
Cost-plus-Methode 183
countertrade 190
customer value 242

D
Deckungsbeitrag 52, 95
Deckungsbeitragsmarge 97
Deckungsbeitragsrechnung, einstufige 96
departmental power 206
Differenzierungsstrategie 32 f.
direct costing 96
Direktangriff 39
Discountstrategie 55
Divisionskalkulation 88
documentary letter of credit L/C 239
Dogs 35
drifting costs 103
DuPont-Kennzahlensystem 75
Durchlaufterminierung 170
dynamisches Investitionsrechenverfahren 264

E
earned value 133
EFQM 310
Eigenkapital 146
Eigenkapitalquote 276
Eigenständigkeit 25
einfache Schriftform 234
Eingriffsgrenze 300
Einwandbehandlung 227
Einzelkosten 52, 79
eklektischer Ansatz nach Dunning (OLI-Ansatz) 176
elastische Nachfrage 53
Eltern-Ich 214
emotionale Beeinflussung 223
Entgeltdifferenzierung 282

Entscheidungsfragen 225
Erfahrungskurveneffekt 19
Erfolgsbeitrag 25
Erwachsenen-Ich 214
ethnozentrische Strategie 179
exemption clauses 236
expert power 205
externe Personalbeschaffung 286
externe Personalfreisetzung 288

F
Factoring 273
FDI = foreign direct investment 185
Fehlereinflussanalyse 302
Fehlermöglichkeitsanalyse 302
Fertigstellungswert 133
Finanzanalyse 275
Finanzierung 268
Finanzierungsformen 270
Finanzplan 274
Fischgrätendiagramm 301
Five-Forces-Modell 20
fixe Kosten 80
Fixkosten 52
Flankenangriff 39
Flankenverteidigung 39
flexibles Fertigungssystem 120
Fließbandabgleich 170
Fließfertigung 119
FMEA 302
Franchise-System 197
Fremdkapital 147
front end loading 124
funktionale Gliederung 200
Funktionszyklus 291

G
Gantt-Diagramm 126
gap analysis 30
gebietsorientierte Organisation 200
gebundener Vertrieb 197
Gegenangriff 39
Geiselnahme 208
Gemeinkosten 52, 79
geozentrische Strategie 180
Gesamtkostenverfahren 93
Geschäftsbereich 112
Geschäftsfeldabgrenzung 26

Geschäftsidee 12
Geschäftsprozess 115
Geschäftsprozessorganisation 114
geschicktes Konfliktlösungsverhalten 229
gesetzliche Sozialleistungen 285
Gewinn- und Verlustrechung (GuV) 148
Gewinnrücklagen 146
Gewinnvergleichsrechnung 261
global outsourcing 174
global sourcing 172, 174
Gratifikationsprinzip 8
Grundkosten 80
Grundsätze ordnungsgemäßer Buchführung und Bilanzierung 140

H
Handelsbilanz 145
Handelsmakler 197
Handelsvertreter 197
hedging 190
Hermes-Bürgschaft 241
Hold-up 208
House of Quality 305
Human-Relations-Ansatz 106
hurdle rate 192

I
IFRS 157
Illiquidität 269
information power 205
Informationsdefizit 207
Informationsmacht (information power) 205
Informationsvorsprung 207
Innenfinanzierung 273
innerbetriebliche Leistungen 83
Instrumentalziele 14
integriertes Managementsystem 315
Interne Audits 309
interne Personalbeschaffung 286
interne Personalfreisetzung 287
interne Zinsfußmethode 265
Investitionsbeurteilung 257
Investitionspausen 204
invitatio ad offerendum 233
Ishikawa-Diagramm 301
ISO 14001 313
ISO/TS 16949 309

ISO-9000-Normenreihe 307
Ist-Kostenrechnung 99

J
Jahresabschluss 143
Jahresabschlussanalyse 275
Jahresfehlbetrag 147
Jahresüberschuss 147
Jidoka 165
Just-in-Time 164
Just-in-Time-Lieferungen 164
Just-in-Time-Produktion 165

K
Kalkulationsarten 86
Kalkulationsverfahren 86
kalkulatorischer Gewinn/Verlust 76
Kapazitätsabgleich 170
Kapazitätsanpassung 170
Kapitalbedarf 191
Kapitalrücklagen 146
Kapitalwertmethode 264
Kapitalwiedergewinnungsfaktor 267
Kaufbeeinflusser-Gruppen 210
kaufmännisches Bestätigungsschreiben 235
Kaufmotive 217
Kennzahl 69
Kennzahlensystem 74
Kernkompetenzen und Kunden 31
Kernprozess 115
Key Account Management 201
Kind-Ich 214
Knappheitsprinzip 8
Kommissionär 197
Kommunikationsplanung 129
Kommunikationspolitik 40
komparativer Konkurrenzvorteil 175
Konflikt 39, 131
Konkurrenzmarkt 3
Konsolidierung 155
kontinuierlicher Verbesserungsprozess (KVP) 167, 307
Konzern 79, 155
Konzernabschluss 155
Kooperation 38
Korrekturmaßnahmen 309
Kosten 79
–, fixe 80

–, primäre 80
–, sekundäre 80
–, variable 80
Kostenartenrechnung 80
Kostenführerschaftsstrategie 32 f.
Kostenplanung 129
Kostenstellen 81
Kostenstellenplan 82
Kostenstellenrechnung 81
Kostenträgerrechnung 84
Kostenträgerstückrechnung 84
Kostenträgerzeitrechnung 93
Kostentreiber 100
Kostenüberwachung 132
Kostenvergleichsrechnung 260
kritischer Pfad 127
Kundenbefragung 250
Kundenfeedback 249
kundenorientierte Verkaufsorganisation 201
Kundenorientierung 222
Kundentypen 218
Kundentypologie 219
Kuppelkalkulation 90

L
Lagebericht 154
Lagerbestände 166
lean selling 197
Leasing 272
Lebenszykluskonzepte 47
legitimate power 206
Legitimationsmacht (legitimate power) 206
Leistungen 80
Leistungsprogramm 46
Leitungssystem 109
Lenkung der Dokumente 309
Lenkung der Qualitätsaufzeichnungen 309
Lenkung von Fehlern 309
Liquidität 72, 269
„Local-content"-Anforderungen 189
Logistik 196
Lohndifferenzierung 282
Lohngruppendefinition 283
Losgröße 169
Lückenanalyse 30 f.

M
Makroumfeld 15
Management by Objectives 249

Managementprozess 115
Mängel 166
Marke 46
Marketing-Mix 14, 40
Marktattraktivität 36
Marktaufgabe 25
Marktbefragung 43
Marktbeobachtung 43
Markterkundung 43
Marktforschung 41
Marktführerschaft 31
Marktgleichgewicht 3
Marktsegmentierung 4, 7
Marktteilnehmer 5
Maschinen-/Personenstundensatzkalkulation 91
Maschinenbelegungsplanung 170
Matrixorganisation 113, 201
Maximalprinzip 78
Meilenstein 123
Meilensteintermin 127
Mengenanpasser 3
Messen 58
Methode 226
Mikroumfeld 15
Minimalprinzip 78
Mitbestimmungsgesetz 294
monitoring 208
Monopol 4
monopolistische Konkurrenz 4
Montageorganisation 121
Moral Hazard 208
Motive 217

N
Nachfrageelastizität 53
Netzplantechnik 126
Neuprodukteinführung 44, 50
Nichtigkeit 235
Nischenstrategie 33, 34
Normal-Kostenrechnung 99
notarielle Beurkundung 235
Nutzwertanalyse 36, 185, 258

O
Objekt 108
Objektivität 43
Öko-Audit-Verordnung 313

ökonomisches Prinzip 78
Oligopol 4
operative Ziele 63
operatives Controlling 62
Organigramm 109
organisationales Absatzverhalten 209
organisationales Beschaffungsverhalten 209
organisationales Verhalten 209
Organisationsmodell 112
–, divisionales 112
–, funktionales 112
Organisationstyp 119

P

pagatorischer Gewinn/Verlust 76
Pareto-Diagramm 302
Passiva 144
Penetrationsstrategie 55
Peren/Clement-Index 185
Personalcontrolling 292
Personalsystem 292
Phase 109
Phasen eines Investitionscontrollings 257
Pionierstrategie 178
Plan-Kostenrechnung 99
PMBOK 122
Poka-Yoke 304
Polypol 3
polyzentrische Strategie 179
Position 226
Präventivverteidigung 39
Preisnehmer 3
Preispolitik 40
Preisstrategie des dauerhaften mittleren Preises 55
Preisstrategien 55
Preisuntergrenze 52
Premiumpreisstrategie 55
pre-shipment certificate 241
Price-less-Methode 183
Primärdatenerhebung 42
primäre Kosten 80
PRINCE2 122, 135
Prinzipal 207
Problemlöser 225
Produktbestandteile 45
Produktdifferenzierung 44, 50
Produktelimination 44, 50

Produktinnovation 31
Produktionsablaufplanung 168
Produktionsprogrammplanung 168
Produktivität 70
Produktkern 45
Produktlebenszyklus 47
Produktmanagement 112
produktorientierte Organisation 200
Produktpolitik 40
Produktpositionierung 49
Produktvariation 44, 50
Produkt-Markt-Matrix 29
Programmbreite 46
Programmtiefe 46
Project Management Body of Knowledge 122
Projekt 111
Projektabschluss 134
Projektauftrag 123
Projektbericht 133
Projektbeteiligte 123
Projektetappe 135
Projektgruppe 130
Projektleiter 112
Projektmanagement 122
Projektphase 122
Projektreview 133
Projekt-Spielregeln 130
Projektstrukturplan 125
Promotionpreisstrategie 55
Prozess 114
Prozessabgrenzung 116
Prozessart 114
Prozesscontrolling 118
Prozessfähigkeit 301
Prozessgestaltung 115
Prozessgruppe 122
Prozessidentifikation 116
Prozesskette, ereignisgesteuerte 117
Prozesskostenrechnung 100
Prozesslandschaft 115
prozessorientierte Organisation 201
Pufferzeit 127

Q

QFD 305
Qualität 299
Qualitätsaudit 208

Qualitätsmanagement 299
Qualitätsmanagementhandbuch 309
Qualitätsmanagementsystem 307
Qualitätsplanung 129
Qualitätsregelkarte 300
Qualitätssicherungssystem 208
Qualitätszirkel 306
Quality Function Deployment 305
Quelle (source) 205
Question Marks 35

R
raffinierte Taktiken 223
Rang 109
Rating 269
Ratingagenturen 269
Rechnungsabgrenzungsposten 146
Rechnungslegung 142
referent power 205
Referenzmacht (referent power) 205
regelmäßige Verkäuferbeurteilung 249
regionale Strategie 179
Reihenfolgebeziehung 126
reinforcement power 206
Reklamationsverhalten 221
relationship management 213
Relationship Marketing 43
relative Wettbewerbsstärke 37
Reliabilität 43
Rentabilität 71
Rentabilitätsanalyse 247
Rentabilitätsrechnung 261
Repräsentanz 43
Ressourcenplanung 128
Ressourcenprofil 20
Restwertmethode 91
Restwertverteilungsfaktor 267
Return on Equity 73
Return on Investment 73, 211
Return on Sales 73
Risikomatrix 130
Risikoplanung 130
Risikoprioritätszahl 303
Risikoüberwachung 133
ROI (return on investment) 211
Rolle 210
rolling wave planning 124
Rückstellungen 147

Rückwärtsterminierung 127
Rückzugsverteidigung 39

S
Sale-and-lease-back-Verfahren 273
schlechtes Konfliktlösungsverhalten 229
Schnittstelle 117
Scientific Management 106
screening 208
Seelsorger 223
Sekundärdatenauswertung 42
sekundäre Kosten 80
Sekundärorganisation 111
Selbststeuerung 110
Selling Center 209
Shareholder Value 73
Simultaneous Engineering 184
Six Sigma 311
Skimmingstrategie 55
source 205
Spesenritter 223
Spezialistenmacht (expert power) 205
Sprinkler-Strategie 177
Stabliniensystem 109
stakeholder 123
Stars 35
Start of production (SOP) 191
statische Investitionsrechenverfahren 259
Stelle 107
Steuerbilanz 147
Steuern 189
strategische Geschäftseinheit 25
strategische Geschäftsfelder (SGF) 24
strategische Ziele 63
strategisches Controlling 62
Stückdeckungsbeitrag 96
Subventionen 189
summarische Arbeitsbewertung 283
Swimlane-Methodik 117
SWOT-Analyse 20
Systemtheorie 106

T
Tagesordnung 131
Taktzeit 120
target 205
tarifliche Sozialleistungen 286
Tarifvertragsrecht 296

Taylorismus 106
Teamorganisation 110
Teilefamilie 120
Teilkostenrechnung 52, 95
Terminplan 127
Terminüberwachung 132
Total landed costs (TLC) 190
Total Quality Management 310

U
überflüssige Bewegungen 166
überflüssige Transporte 166
überflüssige Verarbeitung 166
Überlassungsvertrag 287
Überproduktion 166
Umlaufvermögen 146
Umsatzkostenverfahren 93
Umwelterklärung 315
Umweltmanagement 313
Umweltpolitik 313
Umweltprogramm 314
Umzingelung 39
Unternehmen 78
Unternehmensanalyse 16
Unternehmensstruktur 15
Unterstützungsprozess 115
unwiderrufliches Akkreditiv 240
US-GAAP 157

V
Validität 43
variable Kosten 80
Verbindlichkeiten 147
Verfolgerstrategie 178
verhaltenspsychologische Ansätze 177
Verkauf 196
Verkaufsergebnisrechnung 242
Verkaufsorgan 197
Verkaufszyklus 202
Verlockung 223
Vermeidung von Verschwendung 166
Verpackung 46
Verrichtung 108
Verteilungsmethode 91
Vertragsentstehung 233
Vertragshändler 197
Vertrieb 196

Vertriebscontrolling 242
Vertriebspartnerpolitik 196
Vertriebspolitik 40
Vertriebssystem 196
Visualisierung 131
Vollkosten 191
Vollkostenrechnung 52
Vorbeugungsmaßnahmen 309
Vorwärtsterminierung 127

W
Wartezeiten 166
Wasserfall-Strategie 177
Wechselkurse 190
Werkstattfertigung 119
Wertschöpfungskette 115
Wertstromdesign 121
Wettbewerber-Datenbank 38
Wettbewerbsmarkt 3
Wettbewerbsposition 36
Wettbewerbsvorteil 31
Willenserklärung 232
Wirtschaftlichkeit 70
Wissen und Beziehungen 31
work breakdown structure 125
Wünsche 217

Z
Zahlungsbedingungen 239
Zero Base Budgeting 68
Ziel (target) 205
Ziele 181
–, operative 63
–, strategische 63
Zielkonflikte 181
Zielkostenrechnung 102
Zielorientierung 226
Zielvereinbarungsgespräch 280, 282
Zielvereinbarungssystem 282
Zölle 189
Zusatzdienstleistungen 46
Zusatzeigenschaften 45
Zusatzkosten 80
Zuschlagskalkulation 86
–, mehrstufige 87
Zweck 109

Naturwissenschaftliche Grundlagen

Czichos, Horst
Mechatronik
Grundlagen und Anwendungen technischer Systeme
2., akt. u. erw. Aufl. 2008. X, 276 S. mit 296 Abb. u. 12 Tab. Br. EUR 24,90
ISBN 978-3-8348-0373-3

Henn, Hermann / Sinambari, Gh. Reza / Fallen, Manfred
Ingenieurakustik
Physikalische Grundlagen und Anwendungsbeispiele
4., überarb. u. erw. Aufl. 2008. XII, 459 S. mit 319 Abb. u. 36 Tab. Br. EUR 36,90
ISBN 978-3-8348-0255-2

Jousten, Karl (Hrsg.)
Wutz Handbuch Vakuumtechnik
Theorie und Praxis
9., überarb. u. erw. Aufl. 2006.
XXVI, 854 S. mit 569 Abb. u. 109 Tab. Geb. EUR 69,90
ISBN 978-3-8348-0133-3

Rapp, Heinz / Rapp, Jörg Matthias
Übungsbuch Mathematik für Fachschule Technik und Berufskolleg
Anwendungsorientierte Aufgaben mit ausführlichen Lösungen
2007. X, 324 S. mit 320 Abb. (Viewegs Fachbücher der Technik) Br. EUR 24,90
ISBN 978-3-8348-0159-3

Pfeffer, Karl-Heinz
Analysis für technische Oberschulen
Ein Lehr- und Arbeitsbuch
7., überarb. u. erw. Aufl. 2007.
XIV, 384 S. mit 309 Abb. über 1650 Aufgaben (Viewegs Fachbücher der Technik) Br. EUR 25,90
ISBN 978-3-8348-0220-0

Rapp, Heinz
Mathematik für die Fachschule Technik
Algebra, Geometrie, Differentialrechnung, Integralrechnung, Vektorrechnung, Komplexe Rechnung
6., vollst. überarb. und erw. Aufl. 2007.
XVI, 558 S. mit 587 Abb. 620 Beisp. und 1298 Aufg. (Viewegs Fachbücher der Technik) Br. EUR 26,90
ISBN 978-3-8348-0284-2

VIEWEG+TEUBNER

Abraham-Lincoln-Straße 46
65189 Wiesbaden
Fax 0611.7878-400
www.viewegteubner.de

Stand Juli 2009.
Änderungen vorbehalten.
Erhältlich im Buchhandel oder im Verlag.

Weitere Titel aus dem Programm

Eifler, Wolfgang / Schlücker, Eberhard / Spicher, Ulrich / Will, Gotthard
Küttner Kolbenmaschinen
Kolbenpumpen, Kolbenverdichter, Brennkraftmaschinen
7., neu bearb. Aufl. 2009. X, 534 S. mit 408 Abb. u. 40 Tab.zahlr. Übungen u. Bsp. mit Lösungen Br. EUR 36,90
ISBN 978-3-8351-0062-6

Doering, Ernst / Schedwill, Herbert / Dehli, Martin
Grundlagen der Technischen Thermodynamik
Lehrbuch für Studierende der Ingenieurwissenschaften
6., überarb. u. erw. Aufl. 2008. XI, 433 S. mit 303 Abb. u. 45 Tab. 56 Aufg. mit Lösg. Br. EUR 29,90
ISBN 978-3-8351-0149-4

Habenicht, Gerd
Kleben - erfolgreich und fehlerfrei
Handwerk, Praktiker, Ausbildung, Industrie
5., überarb. u. erg. Aufl. 2008. XII, 198 S. mit 82 Abb. Br. EUR 20,90
ISBN 978-3-8348-0485-3

Bonnet, Martin
Kunststoffe in der Ingenieuranwendung
verstehen und zuverlässig auswählen
2009. XII, 282 S. mit 269 Abb. Br. EUR 24,90
ISBN 978-3-8348-0349-8

Langeheinecke, Klaus / Jany, Peter / Thieleke, Gerd
Thermodynamik für Ingenieure
Ein Lehr- und Arbeitsbuch für das Studium
Langeheinecke, Klaus (Hrsg.)
7., verb. u. erg. Aufl. 2008. XVI, 364 S. Br. EUR 27,90
ISBN 978-3-8348-0418-1

Martin, Heinrich
Transport- und Lagerlogistik
Planung, Struktur, Steuerung und Kosten von Systemen der Intralogistik
7., aktual. Aufl. 2008. XVI, 492 S. mit 569 Abb. u. 38 Tab.
Br. ca. EUR 28,90
ISBN 978-3-8348-0451-8

VIEWEG+TEUBNER

Abraham-Lincoln-Straße 46
65189 Wiesbaden
Fax 0611.7878-400
www.viewegteubner.de

Stand Juli 2009.
Änderungen vorbehalten.
Erhältlich im Buchhandel oder im Verlag.